复合材料手册 5

【美】CMH-17协调委员会 编著

焦 健　陈秀华 等译

共 6 卷

陶瓷基复合材料

Ceramic Matrix Composites

内容提要

本书是《复合材料手册》(简称 CMH-17)的第 5 卷,主要介绍了陶瓷基复合材料体系、组分及其制备工艺,给出了陶瓷基复合材料的设计指南、测试方法、数据处理方法以及提交 CMH-17 协调委员会的数据格式,收录了经 CMH-17 协调委员会认证的部分材料性能数据。

本书可供航空、材料领域及其他相关行业的工程技术人员、研发人员、管理人员以及高等院校师生参考使用。

Orignally published in the English language by SAE International, Warrendale, Pennsylvania, USA, as *Composite Materials Handbook*, *Volume 5*, *Revision A*: *Ceramic Matrix Composites* (ISBN13: 978-0-7860-7815-2).

Copyright @ 2017 Wichita State University/ National Institute for Aviation Research.

上海市版权局著作权合同登记号: 图字 09-2019-1131

图书在版编目(CIP)数据

复合材料手册. 第 5 卷,陶瓷基复合材料/ 美国 CMH-17 协调委员会编著;焦健等译. —上海: 上海交通大学出版社,2021
(大飞机出版工程)
ISBN 978-7-313-24896-1

Ⅰ.①复… Ⅱ.①美… ②焦… Ⅲ.①陶瓷复合材料
—手册 Ⅳ.①TB33-62

中国版本图书馆 CIP 数据核字(2021)第 079360 号

复合材料手册第 5 卷：陶瓷基复合材料

FUHE CAILIAO SHOUCE DI-WU JUAN: TAOCIJI FUHE CAILIAO

编　　著:	[美] CMH-17 协调委员会		译　　者:	焦　健　陈秀华　等
出版发行:	上海交通大学出版社		地　　址:	上海市番禺路 951 号
邮政编码:	200030		电　　话:	021-64071208
印　　制:	苏州市越洋印刷有限公司		经　　销:	全国新华书店
开　　本:	710 mm×1000 mm　1/16		印　　张:	32.25
字　　数:	645 千字			
版　　次:	2021 年 6 月第 1 版		印　　次:	2021 年 6 月第 1 次印刷
书　　号:	ISBN 978-7-313-24896-1			
定　　价:	328.00 元			

《复合材料手册》第5卷
译校人员

1　总论
　　翻译　焦　健　高　丁　　　　　　　校对　董禹飞

2　背景和概述
　　翻译　刘　虎　杨　瑞　　　　　　　校对　焦　健　董禹飞

3　工艺、表征和制造
　　翻译　齐　哲　吕晓旭　　　　　　　校对　艾莹珺　陆子龙

4　材料和生产过程的质量控制
　　翻译　周怡然　姜卓钰　　　　　　　校对　董禹飞

5　应用、工程案例及经验
　　翻译　杨金华　杨　瑞　　　　　　　校对　孙世杰

6　设计与分析
　　翻译　焦　健　杨金华　　　　　　　校对　董禹飞

7　维修与保障
　　翻译　杨金华　　　　　　　　　　　校对　董禹飞

8　热-力-物理试验方法——总览
　　翻译　陈秀华　　　　　　　　　　　校对　程　玲

9　提交 CMH-17 数据用的材料性能试验和表征
　　翻译　陈秀华　　　　　　　　　　　校对　程　玲

10　增强体评估
　　翻译　陈秀华　　　　　　　　　　　校对　程　玲

译 者 序

  陶瓷基复合材料是复合材料的一种,因具有耐高温、密度低、韧性好等优点,常作为热结构材料应用于航空、航天等领域。《复合材料手册》(Composite Materials Handbooks‑17,CMH‑17)系列丛书一直被业内技术人员奉为教科书式经典著作。第一次接触该手册是十几年前,我刚接触复合材料领域,相关知识比较匮乏。在图书馆的目录上发现这个系列丛书时,迫不及待地奔向图书馆。当打开第 5 卷《陶瓷基复合材料》时,发现整本书的框架虽已成形,但内容大多为"留待以后补充",依然记得当时的失望之情。即便如此,我还是复印了该卷中感兴趣的部分并一直保留到归国前。

  2017 年 6 月,经过多年酝酿,丛书的第 5 卷《陶瓷基复合材料》终于再版发行了。我惊喜地发现,该版中补充了大量的陶瓷基复合材料新成果,知识体系基本完整。毫无疑问,这与前几年陶瓷基复合材料在航空发动机上成功应用密切相关。健全的知识体系和成功的应用案例标志着陶瓷基复合材料迈向成熟,同时鼓舞了更多的研究人员加入陶瓷基复合材料领域。衷心感谢参与该书编撰的所有人员,感谢他们无私的科研精神,将知识分享给全世界。

  2019 年 11 月,得知上海交通大学出版社已获得该卷的中文出版权并在寻找翻译者,我立刻赶往上海与编辑部洽谈翻译事宜。作为一名陶瓷基复合材料的研究人员,我深知业内人员对这本专业知识读物的渴望。它从工程角度阐述了现阶段人们对陶瓷基复合材料相关知识的理解,是众多研究人员几十年研究成果的总结。能把这些知识传递给国内的技术人员是一件非常有意义的事儿。

　　本卷手册的翻译小组均为在陶瓷基复合材料研发一线工作的研究人员，翻译本书亦是学习的过程。大家在工作之余，历经一年多完成了整本书的翻译、校对。感谢大家的努力付出。

　　细心的读者会发现，本卷手册中有一些内容仍为"留待以后补充"，相信随着人们对陶瓷基复合材料知识的理解不断加深、陶瓷基复合材料的应用不断扩展，手册会不断更新，内容会更丰富、体系会更完整，让我们一起期待。

　　第5卷是系列丛书中最后一本出版的著作，本卷手册的出版使得《复合材料手册》丛书的中文翻译版全部面世，希望丛书的出版能给读者带来一定的启示，愿复合材料领域的研究越来越好！

焦　健

2021 年 4 月 于北京

序

　　《复合材料手册》(CMH‐17)为复合材料结构件的设计和制造提供了必要的资讯和指南。其主要作用是：① 规范与现在和未来复合材料性能测试、数据处理和数据发布相关的工程数据生成方法，并使之标准化。② 指导用户正确使用本手册中提供的材料数据，并为材料和工艺规范的编制提供指南。③ 提供复合材料结构设计、分析、取证、制造和售后技术支持的通用方法。为实现上述目标，手册中还特别收录了一些满足某些特殊要求的复合材料性能数据。总之，手册是对快速发展变化的复合材料技术和工程领域最新研究进展的总结。随着有关章节的增补或修改，相关文件也将处于不断修订之中。

CMH‐17 组织机构

　　《复合材料手册》协调委员会通过深入总结技术成果，创建、颁布并维护经过验证的、可靠的工程资讯和标准，支撑复合材料和结构的发展与应用。

CMH‐17 的愿景

　　《复合材料手册》成为世界复合材料和结构技术资讯的权威宝典。

CMH‐17 组织机构工作目标

　　● 定期约见相关领域专家，讨论复合材料结构应用方面的重要技术条款，尤其关注那些可在总体上提升生产效率、质量和安全性的条款。

　　● 提供已被证明是可靠的复合材料和结构设计、制造、表征、测试和维护综合操作工程指南。

　　● 提供与工艺控制和原材料相关的可靠数据，进而建立一个可被工业部门使用的完整的材料性能基础值和设计信息的来源库。

　　● 为复合材料和结构教育提供一个包含大量案例、应用和具体工程工作参考方案的来源库。

- 建立手册资讯使用指南，明确数据和方法使用限制。
- 为如何参考使用那些经过验证的标准和工程实践提供指南。
- 提供定期更新服务，以维持手册资讯的完整性。
- 提供最适合使用者需要的手册资讯格式。
- 通过会议和工业界成员交流方式，为国际复合材料团体的各类需求提供服务。与此同时，也可以使用这些团队和单个工业界成员的工程技能为手册提供资讯。

注释

(1) 已尽最大努力反映聚合物(有机)、金属和陶瓷基复合材料的最新资讯，并将不断对手册进行审查和修改，以确保手册完整反映最新内容。

(2) CMH－17 为聚合物(有机)、金属和陶瓷基复合材料提供了指导原则和材料性能数据。手册的前三卷目前关注(但不限于)的主要是用于飞机和航天飞行器的聚合物基复合材料，第4、5 和 6 卷则相应覆盖了金属基复合材料(MMC)、包括碳－碳复合材料(C－C)在内的陶瓷基复合材料(CMC)及复合材料夹层结构。

(3) 本手册中所包含的资讯来自材料制造商、工业公司、专家、政府资助的研究报告、公开发表的文献以及参加 CMH－17 协调委员会活动的成员与研究实验室签订的合同。手册中的资讯已经经过充分的技术审查，并在发布前通过了全体委员会成员的表决。

(4) 任何可能推动本手册使用的有益的建议(推荐、增补、删除)和相关的数据可通过信函邮寄到：

CMH－17 Secretariat，Wichita State University，1845 Fairmount，Wichita，KS 67260，

或通过电子邮件发送到：info@cmh17.org。

致谢

来自政府、工业界和学术团体的志愿者委员会成员帮助完成了本手册中全部资讯的协调和审查工作。正是由于这些志愿者花费了大量时间和不懈的努力，以及他们所在的部门、公司和大学的鼎力支持，才确保了本手册能够准确、完整地体现当前复合材料界的最高水平。

《复合材料手册》的发展和维护还得到了材料科学公司手册秘书处的大力支持，美国联邦航空局为该秘书处提供了主要资金。

变 更 汇 总

（续表）

（续表）

目　　录

第1部分　指　　南

第2部分　设计和保障

第3部分　测　　试

第4部分　数据要求和数据集

第 1 部分
指　　南

第1章 总 论

1.1 手册介绍

标准化的、基于统计学基础的材料性能数据对复合材料结构的发展至关重要,材料供应商、设计工程人员、产品制造机构和最终用户都需要这些数据。此外,可靠的、经过证明的设计和分析方法对有效开发和应用复合材料结构是必不可少的。本手册旨在通过将以下内容标准化来实现上述要求:

(1)用于开发、分析和发布复合材料性能数据的方法。

(2)基于统计学的复合材料的材料性能数据集。

(3)利用在本手册中发布的性能数据来设计、分析、测试和支持复合材料结构的一般规程。

通常情况下,这种标准化不仅旨在满足监管机构的需求,同时也为开发满足客户需求的结构提供高效的工程实践经验。

复合材料是一个不断发展和成长的技术领域,手册协调委员会正在不断地工作,以吸收新的、可用的并且被证明是可接受的材料性能数据。虽然这些数据主要来自航空航天的应用经验,但本手册可以服务于所有商业或军用领域使用复合材料和结构的行业。最新的修订包括了更广泛应用的信息,并且随着手册的继续开发,编入的非航空航天的数据将会更多。

《复合材料手册》(*Composite Materials Handbook* - 17,CMH - 17)由国防部和联邦航空管理局共同开发和维护,大量的工业界、学术界和其他政府机构的学者都参与了编写。虽然复合材料最初倾向于应用在军事领域,但最近的发展趋势表明,这些材料在商业领域的应用越来越多。正是这种趋势,手册正式的管理权于 2006 年从国防部移交给联邦航空管理局,手册名称也从《军用手册- 17》改为《复合材料手册》。协调委员会的组成结构和手册的目的没有改变。

本手册记录了开发基于统计的标准化陶瓷基复合材料性能数据的工程方法。手册还提供了一系列相关复合材料体系的数据总结,这些数据满足 CMH - 17 的具体出版要求。此外,还总结了与复合材料相关的辅助工程和制造技术以及常见案例。

1.2　手册内容概述

《复合材料手册》系列丛书由 6 卷组成。

第 1 卷：聚合物基复合材料——结构材料表征指南

第 1 卷包含如何确定聚合物基复合材料体系和组分，以及一般结构元件的性能的指南，包括试验计划、试验矩阵、取样、调节、试验程序选择、数据记录、数据处理、统计分析，以及其他相关问题。特别关注数据的统计处理和分析。第 1 卷包含了材料性能数据的总体开发指南，以及在 CMH-17 中材料数据发布的具体要求。

第 2 卷：聚合物基复合材料——材料性能

第 2 卷包含聚合物基复合材料的统计数据，这些数据满足特定的 CMH-17 总体抽样和数据记录要求，涵盖了大众感兴趣的材料体系。自 G 修订版出版之日起，第 2 卷中公布的数据由数据审查工作组管辖，并由 CMH-17 总协调委员会批准。新出现的材料体系将会被纳入其中，现有体系的其他材料数据将随着新数据的出现及验证而增加。旧版本手册中的历史数据，有些不满足当前的数据取样、测试方法或文件要求，但由于仍然对工业有潜在的作用，也会录入本卷中。

第 3 卷：聚合物基复合材料——材料的应用、设计和分析

第 3 卷内容包括纤维增强聚合物基复合材料结构的设计、分析、制造和实际应用支持的方法和经验教训。它还提供了材料和工艺规范以及第 2 卷中数据使用程序的指南。所提供的信息与第 1 卷中提供的指南一致，是对活跃于工业、政府和学术界复合材料领域的工程师和科学家当前知识和经验的广泛汇编。

第 4 卷：金属基复合材料

第 4 卷收录了金属基复合材料体系的性能数据。这些性能数据符合录入手册的具体要求。此外，它还选择性地提供了与此类复合材料相关的其他技术内容的指南，包括典型金属基复合材料的材料选择、材料规格、加工、性能测试、数据处理、设计、分析、质量控制和修复。

第 5 卷：陶瓷基复合材料

第 5 卷收录了陶瓷基复合材料体系的性能数据。这些性能数据符合录入手册的具体要求。此外，它还选择性地提供了与此类复合材料相关的其他技术内容的指南，包括典型陶瓷基复合材料的材料选择、材料规格、加工、性能测试、数据处理、设计、分析、质量控制和修复。

第 6 卷：复合材料夹层结构

第 6 卷是对已失效的《军用手册-23》的更新，该手册是为主要用于飞行器的夹层结构聚合物基复合材料的设计而编写的。第 6 卷介绍的信息包括军用和商用车辆夹层结构的试验方法、材料性能、设计和分析技术、制造方法、质量控制和检验程序以及修复技术。

1.3　第 5 卷内容及工作组简介

1.3.1　第 5 卷内容简介

对于高效的工程开发过程而言,基于统计学基础的标准化材料性能数据是必需的。材料的供应商需要这些数据,工程用户和体系的最终用户也需要这些数据。由于材料的固有性能并不依赖于某一特定的应用项目,数据开发的方法论和材料性能数据可以适用于一系列不同的工业部门。这些性能数据也是在统计学基础上建立设计值的主要技术基础,这些设计值是得到采购机构(如美国国防部的下属部门)或认证机构(如联邦航空局的某个部门)接受认可的。CMH - 17 第 5 卷的核心问题是如何评定材料的固有性能。材料的性能在不断地改进,因此手册中记录的性能为本手册出版时的典型性能。

1.3.2　陶瓷基复合材料工作组的目标

1)整体愿景

CMH - 17 对现有和新出现的先进陶瓷基复合材料(ceramic matrix composite, CMC)进行表征,并提供统计性能数据、数据的主要来源及来源权威性。它提供了用于表征、试验、分析和设计的最佳数据和方法,并包括了支撑部件设计方法的数据开发和使用指导。

2)目标

(1) CMC 的应用框架。

(2)工业界搜集设计者使用 CMC 时所需的有统计意义的关键数据指南。

(3)合理的突出性能要求及公认的试验步骤——包括基于设计部门要求确定的精密度。

(4) CMC 材料及结构件的表征、加工、试验、设计和使用的指南和建议。

(5)新兴陶瓷基复合材料体系的表征、属性和运行性能数据的主要资料来源。

(6)材料数据和结构件可靠性统计分析的建议。

3)目的

(1)为今后成功应用 CMC 建立框架。

(2)为工业界收集设计者使用 CMC 所需且有统计意义的关键数据提供指导。

(3)基于设计部门的要求,识别所需的性能,建立公认的试验步骤——包括考虑确定所需的精密度和性能优先级。

(4)对陶瓷基复合材料和结构件的表征、试验、设计和使用给出指导和建议。

(5)为当前和新兴陶瓷基复合体系的表征、性能和性能数据提供资料来源。

(6)为材料数据和结构件可靠性的统计分析提供建议。

1.3.2.1 数据审核工作组的目标和任务

（1）为今后成功应用 CMC 建立框架。

（2）为工业界收集设计者使用 CMC 时所需且有统计意义的关键数据提供指导。

（3）识别需要测试的性能和试验步骤，并确定优先级。

（4）基于设计部门要求确定所需的精密度。

（5）提供用于确定会影响应用的材料关键特性（如成分、微观结构及缺陷）的方法，甚至包括加工信息。

（6）用上述方法收集指定的陶瓷基复合材料族系的代表性数据集；力求既覆盖有大量可用数据的材料，也包含数据虽少但有很大潜力的材料。

1.3.2.2 材料及工艺工作组的愿景、目标和目的

1）愿景

成为 CMC 工程材料及其结构的组成、制造和表征领域的主要权威资料来源。

2）目标

（1）定义 CMC 中有关组成、结构和加工信息的基本要素，并且定义在设计、选择、制造和使用陶瓷基复合材料结构时所必需的关键步骤。

（2）明确可以用于进行陶瓷基复合材料及其组分的表征方法和步骤。

（3）全面介绍陶瓷基复合技术，概述其历史、应用、优点、陶瓷复合体系、制造方法、质量控制方法和可支持性。

3）目的

（1）为 CMC 数据表定义材料及工艺数据的要素与格式。

（2）在包含术语、方法、格式和优先权等方面的基础上，定义材料和工艺数据包的要求。

（3）对表征 CMC 及其组分的方法和步骤提供详细的指导。

（4）撰写 CMC 手册的引言部分，介绍 CMC 的历史、应用、优点和 CMC 体系等。

（5）撰写 CMC 手册中的材料、工艺和制造部分；并撰写了 CMC 手册的可支持性部分。

1.3.2.3 设计及分析工作组的愿景、目标及目的

1）愿景

成为 CMC 工程机部件验证和认证中所需设计、分析和验证信息的权威资料来源。

2）目标

（1）提供设计和分析认证方法及选择的相关信息，所需证明数据级别的信息，以及验证和认证过程中所需的格式。

（2）明确 CMC 部件设计和分析所需的材料性质和性能的输入及验证数据。

（3）识别产生上述数据的试验参数，以及确定用来解释这些数据所需的分析方

法,以保证与设计需求的相容性。

(4) 为 CMC 结构件和连接件的设计和分析识别可选择的方法。

(5) 通过对 CMC 的设计、分析和发展前景的调查,确保手册与 CMC 的未来发展方向高度相关。

3) 目的

(1) 定义设计分析 CMC 所需的信息。

(2) 确定设计和分析 CMC 及结构件的途径和方法。

(3) 确定设计和分析 CMC 结构连接件的途径和方法。

1.3.2.4　测试工作组的愿景、目标和目的

1) 愿景

成为试验和表征 CMC 及其组分材料的推荐/所需方法的主要权威来源。

2) 目标

(1) 为 CMC 及其组成材料确定恰当的可被一致认可的标准试验方法。

(2) 在没有相关标准的情况下,协助制定适用于 CMC 及其组成材料的标准测试方法。

3) 目的

在手册中加入适用于 CMC 及其组分的现有标准;在手册中加入适合于 CMC 及其组分的新标准/标准草案。

1.4　目的

本卷手册的首要目的是,将陶瓷基复合材料的工程开发中的表征试验、数据处理和数据记录的方法加以标准化。为了达到这一目标,手册发布了满足规定要求的复合材料体系的可用性能数据。此外,手册对与陶瓷基复合材料相关的技术问题提供了指导,包括典型陶瓷基复合材料的材料选择、材料规格、材料加工、设计、分析、质量控制和修复等。第 5 卷是单独的一卷,分成 4 部分,分别包含以下方面的信息:

第 1 部分收录了可满足一系列不同需求的材料性能数据开发方法指南,也规定了在本手册中发表数据时所需要满足的具体要求。大多数采购和认证机构倾向甚至要求,在选取关键应用中使用的复合材料体系时,要么按照第 1 部分的指南对材料进行表征,要么选自第 4 部分所公布的材料体系。

第 2 部分为陶瓷基复合材料相关的各种学科提供额外的技术指导和经验教训。

第 3 部分提供材料表征试验方法和统计评定的技术指导。

第 4 部分提供可供设计使用的数据库。所记录的材料体系性能汇总中提供的数据满足 CMH - 17 中三个数据记录类别(筛选、临时和正式批准)的任一标准。

1.5　范围

第5卷针对陶瓷基复合材料的广泛需求提供了材料性能数据、测试方法和数据开发指导。它不仅提供了获取原材料(如纤维、基体)、中间体(如预浸料)以及固化单层和层压板数据的方法,还提供了在复合材料结构件开发项目中通常使用的测试类型、环境调节方法和数据处理技术信息。虽然本卷包含了一些结构复杂程度较高(如层压板、连接件等)的测试指导,但主要关注的是材料级的性能表征,特别强调通常用于确定性能数据的统计方法,以及在手册中发布数据的具体要求。

必须强调的是,本手册区分了材料基准值(材料许用值)和设计许用值。材料基准值是复合材料性能的统计估计下限,是本手册的重点,如图1.5所示。设计许用值直接满足规定要求,虽然设计许用值源于材料基准值,但极大地受到实际应用的影响,并且必须考虑到可能影响结构强度和刚度的其他因素。此外,在为特定应用确定设计值时,可能会有超出 CMH-17 范围的认证机构或采购部门的附加要求(请参阅

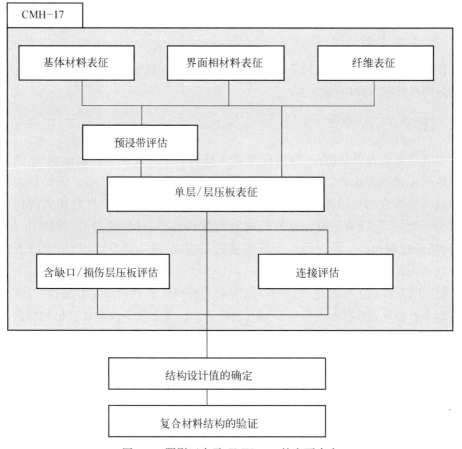

图1.5　阴影区表示 CMH-17 的主要内容

CMH - 17 第 3 卷第 3 章）。

虽然为实际应用确定结构设计值的过程可以从 CMH - 17 中包含的数据开始，但大多数应用需要收集额外的数据，尤其是有关层压板或更复杂结构的数据。此外，制造商需要向认证或采购机构证明其制造材料的能力与要求相符，但是通常可以测试和比较的数据却相当有限。第 1 卷中给出了此类材料/工艺等同性评估的一般准则；然而，这种评估的许多细节仍由认证或采购机构自行决定。

大多数认证和采购机构更偏向或者可能要求在关键应用中使用的复合材料体系的表征应遵循第 5 卷测试和数据分析指南。当不能符合 CMH - 17 的指导方针或数据要求时，应联系认证或采购机构，以确定数据要求和其他文件，这些文件可能是对结构件开发期间建议或使用的数据值的必要解释。

CMH - 17 第 5 卷可作为陶瓷基复合材料技术资料的一般参考来源，内容包括如下 4 个部分。

1.5.1　第 1 部分：指南

本部分包含确定复合材料体系、其成分和通用结构元件性能的指南，包括试验计划、试验矩阵、取样、状态调节、试验程序选择、数据记录、数据处理、统计分析和其他相关问题。同时包含建立材料性能数据的总指导原则，以及在 CMH - 17 中公布材料数据的具体要求。

必须强调的是，本手册区分了材料基准值（材料许用值）和设计许用值。材料基准值是复合材料体系的固有属性，是本手册的重点。设计许用值虽然通常源于材料基准值，但与实际应用相关，需要额外考虑可能会影响结构强度或刚度的因素。此外，在实际应用时，认证或采购机构可能会有特殊的要求会超出 CMH - 17 的范围。

1.5.2　第 2 部分：设计和保障

第 2 部分提供了复合材料结构设计、制造、分析和可支持性指导，以及如何按照第 1 部分提供的指南利用第 4 部分的材料性能数据的方法与经验教训。在第 2 部分中讨论的内容包括材料及工艺、质量控制、设计与分析、连接、可靠性、大厚度复合材料和可支持性问题。

1.5.3　第 3 部分：测试

第 3 部分讨论了向 CMH - 17 提交数据的测试方法和要求。

1.5.4　第 4 部分：数据要求和数据集

第 4 部分包含了一些基于统计的性能数据，这些数据满足具体的 CMH - 17 总体采样和数据文件要求，覆盖了可能会感兴趣的材料组分和材料体系。第 4 部分公布的这些数据经过了数据审核工作组的审核，并得到全面协调组的批准（关于 CMH - 17 的协调组和工作组见 1.3 节）。在可得到经批准的数据时，将收录新材料体系的数据并增加现有材料体系的补充数据。

第 4 部分包含的材料性能覆盖了各种潜在的应用情况，可能应用到的各种极端环境都已经考虑到了，因此，具体的应用环境不会限制到这些数据的使用。特别注意了对于数据的统计处理和分析。如果有普通环境条件下的数据，将对确定材料响应和环境的关系提供附加的定义。

为具体的应用项目建立结构设计值的过程中，开始时可能以第 4 部分所公布的数据为基础，但是大多数应用问题还须收集其他的数据，特别是来自层压板或更复杂结构的数据。另外，必须向采购机构或认证机构证明，所制造出的材料性能与第 4 部分数据所用的典型材料性能相当，这通常要包括有限的试验和数据比较。第 4 部分已给出了进行这些材料/工艺等同性评估的一般指导，然而，这种评估过程的很多细节还有赖于采购或认证机构的决定。

1.6　文件的使用和限制

1.6.1　信息来源

CMH-17 中包含的信息来源于材料生产商和制造商、航空航天工业界、政府资助的研究报告、公开文献、与研究者的直接交流以及 CMH-17 手册协调工作的参与者。本文件公布的所有信息都得到了来自工业界、美国陆军、美国海军、美国空军、美国联邦航空管理局、美国能源部以及美国宇航局的代表的协作和审核。手册尽力反映最新的复合材料使用信息，特别是复合材料在结构上的应用。为了使手册保持为当前最新的技术水平并保证其完整性和准确性，将对手册进行持续的审查和修订。

1.6.2　数据的使用和应用指导

这里的所有数据都基于特定环境下主要为单轴准静态受载的小尺寸试验件[①]。用户要自行确定本手册的数据是否适用于其面临的具体问题，并按需要对数据进行转化，或按比例对数据进行处理，以便用于以下情况：

- 多向层压板。
- 具有不同特征尺寸和几何形状的结构。
- 在多向应力状态下。
- 当暴露于不同环境时。
- 当受到非静态载荷作用时。

---

① 如无说明，试验一律按照注明的具体实验方法实施，重点是用美国材料试验协会（ASTM）关于先进复合材料的标准试验方法获得的数据，但是如果认为美国材料试验协会的标准试验方法不恰当或者还缺乏此方法时，或者当可以得到用非标准但常用试验方法得出的数据时，则可以认可由非标准试验方法得到的数据并予发表，在数据文件中注明了所用的具体试验方法。关于试验方法的认可标准，见第 1 卷 2.5.5 节的论述。

在第 4 部分中对这些问题及其他方面问题进行了进一步的讨论。如果手册数据的具体应用超出了 CMH-17 的范围和职责,则手册具体条款的适用性和解释可能须得到某个相应采购或认证机构的批准。

1.6.3　强度性能和许用值的术语

本手册旨在提供生成材料性能数据的指导,包括在极端环境下以统计为基础的强度数据,这些极端环境涵盖了大多数特定应用的中等环境条件。其理念是要避免因为具体应用问题而制约了通用的材料性能表征项目。如果仍能得到在中性环境条件下的数据,可用其来更完全地定义材料性能和环境对性能影响之间的关系。然而,在某些情况下,对于复合材料体系的环境限制可能取决于具体应用,而在另一些情况下,可能得不到环境限制条件下的数据。

第 4 部分列出了可用的基于统计基础的强度数据。当应力和强度分析能力允许进行单层的安全裕度计算时,这些数据可作为建立结构设计许用值的基础。在这种情况下,也可把 CMH-17 的强度基准值称为材料的设计许用值。对于具体的应用问题,可能必须通过 CMH-17 中没有提供的附加层压板、部件或者更高级别试验数据根据经验来确定某些结构设计许用值。

1.6.4　参考文献的使用

尽管在每章结束的部分都列出了许多参考文献,但还是要注意,这些引用的信息未必在各方面都符合数据开发的一般准则或者本手册中有关数据发布的具体要求。这些文献仅仅是为了提供帮助,而未必是各具体领域中相关附加信息的完整或权威来源。

1.6.5　商标和产品名的使用

对于使用商标和专有产品名称,并不代表美国政府或 CMH-17 协调组对产品的认可。

1.6.6　毒性、对健康的危害和安全性

在 CMH-17 中讨论的某些工艺和试验方法,可能涉及有害的材料、操作或设备。这些方法可能没有强调因其使用而带来的安全问题(如果有)。对于这些方法的使用者,有责任在使用以前建立适当的安全与健康细则,并确定这些限制规定的适用性。加工和使用复合材料时,对于所涉及有关健康与安全问题的讨论,使用者可参考美国陆军先进复合材料健康及安全暂行指南(Advanced Composite Materials US Army Interim Health and Safety Guidance),该文件由马里兰州阿伯丁试验场的美国陆军环境卫生署制定。材料制造厂商以及各复合材料用户团体,也可以提供与复合材料有关的健康及安全问题的指导。

1.6.7　消耗臭氧的化学物质

在 1991 年美国空气洁净法令中,已对会消耗臭氧化学物质的限制使用问题做了

详细说明。

1.7　批准程序

本手册的内容是由 CMH‐17 协调组拟定和批准的，协调组每 8 个月开会考虑有关手册内容的修改和补充。这个团队的组成包括主席团成员、协调员、秘书处、工作组主席和现任的工作组成员，其中包括来自美国及国际的各个采购、认证部门，以及生产厂商、学术和研究机构的代表。每次 CMH‐17 协调组会议，大约在计划会期的 8 周前用邮件通知参加者，并在会议结束 8 周后把会议纪要发布在网上。

虽然这些工作组的职能相似，仍可以分为如下两类：

● 管理组，负有监管职责的工作组，由管理组主席、手册的主席团、协调员和秘书处组成。

● 常务组，包括数据审核工作组、材料与工艺工作组、结构分析与设计工作组以及测试工作组。

协调组及工作组的组成与组织以及文件更改批准所遵循的程序，均汇总并分别发表在 CMH‐17 协调组成员指南中，可以从协调员或秘书处得到。

对此手册进行增添、删除或修改的建议，应当在公布的邮寄截止日期之前，尽早地分别提交给适当的工作组和秘书处，并且应当包括对提议修改的具体说明，以及支持数据或分析方法的适当文件。对文件中提议发表的文件、图表、图纸或照片，应当给秘书处提供电子副本。在得到相应的工作组批准之后，提议的更改将发表在下一个备忘录的特定章节，即所谓的"黄页"中，而所有的参加者都可以对其进行评论和表决。如果到公布的征求意见期结束，对任何单个的条目没有收到反对票（附带具体意见），则认为其已被协调组批准，并认为自此日起生效。反对票由负责的工作组在下次会议上处理。

关于将材料性质数据收入 CMH‐17 的申请，应该向协调员或秘书处提出，并附上在第 16 章中规定的文件。现已经建立了数据源信息包，以协助考虑为 CMH‐17 提供数据的人，数据源信息包可以在秘书处维护的网站（www. cmh17. org）上查阅。在协调员和数据审查工作组主席的指导下，秘书处对所提交的每份数据进行审查和分析，并可能在协调小组下一次会议上提交数据，供数据审查工作组审查。由 CMH‐17 协调组管理是否收入新材料。出于实际的考虑，手册已经囊括了所有的先进复合材料，但仍将会适当地尝试来适时增加一些有用的复合材料体系。

1.8　符号、缩写以及单位制

本节定义了在 CMH‐17 中使用的符号和缩写，并描述了采用的单位体系。尽可能保持通用。这部分信息主要来源于参考文献 1.8(a),1.8(b)和 1.8(c)。

1.8.1 符号和缩写

本节定义了除统计符号外本文件中所使用的符号和缩写。统计符号的定义见 16.1.3 节。单层/层压板材料性能的坐标和力学性能符号汇总如图 1.8.1 所示。

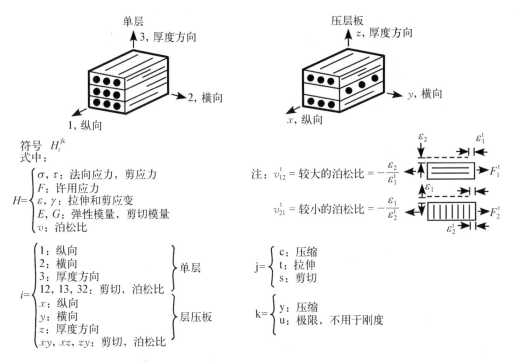

符号 H_i^{jk}
式中：

$$H=\begin{cases} \sigma, \tau：法向应力，剪应力 \\ F：许用应力 \\ \varepsilon, \gamma：拉伸和剪应变 \\ E, G：弹性模量，剪切模量 \\ \upsilon：泊松比 \end{cases}$$

注：$\upsilon_{12}^t =$ 较大的泊松比 $= -\dfrac{\varepsilon_2}{\varepsilon_1^t}$

$\upsilon_{21}^t =$ 较小的泊松比 $= -\dfrac{\varepsilon_1}{\varepsilon_2^t}$

$$i=\begin{cases} 1：纵向 \\ 2：横向 \\ 3：厚度方向 \\ 12, 13, 32：剪切，泊松比 \end{cases} \text{单层}$$
$$\begin{cases} x：纵向 \\ y：横向 \\ z：厚度方向 \\ xy, xz, zy：剪切，泊松比 \end{cases} \text{层压板}$$

$$j=\begin{cases} c：压缩 \\ t：拉伸 \\ s：剪切 \end{cases}$$

$$k=\begin{cases} y：压缩 \\ u：极限，不用于刚度 \end{cases}$$

例子　$F_2^{tu}=$ 单层极限横向拉伸许用应力
$E_2^c=$ 厚度方向单层压缩杨氏模量

图 1.8.1　力学性能符号

● 当用作为上标或下标时,符号 f 和 m 分别表示纤维和基体。

● 表示应力类型的符号[如 cy(压缩屈服)]总位于上标处。

● 方向标示符(如 $x,y,z,1,2,3$ 等)总位于下标处。

● 铺层序号的顺序标示符(如 1,2,3 等)位于上标处,且必须用圆括号括起来,以区别于幂指数。

● 其他标示符,只要明确清楚,可位于下标处,也可位于上标处。

● 由上述规则导出的复合符号(即基本符号加标示符),以下列的特定形式表示。

在使用 CMH-17 时,认为图 1.8.1 所示符号和缩写是通用的。当有例外时,将在正文或表格中予以注明。

A	(1) 面积(m^2,in^2)
	(2) 交变应力与平均应力之比
A	力学性能的 A 基准值
a	(1) 长度(mm,in)
	(2) 加速度(m/s^2,ft/s^2)
	(3) 振幅
	(4) 裂纹或缺陷的尺寸(mm,in)
B	力学性能的 B 基准值
B	双轴比率
Btu	英制热量单位[①]
b	宽度(mm,in),例如与垂直载荷的挤压面或受压板宽度,或十字梁截面宽度
C	比热容[kJ/(kg・℃),Btu/(lb・℉)]
C	摄氏的
CF	离心力(N,lbf[②])
CPF	正交铺层系数
CPT	固化后的单层厚度(mm,in)
CG	(1) 质心,"重心"
	(2) 面积或体积质心
₵	中心线
c	柱屈曲的根部固定系数
$\bar{c}$	蜂窝夹芯深度(mm,in)
c/min	每分钟周期数
D	(1) 直径(mm,in)
	(2) 孔或紧固件的直径(mm,in)
	(3) 板的刚度(N/m,lbf/in)
d	表示微分的算子
E	拉伸弹性模量,应力低于比例极限时应力与应变的平均比值(GPa,Msi[③])
E'	储能模量(GPa,Msi)
E''	损耗模量(GPa,Msi)
E_c	压缩弹性模量,应力低于比例极限时应力与应变的平均比值(GPa,Msi)

---

① 1 Btu=$1.055×10^3$ J。
② lbf 为英制力的单位,1 lbf=4.482 N。
③ Msi 为英制压强单位,1 Msi=$6.895×10^3$ MPa。

E_c'	垂直于夹层平面的蜂窝夹芯弹性模量(GPa,Msi)
E^{sec}	割线模量(GPa,Msi)
E^{tan}	切线模量(GPa,Msi)
e	端距,从孔中心到板边的最小距离(mm,in)
e/D	端距与孔直径之比(挤压强度)
F	应力(MPa,ksi)
F	华氏的
F^b	弯曲应力(MPa,ksi)
F^{ccr}	压损应力或折损应力(破坏时柱应力的上限)(MPa,ksi)
F^{su}	纯剪极限应力(此值表示该横截面的平均剪应力)(MPa,ksi)
FAW	纤维面密度(g/m²,lb/in²)
FV	纤维的体积分数(%)
f	(1) 内(或计算)应力(MPa,ksi)
	(2) 在有裂纹的毛截面上作用的应力(MPa,ksi)
	(3) 蠕变应力(MPa,ksi)
f^c	压缩内应力(或计算压缩应力)(MPa,ksi)
f_c	(1) 断裂时的最大应力(MPa,ksi)
	(2) 毛应力极限(筛选弹性断裂数据用)(MPa,ksi)
ft	英尺①
G	刚性模量(剪切模量)(GPa,Msi)
GPa	吉帕斯卡
g	克
g	重力加速度(m/s²,ft/s²)
H/C	蜂窝(夹层)
h	高度(mm,in),如梁截面高度
h	小时
I	面积惯性矩(mm⁴,in⁴)
i	梁的中性面(由于弯曲产生的)斜度(rad)
in	英寸②
J	扭转常数(=I_p 对圆管)(m⁴,in⁴)
J	焦耳
K	开尔文

---

① 1 ft=30.48 cm。

② 1 in=2.540 cm。

K (1) 应力强度因子($MPa \cdot m^{\frac{1}{2}}$, $ksi \cdot in^{\frac{1}{2}}$)

(2) 热导率[$W/(m \cdot \mathbb{C})$, $Btu/(ft^2 \cdot h \cdot in \cdot °F)$]

(3) 修正系数

(4) 介电常数,电容率

K_{app} 表观平面应变断裂韧性或剩余强度($MPa \cdot m^{\frac{1}{2}}$, $ksi \cdot in^{\frac{1}{2}}$)

K_c 平面应变断裂韧性,对裂纹扩展失稳点断裂韧性的度量($MPa \cdot m^{\frac{1}{2}}$, $ksi \cdot in^{\frac{1}{2}}$)

K_{Ic} 平面应变断裂韧性($MPa \cdot m^{\frac{1}{2}}$, $ksi \cdot in^{\frac{1}{2}}$)

K_N 按经验计算的疲劳缺口因子

K_s 板或圆筒的剪切屈曲系数

K_t (1) 理论的弹性应力集中因子

(2) 蜂窝夹芯板的 t_w/c 比

K_v 电介质强度,绝缘强度(kV/mm, V/mil)

K_x, K_y 板或圆筒的压缩屈曲系数

k 单位应力的应变(m/m, in/in)

L 圆筒、梁或柱的长度(mm, in)

L' 柱的有效长度(mm, in)

lb   磅[1]

M 外力矩或力偶(N·m, in·lbf)

Mg   兆克

MPa   兆帕斯卡

m (1) 质量(kg, lb)

(2) 半波数

(3) 斜率

m   米

N (1) 破坏时的疲劳循环数

(2) 层压板中的单层数

(3) 板的面内分布力(lbf/in)

N   (1) 牛顿

(2) 归一化

NA   中性轴

---

[1] 1 lb=0.453 6 kg。

n (1) 在一个集内的次数

     (2) 半波数或全波数

     (3) 经受的疲劳循环数

P (1) 作用的载荷(N,lbf)

     (2) 暴露参数

     (3) 概率

     (4) 电阻系数(Ω)

P_f 破坏荷载

P^u 试验的极限载荷[(N,lb)/每个紧固件]

P^y 试验屈服限载荷[(N,lb)/每个紧固件]

p 法向压力(Pa,psi)

psi   磅力每平方英寸①

Q 横截面的静面积矩(mm^3,in^3)

q 剪切流(N/m,lbf/in)

R (1) 循环载荷中最小与最大载荷之代数比

     (2) 减缩比

r (1) 半径(mm,in)

     (2) 根部半径(mm,in)

     (3) 减缩比(回归分析)

S (1) 剪力(N,lbf)

     (2) 疲劳中的公称应力(MPa,ksi)

     (3) 力学性能的 S 基准值

S_a 疲劳中的应力幅值(MPa,ksi)

S_e 疲劳限(MPa,ksi)

S_m 疲劳中的平均应力(MPa,ksi)

S_{max} 应力循环中应力的最大代数值(MPa,ksi)

S_{min} 应力循环中应力的最小代数值(MPa,ksi)

S_R 应力循环中最小与最大应力的代数差值(MPa,ksi)

S. F.   安全系数

s (1) 弧长(mm,in)

     (2) 蜂窝夹层芯格尺寸(mm,in)

T (1) 温度(℃,℉)

     (2) 作用的扭矩(N·m,in·lbf)

---

① 1 psi＝6.895 kPa。

T_d	热解温度($\text{℃},\text{℉}$)
T_F	暴露的温度($\text{℃},\text{℉}$)
T_g	玻璃化转变温度($\text{d},\text{℉}$)
T_m	熔融温度($\text{℃},\text{℉}$)
t	(1) 厚度(mm,in)
	(2) 暴露时间(s)
	(3) 持续时间(s)
V	(1) 体积(mm^3,in^3)
	(2) 剪力(N,lbf)
W	(1) 重量(N,lbf)
	(2) 宽度(mm,in)
W	瓦特
x	沿一个坐标轴的距离
Y	关联部件几何学特性与裂纹尺寸的无量纲系数
y	(1) 受弯梁弹性变形曲线的挠度(mm,in)
	(2) 由中性轴到给定点的距离
	(3) 沿一个坐标轴的距离
Z	截面模量,I/y(mm^3,in^3)
α	热膨胀系数$[\text{m}/(\text{m}\cdot\text{℃}),\text{in}/(\text{in}\cdot\text{℉})]$
γ	剪应变($\text{m/m},\text{in/in}$)
Δ	差分(用于数量符号之前)
δ	伸长量或挠度(mm,in)
ε	应变($\text{m/m},\text{in/in}$)
ε^e	弹性应变($\text{m/m},\text{in/in}$)
ε^p	塑性应变($\text{m/m},\text{in/in}$)
μ	渗透性
η	塑性折减因子
$[\eta]$	本征黏度
η^*	动态复黏度
ν	泊松比
ρ	(1) 密度($\text{kg/m}^3,\text{lb/in}^3$)
	(2) 回转半径(mm,in)
ρ_c'	蜂窝夹芯芯材密度($\text{kg/m}^3,\text{lb/in}^3$)
Σ	总计、总和
σ	标准差

σ_{ij} , τ_{ij} 外法线为 i 的平面上沿 j 方向的应力(i , j = 1, 2, 3 或 x , y , z)(MPa,ksi)

T 作用剪切应力(MPa,ksi)

ω 角速度(rad/s)

∞ 无穷

1.8.1.1 组分的性能

下列符号专用于典型复合材料组分的性能:

E^{f} 纤维材料杨氏模量(MPa,ksi)

E^{m} 基体材料杨氏模量(MPa,ksi)

E_{x}^{g} 预浸玻璃稀纱布沿纤维方向或沿织物经向的弹性模量(MPa,ksi)

E_{y}^{g} 预浸玻璃稀纱布在垂直于纤维方向或织物经向的弹性模量(MPa,ksi)

G^{f} 纤维材料剪切模量(MPa,ksi)

G^{m} 基体材料剪切模量(MPa,ksi)

G_{xy}^{g} 预浸玻璃稀纱布剪切模量(MPa,ksi)

G_{cx}' 夹芯芯材沿 x 轴的剪切模量(MPa,ksi)

G_{cy}' 夹芯芯材沿 y 轴的剪切模量(MPa,ksi)

l 纤维长度(mm,in)

a^{f} 纤维材料热膨胀系数[m/(m・℃),in/(in・℉)]

α^{m} 基体材料热膨胀系数[m/(m・℃),in/(in・℉)]

α_{x}^{g} 预浸玻璃稀纱布沿纤维方向或织物经向的热膨胀系数[m/(m・℃),in/(in・℉)]

α_{y}^{g} 预浸玻璃稀纱布垂直纤维方向或织物经向的热膨胀系数[m/(m・℃),in/(in・℉)]

n^{f} 纤维材料泊松比

ν^{m} 基体材料泊松比

ν_{xy}^{g} 由纵向(经向)伸长引起横向(纬向)收缩的玻璃稀纱布泊松比

ν_{yx}^{g} 由横向(经向)伸长引起纵向(纬向)收缩的玻璃稀纱布泊松比

σ 作用于某点的轴向应力,用于微观力学分析(MPa,ksi)

τ 作用于某点的剪切应力,用于微观力学分析(MPa,ksi)

1.8.1.2 单层与层压板

下列符号、缩写及记号适用于复合材料单层及层压板。目前,CMH-17 的重点放在单层性能上,但这里给出了适用于单层及层压板的常用符号表,以避免可能的混淆。

$A_{ij}(i, j = 1, 2, 6)$ (面内)拉伸刚度(N/m,lbf/in)

$B_{ij}(i, j = 1, 2, 6)$ 耦合矩阵(N,lbf)

$C_{ij}(i,j=1,2,6)$	刚度矩阵元素(Pa,psi)
D_x，D_y	弯曲刚度(N·m,lbf·in)
D_{xy}	扭转刚度(N·m,lbf·in)
$D_{ij}(i,j=1,2,6)$	扭转刚度(N·m,lbf·in)
E_1	平行于单丝或经向的单层杨氏模量(MPa,Msi)
E_2	垂直于单丝或经向的单层杨氏模量(MPa,Msi)
E_x	沿参考轴 x 的层压板杨氏模量(MPa,Msi)
E_y	沿参考轴 y 的层压板杨氏模量(MPa,Msi)
G_{12}	在 12 平面内的单层剪切模量(MPa,Msi)
G_{xy}	在参考平面 xy 内的层压板剪切模量(MPa,Msi)
h_i	第 i 铺层或单层的厚度(mm,in)
M_x，M_y，M_{xy}	(板壳分析中的)弯矩及扭矩分量(N·m,in·lbf)
n_f	每个单层在单位长度上的长丝数
Q_x，Q_y	分别垂直于 x 及 y 轴的板截面上,与 z 轴平行的剪力(N/m,lbf/in)
$Q_{ij}(i,j=1,2,6)$	折算刚度矩阵(Pa,psi)
u_x，u_y，u_z	位移向量的分量(mm,in)
u_x^o，u_y^o，u_z^o	层压板中面的位移向量分量(mm,in)
V_V	空洞含量(用体积分数表示)
V_f	纤维含量或纤维体积(用体积分数表示)
V_g	玻璃稀纱布含量(用体积分数表示)
V_m	基体含量(用体积分数表示)
V_x，V_y	边缘剪力或支承剪力(N/m,lbf/in)
W_f	纤维含量(用质量分数表示)
W_g	玻璃稀纱布含量(用质量分数表示)
W_m	基体含量(用质量分数表示)
W_s	单位表面积的层压板重量(N/m^2,lbf/in^2)
α_1	沿 1 轴的单层热膨胀系数[m/(m·℃),in/(in·℉)]
α_2	沿 2 轴的单层热膨胀系数[m/(m·℃),in/(in·℉)]
α_x	层压板沿广义参考轴 x 的热膨胀系数[m/(m·℃),in/(in·℉)]
α_y	层压板沿广义参考轴 y 的热膨胀系数[m/(m·℃),in/(in·℉)]
α_{xy}	层压板的热膨胀剪切畸变系数[m/(m·℃),in/(in·℉)]

θ	单层在层压板中的方位角,即 1 轴与 x 轴间的夹角(°)
λ_{xy}	等于 ν_{xy} 与 ν_{yx} 之积
ν_{12}	由 1 方向伸长引起 2 方向收缩的泊松比[①]
ν_{21}	由 2 方向伸长引起 1 方向收缩的泊松比[①]
ν_{xy}	由 x 方向伸长引起 y 方向收缩的泊松比[①]
ν_{yx}	由 y 方向伸长引起 x 方向收缩的泊松比[①]
ρ_c	单层的密度(kg/m^3,lbf/in^3)
$\bar{\rho}_c$	层压板的密度(kg/m^3,lbf/in^3)
ϕ	(1) 广义角坐标(°)
	(2) 偏轴加载中,x 轴与载荷方向之间的夹角(°)

1.8.1.3 下标

下列下标记号是 CMH-17 中的标准记号:

1,2,3	单层的自然直角坐标(1 是单丝方向或经向)
A	轴
a	(1) 黏合的
	(2) 交变的
app	表观的
byp	旁路的
c	(1) 复合材料体系,特定的纤维/基体组合
	(2) 复合材料作为一个整体,区别于单一的组分
	(3) 当与上标撇号(')连用时,指夹层芯材
	(4) 临界的
cf	离心力
e	疲劳或耐久性
eff	有效的
eq	等效的
f	纤维
g	玻璃稀纱布
H	圈
i	顺序中的第 i 位置
L	横向
m	(1) 基体
	(2) 平均

[①] 因为使用了不同的定义,在对比不同来源的泊松比以前,应当检查其定义。

max	最大
min	最小
n	(1) 序列中的第 n 个(最后)位置
	(2) 标准的、法向的
p	极的、极性的
s	对称
st	加筋条
T	横向
t	在 t 时刻的参量值
x , y , z	广义坐标系
Σ	总和或求和
o	初始点数据或参考数据
( )	表示括号内的项相应于特定温度的格式。RT 为室温(21℃,70℉);

除非另有说明,所有温度以华氏温度(℉)表示。

1.8.1.4 上标

下列上标记号是 CMH - 17 中的标准记号:

b	弯曲
br	挤压
c	(1) 压缩
	(2) 蠕变
cc	压缩折曲
cr	压缩屈曲
e	弹性
f	纤维
g	玻璃稀纱布
is	层间剪切
(i)	第 i 铺层或单层
lim	极限,用指极限载荷
m	基体
ohc	开孔压缩
oht	开孔拉伸
p	塑性
pl	比例极限
rup	断裂
s	剪切

scr	剪切屈曲
sec	割线(模量)
so	偏移剪切
T	温度或热
t	拉伸
tan	切线(模量)
u	极限
y	屈服
′	二次(模量),与下标 c 连用时指蜂窝夹芯芯材的性能。
CAI	冲击后压缩

1.8.1.5 缩写

在 CMH-17 中,使用下列缩写词

2D	two-dimensional(二维)
3D	three-dimensional(三维)
3M	3M US Corporation(美国 3M 公司)
$\Delta G°$	standard Gibbs energy of a reaction(反应的标准吉布斯自由能)
AA	atomic absorption(原子吸收)
ACI	AlliedSignal Composites, Inc.(公司名称)
ACUT	air coupled ultrasonic testing system(空气耦合超声试验系统)
AES	Auger electron spectroscopy(俄歇电子能谱法)
AIA	Aerospace Industries Association(航宇工业协会)
AlN	aluminum nitride(氮化铝)
$AlO_{1.5}$	alumina composition with 1.5 O for each Al(每个铝原子对应 1.5 个氧原子的氧化铝)
Al_2O_3	alumina(氧化铝)
$3Al_2O_3 \cdot 2SiO_2$	mullite(莫来石)
$Al_xO_yN_z$	aluminum oxynitride(氮氧化铝)
ANL	Argonne National Laboratory(阿贡国家实验室)
ANOVA	analysis of variance(差异分析)
APS	air plasma spray(空气等离子喷涂)
ARCO	Atlantic Richfield Corporation(公司名称)
ARL	US Army Research Laboratory(美国陆军研究所)
ASME	American Society of Mechanical Engineers(美国机械工程师

学会）

ASNT	American Society of Nondestructive Testing（美国非破坏性试验协会）
ASTM	American Society for Testing and Materials（美国材料试验学会）
ATFI	Applied Thin Films，Inc（公司名称）
ATP	Advanced Technology Program of NIST（美国国家标准技术研究所先进技术计划）
BFG	BF Goodrich Aerospace（后改为 Goodrich Corp.）（公司名称）
BMI	bismaleimide（双马来酰亚胺）
BN	boron nitride fiber/matrix interface coating（氮化硼纤维/基体界面层）
BSAS	barium strontium aluminosilicate（钡锶铝硅酸盐）
B&W	Babcock & Wilcox（公司名称）
BVID	barely visible impact damage（目视勉强可见冲击损伤）
CA	commercially available（商业可得的）
CAI	compression after impact（冲击后压缩）
CaO	calcium oxide（氧化钙）
$CaSO_4$	calcium sulfate（硫酸钙）
CAT	computer aided tomography（计算机辅助断层扫描）
CCA	composite cylinder assemblage（复合材料圆柱组合）
CCP	GE Ceramic Composites Products，LLC（公司名称）
CDI	California Dairies，Inc.（公司名称）
Centaur® 50S	Solar Centaur® 50 gas turbine with SoLoNOx combustor（Solar Centaur® 50 燃气轮机，配有 SoLoNOx 燃烧室）
CFCC	continuous fiber ceramic composite（连续纤维陶瓷基复合材料）
CG Ni	ceramic grade Nicalon SiC fibers of Nippon Carbon Company（日本碳素公司的陶瓷级 Nicalon 碳化硅纤维）
CG SiC/SiC	SiC/SiC CMC with ceramic grade fiber（含有陶瓷级纤维的 SiC/SiC 陶瓷基复合材料）
CLS	crack lap shear（裂纹搭接剪切）
CMAS	calcium magnesium aluminosilicate（钙镁铝硅酸盐）
CMC	ceramic matrix composite（陶瓷基复合材料）

CO	carbon monoxide(一氧化碳)
CO_2	carbon dioxide(二氧化碳)
COIC	ATK COI Ceramics(公司名称)
CPT	cured ply thickness(固化后单层厚度)
CSGT	ceramic stationary gas turbine(陶瓷固定式燃气轮机)
CTA	cold temperature ambient(低温环境)
CTD	cold temperature dry(低温干态)
CTE	coefficient of thermal expansion(热膨胀系数)
CV	coefficient of variation(变异系数)
CVD	chemical vapor deposition(化学气相沉积)
CVI	chemical vapor infiltration(化学气相渗透)
DCB	double cantilever beam(双悬臂梁)
DDA	dynamic dielectric analysis(动态介电分析)
DLC	DuPont Lanxide Composites，Inc.(公司名称)
DLL	design limit load(设计限制载荷)
DMA	dynamic mechanical analysis(动态力学分析)
DoD	Department of Defense(美国国防部)
DoE	Department of Energy(美国能源部)
DSC	differential scanning calorimetry(差示扫描量热法)
DT	dye penetrant testing(染色渗透探伤)
DTA	differential thermal analysis(差示热分析)
EBC	environmental barrier coating(环境障涂层)
EB-PVD	electron-beam physical vapor deposition(电子束物理气相沉积)
ECT	eddy current testing(涡流探伤)
ENF	end notched flexure(端部缺口弯曲)
EOL	end-of-life(寿命结束)
EPM	Enabling Propulsion Materials Program of NASA(美国宇航局启动推进材料计划)
ESCA	electron spectroscopy for chemical analysis(化学分析电子能谱法)
E-SiC	enhanced-SiC CVI matrix in DLC CMCs(DLC 公司使用 CVI 工艺制备的碳化硅陶瓷基复合材料)
ESR	electron spin resonance(电子自旋共振)
ETW	elevated temperature wet(湿热)

FAA	Federal Aviation Administration(美国联邦航空管理局)
FAW	fiber aerial weight（纤维面积重量）
Fe_2O_3	ferric oxide(三氧化二铁)
FFF	field flow fractionation(场流分级法)
FGI	friable graded insulation(易碎分级绝缘涂层)
FM	fibrous monolith(纤维整料)
FMECA	failure modes effects criticality analysis(失效模式影响的危险度分析)
FOD	foreign object damage(异物损伤)
FTIR	Fourier transform infrared spectroscopy(傅里叶变换红外光谱法)
FWC	finite width correction factor(有限宽修正系数)
GC	gas chromatography(气相色谱法)
$Gd_2Zr_2O_7$	gadolinium zirconate(锆酸钆)
GE	General Electric Company(通用电气公司)
GE 7FA	GE MS7001FA utility gas turbine（GE MS7001FA 燃气轮机）
GRI	Gas Research Institute(天然气研究院)
GRC	GE Global Research Center(通用电气全球研究中心)
GSCS	generalized self consistent scheme(广义自相容方案)
GTE	GTE Laboratories Incorporated(公司名称)
HACI	Honeywell Advanced Composites，Inc. (公司名称)
HAW	hypersonic aerodynamic weapons（高超声速空气动力学武器）
HCl	hydrochloric acid(盐酸)
HDT	heat distortion temperature(热变形温度)
HF	hydrofluoric acid(氢氟酸)
HfO_2	hafnia(二氧化铪)
HiNi	Hi-Nicalon grade SiC fibers of Nippon Carbon Company（日本碳素公司 Hi-Nicalon 级碳化硅纤维）
HiPerComp™	SiC/SiC MI CMC，proprietary to GE(熔渗法制备的 SiC/SiC 陶瓷基复合材料,通用电气公司专利)
hp	horsepower(马力)
HPLC	high performance liquid chromatography(高效液相色谱法)
HSCT-EPM	High Speed Civil Transport-Enabling Propulsion Materials

	Program(高速民用运输推进材料计划)
hybrid oxide	CMC substrate with FGI overlay coating(有 FGI 涂层的 CMC 基体)
ICP	inductively coupled plasma emission spectroscopy(感应耦合等离子体发射光谱学)
ID	identification(标识,鉴定,鉴别)
	inner diameter(内径)
IR	infrared spectroscopy(红外光谱学)
ISI	in-service inspection(在役检查)
ISS	ion scattering spectroscopy(离子散射光谱学)
JANNAF	Joint Army,Navy,NASA and Air Force(美国陆军、海军、国家航空航天局及空军联合体)
JEA	Jacksonville Electric Authority(杰克逊维尔电力局)
K_{1c}	fracture toughness(断裂韧性)
kg	kilogram(千克)
K_2O	potassium oxide(氧化钾)
K_2SO_4	potassium sulfate(硫酸钾)
kPa	kilopascal(千帕)
ksi	kilopsi(千磅力每平方英寸)[①]
LA	limited availability(有限适用)
LC	liquid chromatography(液相色谱法)
LCF	low cycle fatigue(低周疲劳)
LPT	laminate plate theory(层压板理论)
LSS	laminate stacking sequence(层压板铺层顺序)
Lu	lutetium(镥)
Malden Mills	Malden Mills Industries(公司名称)
MgO	magnesium oxide(氧化镁)
$MgSO_4$	magnesium sulfate(硫酸镁)
MI	melt infiltration(熔体渗透)
μm	micrometer(微米)
mil	one thousandth of an inch(千分之一英寸)[②]
MLA	Max Levy Autograph(公司名称)

① 1 ksi=6.895 MPa。
② 1 mil=0.025 4 mm。

mm	millimeter(毫米)
MMB	mixed mode bending(混合型弯曲)
MOCVD	metal-organic chemical vapor deposition(金属有机化合物化学气相沉淀)
MOL	material operational limit(材料工作极限)
MPa	megapascal(兆帕)
MPIT	magnetic particle testing(磁性粒子探伤)
MS	(1) mass spectroscopy[质谱分析，质谱(分析)法] (2) military standard(军用标准)
M. S.	margin of safety(安全裕度)
MSDS	material safety data sheet(材料安全数据单)
MTBF	mean time between failure(失效间的平均时间)
MW	molecular weight(相对分子质量)
MWD	molecular weight distribution(相对分子质量分布)
MW_e	megawatt (electric)[兆瓦(电气)]
N720	Nextel 720 fiber of 3M (3M 公司的 Nextel 720 纤维)
N720/A	Nextel 720 - reinforced alumina CMC(Nextel 720 纤维增强的氧化铝 CMC)
N720/AS	Nextel 720 - reinforced aluminosilicate CMC(Nextel 720 纤维增强的硅酸铝 CMC)
Na_3AlF_6	sodium aluminum fluoride (cryolite)[氟化铝钠(冰晶石)]
Na_2CO_3	sodium carbonate(碳酸钠)
NaF	sodium fluoride(氟化钠)
Na_2O	sodium oxide(氧化钠)
NAS	National Aerospace Standard(美国国家航空航天标准)
NASA	National Aeronautics and Space Administration(美国国家航空航天局)
Na_2SiO_3	sodium silicate(硅酸钠)
Na_2SO_4	sodium sulfate(硫酸钠)
NDC	nondestructive characterization(无损表征)
NDE	nondestructive evaluation(无损评定)
NDI	nondestructive inspection(无损检测)
NDT	nondestructive testing(无损试验)
Nextel	fibrous materials supplied by 3M(3M 公司提供的纤维材料)
NMR	nuclear magnetic resonance(核磁共振)

NO_x	oxides of nitrogen(氮的氧化物)
OD	outer diameter(外径)
OEM	original equipment manufacturer(原始设备制造商)
ONR	Office of Naval Research(海军研究处)
ORNL	Oak Ridge National Laboratory(橡树岭国家实验室)
OSL	observed significance level(观测显著性水平)
Ox/Ox	CMC with oxide fiber and oxide matrix(氧化物纤维增强氧化物基体的陶瓷基复合材料)
Ox	oxide(氧化物)
P	prototype(原型,雏形)
PC	pyrolytic carbon(热解碳)
PEEK	polyether ether ketone(聚醚醚酮)
PIP	polymeric impregnation and pyrolysis(聚合浸渍和裂解)
PP	polymer pyrolysis(聚合物裂解)
PSC	GE Power Systems Composites(公司名称)
psi	pounds per square inch(磅力每平方英寸)
psig	pounds per square inch gage[磅力每平方英寸(表压),gage 表示压力表显示数值]
PT	dye penetrate testing(染色渗透探伤)
PVD	physical vapor deposition(物理气相沉积)
PW	Pratt & Whitney(普惠公司)
PyC	pyrolytic carbon fiber-matrix interface coating(纤维和基体的热解碳界面层)
RA	reduction of area(断面收缩)
RBAO	reaction bonded aluminum oxide(反应结合氧化铝)
RBSN	reaction bonded silicon nitride(反应结合氮化硅)
RCG	reaction cured glass(反应固化玻璃)
RDS	rheological dynamic spectroscopy(流变动态波谱学)
RE_2SiO_5	rare earth monosilicates(稀土单硅酸盐)
$RE_2Si_2O_7$	rare earth disilicates(稀土双硅酸盐)
RGT	radiographic testing(射线检测)
RH	relative humidity(相对湿度)
RMS	root-mean-square(均方根)
RT	room temperature(室温)
RTA	room temperature ambient(室温大气环境)

RTD	room temperature dry（室温干态）
RTM	resin transfer molding（树脂转移模塑）
RV	reentry vehicle（再入航天器,或火箭重返地球大气层的部分）
SACMA	Suppliers of Advanced Composite Materials Association（先进复合材料供应商协会）
SAE	Society of Automotive Engineers（汽车工程师学会）
SANS	small-angle neutron scattering spectroscopy（中子小角度散射光谱）
SAS	strontium aluminosilicate（锶铝硅酸盐）
SBS	short beam shear strength（短梁剪切强度）
Sc	scandium（钪）
SEC	size-exclusion chromatography（尺寸排阻色谱法）
SEM	scanning electron microscopy（扫描电子显微镜）
SFC	supercritical fluid chromatography（超临界流体色谱法）
Si	silicon（硅）
SI	International System of Units（Le Système International d'Unités）（国际单位制）
SiC	silicon carbide（碳化硅）
SiC/SiC	CMC with SiC fiber reinforcement and SiC matrix（碳化硅纤维增强碳化硅基体的陶瓷基复合材料）
SiF_4	silicon tetrafluoride（四氟化硅）
SIMS	secondary ion mass spectroscopy［次级离子质谱（法）］
Si_3N_4	silicon nitride（氮化硅）
SiNC	silicon nitro-carbide（碳氮化硅）
SiO_2	silicon dioxide（二氧化硅）
$Si(OH)_4$	silicon hydroxide（氢氧化硅）
Solar	Solar Turbines Incorporated（公司名称）
SoLoNOx™	Solar's lean-premixed, dry, low NO_x combustion system（Solar 的稀预混合、干燥、低氮氧化物燃烧系统）
Sr	strontium（锶）
SrO	strontium oxide（氧化锶）
SWPC	Siemens Westinghouse Power Corp.（公司名称）
TBA	torsional braid analysis（扭辫分析）
TBC	thermal barrier coating（热障涂层）
TEM	transmission electron microscopy（透射电子显微镜）

TGA	thermogravimetric analysis(热重分析)
TGO	thermally grown oxide(热生长氧化物)
TLC	thin-layer chromatography(薄层色谱法)
TMA	thermal mechanical analysis(热力分析)
TOS	thermal oxidative stability(热氧化稳定性)
TPS	thermal protection systems(热防护系统)
TRIT	turbine rotor inlet temperature(涡轮转子进气温度)
TVM	transverse microcrack(横向微裂纹)
TyZM(I)	Tyranno ZM(I) SiC fibers of Ube Industries, Ltd. [Ube 公司生产的 Tyranno ZM(I)碳化硅纤维]
UDC	unidirectional fiber composite(单向纤维复合材料)
UEET	Ultra Efficient Engine Technology Program(超高效率发动机技术计划)
UTRC	United Technologies Research Center(联合技术研究中心)
UFC	unidirectional fiber composite(单向纤维复合材料)
UTS	ultimate tensile strength(极限拉伸强度)
VNB	V-notched beam(V 形缺口梁)
WHIPOX^{TM}	wound highly porous oxide(缠绕高孔氧化物)
WoF	work of fracture(断裂功)
XCT	x-ray computed tomography(X 射线计算机断层成像)
XD	experimental development(试验进展)
XPS	x-ray photoelectron spectroscopy(X 射线光电子能谱法)
Yb	ytterbium(镱)
Yb_2SiO_5	ytterbium monosilicate(单硅酸镱)
Yb_2SiO_7	ytterbium disilicate(双硅酸镱)
YS	yttrium silicate (abbreviation of Y_2SiO_5)(硅酸钇的编写,化学式为 Y_2SiO_5)
Y_2SiO_5	yttrium monosilicate(单硅酸钇)
$Y_2Si_2O_7$	yttrium disilicate(双硅酸钇)
YSZ	yttria-stabilized zirconia(氧化钇稳定氧化锆)

1.8.2 单位制

遵照 1991 年 2 月 23 日的美国国防部指示 5000.2 第 6 部分 M 节"公制使用"的规定,通常,CMH-17 中的数据同时使用国际单位制(SI 制)和美国习惯单位制(英制)。IEEE/ASTM SI 10,美国使用国际单位制的国家标准(SI):现代公制

[American National Standard for Use of the International System of Units（SI）：The Modern Metric System]，则对将作为国际标准度量单位的 SI 制［见参考文献 1.8.2(a)］提供了应用的指南。下列出版物［见参考文献 1.8.2(b)—(e)］提供了使用 SI 制的进一步指导以及换算的系数：

（1）DARCOM P 706‑470，Engineering Design Handbook：Metric Conversion Guide，July 1976.

（2）NBS Special Publication 330，"The International System of Units（SI）" National Bureau of Standards，1986 edition.

（3）NBS Letter Circular LC 1035，"Units and Systems of Weights and Measures，Their Origin，Development，and Present Status" National Bureau of Standards，November 1985.

（4）NASA Special Publication 7012，"The International System of Units Physical Constants and Conversion Factors"，1964.

表 1.8.2 列出了将 CMH‑17 中相关的数据的英制向 SI 制换算系数。

表 1.8.2　英制单位向 SI 制单位换算系数

由	换算为	乘以
Btu/(in² · s)	W/m²	$1.634\,246\times10^{6}$
Btu · in/(s · ft² · ℉)	W/(m · K)	$5.192\,204\times10^{2}$
℉	℃	$T_C=(T_F-32)/1.8$
℉	K	$T_K=(T_F+459.67)/1.8$
ft	m	$3.048\,000\times10^{-1}$
ft²	m²	$9.290\,304\times10^{-2}$
ft/s	m/s	$3.048\,000\times10^{-1}$
ft/s²	m/s²	$3.048\,000\times10^{-1}$
in	m	$2.540\,000\times10^{-2}$
in²	m²	$6.451\,600\times10^{-4}$
in³	m³	$1.638\,706\times10^{-5}$
kgf	N	$9.806\,650$
kgf/m²	Pa	$9.806\,650$
kip(1 000 lbf)	N	$4.448\,222\times10^{3}$
ksi(kip/in²)	MPa	$6.894\,757$
lbf · in	N · m	$1.129\,848\times10^{-1}$
lbf · ft	N · m	$1.355\,818$
lbf/in²(psi)	Pa	$6.894\,757\times10^{3}$
lb/in²	gm/m²	$7.030\,696\times10^{5}$

（续表）

由	换 算 为	乘 以
lb/in^3	kg/m^3	$2.767\,990 \times 10^4$
Msi(10^6 psi)	GPa	$6.894\,757$
lbf	N	$4.482\,22$
lb	kg	$4.535\,924 \times 10^{-1}$
torr	Pa	$1.333\,22 \times 10^2$

1.9　定义

在 CMH - 17 中使用下列的定义。这个术语表虽然还不是很完备,但它给出了几乎所有的常用术语。当术语有其他意义时,将在正文和表格中予以说明。为了便于查找,这些定义按照英文术语的字母顺序排列。

A 基准值(A-basis)或 A 值(A-value)——建立在统计基础上的材料性能。指定测量值总体的第一百分位数上的 95% 置信下限,也是指在 95% 的置信下限,99% 的性能数值群的值高于此值。

A 阶段(A-stage)——热固性树脂反应的早期阶段,在该阶段中,树脂仍可溶于某些液体,并可能为液体,或受热时能变成液体(又称为可溶酚醛树脂)。

吸收(absorption)——某种材料(吸收剂)吸收另一种材料(被吸收物质)的过程。

准确度(accuracy)——指测量值或计算值与已被认可的一些标准或规定值之间的一致程度。准确度中包括操作的系统误差。

黏合(adhesion)——通过化学键或物理力作用,或者两者同时作用,使得两个表面在界面处结合在一起的状态。

黏合剂(adhesive)——能通过表面黏合,把两种材料结合在一起的一种物质。在本手册里,专指黏合的部位能传递结构载荷的那些结构黏合剂。

ADK——表示 k 样本 Anderson-Darling 统计量,用于检验 k 批数据具有相同分布的假设。

代表性样本(aliquot)——较大样本中有代表性的一小部分。

老化(aging)——在环境中暴露一段时间对材料产生的影响;将材料在某个环境下暴露一段时间间隔的处理过程。

环境(ambient)——周围的环境情况,例如压力与温度。

滞弹性(anelasticity)——某些材料所显示的一种特性,其应变是应力与时间两者的函数。这样,虽然没有发生永久变形,在载荷增加以及载荷减少的过程中,都需要有一定的时间,才达到应力与应变之间的平衡。

角铺层(angleply)——见**正交铺层(crossply)**。

各向异性(anisotropic)——非各向同性；材料的力学及/或物理性能随着相对于材料固有自然参考轴系取向的变化而变化。

纤维面密度(areal weight of fiber)——单位面积预浸料中纤维的质量，常用 g/m^2 表示，换算因子如表1.6.2所示。

人工老化(artificial weathering)——指暴露在某些实验室条件下，这些条件可能是循环改变的，包括在各种地理区域内的温度、相对湿度、辐照能的变化，及其大气环境中其他任何因素的变化。

纵横比、长径比(aspect ratio)——对于基本上为二维矩形形状的结构(如壁板)，指其长向尺寸与短向尺寸之比。但在压缩载荷下，有时是指其沿载荷方向的尺寸与横向尺寸之比。另外，在纤维的微观力学里，则指纤维长度与其直径之比。

热压罐(autoclave)——一种封闭的容器，用于对在容器内进行化学反应或其他作业的物体，提供一个加热的或不加热的流体压力环境。

热压罐成型(autoclave molding)——一种类似袋压成型的工艺技术。将预浸料铺层用真空袋密封在模具上并置于热压罐中，然后，把整个组合放入一个可提供热量和压力以进行零件固化的热压罐中。这个压力袋通常与外界相通。

编织轴(axis of braiding)——编织的构型沿其伸展的方向。

B基准值(B-basis)或B值(B-value)——建立在统计基础上的材料性能。指定测量值总体的第十百分位数上的95％置信下限，也是指在95％的置信下限，90％的性能数值群的值高于此值(见第1卷8.1.4节)。

B阶段(B-stage)——热固性树脂反应过程的一个中间阶段；在该阶段，当材料受热时变软，同时，当与某些溶剂接触时，树脂会出现溶胀但并不完全熔化或溶解。在最后固化前，为了操作和处理方便，通常将材料预固化至这一阶段(又称为半溶酚醛树脂)。

均衡层压板(balanced laminate)——一种复合材料层压板，其所有非0°和非90°的其他相同角度的单层均只正负成对出现(但未必相邻)。

批[batch(或lot)]——在相同时间和相同条件下，从定义明确的原材料集合中生产的一定数量的材料。

需要注意的是，批/批次的具体定义取决于材料的预期用途。有关纤维、织物、树脂、预浸料和用于生产的混合工艺的更具体的批/批次定义在第3卷5.5.3节中讨论。在第1卷2.5.3.1节中描述了提交到本手册第2卷的数据的具体预浸成批要求。

挤压面积(bearing area)——受载孔直径与试样厚度的乘积。

挤压载荷(bearing load)——施加于受载孔接触面上的压缩载荷。

挤压屈服强度(bearing yield strength)——指当材料对挤压应力与挤压应变的比例关系出现偏离并到某一规定限值时，其所对应的挤压应力值。

弯曲测试(bend test)——用弯曲或折叠来测量材料延展性的一种测试方法,通常是用持续加力的办法。在某些情况下,试验中可能包括对试件进行敲击,这个试件的截面沿一定长度是基本均匀的,而该长度则是截面最大尺寸的几倍。

偏离(bias)——相对于经向的偏斜方向。

黏结剂(binder)——在制造模压制件过程中,为使毡子或预制体中的丝束能黏在一起而使用的一种胶接树脂。

二项式随机变量(binomial random variable)——指一些独立试验中的成功次数,其中每次试验的成功概率是相同的。

双折射率(birefringence)——指(纤维的)两个主折射率之差,或指在材料给定点上其光程差与厚度之比。

吸胶布(bleeder cloth)——一层非结构的材料,以便能在复合材料零件制造时,排出固化过程中的多余气体和树脂。吸胶布在完成固化后被除去,因而并不构成复合材料制件的一部分。

筒子架(bobbin)——一种圆筒状或略带锥形的筒体,带凸缘或无凸缘,用于缠绕无捻纱、粗纱或纱。

胶接(bond)——用黏结剂或不用胶,把一个表面黏合到另一个表面上。

编织物(braid)——由三根或多根纱线相互倾斜交织形成的织物,但没有任何两根纱线是相互缠绕的。

编织角度(braid angle)——与编织轴之间的真实角度。

双轴编织物(braid,biaxial)——具有两个纱线系统的编织织物,两个纱线系统分别分布在编织轴线的两侧。

编织数(braid count)——沿编织织物轴线计算,每英寸上的纱线数量。

菱形编织物(braid, diamond)——织物图案为一上一下($1×1$)的编织织物。

窄幅编织物(braid, flat)——一种窄的斜纹机织单向带;其每根纱线都是连续的,并与其他纱线均有交织,与自身无交织。

赫格利斯编织物(braid, Hercules)——织物图案为三上三下($3×3$)的编织织物。

提花编织物(braid, jacquard)——借助于提花机进行的编织图案设计;提花织机通过控制大量纱线开口运动,从而生产出复杂的图案。

常规编织物(braid, regular)——织物图案为二上二下($2×2$)的编织织物。

正方形编织物(braid, square)——其纱线构成一个正方形图案的编织织物。

两维编织物(braid, two-dimensional)——沿厚度方向没有编织纱的编织织物。

三维编织物(braid, three-dimensional)——沿厚度方向有一或多根编织纱的编织织物。

三轴编织物(braid, triaxial)——在编织轴方向上设置有衬垫纱的双轴编织织物。

编织(braiding)——一种纺织的工艺方法，它将两个或多个丝束、有捻纱或单向带沿斜向缠绕，形成一个整体的结构。

钎焊(braze)——用填充材料将两种物质连接起来，所用填充材料的熔点低于被连接的任一种材料。

宽幅(broadgoods)——一个不太严格的术语，指宽度大于约 305 mm(12 in)的预浸料，它们通常由供货商以连续卷提供。这个术语通常用于指经校准的单向带预浸料及机织物预浸料。

(复合材料)屈曲[buckling(composite)]——一种结构响应的模式，其特征是，由于对结构元件的压缩作用，导致材料的面外挠曲变形。在先进复合材料里，屈曲不仅可能表现为常规的总体或局部失稳，同时也可能是单个纤维的微观失稳。

(无捻)纤维束(bundle)——一个通用术语，指一束基本平行的长丝或纤维。

C 阶段(C-stage)——热固性树脂固化反应的最后阶段，在该阶段，材料成为几乎既不可溶解又不可熔化的固态(通常认为已充分固化，又称为不溶酚醛树脂)。

绞盘(capstan)——一种摩擦型牵引装置，用以将编织物向远离织口方向移动，其移动速度决定了编织角度。

碳纤维(carbon fibers)——将有机前驱体纤维[如人造纤维、聚丙烯腈(PAN)]进行热解，再置于一种惰性气体内，从而生产出的纤维。这个术语通常可与"石墨(graphite)"纤维互相通用；然而，碳纤维与石墨纤维的差别在于，其纤维制造和热处理的温度不同，以及所形成纤维的碳含量不同。典型情况是，碳纤维在大约 2 400 ℉(1 300 ℃)时进行碳化，经检验含有 93%～95% 的碳；而石墨纤维则在 3 450～5 450 ℉(1 900～3 000 ℃)进行石墨化，经检验含有 99% 以上的元素碳。

携纱器(carrier)——用于携带纱线完成编织运动的装置，典型的携纱器包括储纱器、轨迹追踪器和张力装置。

均压板(caul plates)——一种无表面缺陷的平滑金属板，与复合材料铺层具有相同尺寸和形状。在固化过程中，均压板与铺贴层直接接触，以传递垂直压力，并使层压板制件的表面平滑。

检查(censoring)——如果每当观测值小于或等于 M(大于或等于 M)时，记录其实际观测值，则称数据在 M 处是右(左)检查的。若观测值超过(小于)M，则观测值记为 M。

陶瓷基复合材料(ceramic matrix composite)——一种包含两种或两种以上组分的材料，通常陶瓷基体是其主要组分，并加入另外的组分以增强，增韧和/或增强其热物理性能。

链增长聚合反应(chain-growth polymerization)——两种主要聚合反应机理之一。在这种链式聚合反应中，这些反应基在增长过程中不断地重建。一旦反应开始，通过由某个特殊反应引发源(可以是游离基、阳离子或阴离子)所开始的反应链，使聚合物的分子迅速增长。

表征(characterization)——描述材料组分结构(包括缺陷)的特点,这些特点对于材料的准备、性能研究或使用以及对材料的再生产(再现)都是重要的。

化学气相渗透(chemical vapor infiltration, CVI)——一种陶瓷基复合材料的制作工艺,利用将气相反应物渗透到纤维/晶须预制体中,发生化学反应并且生成/沉积固态基体。

化学气相沉积(chemical vapor deposition, CVD)——使一种材料在另一种固态材料表面沉积的工艺,该工艺是气态反应物在固体表面发生化学反应的结果。

色谱、层析图(chromatogram)——混合物溶液体系中的洗出溶液(洗出液)经色谱仪分离后,各组分峰值的色谱仪响应的关系图。

缠绕循环(circuit)——缠绕机中纤维给进机构的一个完整往返运动。缠绕段的一个完整往返运动,从任意一点开始,到缠绕路径中,通过该起点并到与轴相垂直的平面上的另外一点为止。

共固化(cocuring)——指在同一固化周期中,一个复合材料层压板完成自身固化的同时,和其他已经准备的表面进行胶接[见**二次胶接(secondary bonding)**]。

线性热膨胀系数(coefficient of linear thermal expansion)——温度每变化 1 K 材料长度变化的百分率。

变异系数(coefficient of variation)——母体(或样本)标准差与母体(或样本)平均值之比。

准直(collimated)——丝束或复合材料中纤维相互平行的状态。

胶体粒子(colloidal particle)——一种线性尺寸为 5~100 nm 的分散粒子。

相容(compatible)——指不同树脂体系能够彼此在一起处理,且不致使最终产品性能下降的能力。[见**相容(compatible)**,第 1 卷 8.1.4 节]

部件(components)——

关键部件(critical component)——其失效将导致灾难性破坏或对整个系统有重大经济影响的部件。

主要部件(primary component)——其失效将明显降低系统性能,可能明显损伤系统中的其他部件,或会带来大的费用影响的部件。

次要部件(secondary component)——其失效会略微降低系统性能,不会明显损伤到系统中的其他部件,或费用影响很小的部件。

其他部件(other components)——其失效不会影响系统的近期性能,但可能降低系统中其他部件长期耐久性的部件。

复合材料分类(composite class)——在本手册中,指复合材料的一种主要分类方式,其分类按纤维体系和基体类型定义,如有机基纤维复合材料层压板。

复合材料(composite material)——复合材料是由成分或形式在宏观尺度都不同

的材料构成的复合物。各组分在复合材料中保持原有的特性，即各组分尽管变形一致，但它们彼此完全不溶解或者相互不融合。通常各组分能够从物理上区别，并且相互间存在界面。

配混料(compound)——可以随时成型和固化的具有最终成品所需各种材料的一种或多种聚合物与增强材料的混合物。

缩聚反应(condensation polymerization)——一种特殊形式的逐步聚合反应，其特点是，在反应基的逐级加成过程中，有水或其他简单分子的生成。

置信系数(confidence coefficient)——见置信区间(confidence interval)。

置信区间(confidence interval)——置信区间按下列三者之一进行定义：

$$(1)\ P\{a < \theta\} \leqslant 1 - \alpha$$
$$(2)\ P\{\theta < b\} \leqslant 1 - \alpha$$
$$(3)\ P\{a < \theta < b\} \leqslant 1 - \alpha$$

式中，$1-\alpha$ 为置信系数。类型(1)或(2)的描述为单侧置信区间，而类型(3)的描述为双侧置信区间。对于式(1)，a 为置信下限；对于式(2)，b 为置信上限。置信区间内包含参数 θ 的概率，至少为 $1-\alpha$。

组分(constituent)——复合材料的基本构成。组分包括但不限于纤维、基体、界面、颗粒和在复合材料中保持同一性的任何其他添加剂。组分通常由它们在复合材料中的化学含量、体积或质量分数、在复合材料中的形状和取向来区分。

连续长丝(continuous filament)——指其纱线与丝束的长度基本相同的纱线或丝束。

连续纤维增强陶瓷基复合材料(continuous fiber ceramic composites，CFCC)——一种陶瓷基复合材料，其中增强相由连续长丝、纤维、纱线或针织(机织)织物组成。

耦联剂(coupling agent)——一种与复合材料的增强体或基体发生作用的化学物质，用以形成或提供较强的界面胶接。

覆盖率(coverage)——表面上被编织物所覆盖部分的量度。

龟裂(crazing)——在有机基体表面或表面下的可见细裂纹。

纱架(creel)——用于容纳纤维束、粗纱或纱线的构架，使大量的丝束能够顺利、均匀地拉出而不互相缠绕。

蠕变(creep)——在外加应力下，材料应变随时间而变化的现象。

蠕变率(creep, ratio of)——蠕变-时间曲线上，在给定时刻处的曲线斜率。

屈曲(crimp)——编织过程中在编织织物内产生的波纹。

屈曲角度(crimp angle)——从纱线的平均轴量起单个编织纱的最大锐角。

屈曲转换(crimp exchange)——使编织纱体系在受拉或压时达到平衡的工艺。

临界值(critical values)——当检验单侧统计假设时，其临界值是指，如果该检验的统计大于(小于)此临界值时,这个假设将被拒绝。当检验双侧统计假设时,要决定两个临界值,如果该检验的统计小于较小的临界值时,或大于较大的临界值时,这个假设将被拒绝。在以上这两种情况下,所选取的临界值取决于所希望的风险,即此假设成立但却被拒绝的风险(通常取 0.05)。

正交铺层(crossply)——指任何非单向的长纤维层压板,与角铺层的意义相同。在某些文献中,术语"正交铺层"只是指各铺层间彼此成直角的层压板,而"角铺层"则用指除此之外的所有其他铺层方式。在本手册中,这两个术语作为同义词使用。由于使用了层压板铺层方向代码,因而没有必要只为其中某一种基本铺层方向情况保留单独的术语。

累积分布函数(cumulative distribution function)——见第 1 卷 8.1.4 节。

固化(cure)(1)——通过化学反应,或通过热或催化剂单独或联合作用,在加压或不加压情况下,改变材料的物理性能(通常从液态到固态)。

固化(cure)(2)——通常在高温情况下,通过化学反应,即通过缩聚作用、闭环(作用)或添加物,不可逆地转变热固性树脂的性能。可通过添加固化(交联)剂,采用或不采用加热预加压固化周期,来完成固化。

固化周期(cure cycle)——用来固化热固性树脂体系或预浸料的时间/温度/压力循环。

固化应力(cure stress)——复合材料结构在固化过程中所产生的残余内应力。一般情况下,当不同的铺层具有不同的热膨胀系数时,会产生固化应力。

脱粘(debond)——层间未黏结或未黏附的区域或界面,纤维与基体界面分离。

变形(deformation)——由于施加载荷或外力所引起的试件形状变化。

退化(degradation)——指通常由于使用或老化带来的性能改变,使得材料或部件的性能、使用安全性、可靠性、耐久性或损伤容限降低。

分层(delamination)——指层压板中在铺层之间的材料分离。分层可能出现在层压板中的局部区域,也可能出现在很大的区域。在层压板固化过程或在随后使用过程的任何时刻中,都可能由于各种原因而出现分层。

旦(denier)——一种表示线性密度的直接计量体系,为 9 000 m 长的纱、长丝、纤维或其他纺织纱线所具有的质量(g)。

密度(density)——单位体积的质量。

解吸(desorption)——指从一种材料中释放出所吸收或所吸附的另一种材料的过程。解吸是吸收、吸附或者是这两者的逆过程。

偏差(deviation)——相对于规定尺度或要求的差异,通常规定其上限或下限。

介电常数(dielectric constant)——板极之间具有某一介电常数的电容器,以真空取代电解质时,两者电容之比即其介电常数,这是单位电压下每单位体积所储存电荷的一个度量。

　　击穿场强(dielectric strength)——当电介质材料破坏时,单位厚度的平均电压。

　　直接金属氧化(directed metal oxidation)——通过熔化金属和氧化剂的直接反应,形成陶瓷复合材料基体的方法。

　　脱胶(disbond)——在两个被胶接体间的胶接界面内出现黏合失效或分离情况的区域。在结构寿命的任何时间,都可能由于各种原因发生脱胶。另外,用通俗的话来说,脱胶还指在层压板制品两个铺层间的分离区域(这时,通常更多使用"分层"一词)〔见**脱粘(debond)**,**未黏结(unbond)**,**分层(delamination)**〕。

　　非连续纤维增强陶瓷基复合材料(discontinuous fiber-reinforced ceramic composite)——用短切纤维增强的陶瓷基复合材料。

　　分布(distribution)——给出某个数值落入指定范围内概率的公式〔见**正态分布(normal distribution)**,**威布尔分布(Weibull distribution)**和**对数正态分布(lognormal distribution)**〕。

　　干态(dry)——在相对湿度为 5% 或更低的周围环境下,材料达到吸湿平衡的一种状态。

　　干纤维区(dry fiber area)——指纤维未被树脂完全包覆的区域。

　　延展性(ductility)——材料在出现断裂之前的塑性变形能力。

　　耐久性(durability)——结构在其整个使用寿命期间保持强度和刚度的能力。

　　弹性(elasticity)——在卸除引起变形的作用力之后,材料能立即恢复到其初始尺寸及形状的特性。

　　伸长(率)(elongation)——在拉伸试验中,试件标距长度的增加或伸长,通常用与初始标段的百分数来表示。

　　洗出液(eluate)——(液相层析分析中)由分离塔析出的液体。

　　洗脱液(eluent)——对进入、通过以及流出分离塔的标本(溶质)成分,进行净化或洗脱所使用的液体(流动相)。

　　纱束(end)——指正被织入或已被织入产品中的单根纤维、纱束、粗纱或纱线,丝束可以是机织织物中的一支经纱或细线。对于芳纶和玻璃纤维,丝束通常是未加捻的连续长丝束。

　　引伸计(extensometer)——用于测量线性应变的一种装置。

　　F 分布(F‑distribution)——见第 1 卷 8.1.4 节。

　　非机织物(fabric, nonwoven)——通过机械、化学、加热或溶解的手段以及这些手段的组合,实现纤维的胶接、联锁或胶接加联锁,从而形成的一种纺织结构。

　　机织物(fabric, woven)——由交织的纱线或纤维所构成的一种普通材料结构,通常为平面结构。在本手册中,专指用先进纤维纱按规定的编织花纹所织成的布,用作为先进复合材料单层中的纤维组分。在这个织物单层中,其经向被取为纵向,类似于长丝单层中的长丝纤维方向。

织口(fell)——编织物形成的点,即为编织系统中纱线停止相对运动的点。

纤维(fiber)——长丝材料的一般术语。通常把纤维用作为长丝的同义词,把纤维作为一般术语,表示有限长度的长丝。是天然或人造材料的一个单元,它构成了织物或其他纺织结构的基本要素。

纤维含量(fiber content)——复合材料中含有的纤维数量。通常,用复合材料的体积分数或质量分数来表示。

纤维支数(fiber count)——复合材料的规定截面上,单位铺层宽度上的纤维数目。

纤维方向(fiber direction)——纤维纵轴在给定参考轴系中的取向或排列方向。

纤维体系(fiber system)——在构成先进复合材料的纤维组分中,纤维材料的类型及排列方式。纤维体系的例子有,校准平行的长纤维或纤维纱、机织织物、随机取向的短纤维带、随机纤维毡、晶须等。

丝(filament)——横截面较小的长而柔韧的线,通常由挤压或拉伸形成。

连续纤维复合材料(filamentary composites)——先进复合材料中的重要一种,纤维中由连续长丝组成。具体地说,长丝复合材料是由许多层压板层压而成,每个层压板由嵌入选定基体材料中的无纺平行单轴平面排列的长丝(或长丝纱线)组成。每个层合板是定向的,并组合成特定的多轴层合板,以满足指定的强度和刚度要求的包络线。

缠绕成型(filament winding)——一种增强塑性加工方法,在控制张力的条件下,将一系列浸有树脂的连续浸渍纤维按预定的几何关系缠绕到芯模上。

纤维缠绕(filament wound)——指用缠绕成型的加工方法所制成的产品。

纬纱[fill(filling)]——机织织物中与经纱成直角、从布的织边到织边布置的纱线。

填料(filler)——添加到材料中的一种相对惰性的物质,用以改变材料的物理、力学、热力学、电以及其他性能,或用以降低材料的生产成本。有时,这个术语专指颗粒状添加物。

油剂(finish)或浸润材料(size system)——一种用于处理单丝的材料,其中含有耦联剂,用于改善复合材料中单丝表面与聚合物基体之间的结合性。此外,在表面处理剂中还经常含有一些成分,它们可对纤维表面提供润滑,防止操作过程中的纤维表面擦伤;同时,还含有黏合剂,以增进丝束的整体性,并且便于单丝之间的结合。

首例基体开裂(first matrix cracking)——第一个可测量出的基体微裂纹。

固定效果(fixed effect)——由于处理或条件有一特定的改变,使测定量出现的某个系统移位(见第 1 卷 8.1.4 节)

溢料(flash)——指从模具或模子分离面溢出的,或从封闭模具中挤出的多余材料。

仿型样板(former plate)——附着在编织机上,用于帮助进行折缝定位的一种硬模。

断裂延展性(fracture ductility)——断裂时的真实塑性应变。

标距(gage length)——确定应变或长度变化的某段试样的初始长度。

凝胶(gel)——在树脂固化过程中,由液态逐步发展成的初始胶冻状固态。另外,也指由含有液体的固体聚集物所组成的半固态体系。

凝胶界面层(gel coat)——一种快速固化的树脂,用于模压成型过程中改善复合材料的表面状态,它是在脱模剂之后,最先涂在模具上的树脂。

凝胶点(gel point)——指液体开始呈现准弹性性能的阶段(可由黏度-时间曲线上的拐点发现这个凝胶点。)

凝胶时间(gel time)——指从预定的起始点到凝胶开始(凝胶点)的时间周期,由具体的试验方法确定。

玻璃(glass)——一种熔融物的无机产品,它在冷却成固体状态时没有产生结晶。在本手册中所提及的玻璃,均指其(用作为长丝、机织织物、纱、毡以及短切纤维等情况的)纤维形态。

玻璃布(glass cloth)——按照常规机织的玻璃纤维材料[见**稀纱布(scrim)**]。

玻璃纤维(glass fibers)——一种由熔融物抽丝、冷却后成为非晶刚性体的无机纤维。

玻璃化转变(glass transition)——指非晶态聚合物,或处于无定形阶段的部分晶态聚合物的可逆变化过程;或者由其黏性状态或橡胶状态转变成硬而相对脆性的状态,或由其硬而相对脆性的状态转变为黏性状态或橡胶状态。

玻璃化转变温度(glass transition temperature)——在发生玻璃化转变的温度范围内,其近似的中点温度值。

石墨纤维(graphite fibers)——见**碳纤维(carbon fibers)**。

坯布(greige)——指未经表面处理的织物。

手工铺贴(hand lay-up)——一种工艺过程,即把部件放到模具上或工作台上,然后用手工将随后的铺层铺贴起来。

硬度(hardness)——抵抗变形的能力;通常通过压痕来测定硬度。标准试验形式有布氏(Brinell)硬度试验、洛氏(Rockwell)硬度试验、努氏(Knoop)硬度试验及维氏(Vickers)硬度试验。

热清洁(纤维)(heat cleaned)——指将玻璃纤维或其他纤维暴露在高温中,以除去其表面上与所用树脂体系不相容的浸润剂或黏结剂。

多相性(heterogeneous)——表示材料是由各自单独可辨的各种不相似成分组成;也指由内部边界分开且性能不同的区域所组成的介质(注意,非均质材料不一定是多相的)。

均质性(homogeneous)——指其成分处处均匀的材料;也指无内部物理边界的介质;还指其性能在内部每一点处均相同的材料,即材料性能相对于空间坐标为常数(但是,对方向坐标则不一定)。

水平剪切(horizontal shear)——有时用于指层间剪切。在本手册中这是一个未经认可的术语。

热压(hot pressing)——用升温和单轴压力达到所希望的密度和外形形状,来制造陶瓷部件的方法。通过颗粒重新排列、黏性/塑性流动,或扩散传质达到增加密度的效果。

相对湿度(humidity,relative)——指当前水蒸气压与相同温度下标准水蒸气压之比。

混杂物(hybrid)——指由两种或两种以上复合材料体系的单层所构成的复合材料层压板,或指由两种或两种以上不同的纤维(如碳纤维与玻璃纤维,或碳纤维与芳纶纤维)相组合而构成的结构(单向带、织物及其他可能组合成的结构形式)。

吸湿的(hygroscopic)——指能够吸纳并保存大气中的湿气。

迟滞(hysteresis)——指在一个完整的加载及卸载循环中所吸收的能量。

夹杂(inclusion)——在材料或部件内部出现的物理的或机械的不连续,一般是固态的其他夹带材料。夹杂物通常可以传递一些结构应力和能量场,但其传递方式却明显不同于总体材料。

整体复合材料结构(integral composite structure)——指把本身包含几个结构元件的结构,作为一个单一、复杂、连续的整体进行铺层和固化,最后所得的复合材料结构。例如,把翼梁、翼肋以及机翼盒段的加筋蒙皮,制成一个单一的整体零件,而不是去分别制造这些结构元件后,按常规方式,用胶接或机械紧固件将其装配起来的结构。有时也不太严格地用该术语泛指任何不用机械连接件进行装配的复合材料结构。

界面(interface)——复合材料中各独立的物理相之间的接触面。

层间的(interlaminar)——有关两个或多个相邻单层之间出现或存在的某个物体(如空洞)、事件(如断裂)或势场(如剪应力)的说明性术语。

层间剪切(interlaminar shear)——使层压板中两个铺层沿其界面产生相对位移的剪切力。

中间挤压应力(intermediate bearing stress)——指挤压的载荷-变形曲线某点所对应的挤压,在该点处的切线斜率等于挤压应力除以初始孔径的某个给定百分数(通常为 4%)。

界面相(interphase)——连续纤维增强陶瓷基复合材料中位于纤维与基体之间的界面区域,它们的结合度被控制以产生复合状的适度纤维。大多数(但不是全部)陶瓷基复合材料要求在界面区域有纤维界面层。对于颗粒、晶须和片晶增强的复合材料,界面层可能对增加强度、增加韧性和提高热物理性能是必要的。

层内的(intralaminar)——有关完全在某个单层内存在而与相邻单层无关的某些物体(如空洞)、事件(如断裂)或势场(如应力)的说明性术语。

各向同性(isotropic)——指所有方向均具有一致的性能。在各向同性材料中,性能的测量与试验轴的方向无关。

挤压状态(jammed state)——编织织物在受拉伸或压缩时的状态,此时,织物的变形情况取决于纱的变形性能。

针织(knitting)——将单根或多根纱的一系列线圈相互联锁以形成织物的一种方法。

转折区域(knuckle area)——在纤维缠绕部件不同几何形状截面之间的过渡区域。

k 样本数据(k-sample data)——从 k 批样本中取样时,由这些观测值所构成的数据集。

衬纱(laid-in yarns)——通过纤维缠绕的孔按照固定排列方式形成的一种花纹。

单层(lamina)——指层压板中一个单一的铺层或层片。

单层(laminae)——单层(lamina)的复数形式。

层压板(laminate)——对于纤维增强的复合材料,指经过胶接的一组单层(铺层),这些单层关于某一参考轴取同一方向角或多个方向角。

层压板取向(laminate orientation)——复合材料交叉铺设层压板的结构形态,包括正交铺层的角度、每个角度的单层数目以及准确的单层铺设顺序。

格子花纹(lattice pattern)——纤维缠绕的一种花纹,具有固定的开孔排列方式。

铺贴(lay-up)——制造工艺,有关按照规定的顺序和取向将树脂浸渍的单层材料进行逐层叠合。

液态渗透(liquid infiltration)——通过用液体渗透使复合材料致密和通过可控工艺实现液固转变,达到预期的基体组成、密度和性能。

对数正态分布(lognormal distribution)——一种概率分布。在该分布中,从总体中随机选取的观测值落入 a 和 $b(0 < a < b < B)$ 之间的概率,由正态分布曲线下面在 $\log a$ 和 $\log b$ 之间的面积给出。可以采用常用对数(底数 10)或自然对数(底数 e)(见第 1 卷 8.1.4 节)。

批(lot)——见批(batch)

置信下限(lower confidence bound)——见置信区间(confidence interval)。

宏观(性能)(macro)——对于复合材料而言,表示作为结构元件的复合材料的总体性能,不考虑各组成部分的个别性能。

宏观应变(macrostrain)——指该应变施加于材料时产生的任何有限标距长度大于材料的特征距离。

芯模(mandrel)——在用铺层、单丝缠绕或编织方法生产零件的过程中,用作基准的一种成型装置或阳模。

毡子(mat)——用黏结剂把随机取向的短切纤维或卷曲纤维松散地黏合在一起而构成的一种纤维材料。

材料验收(material acceptance)——对来料进行测试,以保证其满足要求。

材料验证(material qualification)——公司或机构在将材料用于生产前的检验程序。

材料体系(material system)——指一种特定的复合材料,它由按规定几何比例和排列方式的特定组分构成,并具有用数值定义的材料性能。

材料体系类别(material system class)——用于本手册时,指具有相同类型组分材料但并不唯一定义其具体组分的一组材料体系。

材料差异性(material variability)——由于材料本身在空间与一致性方面的变化以及材料处理上的差异,而产生的一种差异源(见第 1 卷 8.1.4 节)。

基体(matrix)——本质上是均质的材料;复合材料的纤维体系被嵌入其中。

基体开裂(matrix cracking)——完全包含在基体中且不越过增强体的开裂。

基体贫乏区(matrix starved area)——复合材料中没有连续平滑包覆纤维的基体区域。

平均值(mean)——见**样本平均值**(sample mean)和**总体平均值**(population mean)。

力学性能(mechanical properties)——材料在受力作用时与其弹性和非弹性反应相关的材料性能,或者涉及应力与应变之间关系的性能。

中位数(median)——见**样本中位数**(sample median)和**总体中位数**(population median)。

熔体渗透(melt infiltration)——通过(会遇冷固化的)热液体的渗透或通过原位化学反应,使预加热预制体/复合材料致密。

微观(性能)(micro)——当涉及复合材料时,仅指组分,即基体、增强体和界面的性能,以及这些性能对复合材料性能的影响。

微裂纹(microcrack)——有限维度的裂纹,通常是微观尺度的。

须注意的是,在多相性的体系中,微裂纹通常是由残余热应力导致的,或是由于不同相在局部对力学、化学或热力学的响应不同导致的。其他复合材料中所发现的典型微裂纹是基体裂纹,它们扩展透过整个单层,平行于该层内的纤维方向,但是在陶瓷基复合材料中,这些裂纹也可能横过来垂直于增强纤维行进,并扩展穿过纤维束,或甚至透过整个试样或部件。

微应变(microstrain)——指该应变施加于材料时产生的任何有限标距长度与材料的特征距离相近。

弦线模量(modulus, chord)——应力-应变曲线任意两点之间所引弦线的斜率。

初始模量(modulus, initial)——应力-应变曲线初始直线段的斜率。

割线模量(modulus, secant)——从原点到应力-应变曲线任何特定点所引割线的斜率。

切线模量(modulus, tangent)——由应力-应变曲线上任一点切线所导出的应力差与应变差之比。

弹性模量(modulus, Young's)——在材料比例极限以内其应力差与应变差之比(适用于拉伸与压缩情况)。

刚性模量(modulus of rigidity),**剪切模量或扭转模量(shear modulus or torsional modulus)**——剪切应力或扭转应力低于比例极限时,其应力与应变之比值。

弯曲破坏模量(modulus of rupture, in bending)——指梁受载到弯曲破坏时,其最外层纤维(导致破坏的)最大拉伸或压缩应力值。该值由弯曲公式计算:

$$F^b = \frac{Mc}{I} \qquad\qquad 1.9(a)$$

式中,M 为由最大载荷与初始力臂计算得到的最大弯矩;c 为从梁中心到破坏的最外层纤维之间的初始距离;I 为梁横截面绕中心轴的初始惯性矩。

扭转断裂模量(modulus of rupture, in torsion)——圆形截面部件受扭转载荷到达破坏时,其最外层纤维的最大剪切应力;最大剪切应力由下列公式计算:

$$F^s = \frac{Tr}{J} \qquad\qquad 1.9(b)$$

式中,T 为最大扭矩;r 为初始外径;J 为初始截面的极惯性矩。

吸湿量(moisture content)——在规定条件下测定的材料含水量,用潮湿试件质量(即物件干态质量加水分质量)的百分数来表示。

吸湿平衡(moisture equilibrium)——当试件不再从周围环境吸收水分,或向周围环境释放水分时,试件所达到的状态。

脱模剂(mold release agent)——涂在模具表面上、有助于从模具中取出模制件的润滑剂。

模制边(molded edge)——在模压后实际不再改变而用于最终成型工件的边沿,特别是沿其长向没有纤维丝束的边沿。

模压(molding)——通过加压和加热,使聚合物或复合材料成型为具有规定形状和尺寸的实体。

单层(monolayer)——基本的层压板单元,由它构成交叉铺设或其他形式的层压板。

单体(monomer)——一种由分子组成的配混料,其中每个分子能提供一个或更多构成的单元。

NDE(nondestructive evaluation)——无损评定,一般认为是 NDI(无损检测)的同义词。

NDI(nondestructive inspection)——无损检测,用以确定材料、零件或组合件的质量和性能,而又不致永久改变对象或其性能的一种技术或方法。

NDT(nondestructive testing)——无损试验,一般认为是 NDI(无损检测)的同义词。

颈缩(necking)——一种局部的横截面面积减缩,该现象可能出现在材料受拉伸应力作用的情况下。

负偏态(negatively skewed)——如果一个分布不对称且其最长的尾端位于左侧,则称该分布是负向偏斜的。

试件公称厚度(nominal specimen thickness)——铺层的公称厚度乘以铺层数所得的厚度。

公称值(nominal value)——为方便设计而规定的值,公称值仅在公称上存在。

正态分布(normal distribution)——一种双参数(μ, σ)的概率分布族,观测值落入 a 和 b 之间的概率,由下列分布曲线在 a 和 b 之间所围面积给出:

$$f(x) = \frac{1}{\sigma\sqrt{2\pi}}\exp\left[-\frac{(x-\mu)^2}{2\sigma^2}\right] \qquad 1.9(c)$$

(见第 1 卷 8.1.4 节)

归一化(normalization)——将纤维控制性能的原始试验值,按某个单一(规定)的纤维体积含量进行修正的一种数学方法。

归一化应力(normalized stress)——相对于一个规定的纤维体积含量修正后的应力值,办法是,把测量的应力值乘以试件纤维体积与规定纤维体积之比。可以用试验的方法直接测量纤维体积而得出这个比值;或者用试件厚度与纤维面积重量直接计算这个比值。

观测显著性水平(observed significance level, OSL)——当零假设(null hypotheses)成立时,观测到一个较极端的试验统计量的概率。

偏移剪切强度(offset shear strength)——(由正确实施的材料性能剪切响应试验),弦线剪切弹性模量的平行线与剪切应力/应变曲线交点处对应的剪切应力值,在该点,这个平行线已经从原点沿剪切应变轴偏移了一个规定的应变偏置值。

低聚物(oligomer)——只由几种单体单元构成的聚合物,如二聚物、三聚物等,或者是它们的混合物。

单侧容限系数(one-side tolerance limit factor)——见**容限系数(tolerance limit factor)**。

正交各向异性(orthotropic)——具有三个相互垂直的弹性对称面(的材料)。

烘干态(oven dry)——材料在规定的温度和湿度条件下加热,直到其质量不再有明显变化时的状态。

PAN 纤维(PAN fibers)——由聚(丙烯腈)纤维经过受控热解而得到的增强纤维。

平行层压板(parallel laminate)——由机织织物制成的层压板,其铺层均沿织物卷中原先排向的位置铺设。

平行缠绕(parallel wound)——描述将纱或其他材料绕到带突缘绕轴上的术语。

颗粒增强的陶瓷基复合材料(particulate reinforced ceramic matrix composites)——一种陶瓷基复合材料,其增强组分是(不同于晶须或短纤维的)由等轴晶粒组成或片晶状的颗粒。

剥离层(peel ply)——一种不含聚合物的材料层,用于保护层压板,供稍后进行二次胶接。

pH 值(pH)——对于溶液酸碱度的度量,中性时数值为 7,其值随酸度增加而逐渐减小,随碱度增加而逐渐提高。

纬纱密度(pick count)——机织织物每单位英寸或每厘米长度的纬纱数目。

合股纱(plied yarn)——由两股或两股以上的单支纱经一次操作加捻而成的纱。

泊松比(Poisson's ratio)——在材料的比例极限以内,均布轴向应力所引起的横向应变与其相应轴向应变的比值(绝对值)。

聚合物(polymer)——一种有机材料,其分子的构成特征是,重复一种或多种类型的单体单元。

聚合物浸渍/裂解(polymer infiltration/pyrolysis)——通过渗透热固性聚合物的方法使复合材料致密化,聚合物的硬化和随后的热处理把聚合物转换成陶瓷基体。

聚合反应(polymerization)——通过两个主要的反应机理,使单体分子链接一起而构成聚合物的化学反应。增聚合是通过链增进行,而大多数缩聚合则通过跃增来实现。

母体(population)——指要对其进行推论的一组测量值,或者,指在规定的试验条件下有可能得到的测量值全体。例如,"在相对湿度 95% 和室温条件下,碳/环氧树脂体系 A 所有可能的极限拉伸强度测量值"。为了对总体进行推论,通常有必要对其分布形式做假设,所假设的分布形式也可称为总体(见第 1 卷 8.1.4 节)。

母体平均值(population mean)——在按母体内出现的相对频率对测量值进行加权后,给定母体内所有可能测量值的平均值。

母体中位数(population median)——指母体中测量值大于和小于它的概率均为 0.5 的值(见第 1 卷 8.1.4 节)。

母体方差(population variance)——总母体离散度的一种度量。

　　孔隙率(porosity)——指实体材料中截留多团空气、气体或空腔的一种状态,通常,用单位材料中全部空洞体积所占总体积(实体加空洞)的百分比来表示。

　　正偏态(positively skewed)——如果是一个不对称分布,且最长的尾端位于右侧,则称该分布是正偏态。

　　后固化(postcure)——为了提升材料的最终性能,额外升温但不加压进行固化。

　　精密度(precision)——所得的一组观测值或试验结果相一致的程度,精度包括了重复性和再现性。

　　聚合物先驱体(preceramic polymer)——可以通过热处理转变成陶瓷的无机或有机金属聚合物(聚合物固化后)。

　　(碳或石墨纤维的)前驱体[precursor(for carbon or graphite fiber)]——用以制备碳纤维和石墨纤维的 PAN(聚丙烯腈)纤维或沥青纤维。

　　(陶瓷基体)前驱体[precursor (to ceramic matrix)]——一旦暴露在合适的加工条件下就被转换成陶瓷的聚合物材料。

　　预制体(preform)——一种由纤维、晶须或颗粒组成的预成型毡子或机织结构,具有所需的增强结构,可以供后续工序使用。

　　预铺层(preply)——按照用户规定的顺序对预浸材料进行铺层。

　　预浸料(prepreg)——可进行模压或固化的片状材料,它可能是用树脂浸渍过的丝束、单向带、布或毡子,它可存放待用。

　　压强(pressure)——单位面积上的力或载荷。

　　概率密度函数(probability density function)——见第 1 卷 8.1.4 节。

　　比例极限(proportional limit)——材料在不偏离应力与应变比例关系(所谓虎克定律)的情况下能够维持的最大应力。

　　准各向同性层压板(quasi-isotropic laminate)——通过在几个或更多方向上铺层,达到近似各向同性的层压板。

　　随机效应(random effect)——由于某个外部(通常不可控)因素有特定量级的改变,测量值出现的变化(见第 1 卷 8.1.4 节)。

　　随机误差(random error)——数据差异由未知或不可控的因素造成,并且独立而不可预见地影响着每一观察值的那一部分(见第 1 卷 8.1.4 节)。

　　断面收缩(率)(reduction of area)——拉伸试验试件的初始截面积与其最小横截面积之差,通常表示为初始面积的百分数。

　　折射率(refractive index)——空气中的光速(具有确定波长)与在被检物质中的光速之比,也可定义成,当光线由空气穿入该物质时其入射角正弦与反射角正弦之比。

　　可靠性(reliability)——性能一致性的度量。

　　脱模剂(release agent)——见**脱模剂(mold release agent)**

回弹(resilience)——从变形状态恢复的过程中,材料能抵抗约束力而做功的性能。

树脂(resin)——一种有机聚合物或有机预聚合物,用作为复合材料的基体以包容纤维增强物,或用作为一种黏合剂。这种有机基体可以是热固性或热塑性的,同时,可能含有多种组分或添加剂,以影响其可控性、工艺性能和最终的性能。

树脂含量(resin content)——聚合物基复合材料中基体占材料的质量比或体积比。

树脂体系(resin system)——指树脂与一些成分的混合物,这些成分是为满足预定工艺和最终成品的要求所需要的,例如催化剂、引发剂、稀释剂等成分。

室温大气环境(room temperature ambient,RTA)——① 在实验室大气相对湿度下,$(23\pm3)℃[(73\pm5)℉]$的环境条件;② 一种材料制备状态,紧随压实/固化后,将材料储存在$(23\pm3)℃[(73\pm5)℉]$和最大相对湿度 60% 条件下。

粗纱(roving)——由略微加捻或不经加捻的若干原丝、丝束或丝束所汇成的平行纤维束。在细纱生产中,指处于梳条和纱之间的一种中间状态。

S 基准值(S-basis)或 S 值(S-value)——机械性能值,通常为有关的政府规范或 SAE 宇航材料规范中对此材料所规定的最小机械性能值。

样本(sample)——准备用来代表所有全部材料或产品的一小部分材料或产品。从统计学上讲,一个样本就是取自指定母体的一组测量值(见第 1 卷 8.1.4 节)。

样本平均值(sample mean)——样本中所有测量值的算术平均值。样本平均值是对母体均值的一个估计量(见第 1 卷 8.1.4 节)。

样本中位数(sample median)——将观测值从小到大排序,当样本大小为奇数时,居中的观测值为样本中位数;当样本大小 n 为偶数时,中间两个观测值的平均值为样本中位数。如果母体关于其平均值是对称的,则样本中位数也就是母体平均值的一个估计量(见第 1 卷 8.1.4 节)。

样本标准差(sample standard deviation)——即样本方差的平方根(见第 1 卷 8.1.4 节)。

样本方差(sample variance)——等于样本中观测值与样本平均值之差的平方和除以 $n-1$(见第 1 卷 8.1.4 节)。

夹层结构(sandwich construction)——一种结构壁板的概念,其最简单的形式是,在两块较薄而且相互平行的结构板材中间,胶接一块较厚的轻型芯子。

饱和(状态)(saturation)——一种平衡状态,此时,在所指定条件下的吸收率基本上降为零。

稀纱布(scrim),亦称玻璃布、载体(glass cloth,carrier)——一种低成本、织成网状结构的机织织物,用于单向带或其他 B 阶段的材料的加工处理,以便操作。

二次胶接(secondary bonding)——通过黏合剂胶接工艺,将两件或多件已固化的复合材料零件结合在一起,这个过程中唯一发生的化学反应或热反应,是黏合剂自身的固化。

织边(selvage 或 selvedge)——织物中与经纱平行的织物边缘部分。

残余应变(set)——当完全卸除产生变形的作用力后,物体中仍然残余的应变。

剪切断裂(对于结晶材料)[shear fracture(for crystalline type materials)]——沿滑移面平移所导致的断裂模式,滑移面的取向主要沿剪切应力的方向。

储存期(shelf life)——材料、物质、产品或试剂在规定的环境条件下储存,并能够继续满足全部有关的规范要求和/或保持其适用性的情况下,其能够存放的最长时间。

短梁强度(short beam strength,SBS)——通过 ASTM 试验方法 D2344 所得的试验结果。

显著性(significant)——如果某检验统计值的概率最大值小于或等于某个被称为检验显著性水平的预定值,则从统计意义上讲该检验统计值是显著的。

有效位数(significant digit)——定义一个数值或数量所必需的位数。

浸润材料(size system)——见油剂(finish)。

上浆(sizing)——一个专业术语,指用于处理纱的一些配混料,使得纤维能黏结在一起,并使纱变硬,防止其在机织过程被磨损。浆粉、凝胶、油脂、蜡,以及一些人造聚合物如聚乙烯醇、聚苯乙烯、聚丙烯酸和多醋酸盐等都被用作为浸润剂。

偏态(skewness)——见正偏态(positively skewed)、负偏态(negatively skewed)。

管状织物(sleeving)——管状编织物的统称。

长细比(slenderness ratio)——均匀柱的有效自由长度与柱截面最小回旋半径之比。

料浆浸透(slurry infiltration)——通过颗粒-液体悬浮体的浸透再干燥,使复合材料预制体致密。也可以进行附加的热处理,以改善微观结构、密度、相的组成和/或晶体结构。

溶胶(sol)——胶质固体粒子的分散液体,尺寸通常为 5~100 nm。

溶胶-凝胶法(sol-gel)——一种工艺,基于水解金属醇盐进行氧化物陶瓷的化学合成,以形成溶胶和凝胶;由于是流体,该溶胶适合于铸造和渗透。

溶质(solute)——被溶解的材料。

相对密度(specific gravity)——在一个恒温或给定的温度下,任何体积的某种物质的质量,与同样体积的另一种物质的质量之比。固体与流体通常是在 4℃(39℉)情况下与水进行比较。

比热容(specific heat)——在规定条件下,使单位质量的某种物质升高一度所需要的热量。

纺锤(spindle)——细纱机、粗纱机、捻线机或类似机器上的细长直立旋转杆。

标准差(standard deviation)——见**样本标准差(sample standard deviation)**。

短切纤维(staple)——指自然形成的纤维，或指由长纤维上剪切成的短纤维段。

应变(strain)——由于力的作用，物体尺寸或形状相对于其初始尺寸或形状每单位尺寸的变化量，应变是无量纲量，但经常用 in/in、m/m 或百分数来表示。

丝束(strand)——一般指作为一个单位，作为包括梳条、丝束、纱束、纱等使用的未加捻纤维束或连续长纤维的集合。有时，也称单根纤维或长丝为丝束。

强度(strength)——材料能够承受的最大应力。

应力(stress)——物体内某点处，在通过该点的给定平面上作用的内力或内力分量的烈度。应力用单位面积上的力(lbf/in^2、MPa 等)来表示。

应力松弛(stress relaxation)——指在规定约束条件下固体中应力随时间的衰减。

应力-应变曲线[stress-strain curve (Diagram)]——一种图形表示方法，表示应力作用方向上试件的尺寸变化与作用应力的幅值的相互关系。一般取应力值作为纵坐标(垂直方向)，而取应变值为横坐标(水平方向)。

结构元件(structural element)——一个专业术语，用于较复杂的结构成分(如蒙皮、长桁、剪力板、夹层板、连接件或接头)。

结构型数据(structured data)——见第 1 卷 8.1.4 节。

覆面毡片(surfacing mat)——由细纤维制成的薄毡，主要用于形成有机基复合材料的光滑表面。

对称层压板(symmetrical laminate)——一种复合材料层压板，其在中面下部的铺层顺序与中面上部者呈镜面对称。

黏性(tack)——预浸料的黏附性。

单向带(tape)——指制成的预浸料，对碳纤维可宽达 305 mm(12 in)，对硼纤维宽达 76 mm(3 in)。在某些场合，也有宽达 1 524 mm(60 in)的横向缝合碳纤维带的商品。

强度(tenacity)——用无应变试件上每单位线密度的力来表示的拉伸应力，即克重力/旦尼尔或克重力/特克斯。

特克斯(tex)——表示线密度的单位，等于每 1 000 m 长丝、纤维、纱或其他纺织纱的质量(用 g 表示)。

热导率(thermal conductivity)——材料传导热的能力，物理常数，表示当物体两个表面的温度差为一度时，在单位时间内通过单位立方体物质的热量。

热塑性聚合物(thermoplastic)——一种聚合物，在该材料特定的一个温度范围内，可以将其重复加温软化、冷却固化；而在其软化的阶段，可以通过将其流入物体并通过模压或挤压而成型。

热固性聚合物(thermoset)——一种聚合物，经过加热、化学反应或其他的方式进行固化以后，就变成为一种基本不熔和不溶的材料。

容限(tolerance)——允许一个参量变化的总量。

容许限(tolerance limit)——对某一分布所规定百分位的置信下(上)限。例如,B基准值是对分布的第十百分位取 95％置信度的置信下限。

容限系数(tolerance limit factor)——指在计算容许限时,与差异性估计量相乘的系数值。

韧性(toughness)——对材料吸收功能力的一种度量,即为使材料断裂,对每单位体积或单位质量的材料实际需要做的功。韧性正比于原点到断裂点间载荷——伸长量曲线下所包围的面积。

丝束(tow)——未经加捻的连续长纤维束。在复合材料行业,通常指人造纤维,特别是碳纤维和石墨纤维。

横观各向同性(transversely isotropic)——说明性术语,指一种呈现特殊的正交各向异性的材料,其中在两个正交维里,性能是相同的,而在第三个维里性能就不相同;在两个横向具有相同的性能,而在纵向则非如此。

随炉件(traveller)——作为试件的同一产品(板、管等)的一小片,用于测量含湿量,了解吸湿处理的结果。

捻度(twist)——纱或其他纺织原丝沿其轴向单位长度的捻回数,可表示为每英寸的圈数(tpi),或每厘米的圈数(tpcm)。

捻向(twist, direction of)——对纱或其他纺织原丝加捻的方向,用大写字母 S 和 Z 表示。当把纱吊置起来后,如果纱围绕其中心轴的可见螺旋纹与字母 S 中段的偏斜方向一致,则称其为 S 加捻,如果方向相反,则之为 Z 加捻。

典型基准值(typical basis)——典型性能值是一种样本平均值,注意,典型值定义为简单的算术平均值,其统计含义是,在 50％置信水平下可靠性为 50％。

极限强度(ultimate strength)——材料不断裂而可承受的最大应力(拉伸、压缩或剪切),由试验中的最大载荷除以试样的初始横截面积而得。

未黏结(unbond)——指两个胶接体胶接面内预期的黏合作用未能发生。也用来指一些为模拟胶接缺陷,而有意防止其胶接的区域,例如在质量标准试件制备中的未胶接区[见脱胶(disbond)、脱粘(debond)]。

单向层压板(unidirectional laminate)——采用非机织织物增强材料,且所有单层都按同一方向铺设而成的层压板。

单胞(unit cell)——一种代表性的材料体积,定义了材料的所有特征,当在三维空间中重复时,可以用来构造全局材料或元素。

非结构型数据(unstructured data)——见第 1 卷 8.1.4 节。

置信上限(upper confidence limit)——见置信区间(confidence interval)。

真空袋成型(vacuum bag molding)——对铺层进行固化的一种工艺,即用柔性布盖在铺贴层上且沿四周密封,然后在铺贴层与软布之间抽真空,使其在压力下进行固化。

均方差（variance）——见**样本方差（sample variance）**。

黏度（viscosity）——材料体内抵抗流动的阻力。

空洞（void）——在材料和部件中出现一个物理和力学的不连续，这种不连续可以是二维的（如黏接失效、分层），也可以是三维的（如真空或充满空气或其他气体的小孔）。孔隙率是所有微观空洞的集合。空洞是无法传递结构应力或非放射性能量场的[见**夹杂（inclusion）**]。

经纱（warp）——机织织物中的纵向取向纱线[见**纬纱（fill）**]；一组长且近似平行的纱线。

（双参数）威布尔分布[Weibull distribution（two-parameter）]——一种概率分布，从一个总体观测值中随机取一个值，该值落入 a 和 $b(0 < a < b < \infty)$ 之间的概率由式 1.9(d) 给出，式中，α 为尺度参数，β 为形状参数（见第 1 卷 8.1.4 节）。

$$\exp\left[-\left(\frac{a}{\alpha}\right)^{\beta}\right] - \exp\left[-\left(\frac{b}{\alpha}\right)^{\beta}\right] \qquad 1.9(d)$$

湿铺贴（wet lay-up）——在把增强材料铺放就位的同时，加入液态树脂体系的一种增强制品制作方法。

湿强度（wet strength）——在其基体树脂吸湿饱和时有机基复合材料的强度。[见**饱和（saturation）**]。

湿法缠绕（wet winding）——一种纤维缠绕方法，这种方法是，在刚要将纤维增强材料缠到芯模上的时候，才用液体树脂对其浸渍。

晶须（whisker）——一种短的单晶纤维或细丝。晶须的直径范围是 $1 \sim 25 \, \mu m$，其长径比为 $100 \sim 15\,000$。

适用期（work life）——在与催化剂、溶剂或其他组合成分混合以后，一个化合物仍然适合于其预期用途的时间周期。

机织织物复合材料（woven fabric composite）——先进复合材料的一种主要形式，其纤维组分由机织织物构成。机织织物复合材料一般是由若干单层组成的层压板，而每个单层则由埋置于所选基体材料中的一层织物构成。单个的织物单层是有方向取向性的，由其组合成特定的多向层压板，以满足规定的强度和刚度要求包线。

纱（yarn）——表示连续长丝束或纤维束的专业术语；它们通常是加捻的因而适于制成纺织物。

合股纱（yarn, plied）——由两股或多股有捻纱合成的丝束。通常，将这几股纱加捻合到一起，有时不用加捻。

***x* 轴（*x*-axis）**——在复合材料层压板中，在层压板面内作为 0°基准，用以标明铺层角度的轴。

x – *y* 平面(*x* – *y* plane)——在复合材料层压板中,与层压板平面相平行的基准面。

y 轴(*y*-axis)——在复合材料层压板中,位于层压板平面内与 *x* 轴相垂直的轴。

z 轴(*z*-axis)——在复合材料层压板中,与层压板平面相垂直的基准轴。

参 考 文 献

1.8(a)   Metallic Materials Properties & Development Standardization (MMPDS)- 04, formerly MIL-HDBK – 5F, 2008.

1.8(b)   DoD/NASA Advanced Composites Design Guide, Air Force Wright Aeronautical Laboratories, Dayton, OH, prepared by Rockwell International Corporation, 1983 (distribution limited).

1.8(c)   ASTM E206, "Definitions of Terms Relating to Fatigue Testing and the Statistical Analysis of Fatigue Data," 1984 Annual Book of ASTM Standards, Vol 3.01, ASTM, Philadelphia, PA, 1984.

1.8.2(a)   IEEE/ASTM SI 10 – 02, "American National Standard for Use of the International System of Units (SI): The Modern Metric System," Annual Book of ASTM Standards, Vol. 14.04, ASTM, West Conshohocken, PA.

1.8.2(b)   Engineering Design Handbook: Metric Conversion Guide, DARCOM P 706 – 470, July 1976.

1.8.2(c)   The International System of Units (SI), NBS Special Publication 330, National Bureau of Standards, 1986 edition.

1.8.2(d)   Units and Systems of Weights and Measures, Their Origin, Development, and Present Status, NBS Letter Circular LC 1035, National Bureau of Standards, November 1985.

1.8.2(e)   The International System of Units Physical Constants and Conversion Factors, NASA Special Publication 7012, 1964.

第2章　背景和概述

2.1　背景

本手册是美国《军用手册-17-5》(MIL-HDBK-17-5)的第2版,与第1版的预想一样,连续纤维增强陶瓷基复合材料(CMC)未来可成为严苛高温环境下的常用材料。本版的初衷是共享知识,为实际选材制订最佳策略,避免发生人力物力损失。本手册的第1版、美国试验材料协会(ASTM)所做工作以及科学与工程文献为本手册的完成奠定了基础[见参考文献2.1(a)]。第1版手册是对未来的大胆设想,而本手册的出版能及时满足当前的需求。

截至2017年,陶瓷基复合材料在此之前的40余年一直是材料领域研究和开发的热点[见参考文献2.1(b)]。尽管如此,该材料在商用航空发动机上的应用却一直进展缓慢,其主要原因如下:该材料的断裂行为与其他结构材料存在根本性差异(见2.2节);过去以及现有的基础设施仍然有限;需求不足导致材料成本较高,无法控制在可实际应用水平;工艺流程不完善(缺乏材料可重复性研究);为实现可重复生产需投入巨资;对它们在服役中如何发挥作用的认识还存在空白,这导致所有投资都具有高度的投机性。欣喜的是,上述大部分情况都得到了改善,许多CMC在航空发动机中的复杂应用已出现在商用航空公司的营运服务中[参考文献2.1(c)~(r)]。

没有人预料到SiC/SiC涡轮部件和氧化物/氧化物排气系统部件会投入生产。因为在此之前,大多数美国联邦资助机构对该课题失去了兴趣,研究小组被解散或调整方向,学术研究热度大幅下降。但是,这项技术之所以还有所进步,是因为有足够的来自美国国家航空航天局(NASA)、通用电气公司(GE)及普惠公司的资金投入,例如启动推进材料计划(EPM)、超高效率发动机技术计划(UEET),以及美国空军研究实验室(AFRL)关于硅基CMC相关技术方面的补充资金。在氧化物/氧化物CMC开发方面,AFRL、GE、ONR、COI Ceramics等机构也进行了投入。发动机公司、政府实验室与各CMC制造商和纤维供应商通力合作,在CMC部件可行性研究方面取得了缓慢但稳步的进展,这些部件的应用使得发动机可以在更高的温度下工作,从而提高燃油效率,同时减少NO_x排放[见参考文献2.1(i)和(s)~(bb)]。美国能源部还资助了 CMC 的研发(同时在美国国内和国外),提高了 CMC 制造商的开发能力[见参考文献 2.1(cc)]。围绕 CMC 和 EBC(环境障涂层)召开的技术会议定期将各 CMC 技术研究团队召集在一起,为信息共享、知识传播提供了便捷的途径,推动了该项技术的发展。此外,学术期刊和学术会议中技术论文的共享也对这项技术发展起到了推动作用。

为了寻求耐更高温度的燃烧室衬套、涡轮导向叶片、转子叶片部件,人们评估了 SiC/SiC(SiC 纤维增强的 SiC 基体)CMC 在不同环境下的耐久性。随着对材料进行更充分的表征(无论有无防护涂层),部件设计和寿命预测能力也随之提高,环境障涂层得到发展并且性能显著提升,抗蠕变纤维的研发使复合材料可在更高的温度下工作。同时,日本、法国、德国围绕先进燃气涡轮发动机燃烧室和排气喷嘴部件的应用研究也促进了材料及其部件的发展[见参考文献 2.1(dd)]。然而,人们对该类材料的基础认知还不充足,这是由于非均质复合材料结构及其防护 EBC 和发动机服役环境都具有相当大的复杂性,导致极难模拟部件的服役行为。因此,需要在发动机服役环境下对 CMC 部件进行大量的测试,以验证其具有足够的耐久性,从而满足商用飞机对材料安全性、可靠性及长期使用上的需求。目前看来,得益于对 CMC 部件地面装机考核以及验证材料长时耐久性的模拟环境考核的大量投资,填补了人们在这方面的知识空白。

CMC 是一种全新的材料,它具有陶瓷(基体和纤维)耐高温的特性,同时通过纤维的增韧提高了材料的抗裂性,实现平稳失效。那些将 CMC 应用到发动机的组织机构(或者批准他们使用的部门)所拥有的经验均是源自聚合物基复合材料(PMC),但 CMC 作为一种高温材料,其应用还是新领域。尽管陶瓷基复合材料展现出巨大的性能优势,但也带来了新的技术挑战,必须找出并解决所有潜在的技术问题。业界需要持续进行关于陶瓷基复合材料的研究,并将这些研究结果共享。此外,还需将获得的知识信息进行整理编册,以便工程师和设计师可快速查阅,这即是本手册的编纂目的。本手册所含的大量案例,可以用来帮助人们了解 CMC 的各种性能,为未来对材料的选择和性能的提升提供指导。

2.2　CMC 结构基础

目前的生产工艺已可制备出缺陷尺寸很小的,无第二增强相的单相陶瓷,且强度非常高(基于格里菲斯理论),但其根本性问题是韧性太低,并对应力引起的缺陷增长(如缓慢的裂纹扩展)以及严苛条件(如磨损、冲击、环境侵蚀)和高温环境(如晶粒长大、杂质分解、蠕变诱导的晶间空化)下产生的缺陷耐受性很差。这些缺陷将导致单相陶瓷的强度下降到材料使用寿命所需的强度水平以下,从而导致不可预测的灾难性破坏。本手册关注的 CMC 采用经连续、束状、细直径陶瓷纤维对陶瓷基体进行增强的材料,这种材料对裂纹、缺陷具有很好的容忍度,不会因裂纹的出现而显著降低 CMC 的强度。

如今具有重大工业价值的连续纤维增强陶瓷基复合材料有三大类：分别是氧化物/氧化物、非氧化物/硅基以及碳/碳复合材料，这些材料体系的结构行为、寿命期限以及承温能力各不相同，与细直径纤维增强的聚合物基复合材料也存在差异。然而，即便是同类型的陶瓷基复合材料，由于纤维类型、基体组成、制备工艺的不同，也会导致不同 CMC 的物理和结构性能出现显著差异，其中结构性能的差异主要源于复合材料基体的刚度和强度的不同。如以聚合物基复合材料为例，与增强纤维束不同的是，其基体刚度和强度更低，而断裂应变却更大。因此，当聚合物基复合材料纤维主方向上受到拉伸应力作用时，将会得到一条强度和断裂应变受纤维控制的近线性的应力-应变曲线。而三类 CMC 的基体中通常含有与制备工艺过程相关的大缺陷或微裂纹，这些缺陷或裂纹将会导致基体的破坏应变显著低于增强纤维。在没有纤维增强的情况下，基体微裂纹可能会随着应力的增加快速生长，形成贯穿厚度裂纹，从而导致复合材料在低应力下发生不可靠的脆性断裂。但是，在精心设计的 CMC 体系中，拉伸应力方向上的纤维将会桥联基体裂纹，减小了裂纹的开度和裂纹尖端的应力，提高了微裂纹发展成为贯穿厚度裂纹的应力水平；而一旦产生贯穿裂纹，高强度的纤维将会桥联这些微裂纹，防止发生灾难性破坏。继续提高应力将会产生更多的贯穿裂纹，直至桥联纤维束失效、复合材料断裂。

可采用以下三种方式延迟贯穿厚度裂纹的生成和 CMC 的最终破坏：① 使基体中生长中的微裂纹绕过纤维而不是穿过纤维，从而防止纤维直接断裂；② 当裂纹通过后，使硬质纤维桥联微裂纹，以最大限度地减小裂纹张开程度；③ 将增强纤维沿CMC 部件的主拉伸应力方向排列，从而实现最佳的微裂纹桥接效果，并保证在出现较多贯穿裂纹的情况下材料不失效。第一种方式通常利用多孔基体或采用界面层来减弱纤维和基体之间的胶接强度来实现，这样可以使裂纹沿着纤维长度方向和绕着纤维发生偏转；第二种方式则是通过脱粘纤维与基体之间的高界面剪切强度来实现，从而在微裂纹通过后，纤维可以保持微裂纹的开口程度，裂纹尖端的应力可尽可能最小。

当以上两种方式都能满足时，对于基体孔隙率高、刚度低的氧化物/氧化物或碳/碳 CMC，0°纤维束方向上的拉伸应力-应变曲线呈近线性特征，主要是因为基体几乎不承载，并且很早随着应力的增加而开裂[见图 2.2(a)]。而对于基体孔隙率低、刚度高的 Si 基 CMC，如 SiC/SiC CMC，0°纤维方向的拉伸应力-应变曲线在前期也几乎是线性的，并且在出现贯穿厚度裂纹之前具有高刚度[见图 2.2(b)]；而后，CMC 的刚度开始随着大量贯穿裂纹的出现而下降，最后达到一个较低的稳态刚度，最终 SiC/SiC CMC 在裂纹中由 SiC 纤维束/桥接纤维控制的极限拉伸强度(UTS)处发生断裂。因此，低孔隙率、0°纤维的 SiC/SiC CMC 通常具有双线性特征的应力-应变曲线，贯穿裂纹萌生并且刚度开始下降时所对应的应力通常称为基体开裂强度(MCS)或比例极限应力(PLS)。对于某些 SiC/SiC CMC 的应用，MCS 将是最大可用或设计强度，因为贯穿裂纹将会导致 CMC 服役环境中的介质进入材料内部，使纤维性能发生退化。

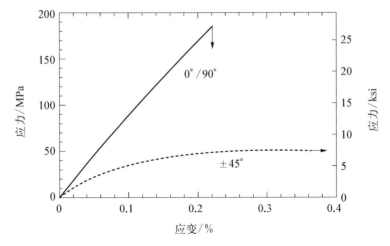

图 2.2(a) 高孔隙率二维氧化物/氧化物 CMC(纤维体积分数约 50%)典型的室温应力-应变曲线(来源于参考文献 2.2.1)

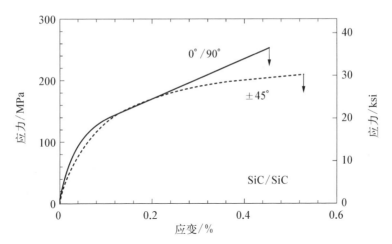

图 2.2(b) 低孔隙率二维 SiC/SiC CMC(纤维体积分数约 40%)典型的室温应力-应变曲线(来源于参考文献 2.2.1)

第三种方式是将大部分连续纤维沿 CMC 主拉伸应力方向排列。已经发现如果纤维取向偏离轴向,则当贯穿厚度裂纹产生后,CMC 的刚度将根据裂纹中纤维的弯曲程度而持续降低[见图 2.2(a)和(b)]。当拉应力横向施加到纤维上时,如二维层压板,与沿纤维方向施加应力相比,其应力-应变曲线显著降低。上述因横向施加力(贯穿厚度)出现的问题,是由于纤维与基体之间必然是弱结合界面所导致的(见 3.3 节),一个有效的测试方法就是在纤维处给基体打圆柱形孔。因此,对于特定应用的 CMC,最基本的是首先要了解部件中主拉伸应力的方向,然后将纤维排列成阵列或者对纤维编织结构进行设计以最大限度地发挥纤维的作用,并尽可能降低弱结合界面所带来的影响。本手册将讨论目前应用的各种纤维编织结构以及这些结构如何影响不同 CMC 体系的结构性能。

最后，在 CMC 结构应用的整个设计寿命中，增强陶瓷基纤维应尽可能保持其制备时的高刚度和强度。像所有刚而强的单相陶瓷一样，应避免在会导致纤维刚度下降（如蠕变）和/或纤维强度下降的服役环境中使用，其中涉及诸如裂纹缓慢生长、环境侵蚀、杂质分解、晶粒生长和蠕变诱导晶间空化等退化机制。因此，需要了解这些退化机制如何在各类型陶瓷纤维中发挥作用，因为它们通常会决定 CMC 部件的使用寿命、温度、应力和环境条件。在第 3 章中，将围绕目前和未来潜在应用的氧化物和碳化硅纤维，详细讨论其退化机制。

2.3 手册目标

本手册的重点对象是高纤维体积分数（通常为 $25\% \sim 50\%$）的氧化物/氧化物和 SiC/SiC CMC，不同于碳/碳 CMC，这两类 CMC 都是目前商用发动机热端部件和排气部件的常用材料。本手册包括了材料构成的原料、常用的生产工艺和 CMC 的特性。随着技术的不断发展，早期版本中出现的某些复合材料体系、纤维类型和制备工艺由于已被放弃，故本版中将不再重点介绍。CMC 发展趋势之一是制造商和材料不断减少，终端用户（包括 GE 航空、波音公司、罗罗公司以及普惠公司等）会选择自主生产部件和/或选用少数几家材料/部件供应商。这些公司还必须确保有可靠的陶瓷纤维来源，以使其能够扩大生产规模，维持足够的部件生产水平。

本手册还提供了 CMC 物理性能和热性能的测试方法指南。过去使用的各种相关测试（数据采集）方法使得量化和认识 CMC 特性的各个方面变得复杂，因此需要对测量的属性进行全面的解释。初接触 CMC 的人需要了解拉伸和弯曲测试结果之间的差异、材料可变性对测试结果离散度的影响等。因此需要获得可靠的测试数据以用于设计和质量控制等环节。

在新需求的推动下，CMC 的应用范围将会持续扩大，如未来航空发动机会需要 CMC 部件。为了延长使用寿命和降低成本，将会在复合材料体系中引入新型纤维、基体、界面层及 EBC 等。针对特定应用下金属或聚合物材料性能不足的问题，可以重新应用玻璃基和玻璃-陶瓷基复合材料[见参考文献 2.3(a)～(c)]，如纤维增强玻璃作为最早研究的材料体系之一，尽管最近很少受到关注，但它们可能会最终成为高于聚合物基复合材料工作温度范围内应用的最佳选择；围绕氧化物/氧化物和硅基 CMC 的纤维涂层已进行了大量的研究[见参考文献 2.3(d)～(m)]。尽管目前未取得应用，但这些研究有可能在未来产生更新颖的材料。此外，各研究机构正在开发"耐高温"SiC/SiC CMC（基体中不含游离硅）和 EBC，以便在 2 600 ℉（1 427 ℃）以上的温度下使用，从而支撑更高效航空发动机的研发需求[见参考文献 2.3(mm)]。

未来的修订本将着重于提供更多与 CMC 组分、设计、寿命、测试、材料性能相关的信息以及部件在飞机发动机服役中获得的经验教训。目前基本没有有关 CMC 部件服役性能的公开文献,需要继续积累服役过程中故障预防的知识。经验表明,在非常高的使用温度下,任何材料的力学性能都会随着部件的使用寿命而发生变化。如果材料的成分发生氧化、烧结或明显蠕变,则 CMC 的强度和应变也会降低,并且根据载荷与时间的关系,其弹性性能也会发生变化[见参考文献 2.3(n)~(q)]。在任何情况下,都应谨记材料的性能可能会在部件的整个生命周期内发生变化,很可能会发生退化,并且这些性能的统计分布宽度也会不断增加[见参考文献 2.3(r)~(u)]。通常,部件设计时要充分考虑安全裕度,当性能下降到服役载荷可能导致不可接受故障的程度时,部件的使用寿命就结束了。目前,可根据服役环境的特点,通过各种技术手段来评估部件的使用寿命,如可根据裂纹的增长速度和不可检测裂纹的最大预估尺寸来设置检查间隔[见参考文献 2.3(v)和(w)]。这些技术能否奏效取决于能否对材料失效演化过程进行准确判断以及能否实现失效的可检测性,而娴熟运用这些技术则是基于对材料相对扎实的认识和类似应用中所积攒的经验。在 CMC 领域,前者正在不断发展,后者正依赖最终用户的测试来实现。本手册为有关材料寿命的问题提供了基础,并且在以后的修订版中将更多地加入来自用户体验方面的知识。

总体而言,本手册涵盖范围广泛,信息丰富。单本手册并不是 CMC 相关课题的唯一信息来源。希望读者将它作为速查手册,能够快速获取大量可靠有用的信息,但它不能代替科学和工程文献。本手册希望可以成为引领读者快速高效地了解 CMC 的起点。后续也将定期更新手册,为氧化物/氧化物和 SiC/SiC CMC 的安全可靠应用提供更多的信息。

参 考 文 献

2.1(a)   M. G. Jenkins and J. A. Salem (2016). "ASTM Committee C28: International Standards for Properties and Performance of Advanced Ceramics Three Decades of High-Quality, Technically-Rigorous Normalization," presented at MS&T 16, Salt Lake City, UT, October 2016.

2.1(b)   R. A. J. Sambell, A. Briggs, et al. (1972). "Carbon Fiber Composites with Ceramic and Glass Matrices, Part 2 - Continuous Fibers." J. of Mater. Sci. 7(6): 676 - 681.

2.1(c)   D. Esler, (2009). Betting Big on Business Aviation. Business and Commercial Aviation, McGraw-Hill.

2.1(d)   K. A. Green and D. U. Furrer (2009). Advanced Turbine Engine Materials. Advanced Materials and Processes. March: 21 - 23.

2.1(e)   G. Norris, (2009). GE Aviation Moving to Apply Ceramic Matrix Composites to the Heart of Future Engines. Aviation Week, McGraw-Hill.

2.1(f)   M. Mecham (2010). New GE Engine Has Potential for Commercial Use. Aviation Week, McGraw-Hill.

2.1(g)   T. Y. Nakamura, Okita, et al. (2010). Development of a CMC Turbine Vane. High Temperature Ceramic Materials and Composites: Proceedings of the 7th International Conference on High Temperature Ceramic Matrix Composites (HT – CMC 7). W. Krenkel and J. Lamon. Berlin, AVISO Verlagsgesselschaft mbH.

2.1(h)   S. Trimble, (2010). General Electric Primes CMC for Turbine Blades. Flight International, Reed Business Information.

2.1(i)   R. J. Kerans and A. P. Katz, Eds. (2013). Applications of Engineering Ceramics. Composite Science and Technology. Weinheim, Germany, Wiley-VCH.

2.1(j)   M. C. Anderson (2014) "CMCs Make the LEAP to Production." Manufacturing Engineering-Media. com.

2.1(k)   Website, G. (2015). "GE CMC (Asheville plant)." from http://www. geaviation. com/press/other/other_20130709. html.

2.1(l)   R. Gehm, "Future is Hot for Ceramic Matrix Composites in Engines," http://articles. sae. org/6112/.

2.1(m)   F. W. Zok, "CMCs Enable Revolutionary Gains in Turbine Engine Efficiency," American Ceramic Society Bulletin, Vol. 95, No. 5.

2.1(n)   G. Morscher, "Fiber-Reinforced Ceramic Matrix Composites for Aero Engines". Encyclopedia of Aerospace Engineering. 1 – 10. 2014.

2.1(o)   G. Gardiner, "Aeroengine Composites, Part 1: The CMC invasion," http://www. compositesworld. com/articles/aeroengine-composites-part-1-the-cmc-invasion.

2.1(p)   G. Mandigo and D. Freitag, "A Primer on CMCs", http://compositesmanufacturingmagazine. com/2015/02/a-primer-on-ceramic-matrix-composites/.

2.1(q)   "Ceramic Matrix Composites Improve Engine Efficiency," http://www. geglobalresearch. com/innovation/ceramic-matrix-composites-improve-engineefficiency.

2.1(r)   "New material for GE Aviation a Play for the Future," http://www. cincinnati. com/ story/money/2016/04/09/ge-aviation-cmc-future/82649420/.

2.1(s)   D. Brewer, "HSR/EPM Combustor Materials Development Program," Mater. Sci. Eng. A, A261 284 – 291 (1999).

2.1(t)   D. Brewer, G. Ojard, and M. Gibler, "Ceramic Matrix Composite Combustor Liner Rig Test," Proceedings of TURBOEXPO2000: ASME TURBO EXPO 2000: LAND, SEA, AND AIR, May 8 – 11, 2000 – Munich, Germany TE00CER03 – 03.

2.1(u)   M. J. Verrilli, A. M. Calomino, R. C. Robinson, and D. J. Thomas, "Ceramic Matrix Composite Vane Subelement Testing In A Gas Turbine Environment," Proceedings of IGTI 2004: ASME TURBO EXPO 2004 June 14 – 17, 2004 – Vienna, Austria GT2004 – 53970.

2.1(v)   M. J. Verrilli, R. C. Robinson, and A. M. Calomino, "Ceramic Matrix Composite Vane Subelements Tested in a Gas Turbine Environment," Research & Technology 2003, NASA TM – 2004 – 212729, pp. 39 – 40.

2.1(w)   J. A. DiCarlo, H. – M. Yun, G. N. Morscher, and R. T. Bhatt, "SiC/SiC Composites for 1200℃ and Above," NASA TM – 213048, November, 2004.

2.1(x)   D. Zhu, "Advanced Environmental Barrier Coatings For SiC/SiC Ceramic Matrix Composite Turbine Components," Chapter 10 in *Engineered Ceramics, Current Status and Future Prospects*. Edited by Tatsuki Ohji and Mrityunjay Singh. The American Ceramic Society and John Wiley & Sons, Inc. , (2016), pp. 187 – 202.

2.1(y) N. Jacobson, J. Smialek, D. Fox, and E. Opila, "Durability of Silica Protected Ceramics in Combustion Atmospheres," NASA TM – 112171, Jan. 1995.

2.1(z) J. L. Smialek, R. C. Robinson, E. J. Opila, D. S. Fox, and N. S. Jacobson, "SiC and Si_3N_4 Recession Due to SiO_2 Scale Volatility under Combustor Conditions," Adv. Composite Mater, 8 (1999), 33 – 45.

2.1(aa) K. N. Lee, "Environmental Barrier Coatings for Silicon-Based Ceramics," in *High Temperature Ceramic Matrix Composites*, W. Krenkel, R. Naslain, and H. Schneider, Eds. , Wiley-VCH, Weinheim, Germany, (2001), pp. 224 – 229.

2.1(bb) K. A. Keller, G. Jefferson, and R. J. Kerans, "Oxide/Oxide Composites," in *Ceramic Matrix Composites: Materials, Modeling and Technology*, ed N. P. Bansal, J. Lamon. John Wiley & Sons, Inc. , 2014.

2.1(cc) "Ceramic Matrix Composites Take Flight in LEAP Jet Engine," https://www. ornl. gov/news/ceramic-matrix-composites-take-flight-leap-jet-engine

2.1(dd) P. Spriet, "CMC Applications to Gas Turbines," in *Ceramic Matrix Composites: Materials, Modeling and Technology*, ed N. P. Bansal, J. Lamon. John Wiley & Sons, Inc. , 2014.

2.2.1 S. T. Gonczy, "Federal Aviation Administration (FAA) Airworthiness Certification for Ceramic Matrix Composites Components in Civil Aircraft Systems," MATEC Web of Conferences-Testing and Modeling Ceramic & Carbon Matrix Composites, Ed. E. Baranger & J. Lamon, 29, Publ. EDP Sciences, (2015), 00002 – P. 1 – 10.

2.3(a) K. Prewo and J. J. Brennan (1980). "High-Strength Silicon Carbide Fiber-Reinforced Glass Matrix Composites." J. Mat. Sci. 15(2): 463 – 468.

2.3(b) J. J. Brennan and K. M. Prewo (1982). "Silicon Carbide Fiber-Reinforced Glass-Ceramic Composites Exhibiting High Strength and Toughness." J. Mater. Sci. 17: 2371 – 2383.

2.3(c) J. R. Strife, J. J. Brennan, et al. (1990). "Status of Continuous Fiber-Reinforced Ceramic Matrix Composite Processing Technology." Cer. Eng. Sci. Proc. 11(7 – 8): 871 – 919.

2.3(d) P. E. D. Morgan and D. B. Marshall (1997). Fibrous Composites Including Monazites and Xenotimes. U. S. A. , Rockwell.

2.3(e) D. B. Marshall, P. E. D. Morgan, et al. (1998). "High-Temperature Stability of the Al_2O_3 – $LaPO_4$ System." J. Am. Ceram. Soc. 81(4): 951 – 956.

2.3(f) K. A. Keller, T. A. Parthasarathy, et al. (1999). "Evaluation of Monazite Fiber Coatings in Dense Matrix Composites." Ceram. Eng. Sci. Proc. 20.

2.3(g) R. J. Kerans, R. S. Hay, et al. (2002). "Interface Design for Oxidation-Resistant Ceramic Composites." Journal of the American Ceramic Society 85(11): 2599 – 2632.

2.3(h) K. A. Keller, T. I. Mah, et al. (2003). "Effectiveness of Monazite Coatings in Oxide/Oxide Composites after Long-Term Exposure at High Temperature." Journal of the American Ceramic Society 86(2): 325 – 332.

2.3(i) G. E. Fair, R. S. Hay, et al. (2007). "Precipitation Coating of Monazite on Woven

Ceramic Fibers: Ⅰ. Feasibility. ” Journal of the American Ceramic Society 90(2): 448 –
455.

2. 3(j)   P. R. Jackson, M. B. Ruggles-Wrenn, et al. (2007). “Compressive Creep Behavior of
An oxide-oxide Ceramic Composite with Monazite Fiber Coating at Elevated
Temperatures. ” Materials Science and Engineering: A 454 – 455(0): 590 – 601.

2. 3(k)   G. E. Fair, R. S. Hay, et al. (2008). “Precipitation Coating of Monazite on Woven
Ceramic Fibers: Ⅱ. Effect of Processing Conditions on Coating Morphology and
Strength Retention of Nextel™ 610 and 720 Fibers. ” Journal of the American Ceramic
Society 91(5): 1508 – 1516.

2. 3(l)   G. Jefferson, K. A. Keller, et al. (2008). Oxide/Oxide Composites with Fiber
Coatings. Ceramic Matrix Composites: Fiber Reinforced Ceramics and their Applications
W. Krenkel. Weinheim, Germany, Wiley-VCH Verlag GmbH & Co. KGaA: 187 –
204.

2. 3(m)   G. E. Fair, R. S. Hay, et al. (2010). “Precipitation Coating of Monazite on Woven
Ceramic Fibers: Ⅲ – Coating without Strength Degradation Using a Phytic Acid
Precursor. ” Journal of the American Ceramic Society 93(2): 420 – 428.

2. 3(mm)   J. D. Kiser, J. E. Grady, R. T. Bhatt, V. L. Wiesner, and D. Zhu, “Overview of
CMC (Ceramic Matrix Composite) Research at the NASA Glenn Research Center, ”
Proceedings of the Ceramic Expo, Cleveland, OH, April 26, 2016.

2. 3(n)   B. J. Budiansky, W. Hutchinson, et al. (1986). “Matrix Fracture in Fiber-Reinforced
Ceramics. ” J. Mech. Phys. Solids 34(2): 167 – 189.

2. 3(o)   A. G. Evans and D. B. Marshall (1989). “Overview No. 85: The Mechanical Behavior
of Ceramic Matrix Composites. ” Acta Metall. 37: 2567 – 2583.

2. 3(p)   G. M. Genin and J. W. Hutchinson (1997). “Composite Laminates in Plane Stress:
Constitutive Modeling and Stress Redistribution Due to Matrix Cracking. ” J. Am.
Ceram. Soc. 80(5): 1245 – 1255.

2. 3(q)   T. A. Parthasarathy and R. J. Kerans (2003). 2. 09 – Failure of Ceramic Composites.
Comprehensive Structural Integrity. I. M. O. R. Karihaloo. Oxford, Pergamon: 455 –
475.

2. 3(r)   R. Talreja (1991). “Continuum modelling of damage in ceramic matrix composites. ”
Mechanics of Materials 12(2): 165 – 180.

2. 3(s)   A. G. Evans (1997). “Overview No. 125 Design and Life Prediction Issues for High
Temperature Engineering Ceramics and Their Composites. ” Acta Materialia 45(1): 23 –
40.

2. 3(t)   R. J. Miller (2000). 6. 10 – Design Approaches for High Temperature Composite
Aeroengine Components. Comprehensive Composite Materials. C. Zweben and A.
Kelly. Oxford, Pergamon: 181 – 207.

2. 3(u)   G. N. Morscher, G. Ojard, et al. (2008). “Tensile Creep and Fatigue of Sylramic –
iBN meltinfiltrated SiC Matrix Composites: Retained Properties, Damage Development,
and Failure mechanisms. ” Composites Science and Technology 68(15 – 16): 3305 –
3313.

2. 3(v)   R. J. Hill, W. H. Reimann, et al. (1981). A Retirement for Cause Study of an

Engine Turbine Disk, Air Force Wright Aeronautical Laboratories.

2. 3(w)   T. A. Cruse, R. C. McClung, et al. (1992). "NSTS Orbiter Auxiliary Power Unit Turbine Wheel Cracking Risk Assessment." Transactions of the ASME 114 (April): 302 – 308.

第3章 工艺、表征和制造

3.1 CMC体系、工艺、性能和应用

3.1.1 CMC在航空发动机热端及排气部件上的应用

陶瓷基复合材料(CMC)在诸多工业和航空领域具有重要应用(见表3.1.1)。图3.1.1显示了CMC在亚声速喷气发动机部件上的应用,军用和商用发动机用CMC的研发已逾40年。"节约燃料成本、降低污染物排放"成为持续开发各种新型CMC的巨大原动力。CMC近年来的发展现状总结如下[见参考文献3.1.1(a)]:"经过30年的研究和数十亿美元的投入,CMC有望应用于商用飞机发动机的热端部件上,CMC发展的新纪元即将来临。"由于CMC比金属更具优势,因此已将其应用于亚声速商用发动机的热端和排气部件上,并带来以下效果:① 减轻了部件重量(密度约为合金的1/3);② 提高了承温能力;③ 降低了冷气用量[见参考文献3.1.1(b)和(c)]。上述优点可以让使用CMC热端部件和排气部件的发动机在更高的温度下服役并且有更高的燃油效率。此外,还可减少氮氧化物和二氧化碳的排放。

目前可应用的CMC体系主要有两种:SiC/SiC(非氧化物)体系和氧化物/氧化物体系。不同类型的熔渗工艺(MI)制备的SiC纤维增强SiC基体(SiC/SiC)陶瓷基复合材料[后文简称SiC/SiC(MI)CMC]已在工作温度超过2 000℉(1 093℃)的燃气涡轮发动机热端部件上取得应用[见参考文献3.1.1(e)],其工作温度比金属高200~500℉(111~278℃)[见参考文献3.1.1(f)]。在高温有氧条件下,SiC/SiC CMC将因发生被动氧化而在表面形成二氧化硅层,在发动机服役环境中,该层会与燃气流中存在的高压水蒸气反应而挥发掉。因此,SiC/SiC CMC部件在使用时需要涂覆环境障涂层(EBC)以防止其性能退化[见参考文献3.1.1(g)](EBC将在3.5.1节中讨论)。SiC/SiC(MI)CMC涡轮外环成为第一个在商用航空发动机上取得应用的部件[见参考文献3.1.1(h)],并将进一步拓展应用于未来航空发动机的燃烧室衬套、导向叶片、转子叶片等部件中[见参考文献3.1.1(i)]。氧化物/氧化物CMC将可用于工作温度为1 800℉(982℃)或更低的发动机排气部件中[见参考文献3.1.1(j)

和(k)],该 CMC 具有以下优点:① 在排气环境中保持稳定,因而通常不需要保护涂层;② 与 SiC 纤维相比,氧化物纤维价格相对便宜;③ 纤维表面不需要界面层(界面)。这些优点将有助于降低该体系的综合成本。但在某些应用场合下,氧化物/氧化物 CMC 的潜在不足是孔隙率太高(20%~25%),当然,也可以将涂层涂覆到该类材料表面,既可作为热障涂层(TBC)实现更高的工作温度,也能弥合表面孔隙。

由于 SiC/SiC(MI)CMC 的基体中存在自由硅,因此其长期使用温度上限约为2 400℉(1 316℃)。耐 2 700℉(1 482℃)的 SiC/SiC CMC 正在开发中,这些材料需要高抗蠕变的 SiC 纤维和基体,当该 CMC 与耐高温的 EBC/TBC 配合使用时,工作温度可达 3 000℉(1 649℃),从而大幅提高发动机的工作效率[见参考文献 3.1.1(f)和(l)]。随着发动机工作温度的持续提高,将需要耐更高温度的排气部件,氧化物/氧化物 CMC 的承温上限也取决于所用的增强纤维和基体类型,相关内容将在下节中做进一步讨论。

表 3.1.1　CMC 的潜在应用领域

产品领域	示　例
涡轮发动机(宇航和固定的)	燃烧室衬套、导向叶片、转子叶片、涡轮外环
热回收设备	预热器、换热器
燃烧炉	辐射管、丝网燃烧器
加工设备	重整器、反应器、换热器
垃圾焚烧	炉壁、颗粒分离器
分离/过滤	过滤器、基底、离心机
结构件	梁、壁板、集管
宇航	热保护、推进器喷嘴、涡轮泵部件、前缘
核工业	燃料包壳管
军用	防护装甲

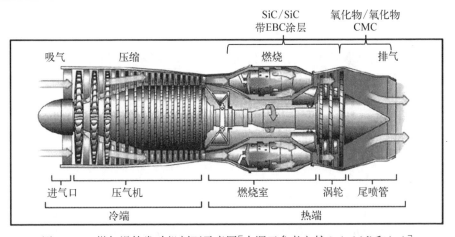

图 3.1.1　燃气涡轮发动机剖面示意图[来源于参考文献 3.1.1(d)和(m)]

3.1.2　CMC体系、制备工艺及性能

许多陶瓷基复合材料体系已经达到商业化开发阶段,其工艺和性能已经确定,并且达到了商用的需求。同时,还有一些CMC体系正向着更耐高温的方向发展。与涡轮发动机应用最相关的SiC/SiC CMC体系如图3.1.2所示[见参考文献3.1.2(a)];先进发动机中应用的另一种材料体系是氧化物/氧化物复合材料。后文将针对各材料体系的制备工艺和性能进行阐述,相关信息也可在文献中查找到,如文献3.1.2(b)提供了不同SiC/SiC CMC体系的详细概述。

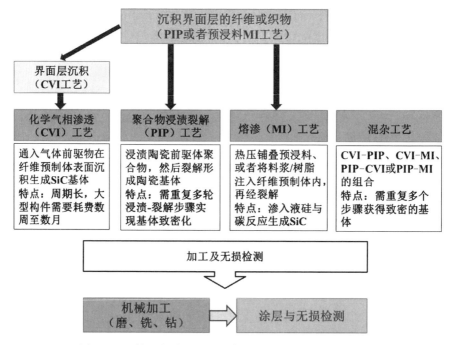

图3.1.2　航空发动机用不同类型SiC/SiC CMC制备工艺
[来源于参考文献3.1.2(a)]

目前正在从事CMC生产的美国公司如表3.1.2所示,这些公司部分是CMC的供应商,部分仅为自己生产,还有诸如Starfire、Kion Defense及Axiom等公司,主要作为CMC基体材料的供应商。

表3.1.2　从事CMC生产的美国公司

公　司　名　称
Albany Engineered Composites
波音公司
ATK COI Ceramics(COIC)，Orbital ATK公司空间系统成员

（续表）

公　司　名　称
Ceramic Composite Products,GE 航空全资子公司
Composite Horizons
General Dynamics
Herakles
HITCO,SGL 集团子公司
普惠公司,联合技术公司的子公司
罗罗高温复合材料公司
Teledyne Scientific
Ultramet

3.1.3　SiC/SiC CMC 体系

3.1.3.1　化学气相渗透(CVI)工艺 SiC/SiC CMC

3.1.3.1.1　制备过程

CVI 工艺包括在二维(如层叠织物)或三维纤维预制体表面进行界面层沉积和基体致密化两个过程。沉积时,将气体前驱物通入炉内,气相反应物渗透到预制体内,起初在纤维表面反应生成界面(界面层),继而形成 SiC 基体,最终实现致密化,得到的 CMC 中通常含有 10%~20% 的孔隙率。

具体来说,CVI 工艺制备 CMC 的关键工序如图 3.1.3.1.1 所示,通常是先将 SiC 纤维编织成二维或三维预制体,再将其置于石墨工装中以确保制备过程中零件形状不变(在 3.4 节中将进一步介绍纤维预制体制备技术);接着通过化学气相渗透技术在纤维预制体表面沉积界面(界面层厚度一般约为 0.5 μm)(参见 3.3 节);然后将沉积界面层的预成型坯装入 CVI 炉中进行 SiC 基体的渗透;基体致密化过程通常在不同的反应炉内进行,最初循环沉积的目的是使预制体硬化以便除去工装,用于后续进一步的基体致密化[见参考文献 3.1.3.1.1(a)]。根据 CVI 过程的表面反应动力学速度控制机制,为了获得相对均匀的沉积基体,沉积过程是在足够低的温度下进行

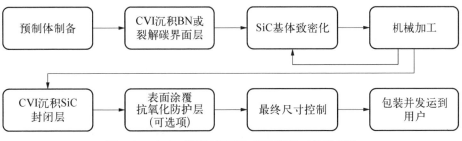

图 3.1.3.1.1　等温/等压法 CVI 制备工艺流程图

的。在等温、等压的沉积过程中，反应炉内的温度通常设置在 1 652～2 012℉(900～1 100℃)范围内[见参考文献 3.1.3.1.1(b)]。如果沉积温度过高，预制体表面的基体物质生成太快，将导致纤维表面的涂层非常不均匀。为了实现可接受的沉积速率和均匀性，沉积时还需优化进气压力和流速；最终，复合材料表面将没有任何允许气体进入其内部的开放孔隙。流程图中显示可以对制件进行机械加工使反应物能够进一步渗入 CMC，但该处理方法会损伤纤维。

为了实现最佳的致密化效果，可以通过以下五种不同工艺类型实现化学气相渗透[见参考文献 3.1.3.1.1(a)]：

(1) 等温/等压法：恒温下反应物包围预制体并通过扩散作用进入内部。

(2) 热梯度法：反应物接触预制体的冷端，并通过扩散进入预制体的热端，然后在热端进行反应。

(3) 等温强制流动法：强制反应物流过处于恒温的预制体。

(4) 热梯度强制流动法：强制反应物从冷端流到热端。

(5) 脉冲流法：通过循环排空和回注系统的方式使反应物流入和流出预制体。

等温/等压法是应用最广泛且唯一正在商用的方法[见参考文献 3.1.3.1.1(c)～(j)]。尽管其他四种方法优于等温/等压法，但它们还不够成熟，易受零件和形状的限制，同时需要专门的设备和控制装置[见参考文献 3.1.3.1.1(a)]。

在等温/等压工艺中，反应物进入预制体内和气态反应产物离开预制体是借助化学扩散作用来实现的[见参考文献 3.1.3.1.1(k)]。为了获得经济的致密化速率，需要控制较快的沉积速度，导致在渗透完成之前就堵塞了扩散的通道[见参考文献 3.1.3.1.1(a)]。为了重新打开扩散通道，常常需要中断 CVI 工艺过程进行周期性的表面机械加工[见参考文献 3.1.3.1.1(a)]。

CVI 是成熟的化学气相沉积(CVD)工艺的一种形式，只要有适合的前驱体，都可以沉积出各种陶瓷化合物作为 CMC 基体，商业上最常见的 CVI 基体是 SiC 和 C。表 3.1.3.1.1 列举了耐高温 CMC 中常用的基体和界面类型，以及生成它们的基本化学反应。

表 3.1.3.1.1　基于 CVI 的基体成分

基体/界面	典型化学反应
C	$CH_4 \rightarrow C + 2H_2$
SiC	$CH_3SiCl_3 + \alpha H_2 \rightarrow SiC + 3HCl + \alpha H_2$
B_4C	$4BCl_3 + CH_4 + (4+\alpha)H_2 \rightarrow B_4C + 12HCl + \alpha H_2$
ZrC (HfC)	$ZrCl_4 + CH_4 + \alpha H_2 \rightarrow ZrC + 4HCl + \alpha H_2$
TaC	$TaCl_5 + CH_4 + (1/2+\alpha)H_2 \rightarrow TaC + 5HCl + \alpha H_2$

(续表)

基体/界面	典 型 化 学 反 应
Si_3N_4	$3SiCl_4 + 4NH_3 + \alpha H_2 \rightarrow Si_3N_4 + 12HCl + \alpha H_2$
BN	$BX_3 + NH_3 + \alpha H_2 \rightarrow BN + 3HX + \alpha H_2 (X = Cl, F)$

在 CVI 致密化周期中可能还需要进行一些机械加工，以进行尺寸控制和重新打开通向零件内部的扩散路径。许多情况下，虽然最终的 CVI 致密化过程会密封所有加工边缘，但为了防止水蒸气侵蚀，零件使用时还需附加环境障涂层。

3.1.3.1.2　SiC/SiC(CVI)CMC 的典型性能

SiC/SiC(CVI)CMC 基体中的孔隙率通常为 10%～20%。图 3.1.3.1.2(a) 显示了表面沉积 SiC 的纤维束间随机分布的孔隙，这些细长的孔道降低了厚度方向的热导率。在整个材料中，织物的排列和嵌套都不相同，从而导致孔隙率分布不均匀，这可以利用更均匀或可预测织物结构的三维预制体来解决。在混杂 SiC/SiC 复合材料中，其他 SiC 基体可浸渗到不完全致密的 SiC/SiC(CVI)CMC 基体中，从而基本上消除了大孔。图 3.1.3.1.2(b) 中显示了 BN 界面(界面层)的高倍放大图以及 SiC(CVI)基体的晶粒结构。

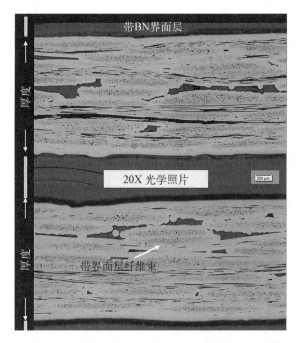

图 3.1.3.1.2(a)　二维 SiC/SiC(CVI)CMC 抛光截面图(增强材料为 Sylramic - iBN SiC 纤维织物，CMC 由罗罗公司提供) [来源于参考文献 3.1.3.1.2(a)]

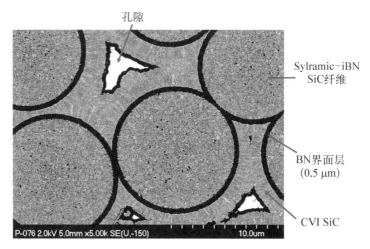

图 3.1.3.1.2(b)　　二维 SiC/SiC(CVI)CMC BN 界面图(增强材料为
Sylramic-iBN SiC 纤维织物,CMC 由罗罗公司提供)

　　在加载过程中,连续纤维增强陶瓷基复合材料先表现出线弹性行为,当基体开裂后则出现非线性的应力-应变响应行为[见参考文献3.1.3.1.1(b)],CVI工艺制备的SiC/SiC CMC 的极限拉伸强度(UTS)和断裂应变取决于增强纤维的性能[见表3.1.3.1.2和参考文献3.1.3.1.2(b)]。对于具有 BN 界面层的标准 SiC/SiC(CVI)CMC,根据纤维的强度和载荷,其室温下的 UTS 在43~73 ksi(300~500 MPa)之间;弹性模量的范围为11~42 Msi(220~290 GPa),具体取决于纤维载荷和基体中的孔隙率。纤维增强体的类型也会影响复合材料的高温性能:已有研究采用 Hi-Nicalon、Hi-Nicalon-S 及 Sylramic 系列的 SiC 纤维制备出 SiC/SiC(CVI)CMC 并进行了性能测试[见参考文献3.1.3.1.2(b)~(e)]。NASA 于2001年前后在高温[2 642°F/1 450℃)]下对 SiC/SiC(CVI)CMC 进行了测试,以评估其能否替代可重复使用的运载火箭中的 C/SiC 复合材料,同时在高超声速飞行器中也做了验证。部分研究工作尚未见诸公开报道的文献中,但可能会在未来几年内出现。参考文献3.1.3.1.2(c)还报道了 SiC/SiC(CVI)CMC 在2 399°F(1 315℃)下空气中的蠕变行为。

表 3.1.3.1.2　　两种不同 SiC/SiC(CVI)CMC 的性能[来源于参考文献 3.1.3.1.2(b)]

试　板	f_i^0	$E/$ GPa	UTS/ MPa	断裂 位置	残余 应力/ MPa	0.002% 偏置应 力/MPa	首次声 发射 应力/ MPa	显著声 发射 应力/ MPa	$\rho_c/$ mm^{-1}	$\tau/$ MPa
Hi-Nicalon SiC/SiC(CVI)CMC										
8 ply (C)	0.14	199	300	标距段	10	68	24	61	2.2	14

（续表）

试　板	f_{f}^{0}	$E/$ GPa	UTS/ MPa	断裂 位置	残余 应力/ MPa	0.002% 偏置应 力/MPa	首次声 发射 应力/ MPa	显著声 发射 应力/ MPa	$\rho_{\mathrm{c}}/$ mm^{-1}	$\tau/$ MPa
8 ply (BN1)	0.17	258	415	标距段	0	90	66	94	4.6	35
8 ply (BN2)	0.16	225	416	标距段	0	73	63	70	4.3	31
8 ply (BN3)	0.18	225	367	标距段	—	83	51	86	3.6	20
30 ply (C)	0.17	237	328	过渡段	—	88	15	70	3.4	30
36 ply (C)	0.17	231	391	过渡段	—	80	19	78	3.5	27
1 ply (C)	0.13	96	110	夹持段	—	55	28	56	2.0	25
2 ply (C)	0.14	104	274	夹持段	0	92	29	95	10.6	—
3 ply (C)	0.16	109	380	夹持段	0	83	24	80	11.6	—
E8Ply - 8 HS(BN)	0.17	118	364	标距段	0	77	48	85	10.8	33
Sylramic - iBN SiC/SiC(CVI)CMC										
7.9epcm (1)	0.18	247	432	标距段	—	138	69	110	10.3	48
7.9epcm (2)	0.18	254	424	标距段	—	135	91	120	9.0	45
7.9epcm (2)	0.18	226	433	标距段	−25	131	84	117	—	—
7.9epcm (3)	0.18	278	445	标距段	—	158	107	150	8.1	43
7.9epcm (3)	0.18	276	—	标距段	−30	153	97	145	—	—
9.4epcm	0.21	289	509	过渡段	—	188	122	155	10.6	—
9.4epcm	0.21	293	500	标距段	−42	180	128	150	10.1	59
5.5epcm	0.12	260	258	标距段	—	140	110	110	8.3	—
5.5epcm	0.12	261	298	标距段	−30	143	115	123	9.4	63
7.9epcm (C)	0.17	230	387	标距段	−30	120	69	114	6.7	28

3.1.3.2　聚合物浸渍裂解(PIP)工艺 SiC/ SiC CMC

3.1.3.2.1　概述

聚合物先驱体为制备 CMC 提供了独特的解决方案,虽然很多聚合物还在研发阶段，但大多数聚合物先驱体是硅基聚合物，如聚碳硅烷、聚硅氮烷和聚硅氧烷。经常通过将聚合物功能化使其具有交联能力和满足CMC制备的特性。可以调整聚合物的化学性质、分子结构和相对分子质量，并采用已成熟的聚合物基复合材料（如碳/环氧树脂）制备工艺进行CMC的制造，例如二维手工铺层、三维预制体、编织结构、热压罐固化、热压成型、树脂传递模塑成型（RTM）、长丝缠绕以及自动铺丝等。经惰性或反应气氛中的高温热处理（裂解）后，聚合物转化为高产率的陶瓷相，再形成CMC的基体。该工艺已用于制备不同组成的基体，包括Si—C、Si—O—C、Si—N及Si—N—C等。在初次裂解后，再反复注入聚合物并进行裂解，直到达到所需的密度水平为止。该种制备方法也因此被命名为聚合物浸渍裂解法。

　　与CMC其他制备工艺一样，该工艺也是将沉积界面层的连续纤维置于陶瓷基体中，以获得所需的强度、韧性和"平稳失效"。纤维界面层的组分和制备方法均与其他CMC所用的界面层相似，如常用的BN界面层。碳纤维和碳化硅纤维是常用的纤维，当制备温度较低［小于1 832°F（1 000℃）］时，还可以加入一些不耐高温的纤维（如Nextel 312等）。

　　陶瓷颗粒、晶须、薄片可以加入聚合物转化的陶瓷基体中进行改性，由于聚合物转化为陶瓷基体的过程中密度发生了变化，这些填料在聚合物裂解过程中可显著提高陶瓷相的产率。一些填料还可与裂解副产物或裂解气氛发生反应，形成可对基体进行增强和增韧的新物相，精选的填料还可以提高复合材料的弹性模量，改善层间性能。

3.1.3.2.2　制备过程

　　PIP工艺制备CMC的一般流程如图3.1.3.2.2(a)所示。图中上排所示的初始工序与聚合物基复合材料（PMC）制备工艺类似，当这些工序完成后，获得包含陶瓷纤维或碳纤维的聚合物基素坯，素坯可以进行加工；接着将素坯裂解，可以将聚合物转化为陶瓷基体，此时基体的密度从1 g/cm³增加至2～3 g/cm³，该过程伴随着基体体积收缩和内部微裂纹的形成；基体中相互贯通的孔隙可使聚合物先驱体再渗入其中，然后再裂解形成新的基体层。通常需要经过5～10个循环使基体致密化，也可能需要更多的循环次数，这取决于控制陶瓷相最终产率的化学反应和热解温度。原则上，所有制备聚合物基复合材料的工序步骤都可以用于PIP工艺制备陶瓷基复合材料的工艺过程中。需要注意的是，可以通过树脂传递模塑成型方法将基体材料注入三维机织或编织的预制体中，然后在烘箱中固化。致密化循环过程名义上与碳-碳复合材料的无氧环境裂解过程类似，但后者操作更为简便（因为其采用了毒性更低、更易用的聚合物树脂，且裂解循环周期更短）。裂解条件根据聚合物化学性质和最终所需的性能而有所不同，温度通常为1 292～2 912°F（700～1 600℃）。

　　制备过程通常是从"预浸料"开始，该预浸料由含有填料的陶瓷聚合物先驱体和陶瓷纤维机织布或者丝束（具有必要的界面层）组成。对于层压平板的研究，通常使

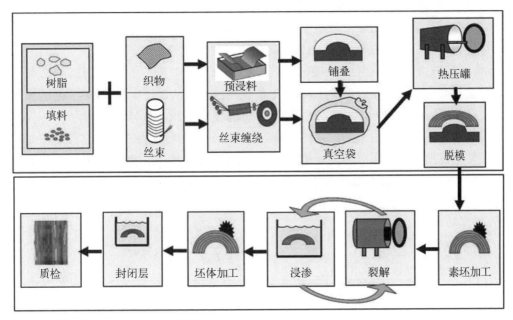

图 3.1.3.2.2(a)　PIP 工艺制备 CMC 流程示意图

用缎纹织物,因为它的表面比平纹织物更平整、光滑。织物铺层时通常沿经向对齐,按 0°/90°或准各向同性的铺层方式进行堆垛。铺层结构方式很重要,因为它会影响平板的力学性能,特别是铺层以一定角度定向时(准叠层中通常采用±45°铺层方式)。基于聚合物先驱体制备陶瓷基复合材料的一种常用方法是使用织物预浸料(双向纤维)或单向带预浸料(单向纤维)进行铺层,然后在热压罐或压机中进行热压罐固化或进行低温热压,该工序将织物和基体压至所需的体积分数。复杂部件的制造需要用合适的工具剪裁预浸料,然后进行热压固化。当然三维机织或编织的预制体也可以用来制造部件,但是需要工装和热压。

在二维复合材料制备过程中,最好采用单向纤维预浸料,这种具有片状、带状或单向带结构的预浸料由纤维束丝浸入液态聚合物先驱体或聚合物-粉体料浆制成,适当展开丝束将有利于粉体填料的进入。预浸料制备时先将湿的丝束进行干燥或部分固化处理,然后平行地缠绕在辊筒上,最后从辊筒上裁下预浸料片。采用热压罐对预浸料固化成型,对整个零件施加均匀的压力(该工艺对复杂形状零件的成型具有显著优势),也可采用相似的时间-温度-压力参数在更为简单的热压机中热压层压平板(如 Carver™ 热压机)。用于铺层的预浸料图案是从双面覆盖有离型纸(带有 Teflon™ 涂层)或可剥离层的预浸布上切下的,切割图案时使用模板和刀片或辊切机,铺层时将离型纸从预浸料上剥离。当将预浸料布铺覆在复杂构型的模具上时,需要预浸料具有良好的黏性。

典型的热压罐成型方案如图 3.1.3.2.2(b)所示。在制造复杂形状的部件时,适用于纤维-环氧树脂的工装模具就能满足要求。通常采用机械加工的铝合金作为工装，在使用前，最好在工装上使用非有机硅脱模剂。热压周期根据所采用的聚合物先驱体类型有所不同，但基本原理相似。聚合物必须在高于其玻璃化温度（T_g）的范围内固化，理想情况下应在低熔体黏度（不大于 100 Pa·s）下进行固化，但必须在聚合物开始热固化之前。在此温度下，将多余的预浸料料浆从铺层中挤出，然后继续加热至交联温度[通常小于 500℉（260℃）]。所得的理想热压成型体致密度为 100%，内部没有任何的孔洞。由于加工素坯比加工最终陶瓷产品容易得多，因此，通常在此时对生坯进行加工使其尽可能接近最终形状。了解材料在裂解过程中如何改变是十分必要的，这样可以为素坯加工提供指导。

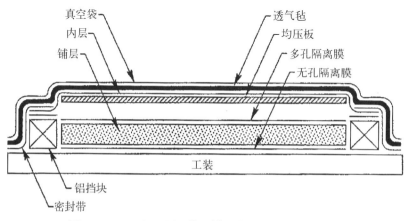

图 3.1.3.2.2(b)　用于热压罐固化成型的真空袋结构

初始构型的高温裂解（在无氧环境中加热）可将聚合物转化为陶瓷，并释放出挥发性副产物，由于这些气体大部分相对分子质量较低（如 H_2、CO 等），因此即使高陶瓷产率的聚合物先驱体在裂解中也会释放出大量气体。裂解时需要控制工艺参数，尤其是对较厚的零件，使得挥发物可以从基体中扩散出来而不会引起分层。温度升高的速率需要精心设计，有的区域必须缓慢裂解，给大量挥发物的挥发留出时间。温度升高的速率通常参考微热重量分析法所得的数据。同时也可以用质谱来分析聚合物含有的物质，以补充实验数据。通常的裂解周期可以在一天的运转时间内逐渐升温到 1 472～2 912℉（800～1 600℃）。裂解温度应低于使所用增强纤维失去强度的温度，气氛通常是氩气或氮气。但已经证实在氨气气氛下反应，可以获得不定形态的氮化硅并含有较少的自由碳，同时提高陶瓷的产率，因为生成的氮化物与基体中的填充物发生反应。许多零件在裂解时是自由放置的，如果担心热变形，可以使用石墨工装来进行支撑定型。

初期聚合物先驱体聚合物预浸和固化工序的目标是获得 100% 致密的聚合物基复合材料，然而，由于在裂解过程中的质量损失，将密度约为 1.0 g/cm³ 的聚合物先驱体转变为密度约为 2.0 g/cm³ 的无定形陶瓷时会出现体积收缩,在最初的裂解后将在基体中形成 20%~30% 的孔隙。为了减少孔隙率,必须对最初获得的陶瓷基复合材料进行重复浸渍,最好采用低黏度的聚合物先驱体,也可以用加热方法来降低聚合物的黏度,或者将聚合物溶解在溶剂中进行重复浸渍或加压浸渍。该聚合物可以在裂解之前或在裂解过程中热固化,并应具有较高的陶瓷产率。图 3.1.3.2.2(c) 显示了典型的密度与重复浸渍次数、组分及工艺参数关系。其中一个试验是利用未充分交联的热固性聚硅氮烷作为原料,需要注意的是,由于裂解过程中的层间膨胀,导致其初始密度较低;另外两个试验在预浸料中加入了 15%(体积分数)的填料,采用这种方法,可使致密化过程更快。未加填料的层压板显示了典型密度与重复浸渍次数的数据。在该陶瓷复合材料中,纤维占大约 40% 的体积,假设纤维和基体的密度分别为 2.3 g/cm³ 和 2.0 g/cm³,可以计算最初的陶瓷密度约为 1.4 g/cm³。同样,可以假设聚合物完全填充了孔隙,裂解过程中聚合物损失 20%,在转化为陶瓷的过程中剩余的基体有 50% 的收缩,则可以计算出进一步裂解循环后的密度。

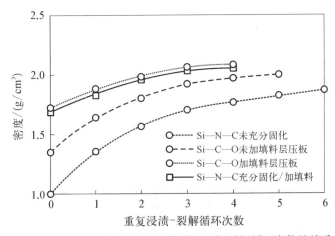

图 3.1.3.2.2(c)　典型的密度与重复浸渍-裂解循环次数的关系

在经过最初的几个 PIP 循环之后,复合材料的拉伸性能通常接近其最大值。为了改善层间性能,减少孔隙率,提高氧化稳定性,通常需要进行额外的重复浸渍。重复浸渍的一种方式是把抽真空的零件浸入真空袋中的液态聚合物中;或者将零件先浸入液态聚合物中,然后放进钟形的玻璃容器或真空室中,直到停止出现气泡。如果无法完全浸渍,则可以将聚合物反复刷到零件表面,较高黏度的聚合物可能需要压力浸渍。重复浸渍后,可将零件置于低温烘箱中加热以固化聚合物,同时要注意减少蒸发(如在固化过程中将零件覆盖或包裹),然后就可以按前面所述的方法对零件进行裂解。

当达到部分致密或完全致密后,可对聚合物转化 CMC 进行机械加工。通常,需经至少 2~3 次重复浸渍的零件才可达到机械加工的强度。在该阶段,通常使用常规的机械加工工具。由于制备聚合物转化 CMC 时变形量小,机械加工时仅需进行制孔、装配面加工和修边。整个制造过程可以使用一些常规的无损检测方法（如热成像、X射线、超声）以评估零件质量。

通过PIP工艺制备CMC的应用范围与CVI工艺制备CMC的类似。

3.1.3.3　熔体渗透工艺(MI)SiC/SiC CMC

在过去的几十年中，GE公司基于预浸料-熔渗工艺制备的SiC/SiC CMC已从平板材料研制与测试[见参考文献3.1.3.3(a)]发展到涡轮外环部件的制造与装机考核[见参考文献3.1.3.3(b)]，最终到外环的生产并应用在经过认证的发动机上[见参考文献3.1.3.3(c)]。

3.1.3.3.1　制备过程

GE公司预浸料-熔渗工艺SiC/SiC CMC的制备流程如图3.1.3.3.1(a)所示[见参考文献3.1.3.3(a)]：首先通过化学气相沉积工艺(CVD)在SiC纤维束表面沉积氮化硼(BN)界面层和氮化硅(Si_3N_4)界面层；接着利用湿法缠绕工艺将沉积界面层的纤维束制成预浸料单向带。CMC预浸料和单向带都由含有SiC和碳粉的聚合物作为黏结剂。图3.1.3.3.1(b)即为SiC/SiC预浸料单向带[见参考文献3.1.3.3.1(a)]；然后进行铺层得到平板或零件预制体，如图3.1.3.3.1(c)所示[见参考文献3.1.3.3.1(a)]。

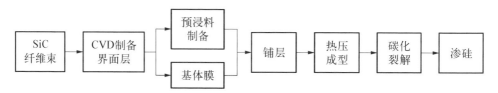

图3.1.3.3.1(a)　GE公司预浸料-熔渗工艺SiC/SiC CMC制备流程图

图3.1.3.3.1(b)　SiC纤维预浸料单向带

通过除去黏结剂或碳化裂解将树脂聚合物转化为碳，最后经过渗硅将多孔碳体致密化。典型微观结构图显示该CMC由SiC/Si基体和名义上20%～25%的纤维组成[见图3.1.3.3.1(d)]，图中还可见明显的0°/90°铺层结构。

图 3.1.3.3.1(c) 熔渗工艺 SiC/SiC CMC 翼型预制体

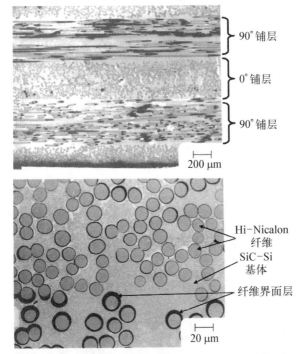

图 3.1.3.3.1(d) GE 公司预浸料-熔渗工艺 SiC/SiC CMC 的典型微观结构图

预浸料-熔渗工艺 SiC/SiC CMC 的力学性能,如拉伸强度、疲劳寿命、蠕变行为及热性能见参考文献 3.1.3.3(a),抗冲击性能以及燃气环境中的疲劳性能见参考文献 3.1.3.3.1(b) 和 3.1.3.3.1(c)。

3.1.3.3.2 航空发动机领域的应用

自 2016 年以来,采用预浸料-熔渗工艺制造的 SiC/SiC CMC 高压涡轮外环[见图 3.1.3.3.2(a)]已用于空客 A320neo 飞机上的 CFM Leap 发动机[见参考文献

3.1.3.3.1(a)],每台发动机使用了 18 个涡轮外环,外环流道面制备了环境障涂层 (EBC)。这些外环未来还将用于为波音 737max 和中国商飞 C919 提供动力的 Leap 发动机;此外,为新型波音 777x 提供动力的 GE9x 发动机将采用预浸料熔渗工艺制备的 SiC/SiC CMC 来生产 42 个导叶以及燃烧室衬套。

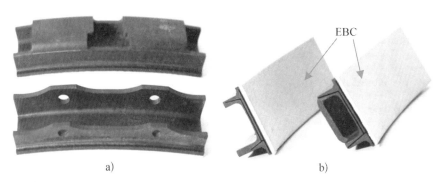

图 3.1.3.3.2(a)　 CFM Leap 发动机用预浸料-熔渗工艺制造的 SiC/SiC CMC

a) 高压涡轮外环;b) 环境障涂层可见于流道面

　　2014 年,熔渗工艺制造的 SiC/SiC CMC 涡轮转子叶片在为海军 F/A-18 飞机提供动力的 F414 发动机[见图 3.1.3.3.2(b)]上进行运转试验,这些叶片安装于低压涡轮部位[见参考文献 3.1.3.3.1(c)]。需要说明的是,64 个叶片中部分具有环境障涂层,其他大部分则没有,更多的有关 SiC/SiC CMC 涡轮转子叶片的信息可见文献 3.1.3.3.2(b)。

图 3.1.3.3.2(b)　 安装于发动机涡轮盘上的 MI 工艺 SiC/SiC CMC

低压涡轮转子叶片

3.1.3.3.3　 供应链

　　围绕图 3.1.3.3.1(a)中的所有制备工序,GE 航空将建造工厂来提高 MI 工艺 SiC/SiC CMC 零件的生产效率。目前,SiC 纤维来源于 NGS 公司(由日本碳素、GE

和 Snecma 的母公司 Safran 三家公司组成)[见参考文献 3.1.3.3.2(a)]。2018 年，将在亚拉巴马州亨茨维尔建立两家工厂并投入运营，一家生产 SiC 纤维并达到所需的生产率，另一家为纤维束沉积界面层并制备预浸料单向带；然后将预浸料单向带运至 GE 公司位于北卡罗来纳州阿什维尔 2014 年开设的工厂，完成 Leap 发动机涡轮外环和 GE9x 发动机从铺层到渗硅的所有步骤，最后将零件加工成最终尺寸，并对所有零件进行无损检测。GE 的另外两个制造工厂是俄亥俄州和特拉华州的精益实验室，特拉华州的工厂是目前预浸料单向带的产地[见参考文献 3.1.3.3.1(a)]。

3.1.3.4　混杂工艺 SiC/SiC CMC

如图 3.1.2 所示，混杂工艺结合了几种基本的 CMC 制备工艺。CVI－MI 混杂工艺复合材料最初由 Carborundum 公司[见参考文献 3.1.3.4(a)]开发，并用于 NASA 启动推进材料(EPM)和超高效发动机技术(UEET)计划[见参考文献 3.1.3.4(b)~(d)]中，为了生产完全致密、高力学性能的熔渗 SiC/SiC CMC，采用该工艺已制备了多种元件和缩比件，并进行了测试，验证了该工艺制造材料的耐久性。NASA、GE 和普惠的研究团队之所以选择该复合材料体系，是因为该体系是最有可能成为制造涡轮发动机燃烧室衬套的 CMC，该决定是基于团队对当前现有的 SiC/SiC 和氧化物/氧化物 CMC 体系的认识而决定的。CVI 工艺制备的 SiC/SiC CMC 的孔隙率达到约 15%(体积分数)，降低了热导率，进而降低了部件的耐热冲击性，提高了形成"热点"的概率；与之相比，MI 工艺 SiC/SiC CMC 则具有高致密和高热导率的优势，同时具有更高的比例极限，使其可以在更高的设计应力下使用。预浸料-熔渗 SiC/SiC 当时也在团队的考虑范围内，但(在 20 世纪 90 年代初)最终没有选择该制备方法，其原因是担心该工艺无法制备复杂结构的部件。其他的混杂复合材料体系如 CVI－PIP 和 PIP－MI 也在研究中[见参考文献 3.1.3.4(e)和(f)]。

3.1.3.4.1　MI 混杂工艺制备方法

图 3.1.3.4.1(a)总结了 MI 混杂工艺方法，该方法首先将铺层形式的 SiC 纤维或三维机织的预制体固定于石墨工装中(见 3.1.3.1.1 节)，然后通过 CVI 工艺在纤维表面制备 BN 界面层，进一步利用 CVI 工艺形成部分致密的 SiC/SiC(CVI)CMC，该状态复合材料中通常包含 30%~40%(体积分数)的孔隙率，被称为"预制体"。可以将这种预制体加工成所需的形状，然后将颗粒料浆通过"料浆浸透"方法加入预制体的坯体中[见参考文献 3.1.3.4(b)]，目的是填充其中的孔隙。在该工艺中，液态料浆通过毛细作用渗入多孔材料中，然后，将熔融硅和硅合金通过熔融渗透方法渗入填充有颗粒的预制体坯体中，最后得到一个基本上完全致密的 CMC[见图 3.1.3.4.1(b)]。通过 CVI 制得的 SiC 基体具有良好的抗蠕变性，并在渗硅的过程中保护 SiC 纤维，而通过 MI 获得的 SiC/Si 基体可以实现基体的完全致密化，并提供良好的导热性，同时还可以提高比例极限应力。

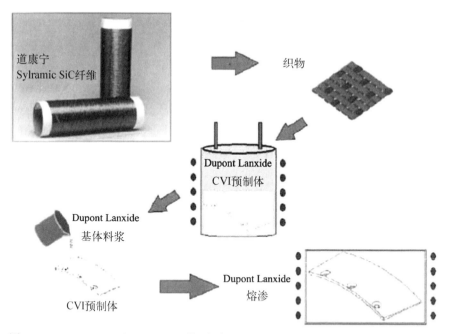

图 3.1.3.4.1(a)　SiC/SiC CMC 注浆-熔渗工艺示意图［来源于参考文献 3.1.3.4(b)］

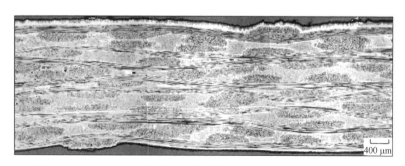

图 3.1.3.4.1(b)　注浆-熔渗工艺制备的 SiC/SiC CMC 微观结构图
　　　　　　　　［来源于参考文献 3.1.3.4(b)］

3.1.3.4.2　MI 混杂工艺材料性能

NASA 开展的多个项目中已针对注浆-熔渗工艺制备的 SiC/SiC CMC 进行了充分的评价［见参考文献 3.1.3.4(b)～(d)］。EPM 项目中已经证实，相比于 SiC/SiC(CVI)CMC，其热导率大幅提升，如表 3.1.3.4.2 所示［见参考文献 3.1.3.4(g)］。同时可以注意到比例极限应力(PLS)与低周疲劳(LCF)破坏应力之间的关系，未来将致力于提高 PLS 以改善 CMC 的耐久性。大家感兴趣的测试温度范围是 1 500～2 200℉(815～1 204℃)。人们对低温下的状态关注度很高是因为观察到了 BN 界面层的"粉化"或 BN 的氧化加剧；而对高温的选择则是根据超声速应用领域(如高速民用运输项目)中部件的工作温度而定。需要注意的是，当温度升高至 2 200℉

(1 204℃)时会使 CMC 的弹性模量降低约 25%[见参考文献 3.1.3.4(b)]。但是,由于应力的大小与温度有关,所有 CMC 的设计工作温度不能高于极限值。该 CMC 体系在温度为 2 200℉(1 204℃)、最大应力为 15 ksi(100 MPa)的 2 h 保时疲劳测试中的平均寿命为 9 000 h[见参考文献 3.1.3.4(b)]。

表 3.1.3.4.2 不同 SiC/SiC CMC 的室温性能[来源于参考文献 3.1.3.4(g)]

室温性能	基 体 制 备 方 法					
	CVI	CVI	CVI	CDMO	CSLM	PIP
纤维类型(体积分数)	T300 C 纤维 (45%)	Nicalon SiC 纤维 (40%)	Hi-Nicalon SiC 纤维 (40%)	Nicalon SiC 纤维 (35%)	Hi-Nicalon SiC 纤维 (40%)	Nicalon SiC 纤维 (50%)
界面层	C	C	BN	BN	BN	专属
基体	SiC	SiC	SiC	Al_2O_3	SiC+Si	Si—N—C—O
比例极限/MPa	62	75	130	42	140	60
层间剪切强度/MPa	26	32	43	63	50	14
厚度方向热导率/[W/(m·K)]	6.5	9.5	10	8.7	19	1.3

3.1.3.4.3 其他混杂工艺材料的制备方法与性能

NASA 格伦研究中心目前正在研究其他混杂工艺的 SiC/SiC CMC 体系,包括 CVI - PIP 体系[见参考文献 3.1.3.4(e)和(f)],通过 PIP 工艺制备的基体比 MI 工艺制备的含硅基体更耐高温,该混杂工艺可制备用于高温环境下的近乎完全致密的基体。NASA 已在 2 700℉下对该体系 CMC 进行了测试,验证了其耐久性。该工艺制备流程如图 3.1.3.4.3 所示。耐高温 SiC 纤维(如 Sylramic - iBN 纤维)的使用可最大限度地提高 CMC 的抗蠕变性,并且能够在经过 PIP 循环裂解后仍保留足够的强度。

3.1.4 氧化物/氧化物 CMC 体系

3.1.4.1 概述

过去几十年,随着在工业化及航天领域的应用,氧化物/氧化物 CMC 发展迅速。这类材料具有耐高温[高达 2 200℉(1 200℃)]、抗氧化及低密度的特点,是众多领域的理想备选材料,如热气结构、排气结构以及热防护系统元件。这类材料已经开始应用于商用发动机。例如,GE 航空在 Passport 发动机的排气混合器、中心体及核心整流罩上使用了氧化物/氧化物 CMC,已经通过了美国联邦航空管理局(FAA)的鉴定,预计于 2018 年生产[见参考文献 3.1.4.1(a)]。

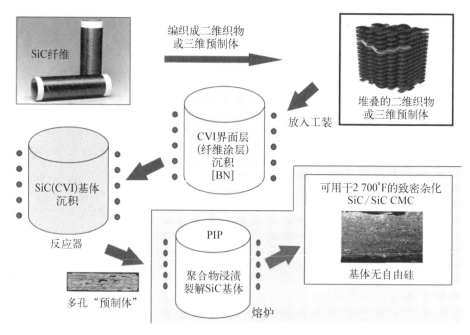

图 3.1.3.4.3　SiC/SiC CMC CVI-PIP 混杂制备工艺流程图
［来源于参考文献 3.1.3.4(f)］

　　FAA 通过持续低能耗、低排放及低噪声（CLEEN）技术发展计划资助了波音公司的工作，旨在为商用飞机［见参考文献 3.1.4.1(b)～(d)］生产 Nextel 610/铝硅酸盐复合材料中心体和排气喷嘴（见图 3.1.4.1）。采用这种喷嘴可以实现减重，提高声

图 3.1.4.1　用于测试的氧化物/氧化物 CMC 声学喷嘴部件
（照片由波音公司和 COIC 公司提供）

衰减,延长使用寿命。该部件已成功完成飞行测试,展示了其在商用飞机中应用的优势[见参考文献 3.1.4.1(e)]。在波音公司为罗罗公司的 Trent1000 发动机设计制造排气系统过程中,得到了 COIC 公司及 Albany Engineered Composites 公司的支持。

在 NASA 环保航空(ERA)项目[见参考文献 3.1.4.1(f)]支持下,NASA 格伦研究中心、罗罗自由工厂(RRLW)联合 COIC 公司开展了 CMC 混合器技术研究,旨在对先进 CMC 进行全尺寸装机考核[见参考文献 3.1.4.1(g)]。COIC 公司制备了一个直径为 8 in 的氧化物/氧化物 CMC 混合器缩比件。在冷/热双流静态喷嘴测试装置中对喷嘴部件的气动性能进行了测试,另外,在 NASA 格伦研究中心的气动声学推进实验室对其声学性能进行了评估。两个测试都进行了不同温度和压力下的试验,X 射线无损检测显示,试验后喷嘴并未发生损伤。对制备的全尺寸氧化物/氧化物 CMC 进行了振动测试,显示出良好的耐久性[见参考文献 3.1.4.1(h)]。

多孔基体氧化物/氧化物 CMC 也被用于排气部件,包括战斗机的喷口调节片[见参考文献 3.1.4.1(i)]和用于隔绝保护周围部件的轻质直升机排气管[见参考文献 3.1.4.1(j)]。其他部件包括涡轮发动机的密封罩/外壳罩及导向叶片[见参考文献 3.1.4.1(k)]。由于目前氧化物纤维的高温强度和抗蠕变性能还不高,一般不考虑应用于转子部件。然而,随着这一领域的不断发展,这一状况也可能发生变化。

3.1.4.2　界面控制

在陶瓷基复合材料中,必须调节纤维/基体的界面,从而在纤维/基体界面处或附近[见参考文献 3.1.4.2(a)]实现裂纹偏转。如果没有这种调节,纤维和基体可能存在强结合,导致基体裂纹直接从基体扩展到纤维。通过引入弱界面层使裂纹发生偏转,可以使得纤维在远离基体裂纹的地方断裂。由于断裂的纤维必须克服从基体中拔出时的摩擦力,所以使得材料的损伤容限得到增加。

近期应用的商业氧化物/氧化物 CMC,采用了多孔基体来实现弱界面。初步研究表明,裂纹偏转需要 25%～30% 的复合材料孔隙率[见参考文献 3.1.4.2(b)和(c)]。该值可能与复合材料成分、制备工艺温度以及材料最终的微观结构有关,因此对不同体系的材料应进行不同的分析。

对于含致密基体的复合材料(复合材料孔隙率小于 25%),则需要界面层,如碳或独居石($LaPO_4$)。本卷手册 3.3 节提供了有关 CMC 中界面控制的附加信息。

3.1.4.3　氧化物/氧化物 CMC 制备工艺

多孔基体与致密基体复合材料的制备工艺十分类似,主要区别在于多孔基体复合材料没有制备界面层这一步骤。去掉这一步骤可以降低制备成本和时间,所以最初的商用复合材料都采用多孔基体也就不奇怪了。在本节中不涉及界面层沉积,相关内容读者可参考文献 3.1.4.2(a)了解更多信息,也可参考本卷手册 3.3 节。

制备氧化物/氧化物 CMC 的主要挑战在于,在致密化基体的同时需要考虑到增强纤维的承受能力,包括烧结过程中纤维在几何、温度、化学和压力方面的承受能力

［见参考文献 3.1.4.3(a)和(b)］。复合材料的制备通常包括以下独立步骤：① 界面层制备(可选)；② 根据所需结构排列纤维；③ 用基体前驱体浸渗纤维；④ 致密化基体，包括烧结和再浸渍；⑤ 最终机械加工。本节主要介绍步骤③和④，步骤②和⑤将在手册的其他章节中讨论。

3.1.4.3.1　料浆浸渗工艺

图 3.1.4.3.1 显示了用于制备商用多孔氧化物/氧化物 CMC 的典型工艺。该图片来自 COIC 公司网站，且非常类似于图 3.1.3.2.2(a)。第一步是将填料粉体分散在溶胶中。填料通常是包含所需最终成分的细直径粉末，而溶胶是可水解的化学前驱体，其在浸渗后聚合成凝胶，然后干燥并烧结以形成特定的陶瓷成分。溶胶历来可分为聚合物醇盐和胶体溶胶。基于醇盐的溶胶涉及使用有机金属化合物，如仲丁醇铝或硅酸四乙酯，在酸或碱催化剂的作用下水解并聚合成凝胶。金属醇盐的一个主要优点是能够制备多组分氧化物，如钇铝石榴石（$Y_3Al_5O_{12}$）的制备温度［小于1 832℉(1 000℃)］远低于将两种氧化物混合在一起时的制备温度［大于 2 372℉(1 300℃)］。胶体溶胶通常含有非常小(纳米级)的氧化物颗粒，如二氧化硅或氧化铝。这两种类型的溶胶提供了一个适中的陶瓷转化率；添加填料粉体可以减少总的收缩量，因此是十分必要的。

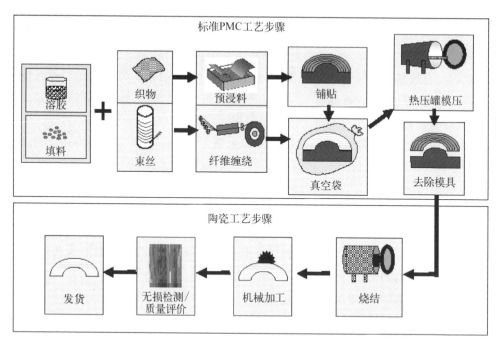

图 3.1.4.3.1　COIC 公司的氧化物/氧化物 CMC 制备工艺流程

控制好溶胶/浆料的分散程度是获得高质量氧化物/氧化物 CMC 的最关键因素。除了溶胶外，填料粉体也可以分散在载体溶剂，如水或乙醇中。在水或乙醇作为分散溶剂时,必须严格控制添加的黏结剂、分散剂、增塑剂等的量,以确保粉末团聚体能破碎并充分分散,同时表现出足够低的黏度,以便在纤维束内进行良好的渗透。粉末粒径也受纤维直径的限制,例如,粒径为 10 μm 的粉体很难渗透到直径为 10 μm 的纤维束中;一般的指导原则是使用粒径为纤维直径十分之一的粉末。参考文献 3.1.4.3.1(a)给出了关于颗粒-颗粒相互作用和浆料稳定性的综述。

使用纤维缠绕工艺将填料粉体/溶胶浆料浸渗到纤维束中,纤维束穿过浆料,然后在滚筒上缠绕形成纤维单向带。或者使用预浸料工艺将浆料浸渗到机织好的氧化物纤维织物中。通过将织物浸没在浆料中完成纤维织物的浸渗;织物可以采用机械轧制,以帮助将粉末颗粒压入丝束中。然后将这些预浸料(渗透过的单向带或机织织物)切割成所需尺寸,堆放在模具上或模具内,并使用真空袋和热压罐在一定的温度下[高达 752°F(400°C)]进行固化,随后在高温[1 832~2 192°F(1 000~1 200°C)]下进行无压烧结[见参考文献 3.1.4.3.1(b)]。这类似于将浸有聚合物树脂的预浸带堆放到模具中,然后进行热压罐热压,即在材料上施加真空,然后施加外部气体压力,加热来固化聚合物树脂。对于氧化物/氧化物 CMC,加热的目的是去除溶胶和/或驱除水或残留溶剂。预浸料工艺的主要优点是能够采用相对便宜的模具近净成型结构复杂的零件。

在干燥和烧结过程中,由于去除了水和有机物,基体会收缩。这种体积变化会导致基体中产生微裂纹和孔隙。因此,可能需要使用溶胶或浆料进行额外的循环浸渍以增加基体密度。

3.1.4.3.2　三维结构的溶胶-凝胶工艺

CMC 的溶胶-凝胶制备过程包括浸渗由陶瓷纤维机织(或编织)的三维预制体。与陶瓷基复合材料的二维叠层相比,使用三维编织的优点是三维编织纤维在整个厚度方向上得到了结构增强。

为了提高三维复合材料的致密度,可以使用传统的聚合物基复合材料制备技术,如先打真空袋随后热压罐成型。具体步骤如下:先采用真空渗透技术或热压罐成型技术浸渗纤维预制体。溶胶可以制备或购买,然后倒入真空室内的容器中。将三维预制体完全浸入溶胶中,同时施加低真空以除去气泡,并帮助溶胶移动到纤维预制体内部。然后使用加热[302°F(150°C)]或催化剂(如果适用)将溶胶凝胶化,重复浸渗步骤,直至达到所需的密度。每次浸渗后对凝胶进行低温[212~392°F(100~200°C)]热处理以去除物理吸附的水和醇;在稍高的温度[572~752°F(300~400°C)]下再次热处理以去除残留的有机物。通常需要进一步通过低压(50~100 psi)热压罐成型来实现致密化以增强力学性能。热压罐成型的另一优势是可以达到较小的公差,从而减少了后续的机械加工步骤。

一旦复合材料预制体固化(通常在两三个浸渗循环之后),就可以在不使用模具的情况下完成其余的浸渗循环。在达到所需的密度后,采用自由烧结来制备陶瓷基复合材料。不管是否施加真空，低黏度的溶胶都容易沿着纤维单丝进入三维预制体内部。每次浸渗都会在纤维单丝上产生薄膜涂层，随后的浸渗再产生较厚的涂层，直到纤维束完全被渗透。最终，表面孔隙开始闭合，但通常在达到所需的最终密度之前不会闭合。

已验证采用浆料来浸渗三维预制体，仅需一步即可基本实现基体的致密化。McDermott Technology 公司采用由 Albany Engineering Composites 公司制造的三维圆柱形机织预制体，应用特殊工具压缩圆柱壁以实现更高的纤维负载。将浆料压注到预制体中，从而在预制体的整个厚度方向上形成基体粉末的沉积物。在干燥之前，先添加溶胶-凝胶前驱体，可以在接下来的初烧步骤之前为浸渗的预制坯体提供强度。如果需要基体进一步致密化，可继续进行溶胶-凝胶浸渗。这种加工方法对扁平或圆柱形预制体效果很好，但是对于刚性结构则效果一般。

3.1.4.3.3　其他制备技术

溶胶-凝胶/料浆浸渗法是最广泛使用的商用多孔基体氧化物/氧化物 CMC 的生产方法；此外，也有文献报道了其他制备方法，包括真空/压力浸渗［见参考文献 3.1.4.3.3(a)和(b)］、反应结合［见参考文献 3.1.4.3.3(c)和(d)］、电泳沉积［见参考文献 3.1.4.3.3(e)和(f)］和冷冻成型［见参考文献 3.1.4.3.3(g)和(h)］等。这些制备技术将不在本书中介绍，其信息可在列出的参考文献中找到。

3.1.4.4　性能

表 3.1.4.4 列出了 COIC 公司生产的多孔氧化物/氧化物 CMC 的部分典型性能。由于基体成分(氧化铝、铝硅酸盐)或纤维成分的不同，各复合材料的最高使用温度也不相同。由于是多孔基体，复合材料的性能主要由纤维决定。与 Nextel™ 720 相比，Nextel™ 610 的抗蠕变性能较差，故仅限于在不高于 1 832℉(1 000℃)的温度范围内长期使用。但是，Nextel™ 610 与铝硅酸盐基体结合制备出的氧化物/氧化物 CMC 强度很好［高达 52.9 ksi(365 MPa)］。在现有体系中，Nextel™ 720/氧化铝(A - N720)复合材料具有最高的使用温度［2 192℉(1 200℃)］。

表 3.1.4.4　COIC 公司氧化物/氧化物 CMC 的典型性能

性能	AS - N312	AS - N720	A - N720	AS - N650	AS - N610
复合材料密度/(g/cm³)	2.30	2.60	2.73	2.80	2.83
名义纤维体积分数/%	48	45	45	39	51
开孔隙率/%	24	25	25	25	25
室温拉伸模量/GPa	31	76	70	96	124
室温拉伸强度/MPa	124	220	169	261	365
短梁剪切/MPa	9.0	14.3	12.5	—	15.0

（续表）

性　　能	AS-N312	AS-N720	A-N720	AS-N650	AS-N610
热膨胀系数/(10^{-6}/℃)	4.8	6.3	6.0	8.0	8.0
最高温度/℃	650	1 100	1 200	1 000	1 000

注：1. AS 代表铝硅酸盐基体，A 代表氧化铝基体。
　　2. N312 代表 Nextel^{TM} 312 纤维，N720 代表 Nextel^{TM} 720 纤维，N650 代表 Nextel^{TM} 650 纤维，N610 代表 Nextel^{TM} 610 纤维。

　　通常，期望氧化物/氧化物 CMC 能够在高温、化学、循环加载等严苛环境下长时间使用。在燃烧室应用中，高温蠕变性能是一个重要指标，然而水蒸气对高温蠕变有不利影响。在表 3.1.4.4 所列出的复合材料中，为解决水蒸气侵蚀问题，特别开发出消除了基体中二氧化硅的 A-N720 复合材料。尽管如此，仍需特别关注这一问题，评估水蒸气对氧化物/氧化物 CMC 寿命的影响的相关工作仍在继续开展［见参考文献 3.1.4.4(a)~(c)］。

3.2　纤维增强材料的类型和技术

3.2.1　引言

　　陶瓷基复合材料（CMC）中使用的增强材料可提高复合材料的断裂韧性，同时还保留了陶瓷基体固有的高强度和杨氏模量。最常见的增强材料是连续陶瓷纤维，其弹性模量通常略高于基体。如 2.2 节所述，这些纤维的主要功能有：① 增加微裂纹穿过基体时 CMC 的应力，从而增加裂纹扩展过程中的能量消耗；② 在较高应力下 CMC 开始形成贯穿厚度方向的裂纹时，将这些裂纹桥接而不会断裂，从而为 CMC 提供纤维控制的高极限拉伸强度。这样，连续陶瓷纤维增强材料不仅可以增强复合材料的初始抗裂纹扩展能力，而且还可以使 CMC 避免出现单相陶瓷材料的脆性破坏。这种行为不同于聚合物基复合材料（PMC）和金属基复合材料（MMC）中陶瓷纤维的行为，在这些材料中，由于这些基体具有更高的失效应变，纤维通常会在基体之前断裂。

　　在 CMC 中产生贯穿厚度方向的基体裂纹后，桥接纤维随后暴露在 CMC 所处环境中（通常含有退化性氧）。因此，在 CMC 最具优势的高温环境应用中，需要纤维（如氧化物基和非氧化物硅基纤维）含有抗氧化的成分。在过去的 30 多年里，人们已经生产出了各种具有这些抗氧化成分的纤维。这些纤维制备方法不同，纤维的微观结构、物理和化学性质也不尽相同。以下各节概述了抗氧化纤维的制备工艺和性能，抗氧化纤维已在不同程度上用作耐高温 CMC 的增强材料。

3.2.2　氧化物基陶瓷纤维

3.2.2.1　概述

　　用于增强 CMC 的商用多晶氧化物纤维是通过将化学衍生的前驱体纺丝和热处

理来制备的,这种方法通常也称为溶胶-凝胶工艺。溶胶-凝胶工艺可以制备出高氧化铝含量的纤维,与从硅基熔体中用熔融玻璃纺丝所制备的纤维(最多含 55% 的 Al_2O_3)相比,具有优越的高温性能。这些纤维在 1 200℃ 及以上的氧化性环境中仍可保持良好的强度和柔韧性。主要的商业用途包括高温隔热和绝缘,用于需要柔韧性和小质量的场合,如电缆套管、高温屏蔽层、隔热毯和垫圈。最近,已经开发出专门用于增强 MMC 和 CMC 的纤维。

氧化物纤维通常为连续的复丝丝束或粗纱的形式。纤维束通常由 400~1 000 根直径为 10~12 μm 的单丝组成,具有很好的柔韧性和易操作性,可将其机织为织物,并将这种织物用于制造形状复杂的复合材料。氧化物和其他增强纤维不同的一个关键特性是其超小(可达纳米级)的微观结构:低于 0.5 μm,甚至是 0.1 μm 的晶粒尺寸最有利于获得高强度。纤维制备技术的进步显著改善了氧化物和非氧化物纤维的高温蠕变性能,使其适用于高温复合材料结构。

与其他纤维相比,氧化物陶瓷纤维的优点如下:在高温空气和氧化环境中的高稳定性、耐化学侵蚀性、与金属和陶瓷基体的低反应性、高压缩强度、高弹性模量、高电阻率和热阻率。氧化物纤维具有合适的拉伸强度和相对较高的密度。因此,氧化物纤维比玻璃纤维、碳纤维和硅基纤维具有更低的相对拉伸强度,但其独特的性能在特定复合材料应用中更具优势[见参考文献 3.2.2.1(a)和(b)]。

用于 CMC 的所有商用多晶氧化物纤维都是基于氧化铝的。高氧化铝含量的增强纤维具有许多优势,包括更好的化学稳定性、高熔点、高模量以及在高达 2 192℉(1 200℃)的温度下保持良好强度。许多氧化铝前驱体可用于制备纤维。铝的水溶性允许其可以形成黏性的碱性铝盐溶液,通过干纺可以将碱性铝盐溶液制成纤维。其他方法也可用作制备商用氧化铝基纤维,例如使用聚铝氧烷前驱体。纺丝溶液或纺丝原液必须在不溶性络合物结晶和沉淀时保持稳定,同时在前驱体逐渐交联后,黏度可以快速增加或凝胶化。在许多情况下,加入水溶性聚合物,如聚乙烯醇或聚氧乙烯,可以改善可纺性。

二氧化硅通常用作纤维的组分,含量为 0%~30%。二氧化硅使氧化铝基纤维稳定,不会对 α - Al_2O_3 和/或莫来石产生有害结晶,这些结晶可能导致形成粗晶粒、多孔微观结构,从而降低纤维强度。通常采用 SiO_2 前驱体将 SiO_2 引入纤维中,包括二氧化硅溶胶和部分水解的硅醇盐和聚硅氧烷。

3.2.2.2 制备工艺

图 3.2.2.2 所示为典型的商用溶胶-凝胶纤维制造工艺示意图。纺丝溶液或溶胶的黏度通常为 100~1 000 Pa·s,泵送通过多孔喷丝头后,可以同时形成 400~5 000 根纤维。溶剂蒸发后形成纤维凝胶。纤维直径可以通过改变相对于牵拉轮速度的体积抽吸来控制。纤维可以是椭圆形或圆形,直径通常为 10~12 μm。直径更大的纤维难以制备,柔韧性较低,而直径更小的纤维按质量计算则不经济。

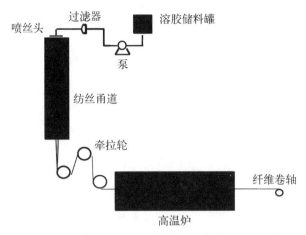

图 3.2.2.2　干法纺丝工艺示意图(图片来源于 3M 公司)

　　纺纱后,原纤维被输送到高温炉中进行热处理。热解或化学前驱体向陶瓷的转化过程会让原纤维发生质量损失,损失质量为初始质量的 50%～80%。在此阶段,挥发性成分必须从纤维中扩散出去。因此,必须非常小心地进行热解,以便将原纤维慢慢分解为氧化物形式,而不会形成缺陷导致纤维强度降低。热解在 1 472℉(800℃)时完成;高于 1 472℉(800℃),热处理会使纤维结晶为氧化铝或其他化合物,具体取决于所选的成分和前驱体。烧结和结晶发生的温度为 1 652～2 552℉(900～1 400℃)。

3.2.2.3　成分和微观结构

　　氧化铝基纤维微观结构的观察必须先了解氧化铝中的晶体转变序列以及二氧化硅对微观结构和晶化动力学的影响。所有的商用氧化物陶瓷纤维都是基于氧化铝和不同比例的二氧化硅制得的。二氧化硅含量不大于 28% 的氧化铝-二氧化硅纤维在所有温度下的稳定相为 α-Al_2O_3 和莫来石。然而,在氧化铝和氧化铝-二氧化硅前驱体的热处理过程中,一系列称为“过渡氧化铝”的立方氧化铝尖晶石在 1 472～2 192℉(800～1 200℃)的温度范围内形成。根据所用的溶胶前驱体不同,结晶的第一个相是 η-Al_2O_3(立方晶体结构)或 γ-Al_2O_3(四方晶体结构),其形成温度范围为1 472～1 652℉(800～900℃)。在许多体系中,在 1 832～2 102℉(1 000～1 150℃)范围内继续升温会形成 δ-Al_2O_3 和 θ-Al_2O_3。这些多晶型类似于 γ-Al_2O_3,但在阳离子晶格上具有更高的有序度。过渡氧化铝具有很小的晶粒尺寸,通常为 100 nm 或更小。在 2 192℉(1 200℃)以上向 α-Al_2O_3(六方晶体结构)转变;莫来石($3Al_2O_3 \cdot 2SiO_2$)也可能在 2 336℉(1 280℃)以上结晶。在结晶形成 α-Al_2O_3 或莫来石的过程中,由于大晶体(表现为缺陷)的出现,纤维强度通常降低。为了获得更高的纤维强度,需要较小的晶粒尺寸。根据格里菲斯方程(见式 3.2.2.3),对于 Al_2O_3,

$$\sigma = \frac{K_{ic}}{\sqrt{\pi\,c}}, \qquad\qquad 3.2.2.3$$

只有当缺陷尺寸 c 为 $0.6\ \mu m$ 或更小时，才能达到 435 ksi(3 GPa)的强度。因此，不仅应保证工艺相关缺陷较小，而且晶粒尺寸也不应超过此极限值。在 $2.3\ MPa \cdot m^{\frac{1}{2}}$ 下 Nextel^{TM} 610 纤维的断裂韧性 K_{ic} 见参考文献 3.2.2.1(c)。

商用氧化纤维可分为两类：① 氧化铝-二氧化硅纤维，由过渡氧化铝和无定形二氧化硅的混合物组成；② 晶体 $\alpha - Al_2O_3$ 纤维。氧化铝-二氧化硅纤维主要以柔性高温纺织品的形式用于隔热，而晶体 $\alpha - Al_2O_3$ 纤维则用于复合材料增强体。表 3.2.2.3(a)和表 3.2.2.3(b)分别比较了商用氧化铝-二氧化硅和 $\alpha - Al_2O_3$ 基陶瓷氧化物纤维的成分、晶相、密度、强度、热膨胀系数(CTE)和弹性模量。

表 3.2.2.3(a)　商用氧化铝-二氧化硅纤维的成分及性能

纤维	厂商	成分/% ($Al_2O_3 - SiO_2$)	密度/ (g/cm^3)	晶　相	拉伸强度/GPa	CTE/ ($10^{-6}/℃$)	弹性模量/GPa
Nextel^{TM} 312	3M	62 - 24 (+14% B_2O_3)	2.7	$9Al_2O_3 \cdot 2B_2O_3 +$ 无定形态 SiO_2	1.7	3(25~ 500℃)	150
Nextel^{TM} 440	3M	70 - 28 (+2% B_2O_3)	3.05	$\eta - Al_2O_3 +$ 无定形态 SiO_2	2.0	5.3	190
Nextel^{TM} 550	3M	73 - 27	3.03	$\eta - Al_2O_3 +$ 无定形态 SiO_2	2.0	5.3	193
ALF	Nitivy	72 - 28	2.9	$\gamma - Al_2O_3 +$ 无定形态 SiO_2	2.0	约 5	170

表 3.2.2.3(b)　商用晶体 $\alpha - Al_2O_3$ 纤维的成分及性能

纤　维	厂商	成分/% ($Al_2O_3 - SiO_2$)	密度/ (g/cm^3)	晶　相	拉伸强度/GPa	CTE/ ($10^{-6}/℃$)	弹性模量/GPa
Nextel^{TM} 610	3M	100 - 0	3.9	$\alpha - Al_2O_3$	3.1	8	373
Nextel^{TM} 720	3M	85 - 15	3.4	$\alpha - Al_2O_3 +$ 莫来石	2.1	6	260

在氧化铝纤维中加入二氧化硅会降低纤维的弹性模量。氧化铝的杨氏模量约为 55 Msi(380 GPa)，二氧化硅的杨氏模量约为 70 GPa。纤维的模量与二氧化硅含量直接成比例关系，二氧化硅含量约为 20%(质量分数)时，模量降低到仅 200 GPa。氧化铝-二氧化硅纤维的密度为 $2.7 \sim 3.2\ g/cm^3$，弹性模量为 $150 \sim 200$ GPa。大多数纤维的拉伸强度为 $1.7 \sim 2.1$ GPa。

氧化铝-二氧化硅纤维的一种变体是 Nextel^{TM} 312，它除了含有氧化铝和二氧化硅(原子比为 3∶2,与莫来石相同)外,还含有 14% 的 B_2O_3。高 B_2O_3 含量降低了密度和热膨胀系数,然而,降低了纤维的高温性能(如蠕变),使纤维与潜在的氧化物基体更易发生反应。

基于 α-Al_2O_3 的纤维主要用作复合材料的增强。与过渡氧化铝和含二氧化硅的纤维相比,α 相的热力学稳定性提供了出色的化学和热稳定性。具体地说,含 α-Al_2O_3 的纤维在制造过程中与潜在的氧化物基体反应较少,并且在腐蚀性服役环境中更稳定。α-Al_2O_3 纤维还具有较高的弹性模量,这在复合材料应用中通常是一个优势。

3.2.2.4　商用纤维

最广泛使用的 α-Al_2O_3 纤维是 Nextel™ 610 陶瓷纤维。这种纤维[见图 3.2.2.4(a)]的晶粒尺寸为 80 nm,其抗拉强度是所有商用氧化物纤维中最高的,达 3.1 GPa。高强度源于粒径小于 0.1 μm 的极细晶粒和低缺陷率,下文会进一步介绍。其他物理性质可根据 α-Al_2O_3 结构推测出。Nextel™ 610 的纤维密度为 3.9 g/cm³,接近氧化铝的理论值,模量为 373 GPa,热膨胀系数为 8×10^{-6}/℃。Nextel™ 610 的表面光滑,有利于织物处理和复合材料制造。

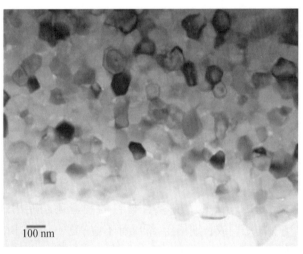

图 3.2.2.4(a)　Nextel™ 610 的透射电子显微镜照片

另一种完全结晶的纤维是 Nextel™ 720 陶瓷纤维。Nextel™ 720 纤维具有两相全结晶微观结构,由约 45%(体积分数)的 α-Al_2O_3 和 55%(体积分数)的莫来石($3Al_2O_3\cdot2SiO_2$)组成。纤维微观结构相当复杂,如图 3.2.2.4(b)所示。它由大小约为 0.5 μm 的莫来石颗粒镶嵌而成,其中发现了细长的 α-Al_2O_3 颗粒,每个镶嵌颗粒由几个相互方向稍有偏差的子晶粒组成。莫来石晶粒大,抗蠕变性能好,而互穿结构可抵抗晶粒长大以及在载荷作用下变形。由于氧化铝含量相对较高,

该纤维的模量、密度和热膨胀系数介于商用氧化铝-二氧化硅纤维和结晶 α - Al$_2$O$_3$
纤维之间。

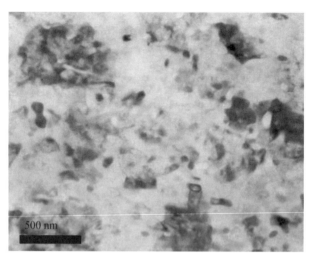

图 3.2.2.4(b)　Nextel^{TM} 720 纤维的微观结构显示莫来
石聚集体和细长的 α - Al$_2$O$_3$ 晶粒

文献中常见的几种纤维已不再市售。其中包括 Sumitomo Altex(85％Al$_2$O$_3$)、
Mitsui Almax(99％Al$_2$O$_3$)、DuPont Fiber FP(99％Al$_2$O$_3$)和 3M Nextel^{TM} 650
(Al$_2$O$_3$ - 10％ZrO$_2$)。

3.2.2.5　连续氧化物陶瓷纤维的高温性能

氧化物陶瓷纤维的高温性能是决定其是否适合在 CMC 中用作增强材料的主要
因素。在高温条件下以下几个不同的指标都很重要：第一，纤维在制造和使用温度
下不能退化；第二，纤维在高温下必须保持很大一部分的室温强度；第三，纤维在温度
应力下不得过度蠕变。

尤其是在零应力条件下，无论是在复合材料的制造还是使用过程中，对于高温
[2 192℉(1 200℃)]下的短期或长期暴露，纤维都不应有或仅有较小的强度损失。热暴
露期间的强度降低与许多因素有关，包括现有相或新相结晶期间的晶粒生长、缺陷的热
活化生长及纤维中非平衡相的分解。对于基于 Al$_2$O$_3$ 的多晶纤维，强度下降主要与晶
粒生长及其相关缺陷有关。图 3.2.2.5(a)比较了两种 Nextel 纤维在空气中老化 1 000 h
后的保留强度。在 2 012℉(1 100℃)暴露后，Nextel^{TM} 610 纤维的强度开始降低，而
Nextel^{TM} 720 在 2 192℉(1 200℃)时仍保持几乎全部强度[见参考文献 3.2.2.5(a)]。

对于高温强度(热强度)，其退化机理与热老化试验不同。在这些短期测试中，没
有时间发生晶粒长大，因此晶粒长大并不是强度降低的原因。相反，随着应力引起的
时间依赖性或塑性变形机制开始出现，导致裂纹或缺陷增长以及纤维颈缩，强度随之

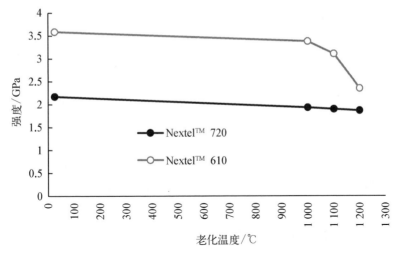

图 3.2.2.5(a)　Nextel™ 610 和 Nextel™ 720 纤维高温老化后的强度
（在空气中老化 1 000 h）

下降。例如，在 2 192℉（1 200℃）下，Nextel™ 610 的应力-应变曲线由于蠕变而呈现
非线性特征，破坏应变增至远超过 1％。发生这种情况是因为蠕变速率与单丝强度测
试的应变速率接近。图 3.2.2.5(b) 显示了 Nextel™ 720 中莫来石相的积极影响。
Nextel™ 720 纤维保持其室温强度的温度比 Nextel™ 610 高 302℉（150℃），这与两
者在蠕变性能方面的差异类似［见参考文献 3.2.2.5(b)］。

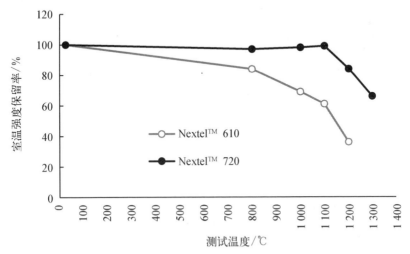

图 3.2.2.5(b)　Nextel™ 610 和 Nextel™ 720 纤维在高温下的室温强度保留率

在选择用于 CMC 的连续陶瓷纤维时，抗变形或抗蠕变至关重要。许多 CMC
的使用条件涉及纤维的长时间结构加载，时间范围从 100～10 000 h 不等。即使在
"非结构"应用中，纤维也可能承受由复合材料内部的热梯度引起的高热应力，一般

只允许该应力引起的很小尺寸变化，通常要求该变化值在其使用寿命内不超过1%。

图3.2.2.5(c)给出了CMC中商用氧化物纤维最高承载温度的估计值。这些估计值是通过假设最大纤维使用温度受限于过度的蠕变应变(假设为1%)，从而测量单丝的蠕变率确定的。图中所示为纤维应力为10 ksi(70 MPa)时(假定是CMC承受的最小应力)的最高温度[见参考文献3.2.2.5(c)]。Al_2O_3基纤维的蠕变速率与应力立方成正比，因此纤维的最高使用温度受应力影响很大。不利的环境(如燃烧环境中存在碱或蒸汽)可能会大大降低耐温能力。氧化铝-二氧化硅纤维的耐温能力最低。随着B_2O_3含量从Nextel™312的14%降低到Nextel™440的2%再到Nextel™550的0%，耐温能力从1 112℉(600℃)提高到1 832℉(1 000℃)。对于多晶纤维，Nextel™610的最高耐温达1 832℉(1 000℃)，相比之下，Nextel™720的蠕变速率还要低1 000多倍，因此，在该负载下的使用温度可以再高302℉(150℃)，即可在2 102℉(1 150℃)使用。

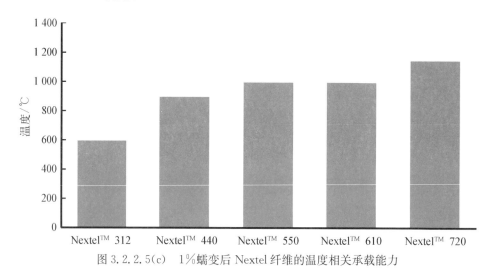

图3.2.2.5(c)　1%蠕变后Nextel纤维的温度相关承载能力

3.2.2.6　氧化物纤维的未来发展方向

对于氧化物纤维，主要需要提高抗蠕变性能。已经证明具有比氧化铝更耐蠕变的氧化物成分的纤维[如纯莫来石和钇铝石榴石(YAG)]可以改善蠕变性能。莫来石和YAG具有复杂的多阳离子晶体结构，降低了扩散速率和蠕变。更大的晶粒尺寸也有利于提高蠕变性能，数据表明，即使增加晶粒尺寸，也可能保持强度接近2 GPa。采用这种方法制备的实验室氧化物纤维展示了相较于商用纤维更好的抗蠕变性能。氧化物纤维也可使用掺杂剂和/或晶粒生长抑制剂，以便在高于2 192℉(1 200℃)的长期暴露环境下保持较小的纤维晶粒尺寸，并固定晶界运动边界或降低边界扩散率，从而进一步提高纤维抗蠕变性能。一个例子是用钇和其他稀土氧化物掺杂氧化铝，采用这种方法制备的 Nextel™ 650 相对于 Nextel™ 610 抗蠕变性能有所改善(见参考文献 3.2.2.6)。

尽管氧化物纤维的制造工艺比 SiC 基纤维的更简单,温度更低,成本更低,但成本问题仍然是大规模制备 CMC 的阻碍。3M 公司将高体积分数纤维增强的金属基复合材料电缆进行了商业化,利用高细丝粗纱实现了高产量,从而降低了成本,可与钢和碳纤维增强的聚合物基复合材料竞争。对于 CMC,利用高旦粗纱来生产 CMC 的长丝缠绕等制造工艺可能是降低成本的另一种途径。采用低成本的前驱体以及高产量的纺丝和热处理工艺也是一种办法。

3.2.3　硅基陶瓷纤维

3.2.3.1　概述

如今,制备具有非氧化物硅基成分[如碳化硅(SiC)和氮化硅(Si_3N_4)]的陶瓷纤维最常见方法是通过有机金属陶瓷聚合物先驱体进行纺丝,然后交联(固化),再通过高温处理或热解等步骤将纤维转变为陶瓷材料[见参考文献 3.2.3.1(a)]。使用化学前驱体技术可以实现多晶纤维的商业化生产,且性能优于传统纤维成型(如熔融玻璃)的纺丝技术生产的纤维。聚合物转化制备陶瓷纤维的主要特征包括直径小、具有超细微观结构、低纳米范围内近乎等轴的晶粒大小以及在复丝纤维束中的连续长度。纤维成型通常需要小直径(小于 20 μm)和高强度(高于 2 GPa)的细晶粒,以保证可以编织成复杂的纤维结构或预制体,同时不会在高模量纤维表面因高弯曲应力而产生断裂。正如下面将要讨论的,尽管高拉伸强度要求晶粒为纳米级,但纳米级晶粒对纤维在高温下与蠕变有关的结构寿命有损害。前驱体纺丝工艺还可以实现以连续长度多丝(400~1 600)丝束或粗纱的形式生产纤维,然后涂上一层薄的聚合物基浸润剂进行保护,再以线轴形式提供给客户。这些润湿的丝束具有柔韧性和足够的强度,可以从线轴上将它们机织或编织成织物、单向带、套筒和其他复杂形状。大多数细直径纤维制造商还提供机织织物形式或布料形式的氧化物和非氧化物纤维,因为目前常用的复合材料的制造需要经过织物堆叠和近净成型步骤才能形成最终产品。

非氧化物纤维的生产除了聚合物转化方法外,另一种方法是化学气相沉积法(CVD),具体过程为在芯纤维连续通过长冷壁反应管时,将非氧化物沉积到电阻加热的单丝芯纤维如碳或钨上[见参考文献 3.2.3.1(b)]。当将非氧化物引入反应器管中时,热芯纤维会引起非氧化物前驱气体的气相分解和反应,从而在芯纤维上形成固态的非氧化物层。芯纤维在反应管中的停留时间与非氧化物生长速率有关,以形成所需厚度的非氧化物涂层为目标。沉积的非氧化物通常以柱状或核状从芯纤维表面生长出来。由于纤维核的独立生长和三角形形状,在纤维层表面附近会产生核-核接触和残余压应力。通过这种方法可以生产直径大于 50 μm、强度非常大且长度连续的多晶 SiC 和硼单丝,并且可以商业化,一般应用于增强金属和陶瓷复合材料。然而,这些大直径纤维在柔韧性、可成型性和经济性方面具有劣势，使其发展受到限制。最近已经开发出另一种 CVD 方法，该方法无须芯丝，可以直接形成非氧化物纤维，从而生产出具有小直径（小于 25 μm）和细晶粒微观结构（4～30 nm）的纤维。

硅基纤维在复合材料上的应用通常集中在高温结构陶瓷基复合材料，与氧化物纤维相比，其蠕变和晶粒生长速率较低，因此在高温和应力条件下具有更好的尺寸稳定性和强度保留率。尽管过去已经生产出 Si_3N_4 商用纤维，但它们的热导率不如 SiC 纤维高，高热导率的作用是使 CMC 部件受到的热应力最小。此外，Si_3N_4 纤维热膨胀系数低，因此很难开发出能与热膨胀时的 Si_3N_4 纤维紧密匹配的 CMC 基体，而这是 CMC 的固有应力在温度影响下最小化的必要要求。因此，工业生产的主要重点放在了 SiC 纤维上，并为此已经开发了多种 SiC 基体的制备方法。但是，在含氧的环境条件下，表面暴露的 SiC 会与氧反应生成二氧化硅，SiC 纤维将缓慢退化，从而由于直径减小和/或产生表面缺陷而导致纤维强度下降。然而，二氧化硅是最具有保护作用的氧化层材料，因此，一般而言，SiC 纤维相对于其他非氧化物纤维具有较好的抗氧化性。CMC 的首选通常是 SiC 纤维，SiC 基 CMC 可以在含少量氧和较高温度[高于2 012℉(1 100℃)]的环境中长时间服役，与氧化物基体和最先进的金属高温合金相比，SiC 基体具有更好的抗蠕变性和结构寿命。通常通过将纤维掺入具有相似成分和热膨胀系数的致密无损伤（即无裂纹）的保护性基体中来实现最小的氧气暴露，如SiC/SiC CMC。如今，正在进行大量的相关研究，以将这些 SiC/SiC CMC 用于陆用和航空燃气涡轮发动机中的热端部件，这些部件在燃气环境下需要服役数千小时[见参考文献 3.2.3.1(a)中的 SiC 纤维综述]。

3.2.3.2　高温结构 CMC 对 SiC 纤维性能要求

为了实现工业化，SiC/SiC CMC 及 SiC 纤维应表现出比当前的高温材料（如镍基高温合金和碳-碳复合材料）更好的整体性能。与高温合金相比，SiC/SiC CMC 的一个明显优势是密度较低，通常约为高温合金的 30%。对于航空航天领域的应用，部件减重是持续驱动力，同时密度降低对于承受因离心力导致的密度相关应力的转子叶片也很重要。与碳-碳复合材料相比，CMC 受氧气侵蚀较小，前者在温度高于 932℉(500℃)后会遭受严重的氧气侵蚀问题。对于 SiC/SiC CMC，当使用温度低于1 472℉(800℃)时可以避免这种风险，因为在该温度下，SiC 受氧气侵蚀很小。高于800℃时，通常优先考虑两种措施：① CMC 部件应力应足够低，以避免贯穿厚度的基体开裂，使内部纤维暴露于应用环境中；② CMC 表面涂覆薄的环境障涂层（EBC）以抑制 SiC 基体的表面侵蚀，同时在许多情况下还可以降低 CMC 热梯度及相关的内部热应力。

SiC/SiC CMC 与高温合金相比，需达到的另外两个市场化目标如下：① 可在更高工作温度下保持结构性能，从而可减少有害排放，同时因减少部件冷却而降低能源和燃料消耗；② 节省的生命周期成本超过制造 CMC 部件的相关成本。CMC 部件

（包括纤维）的制造成本可能永远不会低到高温合金的程度，因为CMC纤维和部件制造相关的成型步骤更复杂、材料成本高、工艺温度更高。因此，对于CMC的任何应用，其在减重、省油方面节约的成本必须超过其制造成本，从而减少CMC部件的生命周期成本。通常，这意味着要替换高温合金部件，CMC部件不仅必须减轻重量，而且能够在更高的温度下工作，同时还具有相当的结构耐久性和使用寿命。

多年来，许多人研究了SiC纤维需要达到何种性能才可以使SiC/SiC CMC在高于高温合金最高使用温度[约2012 ℉(1100 ℃)]的环境下，具有足够的结构耐久性和使用寿命。关于结构耐久性，需要SiC/SiC CMC在不利的环境条件下（如高压、含水蒸气和氧的燃烧气体）仍具有足够的基体开裂强度（MCS），以避免在CMC部件服役期间在预期的最大拉应力下出现贯穿厚度的开裂。为了最好地满足该要求，纤维表面应与基体具有尽可能低的界面剪切强度，以使基体微裂纹绕过而不是穿过纤维，但也要保证剪切强度足够高，使得微裂纹通过后，产生的裂纹桥接纤维能够使微裂纹开口尽可能小。这些通常可以通过在具有大于100 nm晶粒尺寸的粗糙纤维表面和薄层（约0.5 μm）纤维表面涂层来实现，如涂覆氮化硼（BN）涂层，过去也曾使用过富碳的纤维界面涂层。然而，在出现贯穿厚度的开裂后，这些涂层为CMC提供的抗氧化性较差，因为温度高于932℉(500℃)时，碳和氧反应生成挥发性气体，无法阻止氧进一步进入CMC微观结构。但是，BN也会与氧气发生反应，形成固态的硼硅酸盐玻璃，这可能会阻止氧气进一步沿着裂纹渗透并延长纤维长度。同样，为了实现CMC的平稳失效，原位桥接纤维应具有足够的原位拉伸强度，以便在不破坏纤维的情况下增加CMC的应力。这意味着所生产的纤维强度要大于2 GPa，如前所述，这也是复杂结构成型所需的强度。如果高温基体制备工艺条件或高温应用条件没有降低纤维强度，那么此强度纤维通常可以生产UTS值高于300 MPa的SiC/SiC CMC。

CMC不仅要在基体制备后保持强度，也需要CMC部件在高温条件下服役时，纤维在承受高或低的应力后，同样保持强度。由于纤维强度通常会随着时间-温度加工条件的增加而降低，因此一个经验法则是，对于特定的纤维而言，在CMC的制造和使用过程中，纤维预期的时间-温度条件不应超过其最大时间-温度条件。随着工艺条件的增加，纤维强度降低通常是因为SiC纤维由聚合物转化而来时，存在不同程度的硅碳氧化物杂相，杂相高温分解而在纤维中产生缺陷。由于杂相分解和强度降低的起始温度为2192℉(1200℃)，SiC纤维制造商已尝试尽量减少杂相，以提高纤维的温度性能，但尚未实现完全没有杂相。CVD工艺制备的SiC纤维可能含很少或不含碳氧化物，但通常包含少量的硅。自由硅会在2552℉(1400℃)附近融化，然后在纤维内迅速扩散，与芯材料反应，并/或通过SiC层逸出而留下孔隙，造成强度损失。

即使可以将由碳氧化物分解引起的强度损失降到最低，也存在其他高温的影响，降低多晶 SiC 纤维的强度和结构寿命。这与以下两种因素有关：① 纤维中晶粒的过度长大；② 由于晶粒滑动或蠕变在晶粒之间形成孔洞。关于第一个问题，聚合物转化制备的纤维，强度通常约为 3 GPa，平均粒径(d)通常低于 30 nm。假设这些晶粒是限制强度的缺陷尺寸，并使用经验公式格里菲斯方程[见式 3.2.3.2(a)]计算 SiC 纤维的拉伸强度 R_m：

$$R_m = \frac{K}{d^{1/2}}, \qquad\qquad 3.2.3.2(a)$$

当 K 值约为 1.4 GPa·$\mu m^{1/2}$ 时，就可以预测这些纳米晶粒尺寸的纤维强度远大于 3 GPa。达不到此强度是因为在纤维纺丝过程中，尺寸约为 200 nm 的缺陷能够通过喷丝孔，成为限制强度的纤维缺陷。如果可以消除与喷丝有关的缺陷，那么多晶纤维的强度将受其最大晶粒尺寸的控制。正如所观察到的，如果通过高温处理使晶粒生长到 200 nm 以上，它们将成为强度限制缺陷，并且纤维强度将开始下降至 3 GPa 以下，在 400 nm 时降至最低强度要求 2 GPa[见参考文献 3.2.3.2(a)]。对无氧气和杂质的 SiC 纤维在零应力下的晶粒生长观察表明，在惰性气体中，在 3 272°F(1 800℃)下经过 1 h，或在 3 002°F(1 650℃)下大约经过 100 h，会达到 2 GPa 的强度极限。因此，如果可以制造出晶粒尺寸为 400 nm 的纯化学计量比的多晶 SiC 纤维，则至少在 2 552°F(1 400℃)的温度下可长期保持 2 GPa 的纤维强度，前提是其他高温机制(如晶粒间的应力引起的空化)不会引发新的缺陷增长。

　　根据经验，对于聚合物转化的 SiC 纤维，与蠕变相关的空化缺陷的大小似乎与稳态蠕变阶段所产生的纤维蠕变应变成比例增长。当所生产的纤维还包含硼、铝和游离硅等杂质元素时，在给定应力下纤维的蠕变速率和空化缺陷的增长会大大增加。因此，应在制备的 SiC 纤维中尽可能减少这些元素。NASA 的研究表明，对于这种情况，可以通过式 3.2.3.2(b)来描述在恒定应力和温度条件下，聚合物转化制备的纤维的稳态蠕变应变。

$$\varepsilon_{ss}(\%) = (A/d)[\sigma^3 \cdot t \cdot \exp(-B/T)] \qquad 3.2.3.2(b)$$

式中，A 和 B 为经验确定参数；d 为平均纤维晶粒尺寸，单位 nm；σ 为应力，单位 MPa；t 为时间，单位 h；T 为温度，单位 K[见参考文献 3.2.3.2(b)]。因此，这些纤维的稳态蠕变应变随着晶粒尺寸的增加而减小，但是随着应力呈三次方增大。有趣的是，对于具有近似等轴晶粒的溶胶-凝胶转化的 Nextel™ 610 氧化物纤维，也观察到了稳态蠕变的类似应力依赖性(见 3.2.2.5 节)。

　　因此，为了降低由蠕变引起的纤维强度损失，应尽可能减少增强蠕变的杂质，CMC 施加于纤维的应力应尽可能低(例如，使增加应力的纤维弯曲最小)，并且在要求的纤维强度内，晶粒尺寸应尽可能大。为了获得最佳的抗蠕变性，大晶粒应均匀地分布在纤维横截面上，以避免纤维的蠕变速率不同，增加最终应力以及晶粒最大纤维截面的蠕变速率。但是,为了使原纤维强度大于 2 GPa,晶粒尺寸不应超过 400 nm。增加这些聚合物转化的纤维晶粒尺寸,也可以改善纤维和 CMC 的热导率,从而降低 CMC 部件内热应力。如上所述,较大的晶粒尺寸也会增加纤维表面粗糙度,减少基体裂纹的开口并增加机械开裂强度。纤维蠕变的降低不仅可以减少纤维断裂的风险,还可以减少因应力而导致的 CMC 部件尺寸随时间的变化,这对于涡轮转子部件而言很关键。

总之,作为高温 SiC/SiC CMC 的增强体,具有接近等轴晶粒的最佳多晶 SiC 纤维应具有以下特点:

(1) 拉伸强度大于 2 GPa,直径尽可能小(约 10 μm),以最大限度地减少在复杂形状的纤维形成过程中与弯曲相关的应力。

(2) 表面无碳且粗糙,晶粒尺寸大于 100 nm。

(3) 氧含量尽可能低,以在高于 2 192℉(1 200℃)温度下,保持较高的拉伸强度。

(4) 微观结构无杂相,杂相会因晶界移动增加蠕变。

(5) 400 nm 的大晶粒均匀分布,以保持较高的拉伸强度,并最大限度地减少与蠕变有关的问题,同时还提高了纤维的热导率。

正如将在下一节中讨论的,目前尚无高温应用的商业化 SiC 纤维能够满足上述所有要求。但是,如果未来的 SiC 纤维可以满足这些要求(基于目前对 SiC 纤维材料性能的理解),预计这种“先进 SiC 纤维”应能够增强高性能 SiC/SiC CMC,能够在较高使用温度[最低 2 552℉(1 400℃)]下,服役寿命长达 1 000 h(详见 3.2.3.4 节)。

3.2.3.3　当前用于高温 CMC 的 SiC 纤维类型

本节是对目前用于高温 CMC 的商业化和在开发 SiC 纤维的简要说明。描述了不同商业类型纤维的工艺条件,将主要生产成分和物理-力学性能分别列于表 3.2.3.3(a)和表 3.2.3.3(b)中。

(1) Hi - Nicalon-S(NGS)。自 1983 年以来,日本碳素公司开发了 Nicalon SiC 纤维生产线,并已实现商业销售。日本碳素公司生产工艺基于陶瓷前驱体的熔融纺丝,经过几个热处理步骤后,会制得 β - SiC 纤维结构[见参考文献 3.2.3.1(a)]。有机金属前驱体[如聚碳硅烷(PCS)]的工艺步骤包括前驱体通过喷丝头熔融纺丝形成原纤维,纤维交联/固化,然后在惰性气体炉中 2 192℉(1 200℃)以上进行热处理。Hi-Nicalon-S 是该纤维生产线的最新型号,其成分中存在最少的氧和过量的游离碳。制得的纤维直径通常小于 15 μm,且具有约 20 nm 等轴晶粒的微观结构。由于采用电子辐射固化原纤维,并在富氢气氛中高温处理,Hi-Nicalon-S 纤维比以前的商业化产品 Nicalon(NL 200 和 Hi-Nicalon)纯度更高,Nicalon 含有更高的氧和游离碳。日本碳素公司最近与 GE 公司和 Safran 公司达成了合资伙伴关系,在亚拉巴马州的一家制造工厂生产用于航空发动机 CMC 部件的 Hi-Nicalon-S 纤维。这种纤维的性能如表 3.2.3.3(a)所示,与理论上最佳 SiC 纤维的性能进行比较时,人们发现 Hi-

表 3.2.3.3(a)　商业化和开发中的高温 SiC 纤维类型的生产和成分

商用名	制造商	生产方法	元素组成/%（质量分数）	最高制备温度/℃	晶粒尺寸（表面粗糙度）/nm	表面组成	直径平均值/μm	纤维束根数
Hi-Nicalon-S	NGS	聚合物+电子辐照	69 Si+31 C+0.7 O[①]	1 600	20	薄层 C	12	500
Tyranno SA1/SA3	UBE	聚合物+烧结	68 Si+32 C+0.6 Al[①]	>1 700	100~400	薄层 C	10/7.5	800/1 600
Sylramic	COIC	聚合物+烧结	67 Si+29 C+0.8 O+2.3 B+0.4 N+2.1 Ti[①]	>1 700	100~400	薄层 C+B+Ti	10	800
Sylramic-iBN	COIC+NASA	聚合物+烧结+处理	Sylramic+还原 B+还原 O	>1 700	100~400	原位薄层 BN（~100 nm）	10	800
SCS-Ultra	Specialty Materials	CVD 在约 30 μm 碳核上	70 Si+30 C+微量 Si+微量 C	1 300	100×10	SiC/薄层 C	140	单丝
LP-25SC	Free Form Fibers	CVD 无芯	71 Si+29 C	>1 700	10~30	SiC/Si 双相	25	平行纤维单向带

① 编者注：元素质量分数合计超过 100%。原书如此。

表 3.2.3.3(b)　商业化和开发中的高温 SiC 纤维类型的物理和力学性能

商用名	制造商	密度/(g/cm³)	R. T. 平均拉伸强度/GPa	R. T. 拉伸模量/GPa	R. T. 轴向热导率/[W/(m·k)]	平均热膨胀系数(至1 000℃)/(10⁻⁶/℃)	结晶相
Hi-Nicalon-S	NGS	3.05	～2.7	400～420	18		β-SiC
Tyranno SA1/SA3	UBE	3.02	2.8	375	65		β-SiC
Sylramic	COIC	3.05	3.2	～400	46	5.4	β-SiC
Sylramic-iBN	COIC+NASA	3.05	3.2	～400	>46	5.4	β-SiC
SCS-Ultra	Specialty Materials	～3	～6	390	～70	4.6	β-SiC
LP-25SC	Free Form Fibers	～2.85	～6	390			β-SiC

Nicalon-S 纤维在纤维直径、晶粒尺寸、表面粗糙度、氧含量和无碳表面方面存在不足。为解决上述问题,日本碳素公司提出了一种新型 Hi-Nicalon-S 产品,该产品中富碳的表面已被氧化掉,另外还提供了另一种 Hi-Nicalon-S,用 CVD 沉积 BN 涂层代替碳表面。

(2) Tyranno SA1/SA3(UBE)。在 20 世纪 80 年代初期,UBE 公司致力于 SiC 纤维的生产开发,与日本碳素公司相似,重点研究可加工并转化为 β-SiC 的聚合物先驱体[见参考文献 3.2.3.1(a)]。UBE 开发了 LOX-M SiC 纤维,改变了聚碳硅烷的化学组成,使其分子链中包含钛(聚钛碳硅烷,PTC),与第一代 Nicalon 纤维相比具有许多优点。在随后的几年中,开发工作集中于降低氧含量和游离碳,包括将锆引入PCS 链(用于制备 Tyranno ZM 纤维)以及在交联阶段使用电子束。UBE 公司目前制备的 Tyranno SA 纤维,基于 PCS 化学性质,在其成分中添加了铝,有助于在炉内处理过程中进行交联和烧结。将表 3.2.3.3(a)和 3.2.3.3(b)中的 Tyranno SA1 纤维性能与最佳的 SiC 纤维性能进行比较时,可以发现这种纤维在拉伸强度、氧含量和均匀粒度分布方面存在不足,最重要的是,纤维中杂质铝不仅会加速高温蠕变,而且无法通过后处理去除。为了更好地解决蠕变问题,UBE 公司开发了直径较小的Tyranno SA3 纤维,这种纤维蠕变速率降低,这可能是因为在较小的横截面,晶粒尺寸分布得更加均匀。

(3) Sylramic(COIC)和 Sylramic-iBN(COIC & NASA)。Sylramic 系列 SiC 纤维,最初由道康宁公司开发,是 UBE 公司生产的 Tyranno LOX-M 纤维产品的分支。LOX-M 纤维中存在的碳氧化合物高温分解后,道康宁公司将硼引入纤维中,用作高

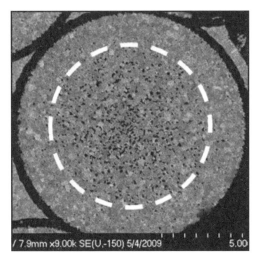

图 3.2.3.3(a)　Sylramic 纤维横截面，表明在近表面区有较大的晶粒，在内部具有较小的晶粒和孔洞［来源于参考文献 3.2.3.2(b)］

温烧结助剂，填补由碳氧化合物分解产生的孔［见参考文献 3.2.3.3(a)］。COIC 现已与 NASA 格伦研究中心合作，采用该制备技术并进行了改进，即在纤维制备完成后通过热处理工艺将引起蠕变的硼扩散到纤维表面［见参考文献 3.2.3.3 (b)］。该热处理步骤在氮气气氛中进行，因此在纤维上形成了原位生长的保护性氮化硼(BN)涂层，从而改善了 Sylramic - iBN 纤维的抗蠕变性和抗氧化性。当将 Sylramic - iBN 纤维的性能与理想的 SiC 纤维性能进行比较时，可以发现这种纤维在晶粒尺寸上存在不足，并且在整个纤维截面上晶粒尺寸分布不均，其中纤维表面附近的晶粒最大［见图 3.2.3.3(a)和参考文献 3.2.3.2(b)］。可能与 Tyranno SA 纤维通过高温烧结致密化类似，烧结助剂硼和铝可能会集中在纤维表面，然后在纤维表面长出更大的晶粒。目前，Sylramic 和 Sylramic - iBN 纤维都是间歇处理生产，增加了采购成本，难以大量获得。

（4）SCS - Ultra(Specialty Materials)。在连续碳单丝基材上，通过 CVD 工艺可以制造连续 β - SiC 单丝［见参考文献 3.2.3.1(b)］。该工艺已用于制造具有梯度和分层结构的长丝。Specialty Materials 公司使用这种工艺制备了两种类型的芯型 SiC 纤维，分别命名为 SCS - 6 和 SCS - Ultra，为化学计量比的 β - SiC 柱状晶粒结构，其结构是从内部电阻加热约 30 μm 的碳纤维单丝向外辐射。这些 SCS 纤维的直径通常为 142 μm，并具有表面富碳的涂层，可与复合材料的陶瓷基体形成增韧的界面。由于具有更均匀的微观结构，SCS - Ultra 纤维的强度超过 900 ksi(6 GPa)，明显高于 SCS - 6 纤维或任何其他商用增强纤维，因此比 SCS - 6 纤维更适合高温应用。SCS 用 CVD 工艺制造的另一个优点是，过程中不会将有害的氧化物引入纤维微观结构中。为了确保 SiC 纤维具有适当的化学性质，必须控制许多参数，包括反应气体种类及其浓度、流速、载气和还原性气体的流量以及沉积室内的气压和温度等。该制备工艺通常采用三氯甲基硅烷(MTS)作为前驱体气体。

对于一般的 CMC 应用，SCS - Ultra 纤维直径存在明显不足，这大大限制了它的成型能力，同时在工艺成本和微观结构上也存在不足，其含有少量易蠕变自由硅。这些纤维可以在高温下退火处理以减少自由硅，同时仍保持可使用的拉伸强度［见参考文献 3.2.3.3(c)］。这些纤维另一个有趣的方面是，在长时间恒定的应力下，它们仅表现出瞬态或初级蠕变应变 ε_p，这可以用经验公式 3.2.3.3 描述：

$$\varepsilon_{\mathrm{p}} = C \cdot \sigma \cdot [t \cdot \exp(-B/T)]^{1/3}, \qquad \text{3.2.3.3}$$

式中,σ 为施加的应力,单位 MPa;t 为时间,单位 h;T 为温度,单位 K[见参考文献 3.2.3.3(d)]。将 SCS - Ultra 纤维在 3 272℉(1 800℃)退火 1 h,可以将蠕变或 C 参数降低一个数量级。与具有近似等轴晶粒的低杂质聚合物转化制备的纤维相反,其蠕变应变对应力的依赖性是线性的,这可能是由于其非等轴柱状晶粒所致。但是,B 参数中包含的控制蠕变能值与聚合物转化纤维的蠕变能值相同,这与 SiC 中碳扩散的约 840 kJ/mol 的活化能一致。

(5) 激光打印(LP)纤维(Free Form Fibers)。位于纽约州萨拉托加温泉市的 Free Form Fibers 公司最近引入了一种纤维激光打印新技术。该技术利用平行阵列独立控制的激光束,通过激光辅助化学气相沉积(LCVD)将固体纤维从前驱气体混合物中拉出[见参考文献 3.2.3.3(d)]。因此,纤维的生长无容器,免于接触容器表面造成污染。在反应器中产生 90 根或 90 根以上同时出现的纤维阵列,并以带状形式获取或聚集在丝束中。图 3.2.3.3(b)显示了在纤维尖端入射的激光束阵列示意图,其中 CVD 击穿,纤维沿激光方向生长。控制从生长区域对纤维的提取使得连续纤维晶格生长。

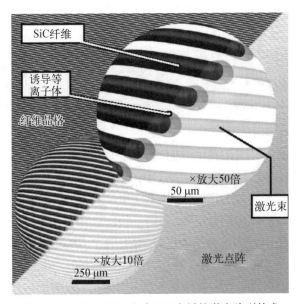

图 3.2.3.3(b)　用于生产 LP 光纤的激光阵列技术

利用激光可控生长的优点,纤维激光打印可以作为增材制造的一种方法。因此,它具有增材制造的某些特性,因为可以控制纤维的形状、直径以及材料成分。实际上,通过改变前驱体气体就可以直接改变纤维材料。例如,图 3.2.3.3(c)的左侧图像显示了激光打印的 SiC 纤维阵列,而右侧显示了碳化硼的纤维阵列。这些纤维是在同一反应器中制备的,只是使用不同的前驱体气体。辅助材料也可以在纤维生产过程中原位引入,并且已经通过在沉积的 SiC 中添加硼元素得到证明。LCVD 也可以将三元和高阶相图的材料组合在一起[见参考文献 3.2.3.3(e)]。

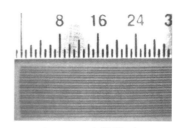

25 μm SiC纤维阵列　　　　　　　　25 μm B₄C纤维阵列

图 3.2.3.3(c)　SiC 和 B$_4$C(LP)纤维(来源于 Free Form Fibers 公司)

LCVD 工艺的灵活性使其具有几种不同的制造能力。连续均匀涂层可应用于接续的一系列纤维上,作为单一生产系统的一部分,并可以全面覆盖纤维,以及对沉积涂层厚度可以严格控制。这种固定的工序避免了在纤维束涂层时出现问题,包括桥接和涂层不均匀。BN/SiC 外涂层材料组合可应用于 CMC。如前所述,通过控制工艺参数可以改变纤维直径[见图 3.2.3.3(d)],通过有意设计的纤维粗糙表面来增加 CMC 中的裂纹能量耗散。

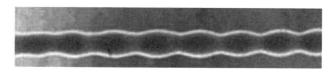

图 3.2.3.3(d)　可控直径的 SiC(LCVD)纤维(来源于 Free Form Fibers 公司)

Free Form Fibers 公司公布了它们的 LP-25SC(25 μm 碳化硅)纤维,其拉伸强度大约为 6 GPa,杨氏模量为 390～410 GPa。透射电子显微镜(TEM)、X 射线衍射(XRD)和其他分析结果表明,纤维由完全致密的 β-SiC 组成并且具有径向渐变的纳米晶体结构。纤维中心附近的微晶沿轴方向伸长,长径比约为 2,尺寸为 25～50 nm。在沿半径方向从纤维中心到边缘的中点处,晶粒几乎呈等轴分布,其大小从 25 nm 向纤维外围逐渐减小至 4 nm[①]。Free Form Fibers 公司进一步公布,它们的 LP-25SC 纤维在 2 732℉(1 500℃)的空气条件下可服役 100 h。截至 2017 年初,它们尚未分析纤维蠕变特性。如上所述,在纤维横截面上晶粒尺寸的不均匀分布会增加大晶粒纤维蠕变时的载荷转移,因此是不利的。

3.2.3.4　高温 CMC 商用 SiC 纤维类型状态

随着温度的升高,SiC 纤维的性能(如弹性模量和热导率)缓慢降低,因此表

---

① 碳化硼纤维具有类似的"复合"结构,相似的长径比进一步向外延伸,晶粒尺寸增大约 10 倍。

3.2.3.2(b)中室温下的性能值代表的是这些纤维在一定温度范围内的不同表现规律。纤维强度遵循同样的趋势,即温度高达 1 832℉(1 000℃)时会单调降低,但对于含氧量较高的纤维,下降速率通常会稍快一些。在断裂过程中,氧会诱导所产生的缺陷继续扩大(缓慢的裂纹扩展机制),这种强度行为是单相陶瓷随时间变化而断裂的典型行为。如上所述,在较高的温度下,诸如成分、晶粒尺寸、杂质含量和先前的热结构历史等因素对纤维强度随时间和温度的降低速率有显著影响。特别是蠕变机制有助于相同缺陷更快生长或新微裂纹和空腔的成核和生长。目前,高纯度近化学计量比的 SiC 纤维,如 Sylramic - iBN 纤维,具有最佳的低温和高温拉伸强度。但是,与 LCVD 纤维一样,Sylramic - iBN 纤维在其横截面上的晶粒尺寸分布同样不均匀,从而降低了蠕变过程中的最高使用温度。

为了帮助了解当前 CMC 性能最好的 SiC 纤维类型的热结构状态,我们可以参考式 3.2.3.2(b)、式 3.2.3.3 和表 3.2.3.4,它们显示了无论纤维是制备后还是在 3 272℉(1 800℃)退火后低杂质、聚合物转化的 Hi-Nicalon-S 和 Sylramic - iBN 纤维的经验蠕变参数 A、B 和 C 的值,对于 CVD 制备 SCS-Ultra 纤维同样适用[见参考文献 3.2.3.2(b)和 3.2.3.3(c)]。表 3.2.3.4 还包括理论上源自聚合物的"先进 SiC 纤维",其等轴晶粒(约 400 nm)比 Hi-Nicalon-S 纤维(约 20 nm)更大。而且,与 Sylramic - iBN 纤维相反,Hi-Nicalon-S 纤维晶粒沿直径均匀分布。在最坏的情况下,我们可以假定 SiC/SiC CMC 部件内基体不承受或承受很小的载荷,因为基体的开裂贯穿厚度方向,也比纤维更容易蠕变。

表 3.2.3.4　最佳准化学计量比 SiC 纤维类型的最佳蠕变应变参数

	$A/(\% \cdot nm \cdot MPa^{-3} \cdot h^{-1})$	$C/(\% \cdot MPa^{-1} \cdot h^{-\frac{1}{3}})$	控制蠕变的晶粒尺寸 d/nm	B/K	最高温度[①]/℃
Hi-Nicalon-S	2.2×10^{16}		20	97 900	1 310
Sylramic - iBN	7×10^{17}		250	97 900	1 290
先进 SiC 纤维	2.2×10^{16}		400	97 900	1 390
SCS-Ultra		9×10^4		97 900	1 240
SCS-Ultra(退火后)		9×10^3		97 900	1 420

① 最高温度:在恒定温度及 500 MPa 应力环境里使纤维 1 000 h 蠕变应变不超过 0.2% 的最高使用温度。

对于这种情况,可以使用表 3.2.3.4 中的公式和最佳拟合参数来计算每种纤维的最高使用温度,给定预计的纤维应力、预期使用寿命和最大允许蠕变应变。例如,可以假设预计的纤维应力为 500 MPa(CMC 的断裂应力为 100 MPa,纤维分数为 20%),使用寿命为 1 000 h,最大蠕变应变为 0.2%。该应变限值通常用于涡轮部件,以达到尺寸要求,但避免达到纤维断裂应变也很重要,对于某些高抗蠕变的碳化硅纤维而言,在高纤维应力下,断裂应变可低至0.3%。基于这些假设值,并忽略聚合物转化纤维较小的初始蠕变,表3.2.3.4中的最后一列显示了每种纤维的预计最高使用温度。结果表明,即使可以对现有纤维继续改进,例如使用"先进SiC纤维",在基体载荷很小的情况下,CMC也不能在2 552℉(1 400℃)以上的环境下长时间使用,除非降低纤维应力和/或使用寿命。显然,降低纤维应力的一种潜在方法是选择一种能够保持不开裂的SiC基体,同时具有与纤维几乎相同的蠕变行为,以便在预期的CMC服役期间承载一部分应力。

3.2.3.5　未来方向

因为CMC需要在高于最先进的高温合金温度下[大于2 012℉(1 100℃)]使用,小直径化学计量比的SiC纤维因其原子扩散低和热导率高的特点,成为目前CMC产品的首选增强体。尽管降低生产成本和改善高温热结构性能是未来SiC纤维须优先解决的问题,但改善纤维表面的抗氧侵蚀性也亟待解决,对此,在纤维上沉积抗氧化纤维涂层是一种可行的解决方案,或者从降低成本方面考虑,更好的方法是在纤维生产或使用过程中原位形成涂层。目前一些纤维正在尝试这些方法,例如NGS公司涂覆了BN涂层的Hi-Nicalon-S纤维以及NASA开发的原位涂覆BN涂层的Sylramic-iBN纤维。这些涂层方法应有助于减少某些CMC产品所需的复杂机织以及编织过程中产生的纤维磨损和强度下降。另外,已经证明它们将紧密的丝束中接触的纤维物理分离,因此如果氧气进入丝束中,由于二氧化硅的生长,那么纤维与纤维的结合将被最弱化。BN涂层的影响扩展到了CMC的力学响应,在纤维和基体之间提供了弱结合、柔顺性界面,从而促进了裂纹能量的耗散并因此提高了整个CMC的断裂韧性。

3.3　界面相/界面技术和方法

3.3.1　引言

开发纤维增强陶瓷基复合材料的关键需求是提供高温结构陶瓷材料,该材料可以平稳失效并且具有损伤容限的优势,而不含增强体的单相陶瓷无此特性。纤维与基体之间的界面(F/M界面)控制对于实现这一重要目标起着重要作用。具有恰当设计和制备界面的CMC可以承受局部损伤及相关的非弹性变形而不会发生灾难性破坏,从而比单相基体具有更高的强度和应变。如图3.3.1(a)所示,单相陶瓷的应力-应变曲线开始呈弹性行为,直到发生脆性断裂。具有精心设计的F/M界面的CMC应力-应变曲线初始呈线性,直至出现明显基体开裂的应力点,但是,之后CMC应力-应变曲线以非线性方式延续而不是断开,这是因为界面可以使基体裂纹绕过纤维而不是断裂,继而让强纤维桥接这些裂纹并承受负载,以提高与纤维模量和强度有关的应变和应力。因此,通过将具有适当界面层的高强度纤维引入较低强度的基体,材料设计人员已将基体开裂引起的载荷损失转移到高强度纤维上。载荷传递的有效性取决于纤维与基体之间的模量差异、纤维的体积分数和结构分布、基体裂纹内纤维的脱粘长度以及纤维与基体之间的界面剪切强度[见参考文献 3.3.1(a)]。

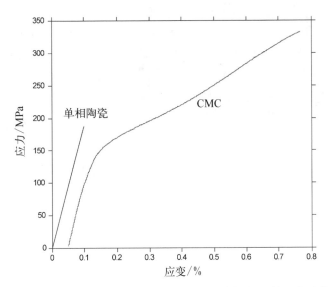

图 3.3.1(a)　单相陶瓷与高强度纤维增强复合材料和低强度基体的应力-应变曲线(为清晰示意已将 CMC 曲线"偏移")

　　从实际角度来看,CMC 具有"假塑性",类似于普通金属的韧性响应。金属中的非线性应力和应变是塑性变形的函数,通常由位错机制产生。相反,如 Zok 等所述[见参考文献 3.3.1(b)],CMC 会基于三种基本机制产生非线性力学响应。三种机制分别是纤维-基体界面处的摩擦耗散、基体开裂以增加弹性柔度以及基体开裂产生的应力再分布。这些机制中隐含的假设是纤维在一定程度上可以桥联基体中的裂纹。

　　从之前研究来看,直接将陶瓷纤维引入陶瓷基体通常会产生脆性复合物,因为在纤维与基体之间存在很强的化学键或摩擦阻力,使基体裂纹直接渗透到纤维中。从材料设计的角度[见参考文献 3.3.1(c)～(e)],避免出现脆性行为的两个关键问题是如何偏转纤维周围的基体裂纹以及如何控制基体裂纹内桥接纤维的滑动阻力。一种方法是采用几乎没有任何界面相或界面涂层的多孔基体(见 3.3.2.3.1 节)。这种方法已用于氧化物/氧化物 CMC,因为通过多孔基体进入的氧气通常不会降低氧化物纤维强度。但除了具有渗透性和较低的热导率外,多孔基体很弱,通常会导致初始贯穿厚度的裂纹,使得纤维预制体/结构来控制 CMC 的结构特性(见图 3.3.2.3.1)。对于非氧化物 CMC,例如 SiC/SiC,制备尽可能致密的基体非常重要,因为不仅基体承载能力强,还避免了氧气对纤维的侵蚀。因此,在纤维/基体界面形成所需弱结合的主要

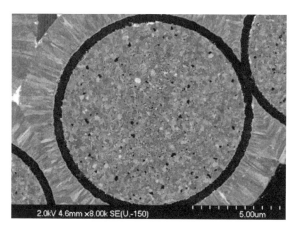

图 3.3.1(b)　通过 CVI 工艺沉积在 SiC/SiC CMC 中 Sylramic‐iBN SiC 纤维表面的 BN 界面涂层(黑圈)，CVI 工艺 SiC 基体柱状层覆盖 BN 涂层

方法是在纤维表面沉积薄层(0.1~0.5 μm 厚"弱或柔顺"的涂层)[见图 3.3.1(b)]。该涂层充当脱粘层和"低摩擦"滑动界面。脱粘层可以在涂层内，或在涂层和纤维之间("内部剥离")，或在涂层和基体之间("外部剥离")，其优点是将涂层作为可能的环境保护层留在纤维表面。

界面涂层(或界面相)的功能取决于许多复杂因素：

(1) 涂层与基体和纤维的化学键。

(2) 相对于纤维韧性，涂层的固有韧性。

(3) 纤维表面粗糙度。

(4) 涂层的制备条件以及纤维和基体间不同的热膨胀系数，在涂层制备过程中产生的残余应力。

(5) 涂层的剪切面和剪切强度。

(6) 涂层的环境耐久性/稳定性。

3.3.1.1　界面涂层的作用和要求

在 CMC 中，有效的界面涂层(也称为界面相或界面层)主要是提供一种纤维偏转机制，该机制是先通过脱粘，然后进行足够的滑动摩擦(界面剪切强度)来使纤维周围的裂纹偏转，从而最大限度地减小由基体裂纹留下的裂纹开口。如果不脱粘，基体裂纹将切穿陶瓷纤维，而不是在高强度增强体周围偏转。随着进一步施加应力，微裂纹开始结合和张开，纤维弥合裂纹并在基体中滑动，从而耗散应变能。如果不控制纤维在基体中的剥离和滑动，应变能将不会消失，高应力会形成高纤维应力。增加的应力最终导致 CMC 的贯穿厚度裂纹，通常会沿着垂直于穿过 CMC 宽度的应力方向扩展。对于图 3.3.1(a)中的 CMC 应力-应变曲线，在曲线中拐点之前的应力下会发生裂纹偏转和局部纤维桥接。拐点处通常称为基体断裂强度(MCS)或比例极限应力(PLS)，在此处贯穿厚度的裂纹开始出现，最终贯穿整个 CMC 长度方向，仅有纤维来承受更高的应力，直到它们在其中一条裂缝中断裂。更详细的信息详见参考文献 3.3.1(a)和(b)。

基于所期望的性能，界面涂层具有多种要求。首先，它在所需的操作条件下应保持化学和微观结构稳定。理想情况下，涂层在高温或重复的温度循环下，化学成分、相含量或晶粒尺寸应均无明显变化。但通常实际情况是涂层制备的时间和温度均高于上述条件,有时需要更高温度以改善涂层性能(见 3.3.2.2 节)。其次,涂层还应具有热稳定性,并应与纤维基底和周围基体的微观结构、成分及物理性质相容,以抑制固态反应发生。再次,涂层应具有抗氧化、耐腐蚀、抗水蒸气和还原侵蚀的能力。鉴于界面在强度和断裂韧性方面的关键作用,在整个性能条件范围内,涂层易受不友好环境的影响成为关键的应用壁垒,尤其是在高于 CMC 基体开裂应力的应力水平下,侵蚀性的气态环境会进入贯穿厚度的裂纹并侵蚀桥接纤维。对于这些场景,界面的另一个重要要求是通过在贯穿裂纹前后在桥接纤维表面上保留一定的环境耐受性,从而为纤维提供一些保护。对在其厚度范围内或在其基体侧脱粘(外脱粘)的涂层而言尤其如此。

对于具有高导热纤维和基体的 CMC,例如 SiC/SiC CMC,界面涂层具有较高的热导率,以使纤维更好地促进 CMC 的热传导。最后,陶瓷界面涂层中残余的应力和/或热应力可能会对裂纹偏转产生负面影响。在理想条件下,界面涂层的热膨胀系数应与纤维的热膨胀系数相当或接近。这种匹配将使制备或操作过程中产生的应力最小化。

界面涂层还可以在 CMC 中发挥辅助功能。在高温下复合材料的制备条件和基体前驱体可能具有化学侵蚀性。界面涂层可以作为底层陶瓷纤维的反应和扩散屏障,防止化学侵蚀和纤维退化。以类似的方式,可能需要多层涂层体系来提供保护性屏障层以防止对易腐涂层的侵蚀。目前,已经开发出具有 BN、C、SiC 和 Si_3N_4 组合的多层非氧化物涂层。这种涂层通常由 2~8 层交替的界面层组成。SiC 和 Si_3N_4 层为 BN 或 C 提供保护。裂纹扩展到 BN 或 C 层,将在纤维周围发生偏转,而氧化形成的二氧化硅可以填充非氧化物层之间的缝隙。

CMC 中的陶瓷纤维在高温条件下也可能易受环境侵蚀和固态基体相互作用的影响。纤维界面涂层可作为侵蚀性操作中的反应和扩散屏障,保护底层纤维免受化学侵蚀[见参考文献 3.3.1.1(a)]。

涂层沉积和热处理条件本身可能具有化学和/或热侵蚀性。应在陶瓷纤维上制备或沉积界面涂层[见参考文献 3.3.1.1(b)]。

3.3.1.2　纤维界面涂层的制备

在陶瓷纤维上制备薄涂层(不大于 0.5 μm)是一项重大的制备挑战。涂层沉积技术必须是可控和可设计的,以保证制备出成分、厚度满足要求且均匀的纤维涂层。这对于多丝丝束以及二维和三维纤维预制体尤其具有挑战性,因为细直径(小于 20 μm)的纤维束中的纤维捆绑紧密,且相互之间直接接触。至关重要的是,涂层必须能在所有陶瓷纤维上均匀地涂覆,因为无涂层的纤维会胶接到基体上,容易被氧化,从而使纤维彼此形成强结合,降低了纤维束的强度。

涂层沉积工艺应在批次和批次之间可重复,从而在多丝丝束、二维及三维机织和编织几何体内部制备均匀的涂层。在复合材料制备前，将所需涂层直接涂在连续的长丝束和薄机织体上是制备涂层的首选方法。涂层的成分、形态和厚度可以得到控制和调整，并且不受后续的复合材料工艺条件和热处理影响。陶瓷纤维直接涂层方法主要有化学气相渗透法和液体涂覆法（溶胶-凝胶和聚合物先驱体）。这两种方法都有利于复丝涂层，其良好的渗透性能够到达纤维束内部。针对其他技术也有研究，如视线（line-of-sight）技术、电化学和化学镀，但尚未得到广泛应用。

化学气相渗透法的原理是通过传递气态物质，使其在局部发生反应并将产物沉积在纤维基底上。沉积反应由热能、射频（RF）、等离子体或光子能驱动。沉积涂层成分和均匀性取决于反应物化学组成、分压、气体流速、温度均匀性以及纤维结构内局部扩散条件。如 3.1.3.1 节所述，化学气相渗透法可以沉积多种陶瓷成分，如碳化物、氮化物和氧化物。涂层厚度范围可以从纳米到微米，取决于沉积速率和时间。除了在连续纤维束和织物上进行沉积外，化学气相渗透法的间歇处理工艺还成功地将涂层沉积到多层纤维预制体中，但这通常要求较低的沉积温度，以降低涂层气体通过预制体的扩散速度。该方法可能导致涂层热不稳定，预制体表面的纤维厚度比内部厚度大。

液体涂覆法的原理是将细纤维浸入并涂覆含有所需化学物质的水性或有机液体，溶剂蒸发或液体化学反应后在纤维表面留下薄薄的涂层，该涂层随后进行反应或热处理以制得所需的陶瓷涂层。

溶胶-凝胶涂层制备使用金属醇盐的醇-水混合溶剂，醇盐水解产生金属氧化物-金属凝胶，将其干燥以除去溶剂和反应产物，干燥的凝胶受热转化为致密的氧化物。通常可用硅、铝、锆和钛醇盐，适合于生产单一和混合氧化物陶瓷复合材料。溶胶-凝胶法的好处主要是涂覆和转化过程的温度相对较低，且较为温和。溶胶-凝胶法的局限性在于干燥和转化过程中会产生较高收缩率，易产生收缩裂纹，从而限制了可制备的涂层厚度。更厚的涂层可以通过多次涂覆来形成。

聚合物先驱体通常由具有碳基和硅基反应性基团的低聚物组成，可以通过加热、催化或高能方法进行交联。将聚合物先驱体以纯溶液或稀溶液的形式涂覆在纤维上，然后进行聚合物固化。随后将固化的聚合物涂层在可控气氛中热处理以产生所需的陶瓷成分。通过这种方法已经可以制备碳、碳化硅、氮化硅和碳氧化物等。氮化物是通过在聚合物中引入酰亚胺和酰胺基团或将固化的聚合物在氨气气氛中热解而形成的。根据具有所需元素的前驱体的可用性，可以添加其他金属元素，例如铝、锆、钛等。聚合物先驱体特别适用于制备碳化物和氮化物涂层，而溶胶-凝胶更适用于氧化物涂层。由于在热解过程中发生收缩，聚合物涂层的厚度也受到限制，与溶胶-凝胶涂料一样，可以采用多次浸渍来增加厚度。

视线技术是基于溅射、物理气相沉积、离子注入和电子束蒸发的方法。所有这些技术都是从材料源到靶材的直接路径。受此限制，它们可用于大直径（大于 40 μm）

陶瓷纤维,但对于复丝丝束和编织物的应用却非常有限,因为丝束或编织物的视线会间歇性地受阻。

除了直接涂覆工艺制备外,陶瓷复合材料的纤维界面涂层还可以通过原位化学反应工艺制备。原位制备是通过纤维内或基体内的化学物质在纤维表面反应生成所需的组分或形态。生成的化学物质可以是复合材料中存在的固有成分或特意添加到纤维或基体中的成分。在大多数情况下,想要生成理想的界面需要非常精确的热处理,而这取决于扩散机理和反应物的均匀程度,可重复性很低。

原位化学反应工艺的一个例子是在玻璃陶瓷复合材料的碳氧化硅纤维上生成富碳层。另一个例子是 Sylramic - iBN 的 SiC 纤维,它是由近化学计量比的 Sylramic 纤维衍生而来的,通过以硼为烧结助剂的烧结工艺进行商业化生产。NASA 的研究结果表明,通过在高温纯氮气环境中对 Sylramic 纤维进行热处理,硼将扩散至纤维表面,在所有纤维表面上均匀地原位生长薄结晶 BN 涂层,从而变成了 Sylramic - iBN(原位 BN)纤维(见参考文献 3.3.1.2)。该 iBN 层不仅比化学气相渗透法制备的 BN 涂层更加环保,而且还可以使 Sylramic - iBN 丝束中的所有 SiC 纤维有效分离,避免了因氧气进入 CMC 使邻近纤维生成二氧化硅造成胶接。此外,Sylramic 原纤维中仅存在一定量的硼元素,因此 iBN 层的厚度随时间和温度在约 $0.1~\mu m$ 处饱和,并且该厚度值可重复。这种饱和特性能够对复杂的 Sylramic 预制体进行氮化处理,而无须担心整个预制体中最终涂层厚度的差异。但是,由于 iBN 涂层较薄和其结晶度,通常需要在 Sylramic - iBN 纤维上附加更柔顺的界面涂层,以降低界面剪切强度并使具有致密基体的 CMC 实现 F/M 脱粘。

3.3.2　界面相组成

3.3.2.1　碳

在 20 世纪 70—80 年代,CMC 最初的成功是基于使用碳(C)和氮化硼(BN)作为界面涂层。采用化学气相沉积/渗透法,在相对较低的温度[约 1 832°F(1 000℃)]下,将石墨碳界面涂层沉积于纤维束、布或预制体上。不同的前驱体气体都可以制得石墨碳界面层。丙烯、乙烯和甲烷都可以在相近的温度转化成石墨碳涂层。在相同的工艺温度下,沉积速率和涂层结构可以存在差异。丙烯转化的石墨涂层通常具有高度排列的石墨结构[(002)轴优先垂直于纤维表面排列],而乙烯和甲烷转化的涂层往往是随机取向的多晶小晶粒。非晶和/或石墨碳中间层也可以使用不同的树脂技术制备到纤维上。

碳界面的陶瓷复合材料具有优异的室温力学性能。据推测,由于石墨沿 c 轴具有极低的模量,因此界面柔顺并减小了因纤维和基体的热膨胀差异而产生的界面应力。层间剪切强度取决于碳界面的厚度,较厚的涂层产生较低的剪切强度。大多数复合材料中碳界面的最佳厚度为 $0.3\sim0.5~\mu m$,较高的厚度适用于表面较粗糙的纤维,因为它们的粒径较大。碳非常适合大多数低温、无腐蚀性的 CMC 应用环境。碳在最低 797℉（425℃）时开始氧化,一旦高于 1 562℉（850℃）氧化会很快。当含碳界面的陶瓷基复合材料暴露于氧化环境中时,纤维端部开始氧化,伴随着碳界面的破坏/损失。碳沿整个纤维长度被去除（碳损失率取决于温度）,从而在 F/M 界面形成一个开放的通道（见参考文献 3.3.2.1）,通道内的表面（纤维和基体）随后氧化生成二氧化硅（至少在 SiC/SiC 体系中）,最终把这些组分胶接在一起。这样,界面就被一种脆性的、完全胶接的材料"填充",这种材料不允许脱粘和纤维滑动,从而导致脆性断裂。纤维表面的氧化也会降低纤维性能,导致纤维和复合材料强度的损失。

3.3.2.2 氮化硼

碳的抗氧化性较差,因此需要寻找用于 CMC 的替代纤维涂层。六方氮化硼具有类似于石墨碳的晶体结构和力学性能。最重要的是,使用 BN 涂层代替碳,可以显著提高抗氧化性。热解 BN 涂层在高达 2 192℉（1 200℃）的温度下仍具有良好的抗氧化性。但是,在很大的温度范围内,水蒸气的存在会大大促进 BN 的分解[见参考文献 3.3.2.2(a)]。BN 可以通过化学气相沉积和渗透技术沉积在纤维束、布或预制体上,通常是采用 BCl_3 或 BF_3、NH_3 和 H_2 进行沉积。处理温度不同可产生不同晶体结构的 BN 涂层。沉积温度低于 1 652℉（900℃）会形成非晶态 BN,高于 2 372℉（1 300℃）会制得有序的大尺寸晶粒 BN,温度处于两者之间则会生成细晶、多晶、六方 BN。如何选择沉积温度还取决于纤维增强体的热稳定性和几何形状。例如,当通过化学气相渗透（CVI）将 BN 沉积在纤维预制体上时,需要低沉积温度（约 800℃）,以减慢沉积速率并使沉积气体更好地渗透到整个纤维结构。尽管预制体涂层比单个纤维束涂层更具成本效益,但此工序通常会导致无定形态 BN 涂层在 CMC 表面附近比在 CMC 内部较厚。

在腐蚀性环境中,BN 的晶体结构对涂层稳定性有重要的影响。无定形态涂层本质上是不稳定的,即使在相对较低的温度下也会分解,而高温沉积的高结晶 BN 在含有氧气和水蒸气的环境中则要稳定得多。BN 的纯度也是重要的影响因素,在处理过程中掺入 BN 晶格中的氧不利于长期稳定性,因为它会与非氧化物纤维和基体反应。高纯度 BN 在较高温度下具有更高的稳定性。通过有控制地掺杂各种元素,可以增加 BN 稳定性。实验结果表明,通过在 BN 中掺 Si 复合材料抗氧化性得到改善。在腐蚀性环境中,高温、高纯度的 BN 最有希望在 CMC 中得到应用。

尽管 CVI 沉积到纤维预制体中通常会形成无定形态 BN 涂层,但事实表明,如果纤维和最终基体具有高温稳定性,则可以在惰性环境中对 CMC 产品进行热处理,以实现如下两个重要的优势[见参考文献 3.3.2.2(b)和(c)]：① 无定形态 BN 纤维涂层能够原位结晶,从而使其更能抵抗恶劣的 CMC 工作环境;② 在结晶过程中,涂层向纤维收缩,并从基体外部脱粘,涂层保留在纤维表面上,以进一步增强纤维的环境

耐受性。从图 3.3.2.2 中可以看到所谓的"外部脱粘"处理的效果,该结果显示了在
1 500℉(815℃)下空气中两种 SiC/SiC CMC 的应力断裂寿命,增强纤维分别为
Sylramic 和 Sylramic – iBN SiC,两种纤维预先涂覆了非晶态 BN 涂层。标记为"内脱
粘"的曲线是原始 CMC 的断裂数据,其中断裂显示纤维没有 BN 涂层,表明基体断裂
时,F/M 脱粘通常发生在 BN 涂层和纤维之间。标记为"外脱粘"的曲线是同一 CMC
在高温热处理后的断裂数据。高温导致 BN 收缩,离开基体,从而使基体开裂后纤维
表面仍保留晶体 BN 涂层。可以看出,外脱粘的 CMC 在给定的应力下断裂寿命更
长,或在给定的寿命下断裂强度更高。这清楚地表明,在基体开裂后,需要在纤维上
保留晶体 BN 涂层。图 3.3.2.2 还表明,在 Sylramic – iBN 纤维原位生长的晶体 BN
薄涂层有助于进一步提高 SiC 纤维的环境耐受性,无论 CVI 工艺制备的 BN 涂层是
内部脱粘还是外部脱粘。

　　CMC 无须进行热处理即可实现外脱粘涂层的另一种方法是,在纤维预制体形成
之前,先在纤维上制备环境障涂层。例如,该涂层可以是通过高温 CVI 沉积的晶体
BN 或掺 Si 的 BN,或者是如 Sylramic – iBN 纤维一样原位生长的 BN。在带涂层纤
维预成型前后,在引入基体形成最终 CMC 部件之前,可以在纤维上涂一层薄的 CVI
碳涂层[见参考文献 3.3.2.2(b)和(c)]。如果 CMC 在氧气中加热,或者基体在氧气

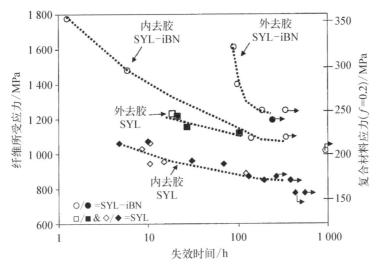

图 3.3.2.2　在 815℃下,空气中 SiC/SiC CMC 的应力断裂行为。其中纤维 Sylramic
　　　　　　(SYL)或 Sylramic – iBN(SYL – iBN)纤维,在纤维预制体中 CVI 制备
　　　　　　BN 界面相和 SiC 基体。内部脱粘结果适用于原始 CMC,而外部脱粘结
　　　　　　果适用于在测试前在惰性环境中 1 700℃热处理后的 CMC。所有测试
　　　　　　应力都足够高,以致在使用过程中引起厚度方向的基体开裂,使氧气进
　　　　　　入 CMC[来源于参考文献 3.3.2.2(b)]①

---

①　译者注:图中实心点和空心点含义原文未区分。

环境中破裂,通常碳会被除去,从而留下外脱粘的涂层纤维。但是,这种方法要求初始涂覆步骤通过在连续反应器中采用 CVI 方法进行纤维束涂层,这比在最终的 CMC 部件预制体中批量涂覆纤维的成本要低。

3.3.2.3　氧化物

在 CMC 预期最常用的高温和氧化环境中,碳和氮化硼无法幸存,而氧化物纤维涂层具有热力学稳定性的优势。从开始就应注意,氧化物纤维涂层通常用于氧化物纤维,非氧化物涂层通常用于非氧化物纤维。氧化物纤维涂层的发展落后于氮化硼等非氧化物涂层,原因有很多:

(1) 非氧化物纤维优于氧化物纤维,涂层的发展通常随着纤维和复合材料的改进而发展。

(2) 须确定可稳定用于氧化物纤维且足够弱的氧化物涂层。

(3) 与非氧化物涂层(如碳和氮化硼)相比,氧化物成分的化学复杂性更高,使涂层沉积更加困难。

(4) 具有多孔基体的氧化物复合材料不需要纤维涂层。

3.3.2.3.1　多孔基体

由于氧化物纤维涂层难以使用,CMC 不依赖纤维涂层,而是依靠显著的基体孔隙率来创建 F/M 弱结合界面,这已成为行业标准。许多机构已经通过完全避免纤维涂层的方式开发了耐损伤的氧化物/氧化物 CMC[见参考文献 3.3.2.3.1(a)～(l)]。这些复合材料体系的基体具有大量的残留孔隙,通常超过 40%。由于多孔基体往往非常脆弱,在设计复合材料时必须考虑较低的层间强度以及在轴外载荷下可能造成的损坏。如图 3.3.2.3.1 所示的复合材料的轴向载荷产生的应力-应变曲线表明,性能主要取决于纤维。最终的失效应变代表了未增强纤维束的预期应变。这些多孔基

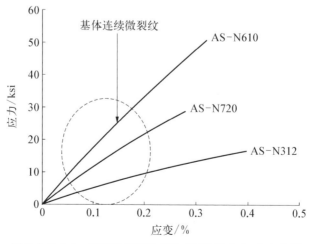

图 3.3.2.3.1　不同硅铝酸盐基体 CMC 的应力-应变曲线

体 CMC 是最先进和最广泛使用的氧化物/氧化物体系,因为它们不需要单独的纤维涂层,制备相对容易。这种类型的复合材料是由 GE 航空、COIC、Composite Horizons、波音、Axiom 等公司制造的。

上述复合材料体系成本低,具有良好的轴向性能和损伤容限。由于基体强度低,这些复合材料体系都表现出较低的层间强度,引起了人们对具有贯穿厚度的纤维增强的三维氧化物/氧化物 CMC 的研究[见参考文献 3.3.2.3.1(k)]。因为不存在 F/M 界面相,所以这类复合材料体系的潜在缺陷是基体颗粒与纤维之间接触的位置可能发生反应或烧结,从而导致纤维强度下降。在不会发生烧结的温度下使用 CMC 可以避免这种情况。虽然对损伤容限没有要求,但纤维涂层已证明可提高多孔基体复合材料在高温下的耐久性和寿命。此外,纤维涂层允许使用致密基体来提高复合材料基体主导的性能。

3.3.2.3.2　多孔涂层

多孔基体的另一种概念是将孔隙率定位在靠近纤维的薄层中。研究人员已经对多孔氧化物(ZrO_2、Y_2O_3、Al_2O_3 和 YAG)作为氧化铝基体中纤维涂层进行了评估[见参考文献 3.3.2.3.2(a)~(d)]。涂层中的孔隙率(体积分数为 30%)产生了所需的脱粘性,但是在某些情况下,存在很高的滑移应力和有限的纤维拔出。这可能是因为多孔界面中的裂纹路径太粗糙且回旋,从而产生了很高的滑移应力。有人提出,调整界面的晶粒尺寸和孔隙率可以将滑移应力降低到可接受的水平。如果晶粒度和孔隙率足够细,可以将纤维滑移应力降至最低,但一旦暴露于高温,即使在耐火材料体系中,晶粒快速长大、孔隙粗化并与纤维结合,会导致涂层效果降低[见参考文献 3.3.2.3.2(d)]。

3.3.2.3.3　牺牲界面

牺牲界面涂层的概念依赖于在适当位置对具有碳涂层的复合材料进行处理,在复合材料致密化后,碳涂层被氧化掉,沿纤维基体界面形成孔隙[见参考文献 3.3.2.3.1(a)和 3.3.2.3.3(a)~(d)]。从本质上讲,界面是从最开始就发生脱粘的,而不是因为扩展裂纹前端的应力强度才开始脱粘。由于溶胶-凝胶法和化学气相沉积法沉积碳涂层较容易且成本低,因此开展了大量研究。纤维与基体之间发生的载荷传递量取决于碳涂层的厚度(相对于纤维粗糙度)和直径沿纤维长度的变化。这种界面层概念衍生的复合材料体系的使用时间和温度可能会受到限制,因为纤维强度会随着时间的推移在纤维和基体接触的点(接触点必须是载荷转移的地方)发生退化。随着时间的推移,基体的烧结也会在纤维和基体间产生额外的接触点。通过谨慎选择纤维基体组合,可以将这些可能的纤维退化机制降至最低。此界面概念也会使纤维暴露在使用环境中,在恶劣的使用环境下可能导致纤维退化。

3.3.2.3.4　层状氧化物

最开始研究层状氧化物,是希望它们能模拟碳和氮化硼易产生裂纹偏转的特性。

早期工作集中在片状硅酸盐上,例如 $KMg_{2.5}(Si_4O_{10})F_2$ 和 $KMg_3(AlSi_3O_{10})F_2$,类似于天然云母[见参考文献 3.3.2.3.4(a)～(e)]。此外,还对其他层状氧化物进行了研究,例如 β - 氧化铝($Me + Al_{11}O_{17}$)和磁铅石($Me_2 + Al_{12}O_{19}$)[见参考文献 3.3.2.3.4(f)～(j)]。在具有宝蓝色的单丝模型复合材料体系中,黑铝钙石($CaAl_{12}O_{19}$)可促进涂层内的裂纹偏转[见参考文献 3.3.2.3.4(h)和(i)]。这种界面层在实际的复合材料中尚未得到验证,原因有两个:① 层状结构的形成和织构化所需的温度高于市售氧化物纤维的耐温能力;② 垂直于界面的有限柔顺度,导致较高的纤维滑移应力,进而限制了纤维拔出。

3.3.2.3.5 独居石

已经验证较弱的非层状氧化物,如氧化铝和莫来石,对现有的氧化物纤维组分具有化学稳定性。最初被证明与氧化铝弱结合的化合物包括通式为 $Me^{3+}PO_4$ 的稀土磷酸盐。其中包括由镧系元素中较大稀土元素(La、Ce、Pr、Nd、Pm、Sm、Eu、Gd 和 Tb)组成的独居石矿物类[见参考文献 3.3.2.3.4(g)和 3.3.2.3.5(a)～(e)],还包括由钪、钇和镧系中较小的稀土元素(Dy、Ho、Er、Tm、Yb 和 Lu)组成的氙族矿物[见参考文献 3.3.2.3.5(f)～(h)]。此外,通式为 ABO_4 的其他化合物正在研究中,其中包括钨酸盐($Me^{2+}WO_4$)、钽酸盐($Re^{3+}TaO_4$)和钒酸盐($Re^{3+}VO_4$)[见参考文献 3.3.2.3.5(h)和(i)]。使用独居石($LaPO_4$)和白钨矿($CaWO_4$)纤维涂层制备的复合材料与 Nextel 610 和 Nextel 720 纤维具有良好的脱粘性,并且比未涂覆纤维涂层的复合材料高温耐久性有所改善[见参考文献 3.3.2.3.5(c)和(i)～(l)]。然而,随着商业化多孔复合材料的发展,以及由于致密基体且需要利用纤维涂层来进行裂纹偏转的氧化物复合材料的困难,进一步开发氧化物涂层的工作逐渐减少。

3.3.3 总结

这些不同的界面方法为开发有效的纤维基体脱粘提供了广泛的选择。尽管有效界面的基本概念已显而易见,但是要确保该界面能够提供所需的复合材料性能(在 CMC 的整个生命周期内不会发生灾难性失效)仍存在巨大挑战。从功能的角度来看,界面涂层需要具有适度的滑移应力、耐高温氧化、柔顺、易脱粘等特性。但是,除非能够以可控、可重复、低成本的方法将界面沉积于纤维束和/或织物(CMC 的二维和三维增强体),否则界面方法几乎不能实际应用。因此,界面涂层的目标是开发一种具有以下特性的涂层体系:

(1)可控地结合到所需纤维和指定的基体上。

(2)可调控的力学和热膨胀性能,以产生裂纹偏转和控制滑动应力。

(3)在高温氧化/退化性条件下,复合材料的化学和力学性能稳定。

(4)低柔顺性可补偿复合材料中的残余应力和失配应力。

(5)在丝束和/或机织体上进行可控、可重复且低成本的沉积,且纤维桥接最少。

3.4 纤维架构的制造和成型

3.4.1 引言

航空航天及相关行业迫切需要更坚固、更轻、耐腐蚀且用于高温环境的复合材料。陶瓷基复合材料(CMC)通过纤维、基体和界面控制机制的选择性设计来满足这些要求。要解决的设计问题将决定最终产品的工艺、材料体系和应用的要求。本节概述了纤维形式、使用方式以及购买途径。

3.4.2 纤维制造商

表 3.4.2 是截至第 5 卷修订本 A 出版时,已知的陶瓷纤维制造商。

表 3.4.2 陶瓷纤维制造商

制 造 商 名	网 址
Advanced Ceramic Fibers	http://acfibers.com/
Free Formed Fibers	http://fffibers.com/
MATECH	http://matechgsm.com/
Nicalon Fiber Distribution	http://www.coiceramics.com/
NGS Advanced Fibers	http://www.ngs-advanced-fibers.com/eng/index.html
Specialty Materials	http://www.specmaterials.com/
3M	http://www.3m.com/market/industrial/ceramics/
UBE Upilex	http://www.upilex.jp/e_index.html

许多特种纤维制造商未列出。这是由于这些厂家生产的纤维为高度专业化产品,并且厂家的生产能力十分有限。

3.4.3 纤维铺设技术与设备

放置、铺设或缠绕结构都针对连续纤维增强体,通常沿某些三维表面平面沉积。每一种设备用于制造 CMC 部件时,具有不同的优势和困难。

在自动铺带(ATL)工艺中,预浸料带并排放置(或有时重叠)形成复合材料结构。铺带宽度通常为 3～12 in,并且工艺几何尺寸通常较大且相对平坦(如飞机机翼蒙皮)。相比之下,自动铺丝(AFP)工艺适合狭窄单独的狭缝单向带或丝束的铺放。对于需要复杂几何形状的纤维铺放,首选 0.125～0.250 in 的纤维束进行自动放置。虽然这种方案通常能克服复杂几何形状难题,但它增加了机器的复杂性、成本和制造时间。一种折中的方法(取决于几何结构)是使用多个 0.500 in 或更宽的单向带来提高吞吐量,同时在复杂表面仍然保持良好的层压板质量。随着丝束宽度的增加,覆盖给定带宽所需的丝束数量减少,同时原材料成本和 AFP 设备的成本(和复杂性)也随之降低。然而，随着丝束宽度增加，给定材料体系在没有纤维皱褶和其他放置缺陷的情况下，可以产生的几何结构复杂性降低。

当将 ATL/AFP 用于陶瓷基体材料时，几乎总是从一两根单向带和某种类型的预浸料开始——最可能是聚合物转化为陶瓷前驱体基体。这两种情况最常用到陶瓷纤维增强体。对于这些类型的材料，需要解决的关键问题是材料的相容厚度、材料的黏性和悬垂性、纤维的最小弯曲半径以及背衬胶带的配置。ATL/AFP 设备的目标预浸料厚度由标准航空航天 PMC 材料决定，通常约为 0.005 in。用聚合物来制备陶瓷基体材料是显而易见的，因为这种方法生产的前驱体比大多数陶瓷前驱体材料要薄得多。材料的黏性和悬垂性是影响制备的关键变量，如材料如何通过 ATL/AFP 端部[见图 3.4.3(a)]以及放置时如何黏附在基底上。材料需具有足够的板状（刚性），以使其能够通过端部进行进给，但也要足够柔顺以匹配基板的几何形状。材料应有足够的黏性，在不变形的情况下黏附在基板上，同时也能从导轨和滚轮上干净地释放出来。ATL/AFP 设备设计中最常用的最小弯曲半径通常满足标准和中等模量碳纤维的需求。大多数陶瓷纤维需要更大的最小弯曲半径，因此通常需要对机器进行改造，以便在不损坏纤维弯曲半径的情况下进行放置。大多数 ATL/AFP 系统设计用于操作预浸料上具有单一背衬胶带的材料。如果使用的是带有双背衬胶带的材料，则可能需要对设备进行进一步改造。

张力缠绕（如纤维丝绕组或销钉缠绕）使用连续原材料，该材料被拉伸到车削工具上并由多轴机器人引导到位[见图 3.4.3(b)]。这些材料可以是干的单向丝束、干

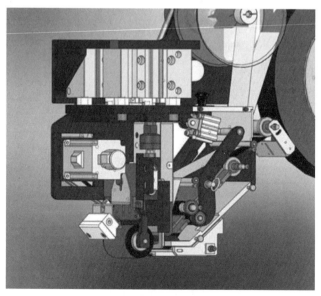

图 3.4.3(a)　自动动态磁带铺设机头的侧视图（进入的复合材料显示为黑色线轴，退回的胶带显示为白色线轴）

布、预浸料或最常见的干纤维，纤维拉紧到工具/基材上之前先通过液态树脂浸泡抽出。该工艺最常用于轴对称形状（如圆柱体），且限于测地线路径，可通过在放置物料上施加拉力来促进放置/固结。上述 ATL/AFP 部分中提到的许多问题和局限性都适用于该工艺，此外还需要进一步关注所用纤维出丝系统的几何结构。最常见的是，使用小直径杆或小半径的圆环沿旋转工具引导物料。出丝孔可以对两方面造成影响：其一是最小弯曲半径（以及形状小于此半径时相关的纤维损伤）；其二是基于表面光洁度的阻力，以及随之而来的相关材料破坏。

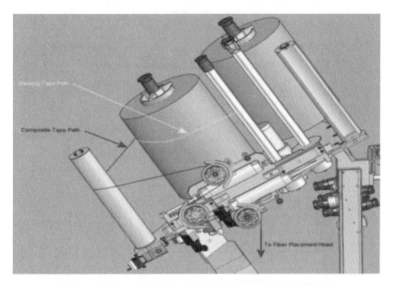

图 3.4.3(b)　自动动态 AFP 纱架（线轴支架）的剖视图

3.4.4　纤维编织

3.4.4.1　编织的介绍和定义

《韦氏新大学词典》（*Webster's Ninth New Collegiate Dictionary*）将"编织（weaving）"定义为"在织机上通过交织经纱并填充（纬）纱来织布"（见参考文献3.4.4.1）。基本编织形式包括两组经纱纤维，这些纤维通过升高或降低综片（经纱穿过安装在综框上的综眼）来形成梭口［见图3.4.4.1(a)］。然后推动（卷起）织物，以便可以将纬纱插入梭口，然后将纬纱靠在织物上（打结），随后重复该过程。

传统织物编织设备由两部分组成：开口机构（即多臂、提花等）和织机［见图3.4.4.1(b)］。织机插入填充纤维，将其放置在织物中的适当位置，并控制 x 和 y 方向上的纤维间距。典型的开口机构位于织机上方，用于控制经纱位置，打开梭口，允许纬纱的插入。这种开口机构将设计的编织转化成以单支纱线为基础的纤维结构。

织机通常按引纬方式进行分类，包括梭子式（捕捉式和飞行式）、剑杆式、推进式

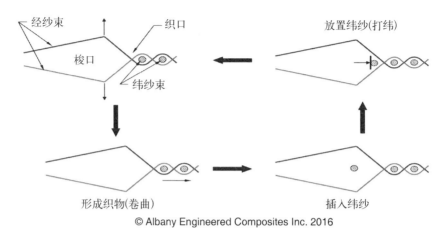

图 3.4.4.1(a)　基本编织过程的关键步骤

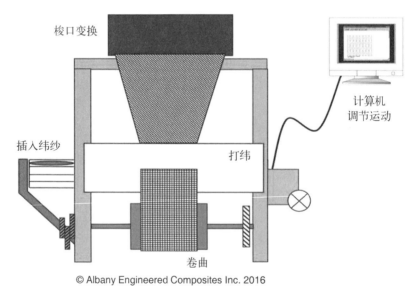

图 3.4.4.1(b)　从织机上方看的通用织机配置

和喷气/喷水式。对于陶瓷编织,因为速度减慢会降低纤维损坏的风险,所以最常用的是梭子和剑杆织机。陶瓷纤维的典型编织速度要比其他纤维材料慢,通常为每小时数百次。

　　对于陶瓷机织,梭子式和剑杆式是最常用的方法。梭子的主要优点是具有机织(或封闭)边缘。机织(或封闭)边缘定义为从一侧到另一侧的连续填充纱线。梭子的局限性包括较慢的编织速度和由于所需的纬纱卷装和与梭眼接触而导致的脆性纤维的过度损伤。

　　关于剑杆织机,优点包括织造速度高和纤维损伤少,因为纬纱不需要回绕,接触点更少。缺点是纬纱不连续,因此缺少机织边缘。

使经纱上下分开的方法有两种:综框和提花。综框又分为凸轮开口和多臂开口。综框技术是基于对综片的控制。提花技术更适合于复杂的机织设计,因为它可以单独控制综片和经纱。

3.4.4.2 凸轮运动

凸轮运动是通过凸轮轴转动来实现的,凸轮轴以交错的配置连接多个凸轮,具体取决于所需的纤维结构(见图3.4.4.2)。凸轮驱动踏板,踏板连接到综框,然后连接到固定综丝的线束上。当凸轮向下旋转时,向下推动踏板,使挽绳轴移动,同样带动综丝和线束。随着凸轮旋转离开,踏板受到弹簧加载并沿相反方向旋转,从而使线束和综丝朝相反的方向移动。然后不断重复此运动。

图 3.4.4.2 旋转凸轮向下推动踏板,然后移动挽绳轴(未显示)和包含综丝的线束(未显示)

凸轮运动相对简单。但因为更改编织结构需要更改凸轮的配置,这样加大了工作量,因此凸轮运动没有广泛的应用。由于缺少对单个综片的控制以及改变结构需要大量工作,因此该种方式通常不用于编织宽幅的织物。但凸轮运动经常用于单向织物编织。

3.4.4.3 多臂运动

另一种运动是多臂运动。该动作读取带针的纹板图,并根据卡片的图案转换线束动作(见图3.4.4.3)。纹板是一个圆柱形聚酯薄膜筒体,筒体上的穿孔结构可控制织物图案。当纹板转动时,针头落入针孔。针头连接在杆上,然后杆相应地移动。杆上下移动挂钩。选定的挂钩可以吊起线束。

3.4.4.4 提花

提花机没有综框,因此可以独立控制每个综丝(经纱末端)。由于每个纤维末端

上部挂钩

杆

下部挂钩

针头

编织图案卡

© Albany Engineered Composites Inc. 2016

图 3.4.4.3　多臂运动

均可独立操作，因此可以实现复杂几何形状的近净机织。

3.4.5　纤维结构选择

纤维材料形式包括低屈曲单向织物、二维/三维整体机织形状以及二维/三维编织预制体。如表 3.4.5 所述，每个常规的预制体在相应 CMC 中都有各自独特的优缺点。正确选择和使用纤维预制体会在以下一个或多个方面影响 CMC 的特点：降低成本、减少连接、减少紧固件、简化零件设计、提高设计灵活性和/或改善冲击力和损伤容限。

表 3.4.5　CMC 中陶瓷预制体性能的优缺点

预制体类型	优　　点	缺　　点
间断纤维复合材料	● 良好的成型性 ● 良好的热性能	● 力学性能低于连续纤维
单向纤维层压板	● 高单向性 ● 良好的平面设计灵活性 ● 非常适合自动化处理	● 面外性能较差 ● 横向性能可能较差 ● 织物稳定性差
单向胶带层压板	● 最佳单向性 ● 最佳的平面设计灵活性 ● 非常适合自动化处理	● 面外性能较差 ● 横向性能可能较低 ● 产生较低的横向性能
二维机织织物层压板	● 平面特性高 ● 良好的可成型性 ● 使用常规设备进行简单处理	● 面外性能较差 ● 大量的"接触"

（续表）

预制体类型	优　点	缺　点
三维机织预制体复合材料	● 可以生产复杂的近净形预制体 ● 最好的外平面特性 ● 良好的可成型性 ● 高度自动化 ● 良好的损伤容限	● 离轴性能差 ● 平面特性降低
四向/五向预制体组合	● 各增强方向高性能 ● 纤维束屈曲最小	● 可成型性差 ● 尺寸限制
双轴编织复合材料	● 良好的平衡离轴特性 ● 良好的成型性 ● 非常适合轴对称零件 ● 自动化的预制体加工	● 面外性能较差 ● 尺寸限制
三轴编织复合材料	● 更好的平衡离轴性能 ● 非常适合轴对称零件 ● 高度自动化	● 面外性能较差 ● 尺寸限制

设计的灵活性和可用纤维体系数量的增加使得 CMC 预制体的选择更加多样。通常，可以加工具有一定柔韧性和表面润滑性的纤维。然而，随着模量和纤维直径的增加，将存在对 z 方向增强体编织速度和/或纤维半径的限制，从而使制造窗口变窄。

3.4.5.1　非连续纤维预制体

二维和三维纤维预制体可以用不连续纤维制成。不连续纤维增强的 CMC 的强度和刚度一般低于连续纤维增强的 CMC。不连续增强体的优点是能够在没有纤维屈曲或卷曲的情况下创建复杂形状。利用水和纤维的稀释料浆进行真空袋成型是制造不连续纤维预制体的一种方法。

3.4.5.2　干燥单向丝束的上浆和捆扎

大多数陶瓷纤维都可用裸露的单向丝束制备而成。具有特殊涂层、捻度和纤维束尺寸的简单粗纱或合股纱能够保证与特定的最终应用/用途兼容。纤维束尺寸与原材料的单位成本直接相关。随着纤维束尺寸增加，纤维单位重量的成本会降低。然而，随着纤维束中单根纤维数量的增加，使纤维束整体均匀拉紧和延展的难度不断加大，因此往往会限制指定工艺的最大功能纤维束尺寸。纤维束也可以制成不同的捻度。随着捻度增加，纤维束变得更容易处理，但是加捻纤维束难以均匀地被基体包覆。单向带通常使用的是无捻纤维。在机织过程中，加捻纤维更常使用。涂层分为两类：界面层和浸润剂。

界面层是作用于纤维、能够影响纤维/基体结合界面的材料，相关信息可参见 3.3 节。加入浸润剂是为了影响处理特性（对于机织等过程至关重要）。浸润剂含量普遍在 5%（质量分数）以下，通常低于 1%（质量分数）。在引入基体材料前会通过清洗或燃烧去除浸润剂。根据所需用途,浸润剂的范围很广,从水到聚乙烯醇,再到热固性聚合物(如环氧树脂或聚酯),在极少数情况下也使用热塑性聚合物(如 PEI 或 PEKK)作为浸润剂。

在某些情况下,会对纤维束进行捆扎。捆扎是指用至少一种独特的纤维(通常是人造纤维)将纤维束包裹起来。捆扎的目的是在处理和机织过程中对纤维束进行保护。用于机织过程的浸润剂等需在复合材料致密化成型工艺前进行去除。

3.4.5.3 陶瓷预浸料

用于制造陶瓷基复合材料的预浸料是一种聚合物/陶瓷前驱体,它通过化学固化/热过程从聚合物转变为陶瓷,或者是由仅需要固化/烧制的陶瓷前驱体制备而成。纤维体积分数在 30%~60% 的范围内。

3.4.5.4 单向织物

低屈曲单向织物是一种高度不平衡(约 98% 的经纱和 2% 的纬纱)的预制体,与单向带的性能接近,并且具有织物的一些操作上的优势。低屈曲单向织物用于需要高面内性能的场合。单向织物还允许在经纱方向大量使用高模量纤维。

3.4.5.5 二维机织

在要求良好的面内性能、可成型性和大面积覆盖的场合,二维机织织物更为常用。通常将二维织物机织到卷筒上,并进行相应的包装、处理和销售。当织物被制成复合材料后,通常会在织物上预浸渍树脂或陶瓷基体(尽管在干燥条件下就可以处理),然后切成多层或单层。再将多层或单层堆叠(或铺贴成型)在一起,如图 3.4.5.5 所示。根据复合材料的最终应用场景和所需性能,单层通常错轴(一般自经纱)交替组合进行堆叠,目的在于使纤维错轴增强。关于二维层压板制造方法的更多信息参见 3.1 节。

二维机织的优势包括具有良好的平面性能、相对简单的结构且用于机织的硬件也不复杂。缺点则是具有相对较低的面外力学性能和分层的可能性。

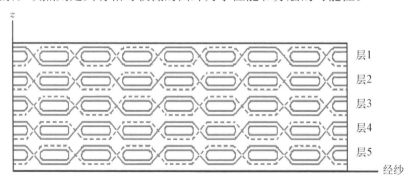

图 3.4.5.5 常规层压织物(其中经纱用虚线和实线表示,填充纤维用圆角框形表示。图中的例子为五层平纹机织复合材料)

3.4.5.6 平纹机织

陶瓷织物通常采用平纹机织(见图 3.4.5.6)。在平纹机织时,每根经纱从一根纬纱上方穿过,再从另一根纬纱下方穿过,如此循环往复。因此,每根纬纱也从一根经纱上方穿过,再从另一根经纱下方穿过,如此循环往复。平纹机织的优点包括只需要基本机织设备以及织机上仅仅需要两个线束。此外,这种机织结构在经纱和纬纱方向上具有均匀的性能。

© Albany Engineered Composites Inc. 2016

图 3.4.5.6　一种平纹机织布料

3.4.5.7 缎纹机织

尽管还有其他可用于陶瓷复合材料制造的织物,缎纹机织结构如八缎缎纹机织(见图 3.4.5.7)、四缎缎纹机织(未显示)和五缎缎纹机织(未显示)仍是常见的陶瓷织物。在缎纹机织时,每根经纱从八根纬纱上方穿过,再从下一根纬纱下方穿过,如此循环往复。因此,每根纬纱从八根经纱上方穿过,再从下一根经纱下方穿过,如此循环往复。

缎纹机织需要更复杂的机织设备(如多臂技术)。这种机织方式在给定方向上最大限度地提高了机械强度和刚度。其他优点包括纤维屈曲度极低,改善了层间嵌套,增加了可成型性。

© Albany Engineered Composites Inc. 2016

图 3.4.5.7　一种八缎缎纹机织布料

© Albany Engineered Composites Inc. 2016

图 3.4.5.8　一种斜纹机织布料

3.4.5.8 斜纹机织

对陶瓷基复合材料而言,斜纹编织方式也是一种选择,但不像缎纹或平纹编织方式那样常见。如图 3.4.5.8 所示,在 2×2 斜纹机织时,每根经纱从两根纬纱上穿过,再从两根纬纱下穿过,如此循环往复。因此,每根纬纱从两根经纱上穿过,再从两根经纱下穿过,如此循环往复。根据应用和行业的不同,斜纹结构具有极大的灵活性。

图 3.4.5.9　一个碳纤维极线机织的例子，其中
经纱丝束保持连续

斜纹方式可只留下很小的间隔，由于纤维较硬，故屈曲度低，可提供良好的悬垂性。

3.4.5.9　极线机织

极线机织得名于描述各个加固方向的坐标系（见图 3.4.5.9）。这种加固可以是径向（纬纱）或周向（经纱）。极线机织可用于具有回转体（圆柱体、收敛型和发散型）的领域。非轴对称形状（前缘、圆锥/矩形过渡）可以通过将预制体成型和切割来得到所需尺寸。极线机织可以在二维或三维结构中完成。

3.4.5.10　轮廓机织

轮廓机织可以是二维或三维机织，并且能够形成典型的轴对称形状，其机织方式是经纱的长度可以从织物的一端到另一端变化。轮廓机织的优势在于当在合适的芯模上机织时，可以形成轴向和周向都含有纤维的织物。对于某些应用，轮廓机织结构可实现无褶皱，从而实现高强度和刚度。

3.4.5.11　三维机织

三维机织与二维机织的不同之处在于前者是多层同时机织和紧密连接的。三维机织性能包括增加了层间强度（超过二维机织）和损伤容限，改善了横向剪切性能、设计比强度和刚度。随着成型能力的提高，三维纤维机织可用于复杂部件的近净成型。

机织三维陶瓷纤维预制体的主要挑战是如何最大限度地减少机织过程中对纤维的损伤。如 3.4.4 节所述，可通过上浆和捆扎来尽量减少纤维弯曲和同机织设备的接触点来减少损伤。

3.4.5.12　正交联锁

三维正交预成型件定义为所有纤维相互之间呈 90°交叉，以改善厚度和轴向刚度［见图 3.4.5.12 的 a)分图］。这种结构很难用传统的织机进行机织，由于贯穿厚度的纤维使半径方向变化很小，并且贯穿厚度方向的纤维从上表面到下表面是连续的，因此这些预成型件往往用在制作相对较平的部件。

3.4.5.13　多层联锁

多层联锁机织结构的主要特征是由一根经纱连接上层和下层［见图 3.4.5.12 的 b)分图］。这种机织结构引入了更多的屈曲，从而降低了刚度，具有更好的成型性，可用于制造复杂的三维形状。这种机织结构的另一个优势是机织方法十分简单。

3.4.5.14　角联锁(有/无填充物)

角联锁均衡了多层联锁和正交联锁,因为它兼具两种结构的特征[见图 3.4.5.12 的 c)分图]。贯穿厚度方向的纤维更多地联锁上层和下层,但不会远到将预制体的顶部和底部联锁(正交结构)。角联锁结构的优点是允许面内性能有所降低而改善面外性能。填充物是不交织、不屈曲的纤维,通常添加在经向或纬向(或二者兼具)。添加填充物的目的是增加预制体的体积、刚度或强度。

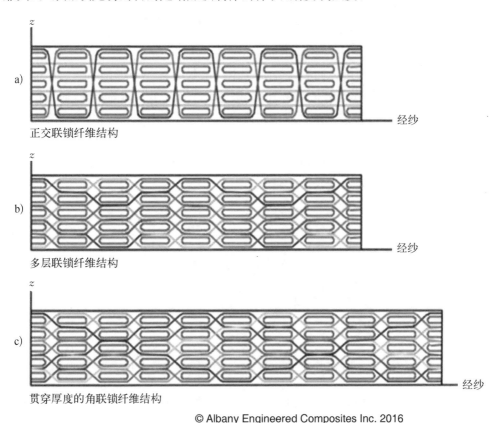

© Albany Engineered Composites Inc. 2016

图 3.4.5.12　典型三维纤维结构示意图

a) 正交联锁结构,可以最小化屈曲并增加在任何期望方向的刚度;b) 多层联锁结构,增加了屈曲刚度降低但灵活性增加;c) 角联锁结构,是正交联锁和多层联锁折中

3.4.5.15　四向、五向机织

特种陶瓷预制体包括四向(4D)、五向(5D)或结合机织和缝合在 $30°$、$45°$ 或 $60°$ 偏移以获得纤维增强(纤维体积)的机器制造。这种预成型结构的优点是纤维几乎没有屈曲,缺点是它们通常不可加工成型,并且缝合会损伤平面纤维。这些特殊的预制体被用于聚合物基复合材料和碳-碳复合材料。

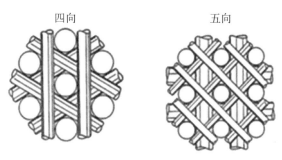

图 3.4.5.15　四向和五向结构的例子(来源于参考文献 3.4.5.15)

3.4.5.16　特殊工艺——Z-pinning

沿织物/预制体的厚度方向嵌入纤维-基体 pin 针是另一种纤维结构。此过程通常称为 Z-pinning 工艺(见图 3.4.5.16)。该过程涉及两个不同的步骤,通过拉挤工艺制作 pin 针并将 pin 针嵌入织物或预制体。在拉挤过程中,单根连续的纤维束通过基体浸渍槽,再经过烘箱或加热炉,最终被切成长条或绕制成棒材。棒材以独特的方式(或结构)嵌入织物/预制体中,并切成指定的长度(Z-pinning)。Z-pinning 工艺可以通过手工、压制或使用嵌入设备完成。

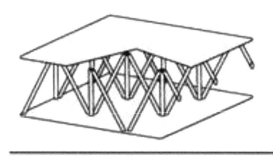

图 3.4.5.16　四面体 Z-pinning(来源于参考文献 3.4.5.16)

Z-pinning 增强陶瓷基复合材料的优点是密度低(相对于二维或三维层压板而言),并且能够通过 Z-pinning 结构和长度调整热性能和力学性能。Z-pinning 的缺点是制造速度可能很慢,并且设备成本(嵌入机器)很高。

3.4.5.17　编织

3.4.5.17.1　编织简介和定义

编织是由三根或三根以上的纤维束(纱线)相互交织而成的纺织结构。除了交织丝束相对于纵轴成一定角度外,编织织物与机织织物类似。编织结构的用途广泛,可以用于从装饰到工程(如作为连续纤维增强复合材料中的增强体)的不同应用领域中。编织织物可由各种纤维材料制成,包括但不限于棉、聚合物纤维、金属丝和陶瓷纤维。本文讨论的是纤维增强复合材料和陶瓷基复合材料。

编织因具有良好的结构完整性、制造简单、设计灵活以及高生产率等特点,得到了广泛的应用。编织与机织的不同在于,机织时纤维取向限制为 0°/90°,并且为联锁或贯穿厚度方向,而编织使得偏轴或斜纹/螺旋丝束交织成为可能。此外,可以通过编织可拆卸芯模对中空和复杂部件预先近净成型。

3.4.5.17.2 编织类型

根据构成织物厚度的交织纤维束的数量,编织织物可分为二维或三维两种。根据丝束取向方向的数量,可将二维编织进一步分为双轴或三轴编织。这些织物可以制成各种各样的形式,包括管状、立体、平面,净成型或近净成型。

3.4.5.17.3 双轴编织

顾名思义,双轴编织是一种具有两组交织纤维束的织物,纤维束沿着两个方向取向并且都不沿制造方向,如图 3.4.5.17.3(a)所示。一组丝束与另一组方向相反的丝束交织在一起。由于大部分编织织物被制成管状或筒状,丝束的方向称为"顺时针方向"和"逆时针方向",如图 3.4.5.17.3(a)所示。两组纱以蛇形或八字形图案相互穿过[见图 3.4.5.17.3(b)]。纱的路径可以看作是螺旋状,绕成圆柱形,如图 3.4.5.17.3(c)所示。通过控制织物的卷取速度、携纱器的转速来改变编织角度。

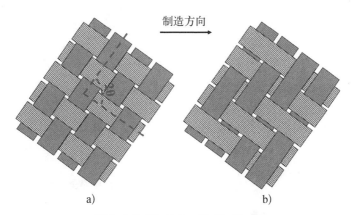

图 3.4.5.17.3(a)　双轴编织

a)菱形编织(1×1);b)标准编织(2×2)

双轴织物通常以筒状形式生产,具有不同直径、材料和丝束尺寸,可以用作长尺寸、中空、无缝型材的增强材料。在这种型材中,织物可以通过沿轴向压缩在芯模上滑动,从而扩大直径。被称为"中国手铐(Chinese handcuffs)"的玩具就是这种编织方式的一个例子。织物轴向压缩时会沿径向膨胀,拉伸时会收缩。筒状编织最适合用于复合材料桅杆、电线杆、风车叶片和棒球棍等,主要因为它们是长尺寸、无缝且中空的结构。然而,它们在复合材料中作为增强材料使用时受到尺寸和成本的限制。

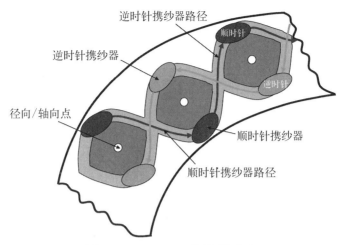

图 3.4.5.17.3(b)　携纱器路径

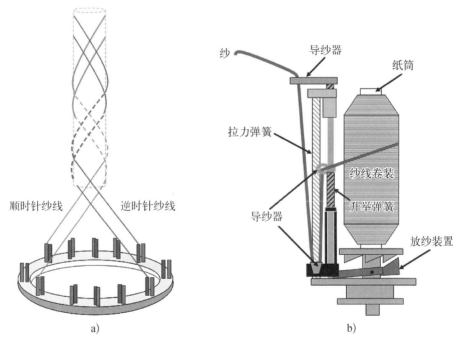

a)　　　　　　　　　　　　　b)

图 3.4.5.17.3(c)　五极编织机的携纱器和纱线路径
a) 纱线路径;b) 携纱器

3.4.5.17.4　三轴编织

三轴编织是在双轴编织的顺时针方向和逆时针方向的两组丝束之间再添加纵向/轴向(即沿制造方向)丝束,如图 3.4.5.17.4 所示。纵向纤维从机器后方通过轨道板的固定位置输送[见图 3.4.5.17.3(c)]。纵向丝束的数量等于编织携纱器数量的一半;例如含 144 个携纱器的机器有 72 个纵向位置。三轴编织中的轴向丝束如果

处理不当,容易发生扭结。轴向纤维
的存在阻止了斜向纤维的移动,故织
物不能在芯模上径向膨胀,并且织物
的弯曲或折叠会导致轴向纤维变形。
因此,三轴织物更适合在芯模上定制
编织,这样可以获得均匀的直径或复
杂的形状(截面不对称和不均匀)。

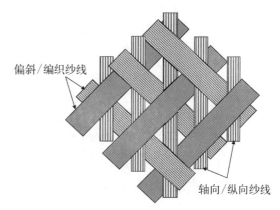

图 3.4.5.17.4　三轴编织(有纵向丝束)

3.4.5.17.5　二维编织机

最常见的二维编织机是五月柱
形,它由轨道板、携纱器、成型环和卷取
装置组成,如图 3.4.5.17.5(a)所示。
各部分作用如下:

(1) 携纱器,传输编织丝束的线轴。

(2) 轨道板,在三轴编织中,携纱器沿其移动,纵向丝束穿过通过轨道板引出。

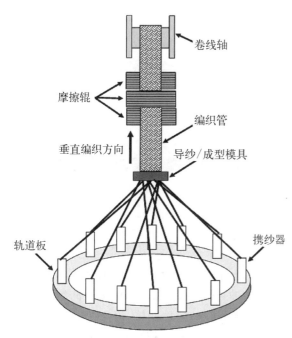

图 3.4.5.17.5(a)　五极编织机,用于生产
连续筒状织物

(3) 成型环,用于生产均匀的织物。

(4) 卷取装置,可以是线轴[见
图 3.4.5.17.5(a)],也可以是平移
芯轴[见图 3.4.5.17.5(b)和(c)]。

市场上可买到各种尺寸的商用
机器,大小可从八个携纱器到更大。
图 3.4.5.17.5(a)~(c)根据要制作
的织物或预制体类型,列举了不同
的机器设计。如图 3.4.5.17.5(a)
所示,通常使用水平板式编织机制
作连续套筒。底板与地板平行,这
样携纱器就可以垂直放置。编织管
被绞盘装置或摩擦辊沿垂直方向拉
动,然后缠绕到位于机器上方的卷
线轴上。

轨道板垂直于地板的布局更适合
在芯模上的编织。如图 3.4.5.17.5(b)
所示的配置通常用于制造长且平

坦的等截面型材。对于管状和复杂形状,采用地面横梁[见图 3.4.5.17.5(c)]或
架空结构更为合适。如图 3.4.5.17.5(c)所示的机器配置通常配备计算机控制系
统,以实现沿芯模的任意特定区域纤维取向的精确控制。

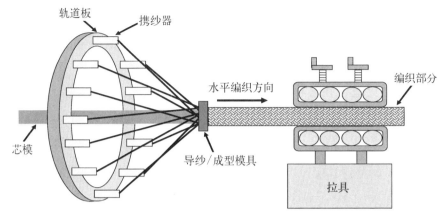

图 3.4.5.17.5(b)　竖向用于生产长且横截面均匀的型材

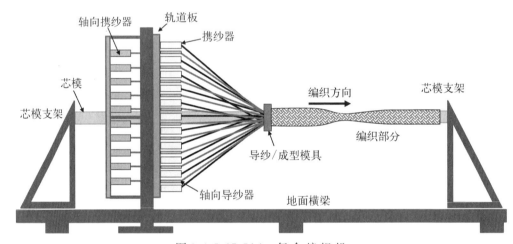

图 3.4.5.17.5(c)　复 合 编 织 机

3.4.5.17.6　三维/多向编织

三维编织是由至少三个相互交织的丝束组成壁截面的纺织结构,交织的丝束方向为斜角,例如一个螺旋占据相对于平面的三维空间。因此,就交织的纤维束取向而言,三维编织与三维机织有相似之处。其横截面可以是矩形、圆形或复杂的形状。三维编织,有时也称为多向编织,提供近净成型或净成型的预制体,可用于制作近净成型或净成型的复合材料。在需要均匀纤维体积分数和贯穿纤维厚度方向的先进复合材料应用中,三维编织提供了一种部分或全部纤维方向与制造方向成斜角的纤维结构。均匀的纤维分布以及沿长度方向横截面积和形状可变的能力使复杂形状的复合材料得以净成型或近净成型。

最简单的,也许是最古老的机械化三维编织织物的方法称为填料编织。如图3.4.5.17.6(a)所示,根据 1903 年授权的美国专利 US731458,填料编织的特征是在整个长度方向具有均匀的矩形横截面。壁厚通常由三个或更多的编织丝束加上纵向丝束组成。填料编织坚固耐用，能够承受高温并在持续磨损的环境中稳定工作，因此可广泛用作密封件。

编织的横截面可以通过改变机器的布局来改变，从而改变整个厚度和宽度上的编织丝束数量。图 3.4.5.17.6(b) 显示了比图 3.4.5.17.6(a) 中使用的编织丝束更多的填料编织机的布局。

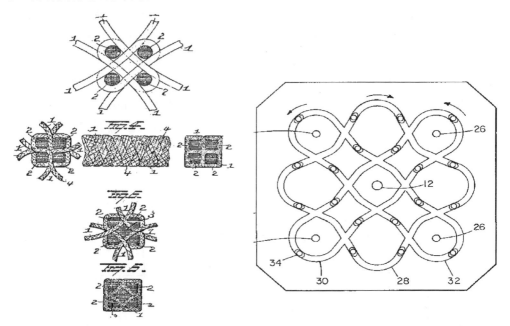

图 3.4.5.17.6(a)　填料编织的横截面(美国 　　图 3.4.5.17.6(b)　有更多交织的编制机轨道平面图
　　　　　　　　　专利 US731458)　　　　　　　　　　　　　　　　(美国专利 US4333380)

当前包含交织丝束的三维纤维预成型技术包括三维机织和三维编织。三维编织方法允许在三维空间中包含斜向丝束，这是有别于其他三维预成型方法的独特之处。斜向和贯穿厚度(螺旋)的纤维增强了复合材料的扭转性能。包含三维编织的多向纤维预制体可以有许多方向的纤维取向，从而灵活地为特殊应用提供定制属性。可以通过改变纤维取向、纤维组分的比例以及采用混杂材料体系来改变特性。可以将具有或不具有轴向/纵向纤维的管状结构净成型或近净成型。此外，可以在不使用填料或芯的情况下制造具有贯穿厚度方向纤维的固体横截面预制体。均匀、完全一体化的复合材料预制体不易受到循环力学和热载荷引起的断裂影响。

尽管三维编织纤维结构具有许多优点，但其在复合材料中的应用仍受到设备灵活性有限、设备尺寸较大和成本较高等因素的限制。三维编织预制体可以选择使用或不使用纵向和横向纤维制成，从而提供了高度的灵活性。如果有需要，纵向和横向纤维可以只在预制体选定的区域内使用。图 3.4.5.17.6(a)和(b)列举了具有对称纵向丝束和对称交织丝束的编织物；然而，编织机器也可以通过设计来生产不对称的预制体。

有些三维编织方法可以在保持均匀纤维取向和均匀纤维体积分数的情况下，将非均匀截面近净成型或净成型。在整个预制体中保持纤维的连续性，提高了复合材料的性能。这种方法由于后续加工量少，可以降低成本。

有几种制造三维编织物的方法可用，包括旋转编织、纵横步进编织以及六角形编织。每种方法在设备成本、可用性、规模、性能、灵活性和制造速度方面都有各自的特点。与二维编织方式相同，旋转编织方法也使用齿轮。在经编针织机出现以前，齿轮可以排列成不同布局，可用于制造装饰花边。这些自动化机器的生产率很高，但是与所生产的织物尺寸相比，它们的占地面积过大，因此无法制造大型复合材料。

如图 3.4.5.17.6（c）所示的纵横步进方法，也称为磁纹法（美国专利 US4312261），在 20 世纪 80 年代初期引起了人们对用于高性能复合材料的三维编织预制体的浓厚兴趣。该概念的手动版如图 3.4.5.17.6（c）所示，是一种用于制造具有简单均匀截面（如矩形）的三维编织物的经济而简洁的方法。

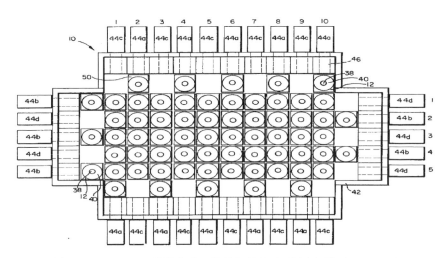

图 3.4.5.17.6(c)　　纵横步进三维编织的方法（美国专利 US4312261）

这一过程，正如命名的那样，使用图 3.4.5.17.6（c）所示的纵向和横向编织。图 3.4.5.17.6(d)为编织装置俯视图，其中 A 和 B 表示纵向纤维束和编织纤维束的位置。

纵横步进三维编织方法，由 Robert A. Florentine 申请了专利（美国专利 US4312261），这种编织方法对于生产用于复合材料应用的三维织物是第一个重大改变。当需要简单且相对较小的矩形截面平板时，该方法相对便宜。横向丝束可以沿同心圆弯曲，以制作三维编织管状结构。与笛卡尔形状类似，圆形机器对于间歇处理而言相对便宜。纵横步进三维编织也称为 4 步编织，它源自进行一次重复或一次交

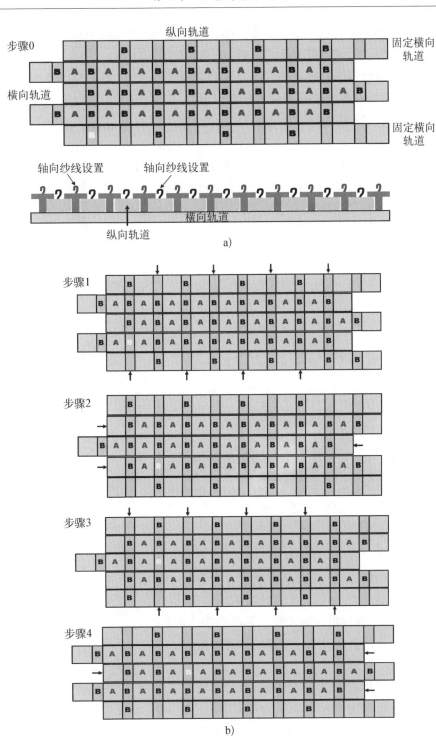

图 3.4.5.17.6(d)　纵横步进(笛卡尔)三维编织原理图

a) 装置的俯视图和侧视图;b) 4 步纵横三维编织工艺

错选择所需的步骤数。如图 3.4.5.17.6(d)所示，将编织丝束(B)从步骤 1 的位置移动到步骤 4 的新位置需要花费 4 步，该路线是单胞的体对角线。重复 4 步循环，直到丝束 glenn 到达预制体的另一侧。一旦到达那里，丝束调转方向并以类似的方式行进到另一侧，从而在预制体的宽度方向上形成"之字形"路径。每个编织丝束都遵循相似的路径，并且交错发生在沿相反方向行进的成对纱线的交点处，从而形成致密的交错织物。

　　如图 3.4.5.17.6(d)和图 3.4.5.17.6(e)所示，使用齿轮驱动凸轮的动力连续制造三维编织物是可行的，并且已经生产了一个多世纪。另一种自动三维编织方法是齿轮交错排列。使用齿轮驱动凸轮来移动线轴上的纤维束，可以提高具有均匀截面的三维编织预制体的生产速度。

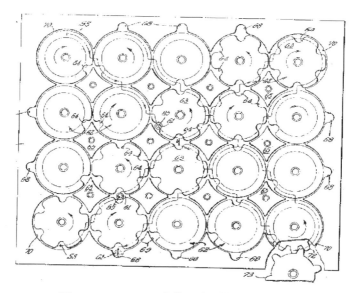

图 3.4.5.17.6(e)　　齿轮驱动凸轮生产三维织物

　　更好的和创新的制造三维编织物的方法仍在持续发展。三维编织持续受到关注并且具有极大的潜力，原因在于其独特的性能，例如类似于机织的交织以及在倾斜方向具有纤维束，可提供更好的承受复杂载荷的能力。制造技术的不断进步和自动化将提高制造高性能复杂近净成型预制体的能力。

3.4.5.18　针刺

　　针刺纤维结构或针刺毡是指用针穿过纤维簇或织物，使纤维缠结贯穿厚度方向的产品。针刺毡可用于各种场合，应用最多的是碳-碳飞机制动器的预制体。

　　在此过程中使用的针是带有倒向钩刺的钩形针(用于"拉挤")，这些倒向钩刺抓住纤维并在针穿过材料厚度方向时将其拉出。在为特定的用途设计针刺毡时，需要考虑以下几个变量：

（1）纤维簇或织物的厚度。

（2）纤维簇的表面重量。

（3）针刺密度（每平方英寸的针数）。

（4）针上倒向钩刺的数量。

（5）针上倒向钩刺的尺寸。

（6）针的直径和长度。

（7）针的路径。

为了改善针刺毡的均匀性，通常是先在纤维簇/织物的一侧进行针刺，然后在另一侧进行针刺，或者同时在两侧进行针刺。

3.4.6　计算机建模与仿真

建模的主要优点是缩短了设计周期，提高了对不同载荷和环境条件下的多种长度尺寸复合材料的力学行为的理解，其中的一些场景几乎不可能在实验室环境中创建。虽然不能完全替代实证检验，但是可以快速确定有限数量的能够满足应用需求的候选解决方案。

陶瓷基复合材料的建模可以在不同的粒度范围内进行（见图 3.4.6）。宏观模型通常用于零部件和装配级的结构分析，中尺度模型通常是一个典型体积单元（RVE，又称单胞）的大小，它可提供对纤维机织结构、基体和 F/M 界面之间相互作用的独特见解。如今，随着计算能力的不断提高，对陶瓷基复合材料的中尺度建模和分析已经变得非常普遍。

对纤维增强结构的准确描述是陶瓷基复合材料中尺度建模的关键。通常用于构建预测模型的软件套件有如下几种：

（1）TexGen（http://texgen.sourceforge.net/index.php/Main_Page）

（2）WiseTex（https://www.mtm.kuleuven.be/Onderzoek/Composites/software/wisetex）

（3）DFMA（http://www.fabricmechanics.com/index.html）

当前的大多数中尺度建模工具都能够获取设计的纤维路径和制造时的纤维路径。由于纤维路径对复合材料的力学性能有最直接的影响，因此获取制造纤维束时的路径结构对于准确预测力学行为至关重要。鉴于此，有些研究人员从制得的样品中提取出了增强结构[见参考文献 3.4.6(a)]。

一旦获得了增强几何结构，就可以使用计算机辅助工程（CAE）预处理程序（如Abaqus/CAE、HyperMesh 等）来创建基体和 F/M 界面。结构分析所需的精确度水平通常决定了用来获取纤维-基体界面以及基体行为的建模方法的复杂性。从网格划分角度来看，如果孔隙率需要显式建模，那么会给基体仿真带来挑战。是否显式建模通常与孔隙大小及其分布有关。例如，化学气相渗透工艺通常会在带有基体涂层的纤维上形成大孔隙，需要对其进行显式建模。与此相反，注入的氧化性基体具有大量的小孔隙和裂纹，可以将其建模为均质连续体。

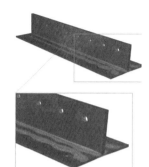

微观：纤维增强体和基体　　　　细观：浸渍纤维束和基体　　　　宏观：连续整体或结构元件

© Albany Engineered Composites Inc. 2016

图 3.4.6　可视化的微观、细观、宏观模型

最后，可以使用有限元分析（FEA）软件包（如 Abaqus、ANSYS、LS - Dyna 等）对所得到的模型进行网格划分，以评估力学性能。根据要执行的分析的复杂性，按需使用各种解析方案和材料模型。在某些情况下，为了获得陶瓷基体材料的某些独特行为，可能需要开发用户子程序，使用合适的本构模型来扩充商业软件包。

如果想要更深入地了解陶瓷基复合材料的建模，建议读者阅读参考文献 3.4.6（a）～（c）及其中的参考文献。

3.4.7　织物机织和编织厂商

将提供织物机织和编织的厂商整理如表 3.4.7 所示。

表 3.4.7　织物机织和编织厂商

生　产　商　名	网　　　　址
Albany Engineered Composites	http://www. albint. com/business/aec/enus/Pages/default. aspx
Aerojet Rocketdyne	http://www. rocket. com/
Bally Ribbon Mills	http://www. ballyribbon. com/
Fabric Development	http://www. fabricdevelopment. com/
Fiber Innovations	http://www. fitfibers. com/
Fiber Materials	http://www. fibermaterialsinc. com/
Hexcel Corporation	http://www. hexcel. com/
Intec Products	http://intecproductsinc. com/
Jackson Bond Enterprises	http://www. jacksonbondllc. com/

生　产　商　名	网　　　址
3M Ceramic Fiber Products	http：//www. 3m. com/
Textile Engineering and Manufacturing（TEAM）	http：//www. teamtextiles. com/
Textile Products	http：//www. textileproducts. com/
Textron Systems	http：//textronsystems. com/
Textum Weaving	http：//textum. com
3 Tex	http：//www. 3tex. com/
Atkins and Pearce	http：//www. atkinsandpearce. com/
DE Technologies	http：//www. detk. com/
Fabric Development	http：//www. fabricdevelopment. com/about

3.5　外部防护涂层

3.5.1　非氧化物 CMC 的外部防护涂层

3.5.1.1　引言

陶瓷基复合材料（CMC）因其重量轻，在高温结构件中具有比金属更高的耐温性、抗氧化性和耐腐蚀性，以及比单相陶瓷更优越的断裂韧性，正逐渐成为先进动力设备的结构材料。对将 CMC 用于燃气轮机热端部件（燃烧室衬套、动叶、静叶、外环等）和排气喷嘴等部件已经开展了大量的研究工作。总体来说，主要考虑将氧化物 CMC 和非氧化物 CMC 两大类用于发动机。本节将着重讨论非氧化物 CMC 的表面涂层。3.5.2 节将讨论氧化物基 CMC 的涂层。

非氧化物 CMC 主要为硅基。这种复合材料的组成通常用由碳化硅（SiC）纤维作为增强材料来增强碳化硅基体。在这些纤维上通常会涂覆一层薄的界面，使得部件在长时间的高温和高压环境服役过程中，F/M 界面可以实现平稳失效。

早期对 SiC/SiC CMC 在燃气轮机热端应用进行的是短时的实验室测试或模拟环境考核，持续时间很少超过 100 h。随着技术的发展，当在商用设备的常见运行条件下进行全尺寸部件的考核时，SiC/SiC CMC 显露出了明显的局限性。在 CMC 的主要应用场景，即燃气轮机热端部件中，经过数千小时的运行，SiC/SiC CMC 产生了显著的退化。考核后进行目测、显微检测、无损检测均发现使用后的部件表面出现了显著退化、开裂和化学变化，而暴露在高温气体环境下的 CMC 部件表面退化更为明显。这些变化是由于在燃气轮机环境中，SiC/SiC CMC 表面含有的一层薄 SiO_2 层首先开始发生退化，进而引起更严重的退化。在燃气轮机热端部件的一般工作条件下，气态或液态碳氢化合物燃烧时形成的水蒸气会与表面的 SiO_2 发生反应，生成挥发性产物。

　　表面 SiO_2 的消耗使得未氧化的 SiC 暴露出来，这些未氧化 SiC 会迅速氧化并再次在部件表面形成 SiO_2 层。这一层新生成的 SiO_2 将随着时间的推移，进入氧化、挥发、再氧化的不断循环，这导致了 SiC/SiC CMC 部件表层的不断退化，进而由于壁厚的降低和化学组成的变化造成部件强度的降低。在几百到几千个小时后——具体时长取决于 CMC 构件暴露区域的温度——部件的结构完整性和力学强度会降低，这种退化限制了装备服役的寿命。

　　设想的提高 SiC/SiC CMC 使用寿命的方法是在其外表面增加涂层，为没有涂层的 CMC 基体提供表面防护。增加涂层的目的是在 SiC/SiC CMC 和导致其退化的高温气体之间制造一个屏障。屏障需要保持与基体相粘连，且与基体具有化学相容性，在构件的设计寿命内保持稳定，并需要能够显著帮助部件保持其力学性能的完整性和功能性，这样的涂层体系称为环境障涂层（EBC）。

　　防护燃气轮机热端 CMC 部件的 EBC 的发展以硅基单相材料防腐蚀涂层的研发工作为基础。第一代 EBC 是最简单的三层结构，包括一层起粘连作用的覆盖在 CMC 表面的硅（Si）基底层，一层钡锶铝硅酸盐（BSAS）层在涂层体系最外层用于抵御水蒸气侵蚀，以及位于 Si 基底层与 BSAS 最外层之间的莫来石基的中间层。该涂层体系可以写作为 Si/莫来石/BSAS。同时，人们在这一体系的基础上进行了一系列改进以优化涂层。

　　虽然这种基础的 EBC 已经可以使 SiC/SiC CMC 的寿命较没有涂层的材料产生显著的改善，使燃气轮机热端部件增加 2～3 倍的寿命，但仍希望 EBC 效果可以进一步改进，使得部件使用寿命达到 3～4 年或者是工业所需的使用时间。此外，对于部件工作温度更高、使用寿命较短的苛刻应用环境，则需要更坚固的 EBC。第二代 EBC 以稀土硅酸盐为基础，其具有极好的抗环境侵蚀能力和更高的耐热温度。第二代 EBC 的性能数据资料更加有限，特别是地面装机考核的数据远比第一代 Si/莫来石/BSAS EBC 要少。预期性能超越第二代 EBC 的新一代 EBC 的开发也在进行中。

　　用于 SiC/SiC CMC 的 EBC 的研发工作同时在多个国家和单位持续推进，例如 NASA 格伦研究中心、阿贡国家实验室（ANL）和橡树岭国家实验室（ORNL）等，以及最初的燃气轮机设备制造商（美国主要是通用电气公司、普惠公司、罗罗公司和 Solar Turbines 公司），此外还有 CMC 部件和 EBC 的供应和分包商。EBC 的测试工作包括大量的实验室测试、模拟环境考核和装机考核，还包括对具有 EBC 的 SiC/SiC CMC 在实际发动机应用的测试。这项工作将在后续的章节中进行介绍。相关历史和现状的具体细节可见参考文献 3.5.1.1(a) 和 (b) 的综述。

　　还有一种 EBC 退化的问题是由钙镁铝硅酸盐（CMAS）玻璃状沉积物与其他微量氧化物的退化产物引发的，这对航空发动机中使用的 CMC 部件的影响尤其严重。玻璃状的 CMAS 沉积物是由于沙子、火山灰或其他硅质碎片等颗粒物被吸入温度超过 2 372℉(1 300℃)的涡轮发动机中而形成的。在温度高于 2 246℉(1 230℃)的条件下,熔融的 CMAS 沉积物附着在具有 EBC 的 CMC 部件表面,造成部件成分的改变和性能的退化。随着发动机运行时的冷热交替循环,附着在发动机热端 CMC 部件表面的沉积物产生了强烈的热应力,使得这个问题不断恶化。迄今为止的研究表明,虽然第一代和第二代 EBC 有很大的发展空间,但在模拟飞机发动机条件下,仍不能对 CMAS 退化提供充分的保护。

本节讨论了在非氧化物 CMC 外表面制备 EBC 涂层以延长其使用寿命并保持其性能的需求和 EBC 涂层应具备的特性。其他类型的涂层,如用于使 CMC 表面光滑和密封的表面涂层,以及 CMC 的纤维和基体之间的界面涂层在其他章节(3.1 节和 3.3 节)中讨论。这些涂层的退化和保护它们的机理不在 3.5.1 节的讨论范围之内。

3.5.1.2　候选非氧化物 CMC

本节的重点是非氧化物 CMC(即非氧化物纤维增强非氧化物基体材料体系)的涂层。由于这些 CMC 在手册的 3.1 节中有详细的介绍,这里只对其制造路线和关键性能进行简短的总结。非氧化物体系可以根据其制备路线、主要成分(纤维、基体、界面涂层)、性能和应用进行分类。所有这些 CMC 都是从多孔纤维预制体的制造开始的,多孔纤维预制体的形状和尺寸与最终部件大致相同。纤维可能为单丝或丝束,并可以通过铺层、编织或机织的方法制备预制体。单向薄板可以被层压成二维预制体,纤维可以被编织或机织成三维形状。在纤维、纤维束或预制体表面制备一层薄的涂层,以确保在纤维和基体之间形成弱的界面。纤维通常为 SiC 基,基体通常以 SiC 为主,但也可能基于 CMC 制备路线和/或所需性能添加其他组分。界面涂层可以是热解碳或氮化硼,通常与碳化硅结合,有时会与 SiC 或 Si_3N_4 相结合。这里将其表示为纤维/基体(如 SiC/SiC),或纤维/界面/基体(如 SiC/PyC/SiC)。由其他如碳纤维等非氧化物纤维增韧的 CMC,将不在这里讨论,因为开发的涂层主要针对 SiC/SiC CMC。具有氧化物纤维和硅基基体的混杂 CMC 以及具有硅基纤维和氧化物基体的混合 CMC 也不是本手册的研究重点。

CMC 的制备主要有三种工艺:化学气相渗透(CVI)、熔体渗透(MI)和聚合物浸渍裂解(PIP)[见参考文献 3.5.1.2(a)~(d)]。CVI 工艺使用化学前驱体,通过一系列的渗透和热解工艺沉积制备得到 CMC 的基体。CVI 也用于沉积界面涂层。在 MI 工艺过程中,采用预浸或浆料浇铸中的一种,将 SiC 或 SiC+C 的粉末浆料浸入聚合物黏结剂中,聚合物黏结剂热解后会留下游离碳。随后在预制体中融渗硅合金,硅合金与游离碳反应形成碳化硅基体。用 MI 工艺制备得到的致密基体中总是会有游离硅。PIP 制备过程与 CVI 制备过程类似,但是在较低的温度下采用与制备聚合物基复合材料相同的方法和设备来进行。该方法可以得到不同的基体成分(如 SiC、SiNC 以及 SiC+Si_3N_4)。也可以使用碳纤维预制体。

表 3.5.1.2 列出了通过 CVI、MI 和 PIP 工艺制备的 CMC 体系的特性。这些体系的具体成分和其采用的涂层体系将在后文中一起介绍。

表 3.5.1.2　典型的非氧化物 CMC 体系的组分

制备工艺	纤　维	基　体	界　面	构　成
CVI	SiC(约 40%)	SiC(60%)	热解炭(PyC) 氮化硼(BN)	SiC/PyC/SiC, SiC/BN/SiC, SiC/PyC,BN/SiC
MI(预浸料)	SiC(20%~25%)	SiC (70%~63%)	BN,Si$_3$N$_4$ (8%~10%)	SiC/BN/SiC
MI (浆料铸造)	SiC (35%)	SiC(CVD)(25%), SiC(浆料铸造) (16%), Si(12%)	BN,SiC (6%)	SiC/BN, SiC/SiC
PIP	C,SiC (40%)	SiNC, SiC, SiC+Si$_3$N$_4$	PyC, BN	SiC/BN/SiC, C/SiC

无论采用何种制备工艺路线,CMC 的短期和长期化学成分和性能共同决定了其适用的应用范围。DiCarlo 等总结了 CMC 关键的性能目标：高拉伸比例极限应力(PLS)、高极限抗拉强度(UTS)和 CMC 处理后应变,界面相暴露在中温潮湿氧化环境后的高 UTS 保留率,在高拉伸应力且温度超过使用温度后的抗蠕变性,在所有服役温度下的低破裂寿命和高热导率[见参考文献 3.5.1.2 (b)]。例如,NASA 已经开发出一系列使用温度为 2 200~2 600°F(1 204~1 427℃)的 CMC,并进行了实验室短时测试(数百小时)。这些 CMC 的 UTS 不大于 450 MPa,极限拉伸应变不大于 0.55%,PLS 不大于 180 MPa。在较高的使用温度下,这些值略有降低,例如 UTS 不大于 380 MPa,极限拉伸应变不大于 0.4%,PLS 不大于 170 MPa。在 103 MPa,设计温度上限运行时的断裂寿命为 500~1 000 h。在实际应用中,设计许用值明显低于这些数值。对于 CMC 制造的燃气轮机热端部件(燃烧室衬套、叶片等),面内拉伸应力应不大于 100 MPa,贯穿厚度拉伸应力应不大于 30 MPa[见参考文献 3.5.1.2 (e)]。这些极限值用于设计工作数万小时的部件。部件在设计寿命中能够保留其化学成分和关键性能十分关键。而在实验室测试、模拟环境考核和地面装机考核中发现,在试验过程中 CMC 的化学成分发生了变化,且关键性能出现下降。

3.5.1.3　在燃气轮机热端工作环境下发生的退化

与金属相比,CMC 具有良好的机械、物理和化学性能,因此被认为可以应用在服役条件严苛的部件上。在理想情况下,CMC 的关键性能在部件使用寿命期间应保持不变。但在实际工作环境下,CMC 受限于其固有材料性能和其部件在服役条件下性能的退化。这些因素限制了 CMC 设计许用值和耐久性。广义地说,力学、物理和化学天然特性(水蒸气退化、盐腐蚀)都会限制 CMC 的性能。同时这三种因素在 CMC

部件服役的生命周期中相互作用,共同产生影响。

1) 力学性能

非氧化物 CMC 受限于其断裂性能、蠕变和疲劳抗性的保留以及其部件在任何寿命阶段对裂纹引起的退化的适应能力。力学性能的退化程度在实验室测试、模拟环境考核和地面装机考核中得到量化。相关测试结果总结如下。

用预浸料 MI 工艺制造的 HiPerComp^{TM} CMC 在室温条件下的拉伸性能测试结果显示,在 2 192℉(1 200℃)下其断裂寿命保持恒定 200～1 000 h,但模量和极限强度逐渐降低。在测试的 4 000 h 内,PLS 和断裂应变保持相对稳定[见参考文献 3.5.1.2(c)]。

NASA 格伦研究中心开发的一系列 CMC 提供了一套有效的蠕变寿命数据。SiC/SiC CMC(N24 – B)的目标性能是在 2 400℉(1 315℃)下蠕变寿命约为 500 h/103 MPa[见参考文献 3.5.1.2(b)]。GE 公司用 HiPerComp^{TM} 预浸料、MI 制造的 CMC 试样在 2 200℉(1 315℃)下拉伸断裂的时间大于 1 000 h/125 MPa,但当拉伸载荷增加到 150 MPa 后其断裂时间降低到少于 100 h[见参考文献 3.5.1.2(c)]。CMC 的抗蠕变性主要由纤维的抗蠕变性决定。

当应力保持在 100 MPa 以下时,CMC 的疲劳性能很好。参考文献 3.5.1.2(a)指出,在拉-拉疲劳条件下,如果应力小于 100 MPa,则 CVI 工艺制造的 SiC/SiC CMC 通常不会出现失效。

裂纹在 CMC 失效中的作用与应力相关。在 MI 工艺制造的 SiC/SiC CMC 中,当应力大于 150 MPa 时 CMC 基体中可观察到裂纹,这些裂纹使得氧气可以进入,进而造成了纤维和 F/M 界面的氧化以及桥连纤维的断裂[见参考文献 3.5.1.2(c)]。

2) 物理性能

CMC 中最重要的物理性能是密度、孔隙率、热膨胀系数(CTE)和热导率(面内和厚度方向)。其中,厚度方向热导率是 CMC 部件设计时所关注的主要参数,因为它决定了辐射到材料表面热量的有效耗散。此外,厚度方向应力通常比面内应力低,这决定了材料性能估值更加保守。由 NASA 格伦研究中心制备的 SiC/SiC (CVI) CMC 的热导率在 392℉(200℃)内随温度的增加而增加,当超过这一温度后热导率随温度的增加呈指数级下降[见参考文献 3.5.1.2(b)]。已观察到 HiPerComp^{TM} 预浸料和浆料 MI 法制备的 CMC 的热导率随着温度的升高而持续下降[见参考文献 3.5.1.2(c)],但还没有获得关于热导率变化的数据。

3) 水蒸气造成的退化

硅基单相材料(如 SiC 和 Si$_3$N$_4$)以及硅基 CMC(如 SiC/SiC)表面具有一层薄的二氧化硅(SiO$_2$),这层 SiO$_2$ 保护材料不被氧化。SiO$_2$ 的形成是通过以下反应生成的:

$$SiC + 1.5O_2(g) = SiO_2 + CO(g) \qquad\qquad 3.5.1.3(a)$$

　　然而，硅基陶瓷因燃烧反应生成水蒸气而缺乏环境耐久性。薄的 SiO_2 保护层会与水蒸气反应，如生成 $Si(OH)_4$ 这样的挥发性物质。

$$SiO_2(s) + 2H_2O(g) = Si(OH)_4(g) \qquad 3.5.1.3(b)$$

　　一旦保护层被反应消耗完，新的 SiC 就会暴露出来，随后它又被氧化成新的 SiO_2。

$$SiC(s) + 3H_2O(g) = SiO_2(s) + 2H_2(g) + CO(g) \qquad 3.5.1.3(c)$$

　　然后新生成的 SiO_2 根据反应 3.5.1.3(b) 再次与水蒸气发生反应，随着时间的推移，硅基基体表面被消耗，部件变薄且其力学性能发生衰减。

　　NASA 格伦研究中心报道了 SiO_2 和 SiC 的退化机理[总结见参考文献 3.5.1.1(b)、参考文献 3.5.1.3(a)，研究详细内容见文献 3.5.1.3(b)～(i)]。据计算，燃烧环境产物中含有约 10% 的水蒸气，这一含量与燃料/空气比值无关。在高速、高水蒸气压力环境中，SiC 氧化生成 SiO_2 和 SiO_2 挥发生成 $Si(OH)_4$ 是同时发生的。因此，对于燃气轮机热端中的硅基单相材料和 CMC 来说，应特别关注水蒸气退化机制。

　　现已获得了大量的在高压燃烧器模拟实验装置中碳化硅挥发性数据。方程式 3.5.1.3(d) 和 (e) 分别总结了富燃和贫燃燃烧条件下的结果：

$$\text{Volatility (rich)} = 82.5\exp[-159(kJ/mol)/RT]P^{1.74}v^{0.69} \quad 3.5.1.3(d)$$

$$\text{Volatility (lean)} = 2.04\exp[-108(kJ/mol)/RT]P^{1.50}v^{0.50} \quad 3.5.1.3(e)$$

式中，Volatility 为挥发度，单位 $mg/(cm^2 \cdot h)$；T 为气体温度，单位 K；P 为总压力，单位标准大气压（atm[①]）；v 为气体速度，单位 m/s；R 为气体常数，值为 8.314 J/(mol·K)。SiC 的衰减速率（μm/h）可以通过将 3.5.1.3(d) 和 (e) 中给出的挥发度乘以一个 3.1 的因子得到。

　　用式 3.5.1.3(e) 计算得到的 SiC/SiC CMC 在贫燃燃烧环境 P 为 10 atm、T 为 1 200～1 400 ℃ 条件下随气体速度在 5 000 h 后的预计衰减（mm）如图 3.5.1.3(a) 所示（假定 CMC 完全致密）。

　　如图 3.5.1.3(a) 所示，根据计算，CMC 在 5 000 h 后会产生几毫米的衰减，这将导致 CMC 部件被快速消耗。1997 年，Solar Turbines 公司在一个工业现场测试了一套 SiC/SiC CMC 环形同心燃烧室衬套。这个衬套只运行了 1 048 h（100 h 合格测试＋948 h 地面装机考核）。虽然衬套外形仍然保持完整，但过早地发生氧化，生成了大量玻璃状沉积物，衬套内表面产生的表面退化多达 0.5 mm，外表面的退化则少于 0.1 mm（试验开始时衬套厚度约 3 mm）。图 3.5.1.3(b) 为试验后有玻璃状沉积的内衬，图 3.5.1.3(c) 为内衬和外衬截面的微观结构。其中一个测试的 SiC/SiC CMC 衬

---

① 1 atm＝101 325 Pa。

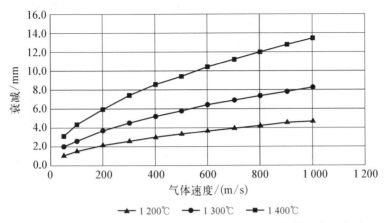

图 3.5.1.3(a)　在贫燃燃烧汽轮机中 CMC 厚度随气体速度的衰减

a)　　　　　　　　b)

图 3.5.1.3(b)　经 1 048 h 装机考核后的　　图 3.5.1.3(c)　经装机考核 1 048 h 后的区域
SiC/SiC CMC 燃烧室内衬　　　　　　　　　　［来源于参考文献 3.5.1.3(j)］
　　　　　　　　　　　　　　　　　　　　　　a) 内部；b) 外部

套在经过 5 000 h 后,其厚度减少了 80%。在验证测试中测得的最高衬套温度为 2 300°F(1 260℃)。根据式 3.5.1.3(d)和(e)可知,在未来的燃气轮机中,随着温度和压力的进一步增加,退化率将会更高。这些数据表明,如果不能缓解退化,CMC 材料将无法应用在先进燃气轮机热端部件上。

4) 化学腐蚀造成的退化

硅基陶瓷被认为是可应用于退化性环境中的结构材料,因为金属在退化性环境中易发生退化。硅基陶瓷可以应用于含有退化性气体和液体以及来自燃料中杂质的沉淀物的环境中。迄今为止积累的经验主要是针对单相材料,即 SiC 和 Si_3N_4,但是 SiC 和 SiC/SiC 整体化学成分上的相似性表明其腐蚀过程相同。为了说明相关问题,本手册给出了涉及热交换陶瓷的燃气轮机［见参考文献 3.5.1.3(a)］和退化工业过程

[见参考文献 3.5.1.3(k)和(l)]的例子。这些例子很有趣,因为它们在历史上推动了硅基单相材料和 CMC 的防护涂层的发展。

在燃气轮机热端的大量碳基燃料燃烧产生了如 CO_2 等气态物质,以及在某些涡轮燃烧环境中可能出现少量 HCl 和 SO_2,这些似乎不会伤害 SiO_2 保护层。

此外,沉积引起的腐蚀更值得关注。在燃气轮机环境中,燃料中的杂质可能与燃烧空气中的微量碱金属和碱土金属结合形成低熔点盐并沉积,从而退化 SiO_2 保护层。腐蚀会导致点蚀和强度退化。

例如,在海洋环境中,空气中的 NaCl 与燃料中的硫组分发生反应,形成硫酸钠:

$$2NaCl(g) + SO_2(g) + 0.5O_2(g) + H_2O(g) = Na_2SO_4(l) + 2HCl(g)$$

$$3.5.1.3(f)$$

Na_2SO_4 的露点是硫含量、钠含量和压力的函数。在露点以上,沉积引起的腐蚀是最小的。然而,在露点以下,可能会发生沉积,从而导致严重的腐蚀。腐蚀反应是通过将硫酸钠分解成氧化钠和三氧化硫气体而发生的。

$$Na_2SO_4(l) = Na_2O(s) + SO_3(g) \qquad 3.5.1.3(g)$$

SiO_2 是一种酸性氧化物,容易受到碱性氧化物 Na_2O 的攻击,形成水玻璃:

$$2SiO_2(s) + Na_2O(s) = Na_2O \cdot 2(SiO_2)(l) \qquad 3.5.1.3(h)$$

因此保护性的 SiO_2 膜被一种液态的、无保护作用的水玻璃膜所取代。氧化反应不断形成新的 SiO_2,因此在所有的 Na_2O 都被消耗掉之前退化反应一直进行。

实际上,沉积物不仅仅是由 Na_2SO_4 组成的,海盐同样会导致形成含有 Na_2SO_4、K_2SO_4、Ca_2SO_4、$MgSO_4$ 的混合沉积物,进而可能导致产生除水玻璃之外的其他硅酸盐,通常沉积的混合盐对硅有很强的腐蚀性。发生的局部点蚀导致明显的强度退化。在 CMC 中预计会发生相同的退化过程,但由于 CMC 具有较高的断裂韧性,退化对强度的影响可能不同。但从另一方面讲,由于 CMC 构件厚度有限制,这可能导致其临界失效比单相材料更早。

单相 SiC 最先作为结构材料以取代热交换器中的金属管部件,用于高退化性铝重熔工艺中,该工艺使用卤化物和碱化物混合物,有时添加高退化性冰晶石(Na_3AlF_6)作为助熔剂。相比金属换热器管,碳化硅的使用寿命虽然有显著提高,但其表面退化率也很严重,退化率为每年 $0.25\sim1.0$ cm,这一腐蚀速率将 SiC 管的使用寿命限制为约一年。碳化硅腐蚀的驱动机制是在铝重熔环境中,由于水蒸气的存在,熔炼成分中的卤化物和卤氧化合物转化为氧化物,而氧化物又与 SiO_2 反应,形成液态碱性硅酸盐。例如,一个热力学正向的反应是在水蒸气存在下由 NaF 和 $SiO_2(s)$ 反应生成液体水玻璃。当有保护作用的硅层被退化后,裸露的 SiC 基底将迅速被氧化成 SiO_2[见参考文献 3.5.1.3(a)]和挥发性卤化硅。这一过程的方程式如下:

$$2NaF(g) + H_2O(g) + SiO_2(s) = Na_2SiO_3(l) + 2HF(g),$$
$$\Delta G^\circ(1\,400\,K) = -29.5\,kcal/mol\,Si$$

3.5.1.5(i)

$$4NaF(l) + SiC(s) + 2O_2(g) = SiF_4(g) + 2Na_2O(l) + 2CO(g),$$
$$\Delta G^\circ(1\,400\,K) = -139\,kcal/mol\,Si$$

3.5.1.5(j)

上面的例子清楚地表明,没有保护的 SiC 及其衍生陶瓷是不能在高度腐蚀环境中长期工作的。

在 3.5.1.6 节中,将讨论钙镁铝硅酸盐(CMAS)玻璃状沉积与其他少量氧化物对 CMC 和涂层退化的最新研究工作。

3.5.1.4 硅基材料的早期涂层研发工作

最初涂层研究工作的重点是保护 Si 基单体(SiC 和 Si_3N_4),希望减少接触应力损伤和盐腐蚀造成的损伤。涂层选择的主要指标是:在 2 372°F(1 300℃)以上化学稳定性好;涂层与基底间热膨胀系数(CTE)匹配;弹性模量低;对基底的黏着性强;与基底表面有好的化学兼容性但不改变其物理和化学性能;为材料提供表面保护以减少氧化和腐蚀的产生。单相 SiC 的 CTE 在 281～3 999°F(538～2 204℃)条件下约为 $5.4\times10^{-6}\,cm/(cm\cdot℃)$,与 SiC/SiC 复合材料的 CTE 相近。为 SiC 材料制备涂层过程中学到的许多经验教训同样适用于 SiC/SiC 复合材料。莫来石(3Al_2O_3 · 2SiO_2)在早期涂层研发工作中被认为是最有前景的涂层材料之一,因为它的 CTE 为 $5.6\times10^{-6}\,cm/(cm\cdot℃)$ 左右,与碳化硅接近。此外,莫来石还与 SiC 和 Si_3N_4 陶瓷具有良好的化学相容性。

1) Solar Turbines 公司开展的涂层研发工作

Solar Turbines 公司在位于芝加哥的天然气研究所(GRI)的一个项目中,在一个 1 400～2 200°F(760～1 204℃)的用来模拟铝重融装置的热交换管中,对 24 种涂层成分,包括莫来石、锆石、氧化铝、氧化钇、氧化钇稳定氧化锆和二氧化铪等,进行了 2 000 h 的腐蚀实验,并对它们进行评估。涂层根据 CTE 和组分分为单层、多层和梯度。制备的涂层采用等离子喷涂法且厚度较厚,厚度为 0.50～1.25 mm。涂层具有较大厚度是为了提供足够的保护,防止在使用过程中出现表面退化。虽然涂层提供了一定的保护,但涂层仍然存在开裂和剥离基底等损耗问题。

Solar Turbines 公司和橡树岭国家实验室在美国能源部资助下开展了一项小规模研究,在该研究中,莫来石和莫来石-氧化铝涂层被沉积在 Amercom 公司提供的 CG SiC/SiC (CVI) CMC 样条上。这些具有涂层的样条被置入 1 832°F 和 2 174°F(1 000℃和 1 190℃)的 Na_2CO_3 退化炉中退化了 200 h。在 1 832°F(1 000℃)条件下具有表面涂层的样条没有产生显著的消退,而无涂层样条消退了 0.53 mm。在 2 174°F(1 190℃)条件下具有涂层的样条消退了(0.05～0.30 mm),但比无涂层样条

(0.43 mm)消退得少。使用优良的莫来石粉的等离子喷涂涂层具有优越的保护性能。

2) GTE 公司开展的涂层研发工作

GTE 公司用化学气相沉积法(CVD)开发制备了一种多层涂层体系,该涂层由 AlN 黏结层、$Al_xO_yN_z$ 梯度中间层和 Al_2O_3＋氧化钇稳定氧化锆(YSZ)最外层组成。虽然组成具有梯度,但 CTE 的不匹配依然导致最外层在温度超过 2 192℉(1 200℃)后产生裂纹和起泡。

3) NASA 格伦研究中心的早期 EBC 研发工作

在20世纪90年代初 NASA 格伦研究中心取得了一项重大突破,Lee 等发现了无定形态莫来石的结晶化,以及随之而来的收缩现象,上述现象是等离子喷涂莫来石涂层通常在热循环中耐久性差的根本原因。NASA 随后开发了一种改进的等离子喷涂工艺,使结晶莫来石涂层得以沉积,从而显著提高了涂层的热循环耐久性。图 3.5.1.4 展示了在 1 832℉(1 000℃)空气中经过 48 h 的循环(循环周期为 2 h)后喷涂在 SiC 上的两种莫来石涂层的形貌,分别采用传统和改进的等离子喷涂工艺沉积。传统等离子喷涂的莫来石出现了严重的裂纹和剥落现象[见图 3.5.1.4 的 a)分图],而改进的等离子喷涂的莫来石附着良好,垂直裂纹较少[见图 3.5.1.4 的 b)分图]。改进工艺喷涂的莫来石涂层在 2 372℉(1 300℃)空气条件下经 1 200 h 的循环后(循环周期为 2 h)保持完好,且在 6 atm 压力下含 Na_2SO_4 的热腐蚀模拟装置中试验 50 h 后无损伤。

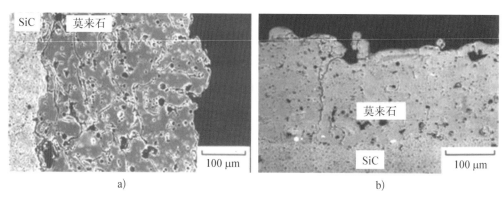

图 3.5.1.4　不同方法制备的莫来石涂层对比

a) 传统等离子喷涂;b) 改进等离子喷涂

3.5.1.5　用于燃气轮机热端部件的先进环境障涂层

基于改进的莫来石沉积工艺形成了一类新型涂层,称为环境障涂层(EBC),从20世纪90年代开始一直在进行该涂层的研究,该涂层用于保护硅基陶瓷中的 SiC 在高压、高速燃烧环境中不受水蒸气侵蚀而发生衰减。最初在 NASA 的高速民用运输推进材料(HSCT‐EPM)计划中开始对该种涂层进行测试,随后由燃气轮机制造商进行了地面装机考核。

3.5.1.5.1　第一代 EBC

1) EBC 的发展

高速民用运输推进材料计划中开展了防止水蒸气导致的 SiC 退化的关键研发工作,在该计划下成立了一个 NASA‐GE‐PW (NASA‐General Electric‐Pratt & Whitney)涂层团队来开发一种可以在高速、高压燃烧环境中保护 SiC/SiC CMC 的涂层。

EBC 的关键要求包括如下性能:① 环境稳定性;② 黏附在基底上(需要与基底的 CTE 相匹配);③ 化学相容性;④ 低应力(需要低模量)。同时希望冷却部件的热导率低,从而节省冷却空气。图 3.5.1.5.1(a)对以上要求进行了简单示意。

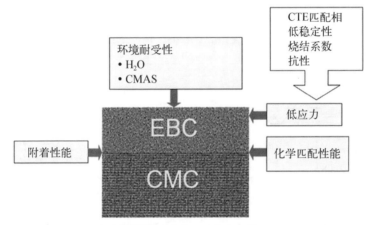

图 3.5.1.5.1(a)　EBC 关键性能示意图[来源于参考文献 3.5.1.1(b)和 3.5.1.5.1(a)]

最初在 EBC 开发时使用单相 SiC 作为基底,随后换成 SiC/SiC CMC。虽然莫来石的 CTE 与 SiC 相匹配,但其环境稳定性不佳。由于其相对较高的硅活性(0.3～0.4),莫来石在 50 h 的高压燃烧模拟环境考核[$T = 2\,246^\circ\text{F}\,(1\,230^\circ\text{C})$,$P_{\text{TOTAL}} = 6\,\text{atm}$,$P_{\text{H}_2\text{O}} = 0.6$,$v_{\text{gas}} = 24\,\text{m/s}$]中衰减较快,硅选择性蒸发后留下一层 $6\sim7\,\mu\text{m}$ 的多孔氧化铝表层。这样的多孔氧化铝表面层很容易开裂脱落。

为此,研究人员对备选材料进行了广泛的筛选。图 3.5.1.5.1(b)总结了各种氧化物和硅酸盐在较宽温度范围内的热膨胀系数。可以看出,除莫来石外,混合氧化物钡锶铝硅酸盐[BSAS,$(1-x)\text{BaO} \cdot x\text{SrO} \cdot \text{Al}_2\text{O}_3 \cdot 2\text{SiO}_2$,$0 \leqslant x \leqslant 1$]与 SiC 也具有极好的热膨胀匹配度。除了具有良好的 CTE 匹配,BSAS 还具有低二氧化硅活性(约0.1),这使其在水蒸气中具有高稳定性。同时 BSAS 的模量较低(致密的 BSAS 为100 GPa),这使其在热循环期间产生的应力较低。图 3.5.1.5.1(c)显示了 BSAS 与莫来石相比具有较好的环境稳定性。

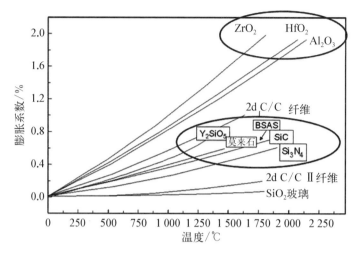

图 3.5.1.5.1(b)　耐火氧化物及硅酸盐与 SiC 和 Si_3N_4 的热膨胀系数
比较［来源于参考文献 3.5.1.1(a)和(b)］

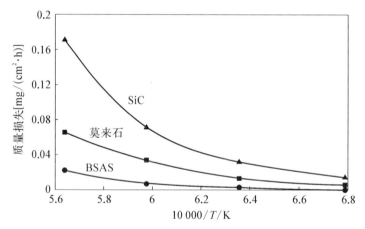

图 3.5.1.5.1(c)　用二氧化硅挥发模型和热力学动力学数据库计算得到
的 SiC、莫来石和 BSAS 在 $T = 2\ 732℉$（$1\ 500℃$），
$P_{H_2O} = 0.5$ atm，$P_{TOTAL} = 1$ atm，$v = 4.4$ cm/s 条件下
挥发性和温度之间的关系

　　然而，由于 BSAS 会与 CMC 表面的 SiO_2 发生共晶反应，BSAS 在与 SiC/SiC CMC 接触时会形成一个有害的玻璃状反应区。使用改进的莫来石涂层作为黏结层可以消除与 BSAS 的化学不兼容性问题。但是，莫来石黏结涂层在蒸汽循环中耐久性较差。而在莫来石中增加约 20%（质量分数）BSAS 就可以显著提高其热循环耐久性。

　　硅也可以作为黏结层。硅黏结层和莫来石＋BSAS 混合中间层使基于莫来石和 BSAS 的 EBC 的热循环寿命提高至少一个数量级。这是第一代中最好的 EBC，可以

表示为 Si/莫来石＋BSAS/BSAS。图
3.5.1.5.1(d)为第一代 EBC 在蒸汽试
验后的显微照片。测试条件为 $T=$
$2\,372℉$（$1\,300℃$），$P_{H_2O}=0.9$ atm，
$P_{TOTAL}=1$ atm，$v=2.2$ cm/s，暴露
100 h，循环周期为 1 h。试验后没有观察
到明显的氧化或退化，热循环耐久性的
提升是因为低模量的 BSAS 第二相降低
了莫来石＋BSAS 混合黏结层的拉伸应
力。暴露时间增加至 $1\,000$ h，循环周期
仍为 1 h，温度提高到 $T=2\,400℉$
（$1\,316℃$）后 BSAS 最外层中开始出现玻
璃相，这表明硅黏结层可能有利于涂层
的塑性但降低了其在水蒸气中的稳定

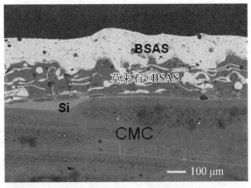

图 3.5.1.5.1(d) 具有 Si/莫来石＋20%（质
量分数）BSAS 涂层的 SiC/SiC CMC 在 $T=$
$2\,372℉$（$1\,300℃$），$P_{H_2O}=0.9$ atm，$P_{TOTAL}=$
1 atm，$v=2.2$ cm/s 条件下经 100 h 周期为 1 h
的热循环后截面图[来源于参考文献 3.5.1.1
(b)和 3.5.1.5.1(b)]

性。进一步升高温度会导致更广泛的玻璃相形成，最终导致 EBC 开裂。

Si/莫来石＋20% BSAS/BSAS EBC 在 $2\,372℉$（$1\,300℃$）蒸汽循环测试中表现良
好，但在 $2\,552℉$（$1\,400℃$）下，一部分 EBC 转换为玻璃相，在 $2\,624℉$（$1\,440℃$）下 EBC
剥落，且完全被玻璃相包围。剥落涂层两侧玻璃相的成分表明该玻璃是 BSAS-SiO_2
共晶反应的产物。这表明基于莫来石和 BSAS 的 EBC 使用温度不能在超过共熔温
度[$2\,372℉$（$1\,300℃$）]的条件下长时间使用。

2）制备工艺

采用传统的空气等离子喷涂方法沉积三层的 Si/莫来石＋BSAS/BSAS EBC。沉
积过程的实际细节无从得知，这是 EBC 开发商的专利。对于硬硅基表面，使用传统
喷砂介质进行表面粗化是不够的。因此，CMC 通常采用侵蚀性化学工艺进行预处
理，使其表面粗糙以确保涂层能够附着。或者使用更具侵蚀性的喷砂介质。虽然三
层 EBC 的厚度一般每层约为 125 μm，但目前已制备出了更厚（特别是更厚的 BSAS
面层）的 EBC。

3）实验室测试和模拟环境考核

图 3.5.1.5.1(e)显示了在 NASA 高压燃烧模拟实验台架[$2\,372℉$（$1\,300℃$），
100 h，$P_{TOTAL}=6$ atm，$v=24$ m/s]条件下测试的三种一代 EBC（Si/莫来石/BSAS，
Si/莫来石＋BSAS/BSAS 和 Si/莫来石＋BSAS/7YSZ）。测试展现了 YSZ 作为热障
涂层（TBC）最外层材料的应用结果。在 $2\,192℉$（$1\,200℃$）时 YSZ 的膨胀明显大于
EBC 和 SiC/SiC 的其他组分及其烧结物。Si/莫来石＋BSAS/7YSZ 中的 YSZ 发生
开裂，环境退化严重，在 EBC/CMC 界面形成了厚的硅垢和界面气孔。Si/莫来石/
BSAS 的莫来石层中出现条状裂纹；然而，BSAS 仍然保持相对无裂纹且氧化程度最

低。Si/莫来石＋BSAS/BSAS 的开裂和氧化程度最低。质量变化与微观结构观察结果一致：Si/莫来石＋BSAS/7YSZ 可能由于氧化质量增加较大；而 Si/莫来石/BSAS 和 Si/莫来石＋BSAS/BSAS 呈较好的线性质量下降，且质量损失较少，可能是 BSAS 最外层的退化引起的。由质量变化进行推断，BSAS 退化率约为碳化硅的 10％，这与 BSAS 水蒸气稳定性高于 SiC 的结论相一致［见图 3.5.1.5.1(c)和(f)］。

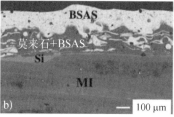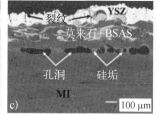

图 3.5.1.5.1(e)　具有不同 EBC 的 MI 工艺 SiC/SiC CMC 在 $T=2\,372°F(1\,300℃)$，$P_{TOTAL}=6\ atm$ 的高压燃烧模拟装置中经过 100 h 考核后的截面图［来源于参考文献 3.5.1.5.1(c)］

a) Si/莫来石/BSAS；b) Si/莫来石＋20％ BSAS/BSAS；c) Si/莫来石＋20％ BSAS/7YSZ

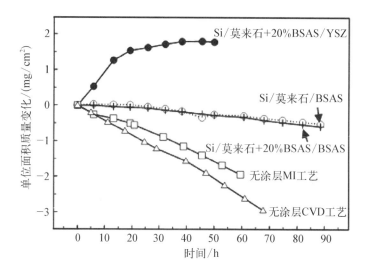

图 3.5.1.5.1(f)　不同 CMC 在 $T=2\,372°F(1\,300℃)$，$P_{TOTAL}=6\ atm$ 的高压燃烧模拟装置中的质量变化［来源于参考文献 3.5.1.5.1(c)］

　　利用具有 EBC 的 SiC 的曲率进行的定性应力测量显示，在喷涂原始状态和经过热暴露的 Si/莫来石＋BSAS/7YSZ EBC 中存在拉伸残余应力，Si/莫来石＋BSAS/BSAS EBC 在喷涂原始状态的应力接近于零，而在热暴露后呈现出较小的压应力。可见，残余应力对 EBC 在热循环过程中的开裂行为起关键作用［见图 3.5.1.5.1(g)］。

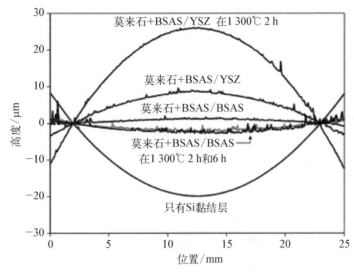

图 3.5.1.5.1(g)　具有 Si/莫来石＋20%（质量分数）BSAS/BSAS 和 Si/
莫来石＋20%（质量分数）BSAS/YSZ 的 EBC 涂层的
SiC 在喷涂后和 2 372°F（1 300℃）空气中暴露 2 h 和
6 h 后的曲率［来源于参考文献 3.5.1.5.1(c)］

3.5.1.5.2　第二代 EBC

第一代 EBC 基于 Si/莫来石（＋BSAS）/BSAS 体系在实验室测试、模拟环境考核和地面装机考核时发现，该涂层在燃气轮机热端部件工作环境下性能十分有限，并且工作寿命不如预期。NASA 在超高效发动机技术计划（UEET）中进一步开展了对 EBC 的研究，希望研发出比第一代更耐高温的 EBC。EBC 的表面耐受温度目标为 2 700°F（1 482℃），EBC/CMC 的界面耐受温度为 2 400°F（1 316℃）。根据筛选试验的结果可知，RE_2SiO_5（稀土单硅酸盐）和 $RE_2Si_2O_7$（稀土双硅酸盐）体系可用于制备新型涂层。RE 代表稀土元素如钇（Y）、镱（Yb）、钪（Se）、镥（Lu）等。这些元素的主要特点是在水蒸气中稳定性高、熔点高，并且某些稀土硅酸盐与 CMC 的热膨胀系数十分相近。在水蒸气环境中，稀土单硅酸盐的挥发性明显低于 BSAS，但稀土双硅酸盐的挥发性与 BSAS 相近。图 3.5.1.5.2(a) 所示为一个带有 Si/莫来石/Yb_2SiO_5 三层涂层体系的 CMC 材料的横截面，该材料在以 1 h 为周期，温度为 2 516°F（1 380℃），

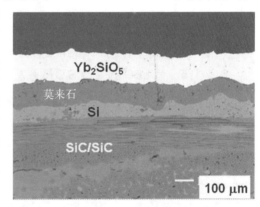

图 3.5.1.5.2(a)　具有 Si/莫来石/Yb_2SiO_5 涂层的 CMC 在 $T＝2$ 516°F（1 300℃），$P_{H_2O}＝$ 0.9 atm，$P_{TOTAL}＝1$ atm，$v＝2.2$ cm/s 条件下经 1 000 h（周期为 1 h）热循环后的截面图

$P_{\text{H}_2\text{O}}$ 为 0.9 atm，P_{TOTAL} 为 1 atm，速度为 2.2 cm/s 的测试条件下进行了 1 000 h 的测试。该 EBC 展现了良好的与 CMC 材料的结合力和抗裂性。Si/莫来石＋20％（质量分数）BSAS/BSAS 的 EBC 在 2 372℉（1 300℃）下经过 1 000 h 后会出现较多的玻璃相，而稀土硅酸盐则不会出现这种现象。

涂有第二代 EBC 的 CMC 叶片在 NASA 高温炉中进行模拟测试，温度为 2 300～2 400℉（1 260～1 316℃），以 2 min 为循环周期，共进行 102 次循环，总测试时间为 5 h，P_{TOTAL} 为 6 atm，速度为 24 m/s。两个高温合金叶片和一个 CMC 叶片一起进行测试并作为对比。带有 EBC 的 CMC 叶片在高达 2 417℉（1 325℃）的温度下经过 102 次循环仍然完好无损，而高温合金叶片则有明显损伤[见图 3.5.1.5.2(b)]。

图 3.5.1.5.2(b)　具有第二代 EBC 涂层的 SiC/SiC CMC 和高温
合金叶片在 $T = 2\ 300 \sim 2\ 400℉\ (1\ 260 \sim$
$1\ 316℃)$，$P_{\text{TOTAL}} = 6$ atm，$v = 24$ m/s 条件下
经 5 h 周期为 2 min 热循环后的截面图

GE 公司和 Solar Turbines 公司已经对包含稀土硅酸盐的第二代 EBC 在地面装机考核的结果进行了评估，研究结果会在 3.5.1.7.1 节和 3.5.1.7.2 节详细讨论。

3.5.1.6　有 EBC 的 SiC/SiC 陶瓷基复合材料部件的退化

沙子、火山灰和硅酸盐碎屑等细小的颗粒很容易被涡轮发动机吸入，这些微粒会影响 EBC 的效果。未来基于 CMC 的航空发动机的预期工作温度高于 2 372℉（1 300℃），如果杂质微粒被吸入发动机中会引发许多问题。其中一个最严重的问题是，这些颗粒会在高温下融化成玻璃状沉积物生成钙镁铝硅酸盐玻璃（CMAS）和其他小分子氧化物[见参考文献 3.5.1.5.1(f) 和 3.5.1.6(a)]。熔化的 CMAS 沉积物会附着在热端部件上，从而引发硅基 CMC 材料表面涂层的热化学反应[见参考文献 3.5.1.6(b) 和(c)]。并且融化的 CMAS 沉积物可以渗透多孔的涂层，产生额外的应力，导致 EBC 的力学性能发生改变，使得涂层在发动机极端冷热交替的工作环境下无法保持性能[见参考文献 3.5.1.6(d) 和(e)]。本节讨论了温度在 2 192℉（1 200℃）以上时,如何评估 CMAS 沉积物对涂层材料的影响,这些成果尤为重要,因为 CMAS 成分在上述温度下一般会融化。

文献研究了大量不同组分的 CMAS 在高温下如何与涂层反应。组分的差异,如高硅含量或富氧,会对反应速率产生影响,同时不同配方的 CMAS 与涂层的化学反应也不尽相同。

最常被用于制造涂层的 CMAS 组分是 $33CaO \cdot 9MgO \cdot 13AlO_{1.5} \cdot 45SiO_2$(物质的量百分数)。该 CMAS 配方是为了匹配飞机在沙漠中飞行时涡轴发动机外环上的热障涂层(TBC)的融化产物[见参考文献 3.5.1.6(f)]。对由这四种组分构成的 CMAS 的结晶化和热性能都已经开展了充分的研究。但在结晶化过程中,不同的钙、镁、铝和氧化硅含量及在火山灰中常见的氧化物夹杂[见参考文献 3.5.1.6(g)]或不同地区的沙[见参考文献 3.5.1.6(h)]对材料的黏度、热和力学性能造成的影响还有待研究[见参考文献 3.5.1.6(i)~(l)]。为了研究更可靠的涂层和开发集成计算材料工程(ICME)工具,了解 CMAS 组分的特性是十分必要的。

3.5.1.6.1　第一代 EBC 抗 CMAS 性能

前文已讨论过,BSAS 在不超过 2 372°F(1 300℃)的条件下作为陶瓷基构件的热障涂层很有前景。一项研究[见参考文献 3.5.1.6(c)]测试了一个名义上致密的 BSAS 小球在 2 372°F(1 300℃)下与负载量为 10~60 g/cm² 的 CMAS 玻璃经过 4 h 的反应情况,结果显示 CMAS 玻璃有效穿透了 BSAS 晶界。在 2 372°F(1 300℃)温度下,BSAS 很容易溶解进入 CMAS 的熔融物,导致再沉淀生成改性的含钙钡长石相,紧接着生成钙长石或透辉石。并且在高温下 CMAS 与 BSAS 的接触会加速亚稳态钡霞石的转化过程,这一反应从等离子喷涂表面开始,最终延伸到稳定的钡长石结构。导致这种快速转变的反应机理是 CMAS 玻璃溶解了钡霞石和钡长石,并且使得具有热稳定性的钡长石再次沉淀。这种溶解再沉淀机制使熔融 CMAS 在 2 372°F(1 300℃)、60 g/cm² 的高负荷下,4 h 后渗入 BSAS 坯料 300 μm 的深度。该深度超过了一般的 EBC 厚度,因此排除了 BSAS 作为抗 CMAS 的 EBC 材料的可能性。类似的现象也可见于 SiC/SiC CMC 表面经等离子喷涂的 Si/BSAS-莫来石混合层中[见参考文献 3.5.1.6(c)]。

CMAS 渗入 BSAS 基 EBC 也会对涂层的残余应力产生影响[见参考文献 3.5.1.6(d)]。如 3.5.1.5.1 节所述,涂层中的残余应力是由于热应力而产生的,这种残余应力会影响涂层的耐久性。在高温下 CMAS 玻璃可以通过渗透孔隙、沿晶界传输或通过其他热化学相互作用渗透到涂层中,因此沉积物会对力学性能产生不利影响,这种影响在冷却时尤其明显。具体地说,CMAS 玻璃的热膨胀系数为 $8.1 \times 10^{-6}/℃$,而 BSAS 的热膨胀系数为 $4.28 \times 10^{-6}/℃$,两者相差很大。在 2 372°F(1 300℃)下给 BSAS 层面施加均匀压力,使用高能 X 射线衍射(XRD)进行研究。在 2 372°F(1 300℃)下(压力为 35 mg/cm²,加压 48 h),虽然 CMAS 已经渗入了涂层,但是在面层出现了明显的应力梯度。这个应力梯度在循环加热和冷却过程中会导致开裂，从而导致涂层过早失效（详见 3.5.1.7.3 节）。由于在 2 372℉（1 300℃）以上，BSAS 涂层十分脆弱，这种材料也不能成为新一代飞机发动机的抗 CMAS 的 EBC。

3.5.1.6.2 第二代 EBC 抗 CMAS 性能

为了将硅基 CMC 的工作温度提高到 2 372℉（1 300℃）以上，人们开始关注有更低热膨胀系数和更稳定的稀土硅酸盐（见 3.5.1.5.2 节）。相应地，由于含有钇元素和镱元素的稀土硅酸盐相较 BSAS 有更低的活性和更高的耐温性，在过去 10 年内涂层界对这两种稀土硅酸盐开展了大量的研究。尽管人们对这种材料的研究不如第一代 EBC 或 TBC 深入，但也完成了一些 CMAS 对 RE_2SiO_5 和 $RE_2Si_2O_7$ 成分影响的研究。

1）硅酸钇

在 2 372℉（1 300℃）下，在空气中进行长达 100 h 的热处理后，让致密的硅酸钇（Y_2SiO_5）与 12～13 mg/cm^2 CMAS 玻璃[33CaO·9MgO·$13AlO_{1.5}$·$45SiO_2$（物质的量百分数）]反应[见参考文献 3.5.1.6（c）]，来研究硅酸钇的抗 CMAS 性能。观察到的热化学反应遵循溶解-再沉淀机理，Y_2SiO_5 溶解在玻璃中，并且大部分再沉淀为氧磷灰石硅酸盐相[$Ca_2Y_8(SiO_4)_6O_2$]。这种再沉淀造成暴露在 CMAS 玻璃中的 Y_2SiO_5 基底表面形成了一个中间结晶磷灰石层。所形成的磷灰石层不足以阻止熔融 CMAS 进一步渗透，因为玻璃可以沿磷灰石晶界渗透，从而促进了更多玻璃和基体之间的化学传递。虽然 CMAS 没有像 BSAS 与 CMAS 相互作用那样严重穿透 Y_2SiO_5 晶界，但是磷灰石层并不能阻止 CMAS 的进一步渗透，这导致了 Y_2SiO_5 不能抵抗 CMAS 的退化。

在名义上致密的 $Y_2Si_2O_7$ 基底上加载 35 mg/cm^2 CMAS 玻璃[27.8CaO·4MgO·$5Al_2O_3$·$61.6SiO_2$·$0.6Fe_2O_3$·$1K_2O$（物质的量百分数）]，并在 2 192～2 732℉（1 200～1 500℃）的空气中暴露 20 h，双硅酸钇（$Y_2Si_2O_7$）表现出了与硅酸钇相似的溶解再沉淀机制[见参考文献 3.5.1.6.2（a）]。在 2 192℉（1 200℃）和 2 732℉（1 500℃）下热处理 20 h 后，磷灰石层的厚度从 13 μm 增加到 200 μm 以上。与 Y_2SiO_5 形成的致密中间磷灰石层不同，这里的磷灰石层内形成了明显的孔隙，显然不能阻止 CMAS 的渗透。相分析结果显示，再沉淀相也是一种与 Y_2SiO_5 相似的氧磷灰石硅酸盐相[$Ca_2Y_8(SiO_4)_6O_2$][见参考文献 3.5.1.6.2（a）和（b）]。初步分析结果表明，中间磷灰石层的高孔隙率和 CMAS 玻璃沿晶界的渗透力可能会限制 $Y_2Si_2O_7$ 作为独立抗 CMAS 涂层的性能。

2）硅酸镱

镱硅酸盐是另一类稀土硅酸盐，对其抗 CMAS 性能也开展了研究。在 2 372℉（1 300℃）和 2 732℉（1 500℃）的温度下，单硅酸镱（Yb_2SiO_5）与 CMAS（33CaO·9MgO·$13AlO_{1.5}$·$45SiO_2$ 和 27.8CaO·4MgO·$5Al_2O_3$·$61.6SiO_2$·$0.6Fe_2O_3$·

$1K_2O$)玻璃快速反应,生成 $Ca_2Yb_8(SiO_4)_6O_2$。该相是通过溶解-再沉淀机制形成的,其机理与 CMAS 接触硅酸钇非常相似[见参考文献 3.5.1.6.2(b)和(c)]。尽管 $Yb_2Si_2O_7$ 与 CMAS 反应是类似的,但 $Yb_2Si_2O_7$ 溶解成 CMAS 并生成磷灰石相的再沉淀过程要慢得多。在 2 372℉(1 300℃)[见参考文献 3.5.1.6.2(c)]的空气中暴露96 h 后,以及在 2 732℉(1 500℃)的温度下暴露 50 h 后,与 CMAS 玻璃几乎没有反应[见参考文献 3.5.1.6.2(d)]。尽管在致密的 $Yb_2Si_2O_7$ 基底内观察到 1 mm 厚的 $Ca_2Yb_8(SiO_4)_6O_2$ 颗粒,但在 $Yb_2Si_2O_7$ 与 CMAS 的界面上没有形成磷灰石层。目前的文献表明,CMAS 反应性的差异可能是由于与 $YbSiO_5$ 相关的 Yb_2O_3 活性比与 $Yb_2Si_2O_7$ 相关的活性高出 3 倍[见参考文献 3.5.1.6.2(e)],但仍需更多的研究来确定为何反应速率存在差异。

但将硅酸镱和二硅酸镱进行比较时发现二硅酸镱作为抗 CMAS 涂层材料具有更好的应用前景,因为其与 CMAS 的反应性明显较少。然而,$Yb_2Si_2O_7$ 却不能阻止 CMAS 渗透,这可能导致底层涂层和基底的侵蚀和损坏。

3) 抗 CMAS 性能的研究进展

温度高于 2 246℉(1 230℃)时,熔融 CMAS 沉积物黏附在涂有 EBC 的 CMC 部件上,造成部件组分和性能的退化。未来抗 CMAS 的 EBC 设计着重于多层涂层结构,最外层涂层阻止 CMAS 在表面或表面附近的渗透,底层涂层提供对环境的防护。多层涂层的设计方法需要确保 CMAS 不会渗透到无法抵抗 CMAS 侵蚀的底层涂层[见参考文献 3.5.1.6.2(f)和(g)]。

目前,设计用于 TBC 涂层的锆酸钆($Gd_2Zr_2O_7$)显示出可用于阻止 CMAS 渗透的前景[见参考文献 3.5.1.6.2(h)和(i)]。晶体相 $Ca_2Gd_8(SiO_4)_6O_2$ 的溶解再沉淀速度与 CMAS 熔融浸渗的速率相当。这种交替的磷灰石相起到了阻止 CMAS 进一步渗透的屏障作用。尽管 $Gd_2Zr_2O_7$ 在减缓 CMAS 侵蚀方面显示出了应用前景,但与稀土硅酸盐相比,稀土锆酸盐的力学性能较差,特别是抗侵蚀性不如稀土硅酸盐[见参考文献 3.5.1.6.2(j)]。在这里没有提及的其他稀土硅酸盐基 EBC 材料的 CMAS 抗性还在研究阶段[见参考 3.5.1.6.2(k)]。

虽然航空航天用硅基 CMC 的抗 CMAS 的 EBC 体系还没有完全成熟,但在近几十年来取得了重大进展。通过在新的成分、结构、模型和表征上取得突破,涂层技术有望取得更多进步,为保护下一代发动机部件不受 CMAS 和其他高温侵蚀影响提供支持。

3.5.1.7　EBC 地面装机考核

在实验室和模拟环境对候选 EBC 的成分和性能进行了快速测试。再通过地面装机考核收集一定服役周期和典型服役条件下的数据,对上述测试结果进行了补充和扩展。从 20 世纪 90 年代末开始,燃气轮机原始设备制造商已经收集了 EBC 在其设备中的性能数据。公开的报告来自 1997 年至 2007 年期间由政府资助的 Solar

Turbines 公司进行的地面装机考核，以及 2000 年至 2010 年 GE 公司牵头的美国政府资助的模拟环境考核和地面装机考核。

Solar Turbines 公司的工作在 5.2 节的案例研究［见参考文献 3.5.1.3(j)，3.5.1.7(a) 和 (d)～(g)］中有详细说明，GE 的工作在两份政府合同的报告中有详细说明［见参考文献 3.5.1.7(b) 和 (c)］。Solar Turbines 公司的工作涉及在三个客户场所的多个发动机中对 CMC 燃烧室衬套进行的超过 88 974 h 的地面装机考核。在这些装机考核中，共有 83 010 h 的测试是针对带 EBC 的 CMC 材料进行的。Solar Turbines 公司项目的 EBC 是由联合技术研究中心（UTRC）制备开发的。GE 在政府资助项目下的测试时间较短，包括在两台 GE 7FA 通用发动机上对具有 EBC 的 CMC 第一级内部外环进行 6 903 h 的装机考核。GE 的测试项目由 GE 全球研究中心牵头，CMC 由供应商制造，而 EBC 则是由 GE 全球研究中心制备。表 3.5.1.7 总结了 GE 和 Solar Turbines 公司对具有 EBC 的 SiC/SiC CMC 的地面装机考核。GE CMC 外环的装机考核结果在 3.5.1.7.1 节中进行讨论，Solar CMC 燃烧室装机考核结果在 3.5.1.7.2 节中讨论。3.5.1.7.3 节总结了地面考核中 CMC 和 EBC 的退化情况。

表 3.5.1.7　对 Solar Turbines 和 GE 公司开展的带 EBC 的 CMC 材料考核的总结

测试开始—测试结束	CMC[②]	EBC	考核时长(h)/启停次数
GE－7FA 发动机/第一级内部外环			
2002 年 12 月 19 日—2003 年 8 月 17 日，"彩虹"测试，南佛罗里达州（9 个外环）	HiPerComp® MI 预浸料、浆料铸造（GRC，HACI，BFG）	Si/莫来石＋BSAS/BSAS（GRC）	5 366/14
2006 年 4 月 17 日—2010 年 9 月底[①]，JEA 外环测试，佛罗里达州杰克逊维尔市（96 个外环）	HiPerComp® MI 预浸料（CCP，GRC）	Si/莫来石＋BSAS/BSAS，稀土硅酸盐（GRC，MP&E）	1 537/497
Solar Centaur® 50S 发动机/内（顶部）和外（底部）环形燃烧室衬套			
1999 年 4 月—2000 年 11 月，德士古公司，加利福尼亚州巴斯克维尔市	HiNi SiC/BN/SiC MI（ACI） HiNi SiC/PyC/SiC CVI（ACI）	Si/莫来石/BSAS（UTRC） Si/莫来石＋BSAS/BSAS（UTRC）	13 937/61
1999 年 8 月—2000 年 10 月，Malden Mills 纺织厂，马萨诸塞州劳伦斯市	HiNi SiC/BN/SiC MI（BFG） HiNi SiC/PyC/SiC CVI（ACI）	Si/莫来石＋BSAS/BSAS（UTRC） Si/莫来石＋BSAS/BSAS（UTRC）	7 238/159
2001 年 11 月—2002 年 5 月，德士古公司，加利福尼亚州贝克斯菲尔德市	HiNi SiC/BN/SiC MI（BFG） HiNi SiC/PyC/SiC CVI（ACI）	Si/BSAS（UTRC） Si/莫来石＋BSAS/BSAS（UTRC）	5 135/43

（续表）

测试开始—测试结束	CMC[②]	EBC	考核时长(h)/启停次数
2000 年 8 月—2002 年 7 月，Malden Mills 纺织厂，马萨诸塞州劳伦斯市	TyZM/BN/SiC MI (BFG) HiNi/PyC/SiC CVI (HACI)	Si/莫来石＋BSAS/BSAS (UTRC) Si/莫来石＋BSAS/BSAS (UTRC)	15 144/92
2002 年 7 月—2003 年 7 月，Malden Mills 纺织厂，马萨诸塞州劳伦斯市	TyZM/BN/SiC MI (HACI) TyZM/BN/SiC MI (HACI)	Si//SAS Si/莫来石＋SAS/SAS (UTRC)	8 368/32
2003 年 5 月—2004 年 11 月，德士古公司，加利福尼亚州贝克斯菲尔德市	HiNi/BN/SiC (DLC/ACI) N720/Al$_2$O$_3$ (COIC/SWPC)	Si/莫来石/BSAS (UTRC) 铝硅酸盐 FGI (COIC)	12 582/63
2005 年 1 月—2006 年 10 月，德士古公司，加利福尼亚州贝克斯菲尔德市	HiNi/BN/SiC (GE PSC) N720/Al$_2$O$_3$ (COIC/SWPC)	Si/莫来石＋BSAS/BSAS (GRC) 铝硅酸盐 FGI (COIC)	12 822/46
2006 年 6 月—2007 年 5 月，加利福尼亚州蒂普顿市	TyZM/BN/SiC MI (CCP) TyZM/BN/SiC MI (CCP)	Si/莫来石/SAS (UTRC) Si/YS (UTRC)	7 784/43

① 政府计划的结束，测试在 GE 内部的努力下继续进行。
② 括号内为制造商名称，为以示区别此处工艺未使用括号。

3.5.1.7.1 GE 7FA EBC CMC 内部外环测试

GE 全球研究中心的工作是开发和测试具有 EBC 的 CMC 内部外环，确保其在装机考核期间能够保持性能。这种外环是 GE 170 MW MS7001FA(7FA)通用发动机的必要部件。7FA 发动机的火焰温度高达 2 350℉(1 288℃)，推重比达到了 15.5。在第一级发动机中共有 96 个内部外环与一级转子叶片尖端相对，且第一级的压力达到了 6.0 atm(87.73 psia[①])［见参考文献 3.5.1.7(d)］，外环表面温度达 2 192℉(1 200℃)。在这样的环境中，外环表面的 EBC 不仅需要保证对水蒸气压力退化具有足够的抗性，也需要足够的耐磨性——尽管在发动机设计中尽量避免转子叶片尖端与外环内壁间的摩擦，但 EBC 仍然需要对叶片尖端的摩擦留有足够的强度。更长期的目标是需要外环表面 EBC 在 24 000～48 000 h 的服役寿命中保持性能不下降和耐久性。在发动机设计中采用 CMC 替代金属内部外环的另一个目标是提高发动机效率。

外环采用 GE 专用的 HiPerComp® CMC(MI)制备得到。在第一次发动机外环测试中分别采用预浸料和浆料铸造两种不同的制备工艺路线。产品使用的 CMC 由

---

① psia 为英制压强单位磅力每平方英寸(绝对值)。

GE全球研究中心和GE陶瓷复合材料产品部(Ceramic Composite Products,CCP)制造,后者在产品铸造期间属于霍尼韦尔先进复合材料公司(Honeywell Advanced Composites Inc,HACI)。浆料铸造CMC由古德里奇公司(Goodrich)提供。在这次"彩虹"测试中[①],96个金属外环中的9个被HiPerComp® CMC(MI)外环所取代,其中的6个外环采用预浸料方法制备,另外3个采用浆料铸造方法制备。EBC由NASA HSCT项目研发,主要由Si黏结层、莫来石加BSAS的过渡层以及BSAS最外层共三层构成(Si/莫来石＋BSAS/BSAS)。EBC由GRC通过常规的空气等离子喷涂(APS)工艺沉积得到。这种等离子喷涂沉积工艺旨在制备出高密度、无裂纹、且厚度和微观结构能够均匀地覆盖整个外环表面的EBC。图3.5.1.7.1(a)展示了GE EBC的SEM图像。目前该APS工艺技术细节未公开。

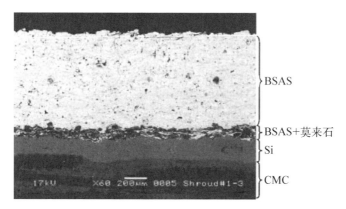

图3.5.1.7.1(a)　浆料铸造CMC基体上EBC三层涂层的SEM图像
［来源于参考文献3.5.1.7(c)］

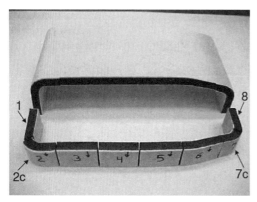

图3.5.1.7.1(b)　用于GE EBC测试的外环及其金相分析区域［来源于参考文献3.5.1.7(c)］

图3.5.1.7.1(b)展示的是GE涂层测试(包含模拟环境考核)中的一个外环。这与在装机考核中使用的外环相似。EBC同时被涂在气道的表面和背面。在模拟环境考核之前和之后分别切割外环来进行金相分析。同样地,应用于"彩虹"测试的外环经装机考核后也进行了金相分析。

GE的发动机外环在装机考核的同时或之前进行了模拟环境考核。模拟环境考核可以探究退化机制和改进构件、材料

---

① 译者注：测试对象是一个扇形段外环,看起来像彩虹的形状,故名"彩虹"测试。

和 EBC 的设计。相关项目报告中介绍了大量模拟环境考核和地面装机考核的细节。

第一次 CMC 外环测试在位于南佛罗里达州的一家公共事业公司（发电厂，未公开）的一台 GE 7FA 发动机上进行了 8 个月，从 2002 年 12 月开始到 2003 年 8 月结束，这台 7FA 发动机在这次"彩虹"测试中持续运转，仅按计划在检查时停止，检查包括使用内窥镜检查硬件（包括内部外环）的状况。在第一次对外环进行装机考核期间，对内壁涂了 EBC 的 CMC 外环测试了 14 个启停周期，总计 5 366 h。在"彩虹"测试期间共进行了 6 次检查。

第二次装机考核使用的是一台 7FA＋e 级发动机，在简单循环模式下作为"峰化器"工作，即该发动机仅在需求高峰时段中运行，主要在夏季，通常每天运行 8～10 h。测试地点是在靠近佛罗里达杰克逊维尔市的布兰迪发电厂（Brandy Branch Generating）。运营方为杰克逊维尔电气局（Jacksonville Electric Authority，JEA），因而测试被称为"JEA 外环测试"。该装机考核从 2006 年 4 月 17 日开始，于 2010 年 9 月根据合作协议终止。直到测试结束，外环共经历了 497 个启停周期，累计运行 1 537 h。与"彩虹"测试相比，JEA 外环测试经历了更多的启停周期，但运行时长更少，测试持续时间超过 4 年。在测试期间进行了 4 次内窥镜检查，并在第三次和第四次内窥镜检查中间由发动机运营方 JEA 进行了一次检查。政府项目比计划的装机考核提前结束。因此测试后外环的详细分析未包含在最终的项目报告中［见参考文献 3.5.1.7(c)］。

JEA 外环测试的主要目标之一是验证 CMC 外环对发动机燃烧效率的提升效益，该值可根据减少的外环冷却气体量来计算。因此第二次外环装机考核选用了一整套共 96 个 CMC 外环。在第一次测试中设有明显的叶尖槽以避免可能出现的叶尖摩擦。在第二次测试时，为了提升性能，去掉了这个槽。为了抵消造成的影响，外环设计中增添了一层薄的耐磨 EBC 顶层，还原了金属外环的弯曲表面，从而将叶尖槽减少到零。在 ISO 条件下，预计简单循环能量输出增加了 1.76％，简单循环效率增加了 0.42％。

由于在第一次"彩虹"测试中检测到浆料铸造外环的退化，且反复出现的 EBC 耐久性问题也源于浆料铸造时的工装碰撞，因此 JEA 外环测试中只采用了预浸料工艺制备的 CMC 外环（见 3.5.1.7.3 节）。

在第二次测试中，大部分都采用了标准的 3 层 Si/莫来石＋BSAS/BSAS 涂层，也有部分外环表面覆盖了多层涂层或覆盖了最外层含有稀土硅酸盐组分的涂层。3.5.1.5.2 节讨论了含稀土硅酸盐的二代 EBC 的例子。一种 EBC 喷射沉积工艺是将耐磨 EBC 结构覆盖在其他 EBC 基底表面，这层耐磨 EBC 层是通过在常规 3 层 EBC 顶层额外喷射脊状的 BSAS 得到。沉积这层耐磨 BSAS 层共采用了两种喷射模式，即脊状模式（ridge-pattern）和交叉模式（cross-hatched pattern）。

尽管在两次 GE 7FA 发动机外环测试中部分外环上都观测到了严重的性能退化，但所有外环在测试期间均维持了其功能。

3.5.1.7.2 Solar Turbines 公司 CMC/EBC 地面装机考核

在 1997—2007 年，分别在三个不同的工业燃气轮机现场进行了 SiC/SiC CMC 地面装机考核。表 3.5.1.7 中列出了次数、持续时间、所用 CMC 和 EBC 等相关数据。相关细节见 5.2 节的案例介绍。第一个系列测试开始于 1997 年 5 月（表 3.5.1.7 中未体现），位于加利福尼亚贝克尔斯菲市附近的 ARCO 西部能源石油勘探公司（ARCO Western Energy Oil Exploration）。该场地的热电联产发动机产生的蒸汽促进了局部沉积中油的回收，而多余的电力则被送回了地区电网。在测试期间，场地的所有者几经变更，从 ARCO 公司到德士古公司，最后再到雪佛龙德士古公司。1999 年 8 月，马萨诸塞州劳伦斯市的 Malden Mills 纺织厂（Malden Mills Textile Factory）成为第二个测试场地。测试使用了该处的两台发动机。2003 年 7 月后 Malden Mills 纺织厂停用。2006 年 6 月在位于加利福尼亚州蒂普顿市的加利福尼亚州乳品公司（California Dairies Inc.）的第三个测试场地上，进行了一次单次测试。上述测试有时在这些测试现场同时进行。

测试用的是不同型号的 Solar Centaur® 50S 工业燃气轮机。测试开始时，燃气轮机在基线涡轮转子进气温度（第一级喷嘴出口气流的温度）1 850°F（1 010℃）、压缩比 10:1、输出功率 4.1 MWe 的条件下运行。该发动机采用在环形结构中的 Solar lean premix SoLoNOx™ 燃烧系统，其燃烧室衬套与尾端锥形的位置呈同心柱体并相连接[见图 3.5.1.7.2(a)]。

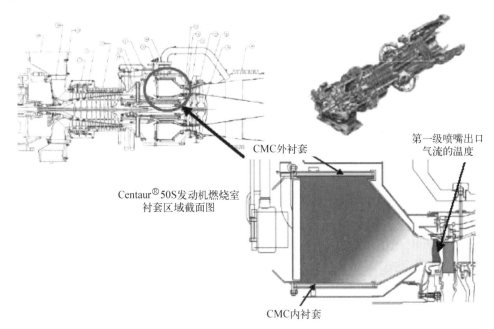

图 3.5.1.7.2(a) Solar Centaur® 50S 发动机燃烧室的 CMC 衬套[来源于参考文献 3.5.1.3(j)和 3.5.1.7(e)]

在稳定运行阶段,燃烧室气体温度为 2 732~2 822℉(1 500~1 550℃)。在地面装机考核中,用背面冷却面积最小的圆柱形 CMC 衬套取代了原有的金属衬套。外衬的直径为 76 cm(29.9 in),内衬的直径为 36 cm(14.2 in),内外衬的长度都是 20 cm(7.9 in)。测定到无涂层的 SiC/SiC CMC 燃烧室衬套表面最高温度达 2 300℉(1 260℃)。燃烧室有 12 个等距分布的燃料喷射口,最高温度在燃烧室中心靠近燃料喷口火焰焰芯的区域。燃烧室衬套中心区域后方(如朝向燃烧室出口的下游区域)的温度相对较低。燃烧室中水蒸气压力大约相当于总压力的 10%,即约 1 atm。这些 CMC 的运用是通过在热端插入陶瓷构件(燃烧室衬套、喷嘴和转子叶片)来提高热效率和热功率,并降低 NO_x 和 CO 排放。CMC 衬套的运用降低了燃烧室的冷气需求量,这些冷气转而可用于燃气轮机的其他热端部件,这有利于系统的整体进气管理。各种不同的 SiC/SiC CMC 都在一个位于环形结构中的具有最小冷却面积的简单圆柱燃烧室中进行测试。

这些 CMC 是用 CVI 或 MI 工艺制备的 SiC/SiC,由两家主要供应商提供,分别是位于圣菲斯普林斯市的 BF Goodrich Aerospace,以及 DuPont Lanxide Composites 公司/AlliedSignal Composites 公司/霍尼韦尔先进复合材料公司/通用电气动力系统复合材料公司/通用电气陶瓷复合材料产品部 (DLC/ACI/HACI/GE PSC/GE CCP)。虽然 CMC 衬套一直在纽瓦克的工厂进行制造,但从冗长的名单中可以看出后一个 CMC 生产工厂经历了频繁的所有者变更。CMC 衬套 3~4 mm 厚,通常具有一层致密的(厚度 125~500 μm)的 CVD SiC 封闭层。EBC 由普惠/联合技术研究中心及其供应商来提供。在项目结束时,还测试了由 GE 全球研究中心提供的具有 EBC 的 SiC/SiC CMC 衬套。装机考核完成后,GE 的最终报告[见参考文献 3.5.1.7(c)]中对衬套的开发和分析进行了详细的论述,报告同样对 GE 的外环测试进行了说明。

最外层为 BSAS 的氧化物基 EBC 将 SiC/SiC CMC 衬套的寿命从约 5 000 h 提高到 12 000~15 000 h。研究发现 MI 工艺制得的衬套比 CVI 工艺制得的衬套的性能更好,因此后期的地面装机考核主要选用 MI 工艺制得的部件。图 3.5.1.7.2(b)呈现了 1999—2000 年地面装机考核的具有 EBC 涂层的 CMC 衬套(见表 3.5.1.7)。其内衬和外衬分别为 HiNi/BN/SiC - Si(MI) 和 HiNi/PyC/E - SiC(CVI)。这些 CMC 衬套由联合技术研究中心通过等离子喷涂沉积了 EBC。这是对带有 EBC 的 CMC 衬套进行的第一次地面装机考核。图 3.5.1.7.2(c)是与该衬套一起喷涂了 Si/莫来石/BSAS EBC 的随炉样条制成的内衬的显微照片。外衬的 EBC 具有 Si/莫来石+BSAS/BSAS 三层涂层,中间层为莫来石和 BSAS 的混合物,其厚度约为 125 μm。混合层 EBC(莫来石+BSAS 中间层)优于具有纯莫来石中间层的 BSAS 型 EBC。第一次地面装机考核始于 1999 年 4 月,因为例行内窥镜检测时在内衬上发现一个小洞,于 2000 年 11 月停止。在此期间,CMC 衬套装置运行了 13 937 h,累计包括 61 个启停周期。

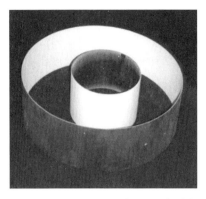

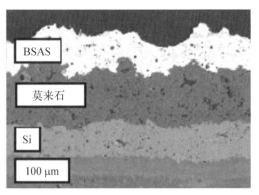

图 3.5.1.7.2(b) 具有 EBC 涂层的 SiC/SiC CMC 衬套［来源于参考文献 3.5.1.7(e)］

图 3.5.1.7.2(c) 具有 Si/莫来石/BSAS EBC 涂层的 SiC/SiC CMC［来源于参考文献 3.5.1.7(e)］

经过 10 年的地面装机考核，CMC 的累积工作时间超过 88 974 h。最初在 1997 年 5 月到 1999 年 4 月间使用无涂层的 SiC/SiC CMC 衬套，但人们很快意识到，无涂层的 SiC/SiC CMC 衬套的寿命只有大约 5 000 h。从 1999 年 4 月开始，所有的 SiC/SiC CMC 衬套都使用了 EBC 涂层。不同 EBC 的评估结果见表 3.5.1.7。尽管 CMC 燃烧室在装机考核过程中观测到严重的退化，但它们一直保持可用。

3.5.1.7.3 带 EBC 的 SiC/SiC 部件的退化

本节总结了 GE 和 Solar Turbines 公司在对带 EBC 的 CMC 发动机部件进行测试中发现的退化现象。通过对试验后的部件进行金相检测，可以证明这种退化。

（1）黏结层的氧化。第一代 EBC 中硅黏结层的氧化是涂层逐步退化的主要原因。若发动机机热端部件工作环境中的水蒸气可以接触到涂层黏结层，就会加速氧化，进而形成多孔且热膨胀系数和 EBC 其他亚层不匹配的热生长氧化物（TGO）。对于标准 Si/莫来石＋BSAS/BSAS EBC，裂纹会在 TGO 和莫来石＋BSAS 中间层的界面处生长，随后会造成 EBC 脱粘和开裂。图 3.5.1.7.3(a)显示了经过最长时间装机考核的 Solar 燃烧室衬套(15 144 h，92 次启停，见表 3.5.1.7)的一个 TyZM/BN/SiC-Si(MI)内衬的 Si/莫来石＋BSAS 界面处的厚 TGO SiO₂ 氧化层。

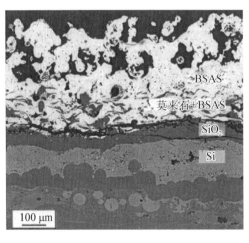

图 3.5.1.7.3(a) Solar 发动机地面装机考核 15 144 h 后内衬套 EBC 的代表性显微图像。装机考核过程中形成的 TGO SiO₂ 氧化层［来源于参考文献 3.5.1.7(f)］

（2）EBC 中裂纹的形成。在涂层沉

积或部件服役期间,EBC 中随时都可能形成裂纹。这些裂纹可能成为水蒸气进入黏结层的通道,从而加速氧化。GE 全球研究中心探索了在 JEA 装机考核中大量具有 EBC 的 CMC 外环在热气通道中形成大碎片的机理。

虽然还没有完全地验证,但可以假设碎片可能是在瞬态热应力和黏结层氧化这两种因素相互作用下产生的。JEA 装机考核过程包括大量的启停循环和关机次数(1 537 h 的测试期间关机 497 次)。这些启停瞬间产生的热应力可以超过 BSAS 的弯曲强度,并导致在 BSAS 表面开始形成裂纹,裂纹会贯穿 BSAS 层到达过渡层/Si 层间的界面。裂纹可能延续到黏结层/中间层间的界面附近且与其平行,或垂直穿透黏结层本身。随着时间的推移,严重氧化的黏结层可能导致脱粘和开裂,并最终侵蚀 CMC。图 3.5.1.7.3(a)清晰展现了经 15 144 h Solar CMC 燃烧室衬套装机考核的过渡层/Si 层界面处的裂纹。

(3) EBC 的脱落和开裂。当黏结层的氧化进行较充分时,EBC 通常是在靠近已氧化的硅黏结层和莫来石+BSAS 过渡层间界面的位置发生脱落。通过检查 GE"彩虹"测试时制备的多余外环发现了多孔的硅黏结层,这些多孔区域容易出现在外环热气流通道表面和左侧边缘之间的角落。多孔的硅黏结层氧化速度远比致密的黏结层快,且由这样的氧化引起的膨胀会使得 EBC 开裂并导致进一步氧化,随后造成碎裂。图 3.5.1.7.3(b)显示了几张经 5 366 h 的 GE"彩虹"测试后,从几个轴向位置拍摄的预浸料外环边缘的几张显微图像。最初,在硅黏结层上形成的热氧化物导致了 EBC 最外层产生裂纹,如左上角的显微图像所示。水蒸气沿着这些裂纹进入,导致裂纹旁边黏结层的进一步氧化和挥发,进而在角落周围形成其他的 EBC 裂纹。最终,黏结层的氧化到了一定程度,使整个 EBC 沿着角落剥离。在预浸料外环的热气通道面上发现的大多数碎片始于边缘或其他涂层缺陷处,例如针孔(将在本节进一步讨论)或可能的异物损伤(FOD)。

图 3.5.1.7.3(c)显示了在 1 537 h 的 GE JEA 测试中,内部外环气路表面产生的一个较大的碎片。产生较大碎片的原因可能是由于硅黏结层中 TGO SiO_2 的形成造成的 Si/莫来石+BSAS/BSAS EBC 的耐磨表层、顶层和中间层的相互脱粘。通常认为叶尖对外环的力学作用不太可能造成 EBC 的剥离和散裂。

(4) EBC 针孔的形成。在 Solar 和 GE 项目中都在 EBC 表面观测到了肉眼可见的针孔。图 3.5.1.7.3(d)中是经过 13 937 h 的 Solar 地面装机考核后外衬上出现的"针孔",该测试从 1999 年 4 月开始到 2000 年 11 月结束,地点在加利福尼亚州贝克斯菲尔德市附近的德士古公司(见表 3.5.1.7)。这些针孔是衬套表面局部氧化的表现。针孔的位置与制备衬套时和工装发生的碰撞有关。这些碰撞可能导致 EBC 的加工缺陷。然而,在一些未与工装发生碰撞的位置也观察到了针孔。这些针孔的深度各不相同,有些针孔深度可达 1.25~1.50 mm(约为衬套厚度的一半)。这些小孔在 EBC 上产生的缺陷为水侵蚀 EBC 提供了通道,最终到达 CMC。

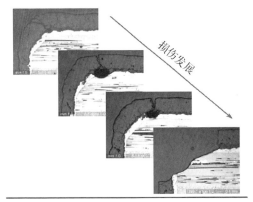

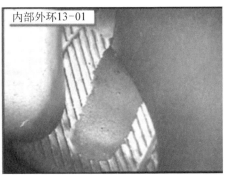

图 3.5.1.7.3(b)　预浸料外环边缘的显微图像,显示了在 5 666 h 的 GE"彩虹"装机考核中沿着外环热气通道边缘 EBC 的损伤随着时间的发展[见参考文献 3.5.1.7(c)]

图 3.5.1.7.3(c)　在 1 573 h 的 GE JEA 装机考核中沿外环中心热气体通道剥落的大块 EBC 的内窥镜照片

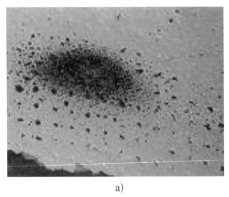

a)

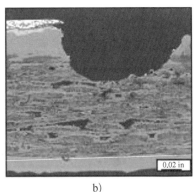

b)

图 3.5.1.7.3(d)　经 Solar 13 937 h 的地面装机考核后具有 EBC 涂层的 CMC 外衬上的针孔[来源于参考文献 3.5.1.7(e)]

a) 针孔位置图像,几个针孔的位置与工装碰撞相关;b) 针孔微观图像,针孔深度约为衬层厚度的一半

　　图 3.5.1.7.3(e)显示的是经 5 366 h 的"彩虹"测试后 GE 7FA 第 1 级外环中的两个针尖大小的孔洞缺陷的金相显微图像。在 EBC 覆盖下,CMC 表面的衰减量为 0.8～0.9 mm,NASA 发布的模型预测的衰减范围为 0.5～1.1mm[见参考文献 3.5.1.3(f)]。EBC 上的孔洞大部分都与工装和浆料铸造外环的碰撞有关,但在预浸料工艺制备的外环的 EBC 中同样也存在数量较少的小孔。随着 CMC 的退化,EBC 从下方剥离。EBC 氧化层的剥离是大多 EBC 孔洞或碎片的常见特征。虽然 EBC 在燃气环境中相对稳定,但一旦被破坏,其退化速度就会变得很快。这些针孔的出现是 GE 在第二次发动机外环测试(JEA)中不再使用浆料铸造 CMC 外环的原因之一。

　　(5)EBC 边缘缺陷。缺陷可能在部件边缘区域的 EBC 中出现。这些缺陷可能

a)

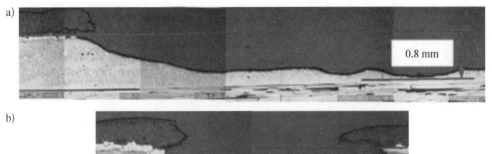

b)

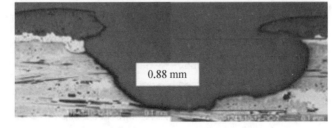

图 3.5.1.7.3(e) 5 366 h 的 GE"彩虹"测试外环[来源于参考文献 3.5.1.7(c)]

a) 预浸料外环 EBC 剥落处的 CMC 衰减的显微图像拼图；b) 浆料铸造外环上 EBC 涂层工具碰撞针孔
处的 CMC 衰减的显微图像拼图

是在涂层沉积过程中产生的，也可能是在涂层服役过程中产生的。在 GE"彩虹"测试
中，热气体通道表面和外环左侧边缘之间的拐角处出现了多孔黏结涂层，最终导致涂
层剥离和碎裂[见图 3.5.1.7.3(b)]。在 1 537 h 的 GE JEA 测试的内孔镜检验期间，
同样在外环边缘（热气通道、前缘和后缘法兰）发现了边缘碎片。这种在高温气体通
道表面的 EBC 损伤可能与异物损伤相关。这些碎片往往发生在主外环面和边缘面
之间的拐角处。它们被认为是喷涂沉积中遮盖所引起的。有人指出，如果不进行遮
盖，出现边缘碎片的概率会大大降低。

图 3.5.1.7.3(f)显示了 Solar 地面装机考核中边缘效应是如何最终导致较大碎
片产生的。图中所示为在经 13 937 h 的装机考核后（见表 3.5.1.7）内衬的三张热扩
散率无损检测图像和具有 EBC 的 Hi-Nicalon/SiC（MI）内衬的一张数字照片。其中
EBC 为 Si/莫来石/BSAS 涂层，虽然其看起来完好无损，但无损评定结果显示经服役
后的 EBC 可能在边缘处脱粘。这种潜在的缺陷反映在内衬上便是 EBC 剥离。这些
结果证明了无损评定可作为检测具有 EBC 的部件损伤的实用工具[见参考文献
3.5.1.7(e)]。

（6）顶层 BSAS 的退化。虽然开裂和黏结层氧化可能是 EBC 退化的主要因素，
但 BSAS 顶层的退化也是一个影响因素，特别是在商用燃气轮机的长寿命服役中。
图 3.5.1.7.3(g)显示了在 13 937 h 的 Solar 地面考核中观测到的 BSAS 顶层的退化。
在等离子喷涂条件下，BSAS 顶层由 90% 的钡长石相（celsian）和 10% 的六方钡长石
相（hexacelsian）组成。经过地面装机考核，发现六方钡长石相比钡长石相具有更强
的抗挥发能力。值得注意的是，衬套温度更高的中间部分比其温度更低的尾部退化

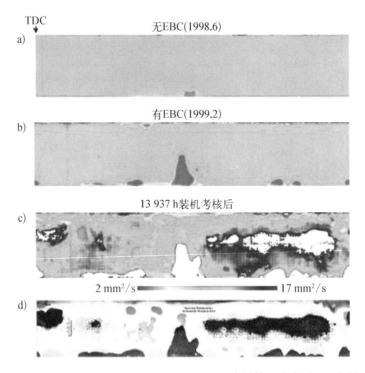

图 3.5.1.7.3(f)　Hi-Nicalon/SiC‑Si（MI）内衬第一次涂覆 SiC 密封涂层后、涂覆 EBC 涂层后以及其经 13 937 h Solar 地面装机考核后的热扩散率图像[a]～c)]。经 13 937 h 考核后内衬的数码照片[d][来源于参考文献 3.5.1.3(f)和 3.5.1.7(e)]

更加剧烈。这一结果与具有 EBC 的衬套热气体通路表面附近的温度有关。中心区域由于靠近燃料喷射器而温度更高，而其他区域，特别是衬套尾部区域则温度较低。温度越高的地方退化得越快。可以通过增加 BSAS 顶层的厚度，或通过工艺变化增加微观结构中六方钡长石相比例的方法，降低 BSAS 顶层的退化。

（7）标准 EBC 成分的调整。EBC 的成分对其性能至关重要，对标准 Si/莫来石＋BSAS/BSAS 结构进行调整一般是无益的。在 Solar 项目中，早期 13 937 h 的 EBC CMC 衬套发动机地面考核（见表 3.5.1.7）表明，Si/莫来石/BSAS EBC 的性能不及 Si/莫来石＋BSAS/BSAS EBC。在中间层的莫来石中加入 BSAS，最大限度地减少了该层的裂纹和孔隙率，从而更好地保护了衬套。

在 Solar 地面考核中发现，为了简化 EBC 沉积工艺而取消莫来石＋BSAS 中间层并无益处。一组内衬上喷涂新型 Si/BSAS 双层 EBC 的翻新衬套（将原 EBC 剥离并涂覆新涂层）显示其局部退化比原来的三层 Si/莫来石＋BSAS/BSAS EBC 更严重。退化可能是由 Si 黏结层氧化产生的 SiO_2 与 BSAS 层在内衬中较高温度区域发生共晶反应引起的。中间层中莫来石的存在阻止了共晶反应，因此将它引入 EBC 是

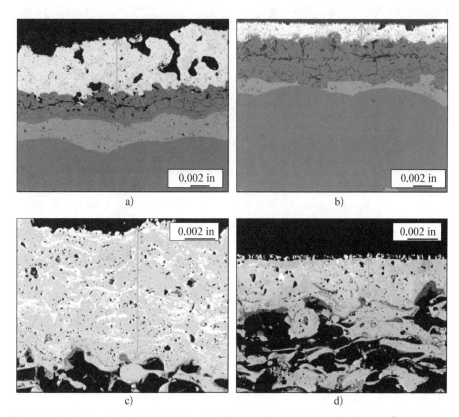

图 3.5.1.7.3(g)　经 13 937 h 的 Solar 地面装机考核后的 BSAS 顶层的退化［来源于参考
文献 3.5.1.7(e)］

a) 内衬套 EBC 尾部；b) 内衬套 EBC 中部；c) 外衬套 EBC 尾部；d) 外衬套 EBC 中部

有益的。

另一种调整是在 Solar 地面考核中用 SAS(锶铝硅酸盐)来取代 BSAS,这种更改
的原因是测试后金相分析显示 BSAS 中钡流失了,而锶更好地保留了下来。在
UTRC 进行的蒸汽模拟环境试验显示 SAS 比 BSAS 退化更少。在随后 8 368 h 的地
面测试中,涂层中的 BSAS 被 SAS 所取代(见表 3.5.1.7)。内衬的 EBC 采用 Si/
SAS,外衬采用 Si/莫来石＋SAS/SAS。Si/SAS 衬套 EBC 的退化使得地面装机考
核在累计 8 368 h、32 次启停后终止。图 3.5.1.7.3(h)展示了考核后的衬套。结
果表明,双层 Si/SAS EBC 不稳定。Si/SAS EBC 与双层 Si/BSAS EBC 的低稳定性
相当,显微分析发现 SAS 顶层退化。虽然目测外衬上 EBC 的状况良好,但显微分
析发现 SAS 顶层出现显著退化,以及混合中间层(莫来石＋SAS)的 SiO_2 有损耗。
此次地面装机考核未证明 SAS EBC 在 UTRC 蒸汽模拟环境考核中有更优异的
性能。

(8) 第二代 EBC 的退化情况。第二代 EBC 的地面考核目前还没有太多的报道。在

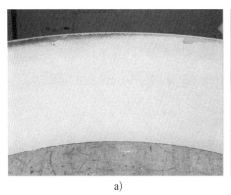
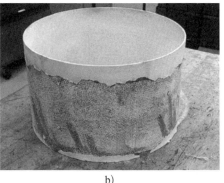

a)　　　　　　　　　　　　　　　　b)

图 3.5.1.7.3(h)　TyZM/BN/Si-Si(MI)CMC 燃烧室衬套经 8 368 h Solar 地面考核后
的效果[来源于参考文献 3.5.1.3(j)和 3.5.1.7(e)]

a) 外衬套 EBC：Si/莫来石＋SAS/SA；b) 内衬套 EBC：Si/SAS

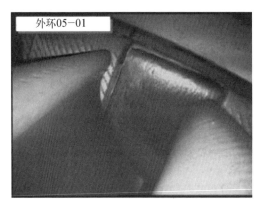

图 3.5.1.7.3(i)　具有第二代 EBC 涂层的外
环上完整的缘对缘剥落(在
1 537 h 的 GE JEA 外环装
机考核内窥镜观测到)

1 537 h 的 GE JEA 外环装机考核中，测试
了三个外层含有稀土硅酸盐成分(成分未
公开)的多层 EBC 的外环。在第三次内窥
镜检测时，发现这些外环产生了较多的外
环缘对缘表面碎裂[见图 3.5.1.7.3(i)]。
EBC 沉积之后在 2 372℉(1 300℃)温度
下进行了热处理，在此温度形成大量的
稀土硅酸盐有益 C 多晶体，与 CMC 形成
了最佳的热机械相容性。但是，在较低
的服役温度 2 192℉(1 200℃)下，C 多晶
体稀土硅酸盐转变成了 D 多晶体。这种
相变导致了大量的晶粒长大和各向异性
热膨胀，进而导致了 EBC 的开裂和最终
碎裂、剥落。这种相变在 2 192℉(1 200℃)的循环蒸汽炉暴露实验中得到证实，内窥
镜检测和样品分析都表明测试时稀土硅酸盐层的相变导致了 EBC 的碎裂。继蒸汽
炉实验后，对第二代 EBC 的成分进行调整，以消除其 D 多晶体转变，并通过 2 192℉
(1 200℃)条件下的循环蒸汽实验验证新型第二代涂层的稳定性。

　　最后一次 Solar 燃烧室衬套地面考核在 2006 年 6 月到 2007 年 5 月期间在加利
福尼亚州蒂普顿市的乳品厂进行。其中使用的 TyZM/BN/SiC-Si(MI)衬套由通用
电气陶瓷复合材料产品部(Ceramic Composite Products,CCP)提供。外衬的 EBC 是
新型的双层 Si/YS (硅/硅酸钇)涂层体系，而其内衬采用三层 Si/莫来石/SAS EBC，
这些 EBC 由 UTRC 提供。实验并未公开硅酸钇是单硅酸盐还是双硅酸盐。图
3.5.1.7.3(j)显示了经累计 7 784 h、43 次启停的装机考核(见表 3.5.1.7)后的外衬

热端(有 EBC)和冷端(无 EBC)的数码照片。衬套的底部边缘产生了一些变色,顶端边缘和面向衬套中心区域的局部 EBC 产生了退化,其他区域的衬套保持良好。项目结束前没有对衬套再进行分析。

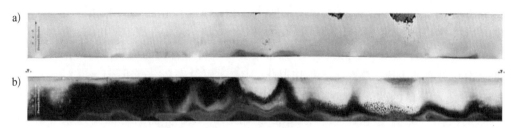

图 3.5.1.7.3(j)　　TyZM/BN/SiC Si (MI)CMC 外衬套经 7 784 h Solar 地面考核后的数码照片
a) 热端(具有 Si/YS EBC 涂层);b) 冷端(无涂层)

具有 EBC 的衬套的力学性能。关于具有 EBC 的 CMC 衬套力学性能保持情况的记录并不十分明晰。在 GE"彩虹"测试中,基于对测试前后从外环上切下来的样条的力学分析,预浸料工艺制备的外环并未表现出明显的拉伸强度降低。外环上 EBC 的退化凹点似乎并未影响外环的剩余强度,这表明凹点既不会引起周围材料的任何退化,也无法有效增加材料强度。对于浆料铸造的外环,从相对未损伤区域切下来的样条几乎完全保留了强度和失效应变。但是,从具有较多凹点处切下来的样条显示出明显的强度和应变能力损失。该结果表明浆料铸造 CMC 材料对 EBC 损伤的承受能力低于预浸料工艺制备的 CMC。

ORNL 对经过 13 937 h 的 Solar 装机考核(见表 3.5.17)后的具有 EBC 的 CMC 衬套切样并进行力学性能测试。SiC/SiC 衬套基体开裂时的比例极限限定了其设计许用应力值的上限。在 CMC 燃烧室中,SiC/SiC 衬套只暴露在热应力[10 ksi (69 MPa)]下。金属外壳承载了所有的机械和压力负载。在制造条件下,MI 工艺制备的内衬的名义上的比例极限为 20 ksi(138 MPa),CVI 工艺制备的外衬的名义上的比例极限为 15 ksi (104 MPa)(MI 工艺比 CVI 工艺制得的 CMC 的比例极限强度和拉伸强度更高)。经 13 937 h 的考核后,两种衬套都产生了比例极限强度的损失。但考核后的比例极限值仍然高于衬套的最大设计热应力。从其中一个外环上获得拉伸试样并进行检测,结果显示,尽管它们的横截面积并没有明显的降低,但拉伸性能却非常差。断裂面显示其发生了显著的内部氧化。外环的这部分截面具有大量的针孔。装机考核后两种衬套的大部分区域的比例极限值适度降低。在外衬的局部氧化区域,比例极限的降低程度更大。这表明在制备衬套过程中避免或减少工装碰撞可能会增加衬套的残余强度和潜在寿命。

3.5.1.8　300～2 700°F(164～1 482°C)温度下用下一代 EBC

在第一代和第二代的基础上,下一代 EBC 的开发旨在提高各组分的耐温能力,并减少氧化性或腐蚀性物质的侵入。改进的 EBC 目标是能够在更高温度中使用，或在第一代和第二代 EBC 性能有限的应用环境中增加耐久性。这些应用包括涡轮燃烧室、静止叶片、甚至包括转子叶片等旋转部件。先进的下一代 EBC 将会更薄，总厚度通常在 $127 \sim 250\ \mu m(5 \sim 10\ mil)$ 范围内。为了满足先进涡轮的应用要求，涂层需要具有卓越的抗冲击、抗退化和抗热疲劳性能。EBC 体系需要非常可靠，也就是说，EBC 对延长部件使用寿命至关重要，并且需要在部件设计寿命周期内始终保持功能。如果没有可靠的 EBC，部件将会很快退化，其有效服役寿命会严重降低。

下一代 EBC 的耐受温度将比第二代 EBC 的耐受温度高 300°F（167℃）。第二代 EBC 的目标表面温度是 2 700°F（1 482℃），EBC/CMC 界面的目标温度是 2 400°F（1 316℃）。同样也是在 NASA UEET 项目下研发的下一代 EBC 是有 3 000°F（1 650℃）耐热能力的混杂 EBC，其具有 2 700°F（1 482℃）耐热能力的黏结层体系，并结合了先进涡轮叶片的 EBC 技术[见参考文献 3.5.1.8(a)]。先进下一代 EBC 已经在实验室模拟环境中在 SiC/SiC CMC 样品、子元件和模拟部件上进行了验证。NASA 已升级了其高压燃烧模拟环境试验台设施，用于先进 EBC-CMC 的开发。

通过在 EBC 顶层引入一层热反射涂层可以获得更好的耐高温能力。这样的多层涂层结合了热障涂层（TBC）的特征，旨在使 EBC 和 EBC-CMC 体系隔热。这种复杂的涂层可以因此命名为热环境障涂层（TEBC）。图 3.5.1.8(a) 显示了一张 TEBC 的原理图。这种 EBC 顶层的涂层可能含有 ZrO_2 或 HfO_2、稀土硅酸盐、BSAS、$RE-HfO_2-Al_2SiO_5$ 或 $RE-HfO_2-SiO_2$。分层可用于克服涂层成分之间的热不匹配。顶层叠加了一层具有能量消散和防化学侵蚀功能的屏障，该夹层基于 $RE-HfO_2/ZrO_2$-铝硅酸盐层体系或纳米复合分级的氧化物/硅酸盐。夹层下方是一层 EBC，基于稀土硅酸盐、稀土-Hf-莫来石、稀土-掺杂莫来石-HfO_2 或者稀土硅酸盐体系（单硅酸盐或多硅酸盐）。图 3.5.1.8(b) 展示了 NASA 使用空气等离子喷涂（APS）-电子束物理气相沉积（EB-PVD）混杂工艺制备的 3 000°F（1 650℃）EBC

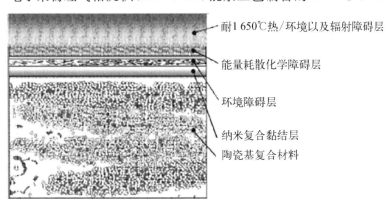

耐 1 650℃热/环境以及辐射障碍层

能量耗散化学障碍层

环境障碍层

纳米复合黏结层
陶瓷基复合材料

图 3.5.1.8(a)　NASA 2 700°F（1 482℃）TEBC 概念原理图，包括高温顶层、先进环境障碍层和陶瓷黏结层[来源于参考文献 3.5.1.8(a)]

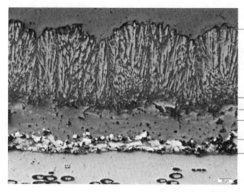

多组元稀土掺杂HfO₂
(如HfO₂-11Y₂O₃-2.5Gd₂O₃-2.5Yb₂O₃)

耐应变中间层
HfO₂-RE₂Al₅SiO₅ EBC
HfO₂强韧稀土硅酸盐EBC
HfO₂-Si或稀土改性莫来石黏结层

图3.5.1.8(b)　NASA空气等离子喷涂(APS)-电子束物理气相沉积(EB-PVD)
1 650℃(3 000℉)混杂EBC体系微观结构的光学显微照片[来源于
参考文献3.5.1.8(a)和(b)]

体系的微观结构。

传统EBC的一个主要问题是其硅基黏结层体系的温度限制。其上限由硅的熔点[2 570℉(1 410℃)]决定。基于Si/莫来石+BSAS/BSAS的第一代EBC使用温度较低,约2 390℉(1 310℃),其原因在于在Si黏结层上的SiO₂表面层和BSAS层间会形成熔点较低的共熔合金。除上述原因外,下一代黏结层需要致密、高强度和低氧活性,这样才能在发动机长时间运行时有效保护CMC基底。因此,第一代EBC中的硅黏结层被具有各种成分的更复杂的黏结层所取代,如不同的Hf-Si(O)、Zr-Si(O)、多组元稀土-Si(O)以及复合黏结层体系等。黏结层通过PVD-CVD、EB-PVD、APS以及熔炉激光/C/PVD方法进行沉积。图3.5.1.8(c)展示了所选2 700℉(1 482℃)稀土黏结层的性能。第二代EBC和下一代EBC的研究进展高度保密,准确的成分和工艺参数很少公开。

3.5.1.9　EBC开发和测试小结

CMC因其相比于金属更轻的质量、在热端结构中更高的耐温能力、抗氧化和耐腐蚀能力,以及相比于单相陶瓷更好的断裂韧性而成为先进发动机领域的热门材料。由于在研究和开发工作中发现单相陶瓷的局限性,从20世纪80年代起,人们越来越多地把重点放在将SiC/SiC CMC作为下一类先进发动机用材料,特别是用于各种热端部件(燃烧室、外环、喷嘴等)上。

尽管短期(实验室或模拟环境)测试结果总体良好,但在长达几千小时的燃气轮机地面测试中进行长周期全尺寸热端部件测试时,SiC/SiC CMC也有着明显的不足。这些部件产生了显著的表面退化、部件开裂和CMC材料的化学变化。在燃气轮机热端部件工作环境中,这些变化通常是由于SiC/SiC CMC表面SiO₂薄层的退化引起的。燃烧室中气态或液态烃类反应产生的水蒸气会和这层表面SiO₂反应生成挥发性产物。这种表面退化过程导致部件变薄,伴随着化学变化以及在结构完整性和机

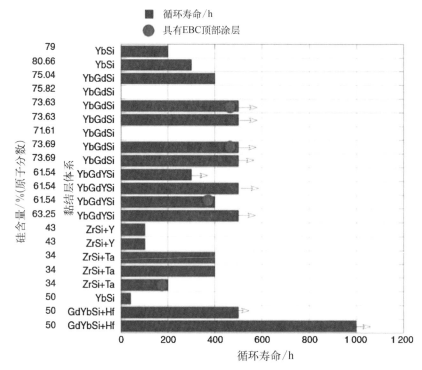

图 3.5.1.8(c)　2 700℉(1 482℃)稀土 - Si -(O) EBC 黏结层体系的炉内循环寿命，
　　　　　　　在涂层硅含量 60%～70%(原子百分数)范围内表现出卓越的耐久
　　　　　　　性[来源于参考文献 3.5.1.8(a)]

械强度上的损失。SiC/SiC CMC 燃烧室衬套的地面装机考核表明热端区域的部件寿
命限制在 5 000 h 左右。

　　在发动机地面考核中，使用 EBC 对部件进行保护能够显著提高部件寿命。第一
代 EBC 防护涂层为三层涂层体系，其最简单的结构组成包括在 CMC 表面起到黏结
效果的 Si 基层，在最外层起到抵抗水蒸气侵蚀作用的 BSAS 层，以及位于 Si 基层和
BSAS 层之间的莫来石基中间层。莫来石中间层有时也经常加入 BSAS，这一体系的
代表是 Si/莫来石＋BSAS/BSAS。这种标准的 EBC 由 NASA 格伦研究中心和普惠
公司以及 GE 公司共同研发。第一代 EBC 的地面测试包括 GE 对第一级外环
(2000—2010 年)和 Solar Turbines 公司对燃烧室衬套(1999—2010 年)等一系列
CMC 部件的地面测试。GE 公司的外环测试在两次分开的装机考核中累计进行了
6 903 h，Solar Turbines 公司的多次装机考核累计进行了 83 010 h。Solar Turbines
的测试已证实具有 EBC 的 CMC 燃烧室衬套的寿命可达 15 000 h。

　　在 GE 和 Solar 项目中的长时间装机考核显示，虽然 EBC 能够提高 CMC 部件的
寿命，但 CMC 依然会发生衰减。造成退化的因素有很多，但关键的途径是水蒸气通
过裂纹进入，不论这些裂纹是预先存在的，还是在服役中产生的(如由热循环的应力

产生）。侵入的水蒸气会侵蚀硅黏结层,在黏结层/中间层界面处形成热生长氧化层。在界面单侧的裂纹导致了 EBC 的脱粘和碎裂。一旦 EBC 无法保护 CMC,随着时间的推移和部件的退化,结构完整性和功能性就会丧失。在 CMC 和 EBC 间预先存在的缺陷（如针孔、边缘脱粘）也会导致涂层退化。通过调整成分对第一代 EBC 进行改性,如使用 SAS 来代替 BSAS,或消除莫来石中间层,均不能改善涂层性能。

另一个 EBC 退化的问题是玻璃状 CMAS 沉积物以及其他微量氧化物的退化,这对飞机发动机中的 CMC 部件尤其重要。这种玻璃状 CMAS 沉积物是在温度超过2 372℉(1 300℃)的条件下,沙子、火山灰以及其他硅基碎屑等颗粒物被吸气式涡轮发动机吸入后形成的。CMAS 在 2 192℉(1 200℃)条件下融化,并沉积附着在热端部件上,与硅基 CMC 表面的 EBC 发生热交互作用。这个问题的严重性在于,飞机发动机中的 CMC 热端部件特别容易受到热应力的影响,这与发动机运行过程中反复的冷热循环有关。迄今为止的研究表明,尽管第一代和第二代 EBC 很有前景,但在模拟飞机发动机条件下,它们仍不能对 CMAS 侵蚀提供充分的保护。

为了进一步改善涂层性能,基于稀土硅酸盐的第二代 EBC 正在开发。这些第二代 EBC 前景很好,因为它们含有比 BSAS 环境性耐受更强的稀土硅酸盐或稀土二硅酸盐。NASA 的第二代 EBC 开发工作的目标聚焦于将 EBC 表面温度提高到 2 700℉(1 482℃),EBC/CMC 界面处温度提高到 2 400℉(1 316℃)。下一代 EBC 性能优于第二代 EBC,其目标是混杂 EBC 整体耐热温度达到 3 000℉(1 650℃),黏结层体系耐热温度达 2 700℉(1 482℃)。第二代和下一代 EBC 研发工作是高度保密的,其公开数据十分稀少。

想要加强 SiC/SiC CMC 燃气轮机热端对水蒸气和熔融 CMAS 侵蚀的抗性,需要对 EBC 的成分开发、实验室测试、模拟环境考核和地面装机考核等方面投以不断的努力,这样才能确保先进发动机中的部件具有超高的稳定性。

关于 EBC 发展的历史和现状,可以在 Lee 等[见参考文献 3.5.1.1(a)和(b)]和Zhu[见参考文献 3.5.1.8(a)]的综述以及其他引用的参考资料中找到。

3.5.2 氧化物 CMC 的外部防护涂层

3.5.2.1 概述

氧化物/氧化物 CMC 本质上比非氧化物/非氧化物 CMC 具有更好的抗氧化性能,因此,已针对氧化物/氧化物 CMC 开发了一系列不同于非氧化物/非氧化物 CMC 防护功能的涂层体系。此外,氧化物/氧化物 CMC 需要利用裂纹偏转机制来阻止脆性断裂,已经开发了新型界面涂层以及多孔基体来解决上述问题。本小节将主要介绍多孔氧化物/氧化物 CMC 表面的防护涂层。纤维与几种连续氧化物基体间的界面涂层已在 3.3 节讨论。

氧化物/氧化物 CMC 外部的防护涂层虽然与非氧化物/非氧化物 CMC 防护涂

层相似,但功能却不相同。非氧化物/非氧化物 CMC 防护涂层主要保护复合材料不受氧气、水蒸气等环境因素的影响,但氧化物/氧化物 CMC 则要防护更多的影响因素,如高温、机械撞击、液态水渗透、水蒸气侵蚀等。目前常用的多孔性氧化物/氧化物 CMC 面临许多严峻的挑战,只有通过防护涂层才能解决这些问题。针对氧化物/氧化物 CMC 的防护需求,已经开发了相应的几种类型的涂层系统。这几种类型的涂层如下:

(1) 用于提供环境障和热障的多孔涂层。

(2) 用于提供密封性和抗冲击性的致密涂层。

(3) 用于热控制的高发射率涂层。

为了代替包含界面层的氧化物/氧化物 CMC,20 世纪 90 年代中期开发了多孔氧化物/氧化物 CMC,内部纤维主要包含氧化铝和莫来石,基体主要包括氧化铝或者铝硅酸盐(包括莫来石等)。其主要的增韧机制是在纤维/基体界面处形成微裂纹。这类氧化物/氧化物 CMC 是不需要纤维涂层以及基体致密化的。

为了确保氧化物/氧化物 CMC 部件在设计寿命内保持性能,需要考虑如下两个关键因素:① 确保 CMC 不受环境退化的影响,尤其是在典型的工件服役的气体环境中;② CMC 服役环境温度不能超过纤维增强体的最高使用温度,或者超过基体致密化温度起始点。当使用涂层来保护 CMC 时,这些涂层本身也必须在部件的设计寿命内保持功能的稳定性,即为了满足设计的要求,涂层必须能够延长氧化物/氧化物 CMC 的使用寿命。

3.5.2.2 氧化物 CMC 的多孔环境障和热障涂层

目前被广泛使用的氧化物/氧化物 CMC 主要由氧化铝或铝硅酸盐组成。环境退化主要是由于纤维和基体中的二氧化硅或氧化铝成分与服役环境中的水蒸气反应形成挥发性氢氧化物而造成的,主要反应如下:

$$SiO_2(s) + 2H_2O(g) \rightarrow Si(OH)_4(g) \qquad 3.5.2.2(a)$$

$$Al_2O_3(s) + 3H_2O(g) \rightarrow 2Al(OH)_3(g) \qquad 3.5.2.2(b)$$

这些挥发性反应导致 CMC 内部的组分发生退化,而这一现象可以通过对 CMC 质量损失或表面退化进行测试和分析。原理可以通过反应的焓或活化能、温度、总压力、水蒸气压力和气体流速等参数的阿伦尼乌斯方程来描述。当温度、气体流速、水蒸气分压和/或总压增加时,环境侵蚀的速率增加。

另一个主要因素是纤维强度。对于多孔基体而言,纤维增强体的强度决定了 CMC 整体的平面强度。在长期使用过程中,纤维的强度以及蠕变强度是很重要的,而复合材料的使用温度上限主要由纤维以及基体的使用温度极限决定。氧化物/氧化物 CMC 中常使用的氧化物增强体的最高使用温度明显低于 SiC 基纤维的最高使用温度。具有相对较好的抗蠕变性能的氧化物纤维如 Nextel 720 的蠕变极限为

1 200℃(1 000 h、70 MPa 环境下有 1% 的应变)(见参考文献 3.5.2.2)。

在主要应用中,例如用于燃气轮机的热端,上述两个因素(环境阻力和抗蠕变性)都会影响氧化物/氧化物 CMC 部件的使用温度。因此,想要在这些高温应用中使用氧化物 CMC,外部涂层必须达到两个要求:减少环境侵蚀和降低复合材料的服役温度。可以通过制备低热导率涂层来实现热防护。由于热传递随着孔隙率增加而降低,因此一般的涂层都具有一定的孔隙率。而且,这些涂层的厚度一般较厚(约几毫米),复合材料温度随着涂层厚度的增加而下降。由于双层涂层的设计,CMC 表面的涂层已经发展到具有两种功能,即环境障和热障涂层。

表 3.5.2.2 列出了为保护氧化物 CMC 不受或少受环境因素和热因素影响而开发的环境障涂层(EBC)/热障涂层(TBC),本节将对此进行介绍。

表 3.5.2.2　氧化物 CMC 的 EBC/TBC 列表

涂层体系	应　　用	氧化物 CMC	涂层开发商	涂　　层	章　节
FGI	燃气轮机燃烧室、过渡件、导叶、外环	N720/Al$_2$O$_3$	Siemens & COIC	铝硅酸盐、氧化铝	3.5.2.2.1
TBC	燃气轮机燃烧室	N720/Al$_2$O$_3$	ONERA	RBAO、莫来石、氧化铝	3.5.2.2.2
EBC/TBC	天线罩、再入应用、燃烧室	WHIPOX™	DLR	RBAO、RBAO/SiC、RBAO/YSZ、RBAO/Al$_2$O$_3$、RBAO/YAG[①]	3.5.2.2.3
EBC	燃气轮机	WHIPOX™、UMPOX™、OXIPOL®	DLR,EADS	RBAO/YSZ、镁尖晶石、莫来石+稀土单硅酸盐	

① 表格中所用缩写含义将在下文中给予解释。

3.5.2.2.1　氧化物陶瓷基复合材料用易碎分级绝缘涂层

1) 引言

易碎分级绝缘涂层(FGI)最早由西门子西屋电力公司(Siemens Westinghouse Power Corporation)研发,并在 20 世纪 90 年代和 21 世纪初与 COI Ceramics Inc. (COIC)合作进一步开发。FGI 是由沉积在氧化物/氧化物 CMC 上的一层氧化物基中空微球组成。1999—2003 年,由美国国家标准技术研究院(NIST)实施的一项先进技术计划(ATP)使 FGI 涂层体系得到了快速发展。这项计划是由西门子牵头,得到了 COIC 公司和 Solar Turbines 公司支持,成功地制造了带有铝硅酸盐基 FGI 的 N720 增强氧化铝 CMC 燃烧室衬套,该衬套在装备上进行了评估,并在 NIST - ATP

项目中进行了模拟环境考核和地面考核。当 NIST‐ATP 项目结束后，地面考核在由美国能源部资助的与 Solar Turbines 公司的联合项目 Advanced Materials Program 中继续进行。该衬套在某次地面考核的使用寿命超过 25 000 h。具体的地面考核情况在手册的其他部分进行了说明（见 5.3 节）。COIC 公司目前会向对涂层感兴趣的客户提供 FGI。

2) 结构、成分以及制备

图 3.5.2.2.1 为 FGI 涂层的形貌结构图。胶接在氧化物/氧化物 CMC 基体上的 FGI 由各种尺寸的中空氧化物基微球体、磷酸盐黏结剂和氧化物填料粉末组成。这些微球间相互连接，而磷酸盐黏合剂可以封填微球与填料粉体间的间隙。FGI 可以实现在 1 600℃下的尺寸稳定以及化学稳定［见参考文献 3.5.2.2.1(a)］。FGI 通常与 CMC 基体分开制造，然后通过磷酸铝黏合剂在 800～1 200℃的温度下胶接到 CMC 基体上。到目前为止，FGI 主要应用在氧化物/氧化物 CMC 上，但是该参考文献还提到了 Si 基 CMC 也可作为潜在的基体。

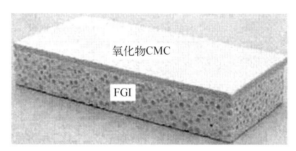

图 3.5.2.2.1　氧化物 CMC 上的 FGI 示意图［来源于参考文献 3.5.2.2.1(b)］

FGI 中空氧化物基球体材料是莫来石、氧化铝、氧化锆（通常是氧化钇稳定的）或这些材料的组合。表 3.5.2.2.1(a) 列出了这些球体不在 FGI 中组合使用时的建议百分比。首选的填料粉末是莫来石（建议质量分数约为 32%），因为它具有优异的高温性能。其他填料包括氧化铝、二氧化铈和氧化铪。也可以将这些填料粉体混合使用。填料的质量分数根据其相对原子质量和粒径而定。可以通过对填充材料或球体成分的特定选择来调整材料特性（如热导率或耐蚀性）。首选的磷酸盐黏结剂是正磷酸铝，质量分数控制在 31% 左右。黏结剂-填料组合的黏度适合于特定成分。

表 3.5.2.2.1(a)　FGI 的球体材料列表及其组成［来源于参考文献 3.5.2.2.1(a)］

球体材料	供 应 商	占 FGI 的重量/%	CTE/(10^{-6}/℃)
莫来石	Keith Ceramics	约 32	约 5.7
氧化铝	Ceramic Fillers	约 63	约 8.0
YSZ	Keith Ceramics	约 58	约 10

FGI 的制备过程主要包括以下几个步骤：

(1) 均匀搅拌浆料。

(2) 浇铸浆料。

(3) 可控干燥。

(4) 去除素坯。

(5) 烧结。

(6) 机械加工。

通常配制的混合物需要具有与 CMC 基体匹配的热膨胀系数(CTE)。具体的制备细节可见参考文献 3.5.2.2.1(a)。首选的 FGI 厚度为 2～3 mm，但 6 mm 的厚度也有使用。

3) FGI 性能

市场上可获得的氧化物空心球和 FGI 的主要性能分别如表 3.5.2.2.1(b)和(c)所示[见参考文献 3.5.2.2.1(b)]。

表 3.5.2.2.1(b)　典型氧化物空心球性能[来源于参考文献 3.5.2.2.1(b)]

化学式	标准尺寸/mm	典型壁厚/μm	耐温能力/℃
不同比例 $Al_2O_3 \cdot SiO_2$	0.5～1.5 1.5～3.0 3.0～5.0	50 75 100	1 500(空气)

表 3.5.2.2.1(c)　典型 FGI 性能[来源不明，被参考文献 3.5.2.2.1(b)引用]

特　　性	数　　值
拉伸强度/MPa	7.6
杨氏模量/GPa	22
弯曲强度/MPa	14
热膨胀系数(至 1 000℃)/(10^{-6}/℃)	6.7
密度/(g/cm³)	1.53
热导率(900℃)/[W/(m·K)]	1.22

4) 应用

美国专利 US6197424 B1[见参考文献 3.5.2.2.1(a)]列出了 FGI 和氧化物/氧化物 CMC 在燃气轮机上的应用：静止叶片、燃烧室、过渡导管、天线罩等。表 3.5.2.2.1(d)给出了带有 TBC 的冷却金属与带有 FGI 涂层的 CMC 的性能对比。使用 CMC/FGI 替代金属/TBC 可以大大降低部件的冷却需求。冷却需求的降低使燃气轮机的运行温度更高，从而提高了热效率。

表 3.5.2.2.1(d)　金属/TBC 与 CMC/FGI 叶片性能对比[来源于参考文献 3.5.2.2.1(a)]

性　　　能	金属/TBC	CMC/FGI
涂层厚度/mm	0.3	2
涂层热导率/[W/(m·K)]	1.0	1.0
基体厚度/mm	1.5	4
基体热导率/[W/(m·K)]	20	4.0
涂层最高耐受温度/℃	1 411	1 579
基体最高耐受温度/℃	900	1 200
热通量/(MW/m²)	1.7	190
基体热应力/MPa	200	62
需要气体冷却量/%	100	5(金属导叶需要的气体冷却量)

3.5.2.2.2　氧化物陶瓷基复合材料用莫来石及氧化铝热障涂层

1) 引言

法国航空航天研究办公室(ONERA)在进行的一项研究中描述了基于微孔氧化物的热障涂层(TBC)的发展历程,该技术可将多孔氧化铝基体的氧化物 CMC 的热结构潜能扩展到 1 200℃ 以上。TBC 是专门为长时间(多于 100 h)应用而开发的。其中,为避免 Nextel 720 纤维强度下降,CMC 温度必须限制在 1 100℃ 以下。TBC 的选择需要考虑与 CMC 基体的化学相容性和热膨胀系数。选择的 CMC 是二维 Nextel 720 增强的氧化铝($N720 / Al_2O_3$)。候选 TBC 含有莫来石和氧化铝成分。

2) 制备

为了获得所需的低导热率,TBC 的孔隙率和形态至关重要。用于生产莫来石和氧化铝 TBC 的主要步骤包括等离子喷涂、浸入悬浮液以及烧结处理。浸渍烧结处理可以得到高孔隙率结构,从而实现低热导率的目的。另一制备途径是利用反应结合工艺,即利用铝/氧化铝粉末混合物的氧化来产生反应结合氧化铝(RBAO)TBC。较传统的烧结工艺而言,这种工艺可以达到更高的机械强度。RBAO 路线可能会产生接近最终形状的部件,因为烧结过程中体积收缩可以通过铝形成氧化铝的膨胀得到补偿。其工艺参数主要有粉体颗粒尺寸范围、热处理、粉体混合比例以及下压模式。40%/60%的铝/氧化铝混合物可以得到接近零收缩率的产品。镁活化剂可改善烧结动力学,杂质(如铁)的存在可改善晶界内聚力,均匀的孔隙率可提供更好的力学性能。

3) 性能

表 3.5.2.2.2 列出了 $N720/Al_2O_3$ CMC、RBAO、莫来石 TBC 的一些性能[见参考文献 3.5.2.2.2(a)]。

表 3. 5. 2. 2. 2　N720/Al₂O₃ CMC、RBAO、莫来石 TBC 的性能[来源于参考文献 3. 5. 2. 2. 2(a)]

	孔隙率/%	CTE/(10^{-6}/℃)	杨氏模量/GPa	泊松比	弯曲强度/MPa
N720/Al₂O₃	25	6.2	40	0.2	140
RBAO	70	8	34	0.27	10
莫来石	40	5	58	0.27	40

图 3.5.2.2.2(a)分别是在 ONERA 研究中 CMC 和氧化铝 TBC 的热导率。通过使用激光闪光法测量热扩散率来确定 CMC 和涂层的热导率。由图可知,烧结的氧化铝 TBC 的热导率随着孔隙率的增加而降低,而且随着温度的上升,其热导率呈下降趋势。这些趋势变化与其他地方报道的各种孔隙度氧化铝的趋势一致[见图 3.5.2.2.2(b)和参考文献 3.5.2.2.2(b)]。RBAO TBC 仅有 73% 的孔隙率,具有最低的热膨胀系数。曲线斜率在约 800℃ 处的明显变化可能是由于缺乏室温和 800℃ 之间的中间数据点[比较图 3.5.2.2.2(b)中的斜率逐渐变化]。图 3.5.2.2.2 (c)是 CMC 与由不同种莫来石作为组分的 TBC 的热导率。对于莫来石 TBC 而言,通过浸渍沉积的亚微米粉末的烧结可以获得最低的热导率。RBAO[0.3 W/(m · K)]以及烧结的莫来石[0.7 W/(m · K)]TBC 在使用过程中具有稳定的低热导率。

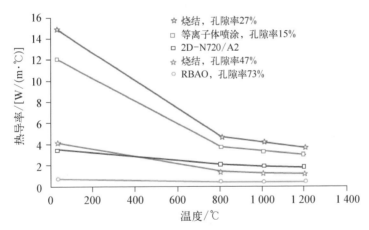

图 3.5.2.2.2(a)　不同路径制备的 N720/Al₂O₃ CMC 及氧化铝 TBC 的
热导率[来源于参考文献 3.5.2.2.2(a)]

4) TBC 涂层在燃烧室状态的模拟

基于测定的热导数值,利用 ONERA 开发的热学代码对燃烧室内温度与 TBC 厚度进行了模拟。圆柱形燃烧室是由二维 N720/Al₂O₃ CMC 制得的,在 CMC 与气体接触的一侧表面制备了各种 TBC。燃烧室温度为 1 500℃,TBC 表面温度为 1 400℃。CMC 的背面通过 600℃ 的空气进行冷却。估算 TBC 的辐射率为 0.7。选择适当的热传递系数实现理想的条件。为避免基体老化,CMC/TBC 界面处的温度固定为

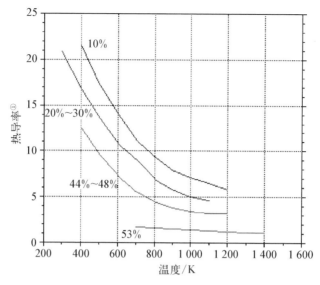

图 3.5.2.2.2(b)　不同孔隙率 Al_2O_3 的热导率与温度的函数
［来源于参考文献 3.5.2.2.2(b)］

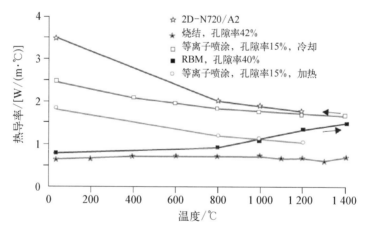

图 3.5.2.2.2(c)　N720/Al_2O_3 CMC 涂有不同工艺制备的莫来石 TBC
的热导率［来源于参考文献 3.5.2.2.2(b)］

1 100℃。预计采用 1 mm 的 RBAO、2.3 mm 的烧结莫来石或 3.5 mm 的反应烧结莫来石可实现最理想的性能。这些 TBC 厚度要远远小于 Solar Turbines 公司开展的有关 N720/Al_2O_3 CMC 燃烧室衬套地面考核中使用的 FGI 厚度（见 5.3 节），该项目中的 FGI 厚度达到 4～5 mm。

　　5) 老化研究

　　为了评估 TBC 的耐久性，对二维 N720 / Al_2O_3 和带有氧化铝和莫来石 TBC 的

① 译者注：原著此处无单位。

单相氧化铝板进行了老化研究。将厚度为 1 mm 的 RBAO(孔隙率为 75%)的部件烧结 1 h,通过各种胶接剂将它们胶接到基板上,并在 2 012°F(1 100℃)下老化 100 h,然后在 2 192°F(1 200℃)下老化 100 h。当使用氧化铝黏合剂时,RBAO 可以很好地结合到单相氧化铝基材上,但是使用莫来石作为胶接剂时,经过老化处理后观察到部分剥离。无论使用何种胶接剂,RBAO 与 N720/Al$_2$O$_3$ 都会发生剥离。RBAO 与单片氧化铝或 N720/Al$_2$O$_3$ CMC 基板之间发生的开裂主要是由于热膨胀系数不匹配所致,平均为 2×10^{-6}/℃(RBAO 具有较高的热膨胀系数),这导致冷却过程中其内部存在残留的热(拉伸)应力。因为在冷却过程中其内部应力是压应力,所以莫来石 TBC 由于具有比 RBAO 更低的热膨胀系数,被认为是更好的候选材料之一。随后对胶接有 2 mm 厚度的烧结莫来石(孔隙率 40%)的二维 N720/Al$_2$O$_3$ CMC 基板进行了老化测试,在 2 192°F(1 200℃)下老化 100 h 后没有剥离。测试分析表明,在冷却过程中产生的应力超过了 RBAO 的弯曲强度,但仍低于莫来石的弯曲强度。

3.5.2.2.3　WHIPOX™ 及相关氧化物陶瓷基复合材料用环境障/热障涂层

1) 引言

德国航空航天中心(DLR)开发的 WHIPOX™(伤口多孔氧化物复合材料)是一类依靠高度多孔的氧化物基体的耗能特性而没有附加的纤维/基体界面相的 CMC,因此制备工序简单且具有好的成本效益。这种 CMC 具有良好的高温稳定性、低热导率、优异的耐损伤性和良好的抗热震性。WHIPOX™ CMC 由多孔氧化铝或莫来石基体以及嵌入基体的氧化物纤维(Nextel™ 610 或 Nextel™ 720)组成。这些 CMC 广泛应用于天线罩头、排气管、高热通量燃烧室和再入应用中。然而,WHIPOX™ CMC 的固有性能/特性可能会在某些应用中出现问题。WHIPOX™ CMC 的纤维结构和多孔基体使其具有很高的透气性,这对于某些应用(如排气管)是不利的。用于制造 WHIPOX™ CMC 的细丝缠绕工艺生产的表面较为粗糙,并且得到的 CMC 容易被侵蚀和磨损。因而,开发多功能涂层可使其表明更加光滑以及降低其渗透性。这些混杂 EBC/TBC 降低了下层 CMC 的温度,从而扩展了其应用范围。

2) 天线罩用 RBAO 涂层

针对天线罩问题,德国 DLR 开发了许多的涂层体系。最初的涂层是采用反应结合氧化铝涂层(RBAO),类似于 ONERA 项目中开发 TBC 时的工艺过程(见 3.5.2.2.2 节)。最简单的方法是先刷涂涂层前驱体,然后对其进行煅烧处理。然而,这种方法的主要缺点是处理温度高、有烧结诱发的收缩现象以及形成裂纹。因此,有人尝试通过金属前驱体形成反应结合陶瓷来克服这些缺陷。

通过刷涂分散在异丙醇中的 Al/Al$_2$O$_3$ 粉末混合物,然后在 2 462°F(1 350℃)的空气中烧结来制备 RBAO 涂层。Al 金属的原位氧化可降低加工温度,而烧结引起的收缩则可通过铝粉氧化引起的体积膨胀来补偿。毛坯涂层与基体间的结合强度良好,烧结时 RBAO/CMC 界面处无裂纹或开裂发生。在 RBAO 刷涂前和 RBAO 烧结之后进行研磨，可进一步改善表面光洁度。

RBAO 层的孔结构特征对于起始成分的 Al/Al$_2$O$_3$ 比例较为敏感。图 3.5.2.2.3(a)表明通过适当的比例选择，可以将不带涂层的 CMC 参考材料的气体渗透率降低几个数量级。成分比例为 80%Al/20%Al$_2$O$_3$ 时可以达到最低的气体渗透率。

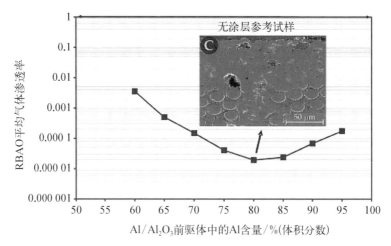

图 3.5.2.2.3(a)　WHIPOX^{TM} CMC 的 RBAO 层平均气体渗透率与无涂层材料的对比［来源于参考文献 3.5.2.2.2(a)］

在产业界与 DLR 的一项联合研究项目中，WHIPOX^{TM} 上的 RBAO 涂层被证明可用于以高超声速巡航的天线罩上。虽然飞行时间很短，大约 10 s，但是高的冲击压力会在天线罩的鼻锥前端部分造成严重损坏。这一问题可以通过用稳定的低渗透性 RBAO 涂层密封多孔结构来解决。与金属和非氧化物陶瓷不同，带有 RBAO 层的 WHIPOX^{TM} CMC 对于微波（雷达）是透明窗口，因此，该材料体系适合用作天线罩和窗户。

3）飞行器再入热防护系统

RBAO 的第二个应用是飞行器从外太空再入过程中的热防护系统。根据不同飞行器类型以及不同部位，许多 CMC 系统已经广泛应用在热防护领域。非氧化物 CMC（如 C/SiC、SiC/SiC）主要应用在机翼前缘以及其他极端的短时间暴露部位。而氧化物 CMC 由于具有低的比重，主要应用于中温载荷区域，尤其是在可重复利用的空间飞行器中（见 3.5.2.4 节）。

在服役过程中，这些陶瓷热防护系统与反应冲击波等离子体发生反应导致暴露的陶瓷结构件出现较为严重的表面退化。主要的材料参数包括表面温度、压力、催化活性。环境限制来自等离子体的温度、压力和化学成分。与燃气轮机燃烧室相比，尽管大气再入期间的暴露时间极短，但 CMC 的渗透性和耐磨性以及高热通量的有效耗散仍然是至关重要。

与非氧化物 CMC 相比，氧化铝基 CMC 的表面温度主要受两种因素的影响。一是低的发射率，与 C‑SiC 的光谱发射率[2 372°F(1 300℃)下 ε 为 0.85]相比，氧化铝基 CMC 的发射率 ε 仅为 0.40。二是氧化铝表面的放热催化活性显著，而 SiC 基体材料则很弱。这些不利的因素可以通过在 RBAO 层中添加 SiC 片提高其发射率来克服。由于 SiC 颗粒完全嵌入氧化铝中，因此氧化铝可以对 SiC 提供氧化保护作用。通过在 RBAO/SiC 层下加入气密 RBAO 层可以消除高发射率 RBAO/SiC 的残余气体渗透率问题。

4）燃烧室

第三种应用是保护先进燃烧室中氧化物 CMC 免受水蒸气侵蚀（超过 10 000 h 的设计使用寿命），燃烧室气体出口温度达到 2 000 K(1 727℃)，水蒸气分压较高(5～15 bar)，气体流速快（最高 50 m/s）。非氧化物和氧化物陶瓷的挥发主要是由于挥发性氢氧化物的形成，例如 Si(OH)$_4$ 和 Al(OH)$_3$，易导致 CMC 部件表面受损。由于氧化锆具有优异的热动力稳定性，因此常常被认为是理想的 EBC/TBC 候选材料（环境和温度混杂涂层）。RBAO 黏结涂层通常可用来缓解氧化铝基 CMC 和氧化锆外层涂层间产生的应力。而且非渗透性的 RBAO 还提供了一种封严多孔氧化锆 TBC 涂层的便利方法。图 3.5.2.2.3(b) 分别为采用三种不同工艺在 RBAO 表面制备的 EBC/TBC。EBC/TBC 可以进一步提高 CMC 的表面温度，并且可以与燃烧室的先进冷却技术结合使用，如蒸腾冷却和喷射冷却。

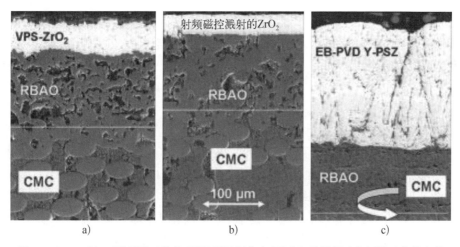

图 3.5.2.2.3(b)　用不同工艺将 YSZ 顶层制作在 RBAO 黏结层上［来源于参考文献 3.5.2.2.3(a)］

a) 真空等离子喷涂；b) 射频磁控溅射；c) 电子束物理气相沉积

电子束物理气相沉积法（EB‑PVD）由于效率较低、成本高不适合制备大且厚的涂层。符合成本效益的方法包括将纤维毡状陶瓷垫和蜂窝状介观结构相结合。将

1.5 mm 的氧化钇完全稳定的氧化锆(FSZ)垫与 WHIPOX™ CMC 用耐腐蚀的反应结合氧化锆黏结剂反应结合，产生了粘合良好的 EBC/TBC 涂层，在燃烧器模拟环境考核中表现良好。将类似的 FSZ 毡的 EBC/TBC 涂层粘接到弯曲的 WHIPOX™ CMC 部分的高温一侧，其中有六个部分已合并到燃烧室衬套演示器中。

由难熔氧化物制备的蜂窝状介观结构相关的涂层与 3.5.2.2.1 节中描述的在氧化物基 CMC 表面覆盖 FGI 涂层(用于先进燃烧室衬套)的方法相似。为了防止 RBAO 衍生的空心氧化铝微球体在烧结时发生塌陷，利用额外的氧化锆黏结剂相，通过改进的 RBAO 程序对由空心氧化铝微球组成的介孔结构进行了处理。

另外，对于 WHIPOX™ CMC 的环境以及热防护主要是通过 RBAO 黏结层以及 $Y_3Al_5O_{12}$(YAG)外层实现的[见参考文献 3.5.2.2.3(b)]。YAG 涂层由于在水蒸气环境中具有低的磨损率，高的抗蠕变性以及与 RBAO 黏结层间良好的相容性，成为理想的 EBC 候选材料。YAG 涂层是通过金属-有机化学气相沉积(MOCVD)而成的，使用的主要前驱体为乙酰丙酮铝和 β-二酮钇，其沉积速率一般为 10～50 μm/h。YAG 涂层的厚度一般控制在 50～150 μm 范围内，总的沉积时间为 2 h，沉积过程中基体温度一般在 1 742～1 832℉ (950～1 000℃) 范围内。沉积之后，在 1 652℉～2 552℉(900～1 400℃)的温度下以 212℉(100℃)/min 的增量逐步退火，退火时间为 5 min。这项研究尚处于初步阶段，对薄膜(可能是氧化铝和富氧化钇的区域)的成分以及不均匀的孔隙率尚不确定。

5) HiPOC 项目中用 EBC

2009 年 2 月开始，由德国政府资助的为期三年的高性能氧化物复合材料计划(HiPOC)选择了三种氧化物基 CMC，用于评估燃气轮机在动力产生、航空推进和衍生空间领域的应用。该计划旨在提高热控制、降低燃料消耗并减少燃气轮机的 CO_2 排放。选定的三种 CMC 均应用了 EBC，并对 CMC/EBC 组合的力学性能进行了评估。

三种氧化物 CMC 分别为来自 DLR 的 WHIPOX™ 和 OXIPOL®，以及欧洲宇航防务集团(EADS)创新工程的 UMOX™。尽管 OXIPOL® 和 UMOX™ 并不是纯氧化物基体，仍旧选择它们是因为其涂层保护技术与 WHIPOX™ 相似。WHIPOX™ CMC 在纯氧化铝基体中使用细丝缠绕的 Nextel™ 610(3M 公司)纤维。该基体衍生自商用的勃姆石/无定形二氧化硅相组合，总组成范围为 70%～100%(质量分数) Al_2O_3。根据加载方向 CMC 中的纤维方向选择为±30°或±60°，纤维比例为 37%(体积分数)，密度为 2.82 g/cm³，基体孔隙率为 46%，CMC 总孔隙率为 28%。在 WHIPOX™ CMC 中纤维与基体间无界面层。在高性能氧化物复合材料计划中涉及的 UMOX™ CMC 是以 Nextel™ 610 作为增强纤维，基体是基于商用的微米级莫来石粉和聚硅氧烷前驱体。通过纤维和基体之间的设计脱粘区域，可以实现弱纤维基质界面，设计脱粘区域通过有机纤维涂层产生，且在制造完 CMC 之后会被去除(牺牲界面)。UMOX™ CMC 是通过聚合物浸渍裂解工艺(PIP)制造的。一般的纤维含量达到 48%~50%(体积分数),CMC 的孔隙率仅有 10%~12%,密度达到了 2.4~2.5 g/cm³。OXIPOL® 由氧化物陶瓷织物(包括 Nextel™ 610 和 720 的各种纤维)和由聚硅氧烷前驱体形成的 SiOC 基体构成,同样采用 PIP 工艺制备而成。短效涂层可实现损伤容限,从而形成弱的纤维/基体界面。没有该 CMC 的孔隙率和密度数据。

目前,有关氧化物 CMC 上 EBC 的评估工作正在德国尤利希亚能源研究中心进行,包括以下三种涂层体系:部分钇稳定的氧化锆(YSZ,作为参考基准),镁尖晶石,以及莫来石+稀土单硅酸盐的二元体系。

首先在 WHIPOX™ 样品表面制备一层反应结合氧化铝层作为界面层来提高样品的表面平整度。然后经过轻微的喷砂处理后,通过等离子喷涂在表面制备 EBC。EBC 厚度约为 0.6 mm。制备的 YSZ 涂层相当致密,而尖晶石和硅酸盐涂层孔洞较多。EBC 评估是通过循环燃烧器装置进行的,并采用压缩空气对样品背面进行冷却。在测试过程中,通过高温计控制涂层表面温度达到 1 723 K(1 450℃),并加热 5 min,通过 30 mm 试样中心的热电偶测得的平均 CMC 温度为 1 323 K(1 050℃)。加热完成后,对样品进行 2 min 的强冷却将样品温度降至室温。目前尚不清楚室温的测量位置。带有 EBC 的 CMC 试样的热循环测试结果如图 3.5.2.2.3(c)所示。

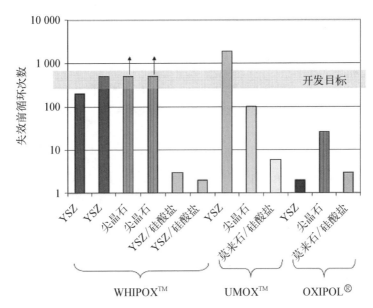

图 3.5.2.2.3(c) 具有 EBC 的 CMC 经过热循环测试后的结果
[来源于参考文献 3.5.2.2.3(c)]

WHIPOX™ 样品表面的 YSZ 以及尖晶石涂层都达到了 500 次的循环目标。将两个尖晶石涂层的 WHIPOX™ 试样进一步增加循环次数,最终分别在 1 515 次和

1705 次循环后发生失效。UMOX^{TM} 表面的 YSZ 涂层在经过 1 921 次热循环后发生剥落，表明致密涂层的机械寿命更长。其他条件下的 CMC 以及 EBC 效果不佳，尤其是对于 OXIPOL® 样品。后一结果表明，OXIPOL® CMC 和 EBC 之间的结合不充分。有关失效原因正在进一步分析以便了解涂层性能。

3.5.2.3　玻璃熔块涂层

1) 引言

玻璃熔块涂层应用在预测天气或其他冲击破坏严重或需要气密密封的多孔氧化物 CMC 体系上。而有机械耐久性要求的多孔氧化物 CMC 经常需要坚硬的致密表面，以保护大体积的 CMC 免受冲击、磨损或机械载荷的影响。

玻璃熔块涂层的主要应用是高速导弹天线罩和机身前缘。天线罩必须被密封以防止水分进入，原因主要包括以下两个方面：一个是防止导弹制导电子设备间发生相互干扰，另一个是防止水分进入 CMC 本身。作为 RF 窗口，必须在整个操作过程中保持氧化物 CMC 的介电性能。高度多孔的 CMC 吸收水分后会显著改变 CMC 的电性能，从而降低天线罩的性能。此外，有必要采用涂层以防止多孔 CMC 在飞行过程中遇到恶劣天气或异物时发生退化。图 3.5.2.3(a)给出了玻璃涂层的 CMC 天线罩的示例。

图 3.5.2.3(a)　有外部玻璃涂层的氧化物 CMC［来源于参考文献 3.5.2.3(a)］

玻璃涂层使得下层的多孔氧化物 CMC 具有了气密性和抗冲击性。将玻璃粉应用在多孔基体的氧化物 CMC 上，形成致密的玻璃层，厚度为 5～20 mil，可以降低气体渗透率，同时提高表面硬度。因此，COIC 公司和 ATFI 公司等企业已经研究了几种用于高速天线罩的涂层体系。该涂层是在 2007—2012 年由美国海军研究办公室（ONR）资助的高速导弹天线罩开发工作开发的。涂层由 COIC、MLA 和 ATFI 等公司生产和沉积。一个应用示例是 ATK 的 AARGM 导弹天线罩，该天线罩由多孔氧化物 CMC 组成，表面沉积有铝硅酸盐玻璃涂层来提高天线罩的抗冲击性和密封防潮性。

2) 涂层体系

玻璃熔块涂层可以由不同的成分组成，其中钙铝硅酸盐以及硼硅酸盐玻璃族由于具有优异的比热容、热膨胀系数以及电学性能成为玻璃熔块的主要材料。每一种涂层都能形成不同层次的玻璃网结构，而且涂层可以通过改变元素来调节熔化温度、密度、电学性能以及 CTE，从而进一步实现与下层氧化物 CMC 的匹配。一般地，选择开发的玻璃复合材料应确保与下边的基体间具有匹配的 CTE 以及化学相容性。图 3.5.2.3(b)是采用 MLA 在氧化物 CMC 表面制备钙镁铝硅酸盐涂层的照片。

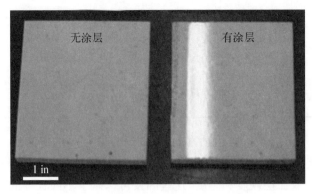

图 3.5.2.3(b)　由 ATFI 制备的两块多孔氧化物 CMC,其中一块由 MLA 制备了钙镁铝硅酸盐涂层[来源于参考文献 3.5.2.3(b)]

3）制备方法

玻璃熔块涂层主要是通过液体浆料方法沉积在基体上的。所用浆料是由细玻璃粉($10\sim50~\mu\mathrm{m}$)、分散剂以及去离子水混合而成的,然后通过喷涂或浸渍的方式将浆料沉积在基体表面。将涂层烘干去除水分,煅烧使得玻璃粉发生熔化并烧结在一起。具体的煅烧温度是根据玻璃体系而定的,一般对于氧化物 CMC 来说其表面的涂层煅烧温度为 $1\,472\sim2\,192^{\circ}\mathrm{F}$（$800\sim1\,200^{\circ}\mathrm{C}$）。经过煅烧后,涂层从干燥的多孔涂层转变为熔融涂层,在厚度方向有约 50% 的收缩。

涂层在制备过程中主要存在的缺陷包括残留的气泡以及冷却过程中由于热膨胀系数不匹配引起的应力开裂。气泡主要是在熔化过程中玻璃颗粒粗化时形成的。而熔体的黏度(主要依赖于煅烧温度)控制了排出气泡的难易程度;越高的黏度意味着需要越长时间来排出熔化状态下的气泡。另一个潜在的制备问题是厚度均匀性问题。为了减少涂层收缩裂纹的产生,需要仔细的控制升温速率,而且涂层与基体间的热膨胀系数需要匹配以防止冷却凝固过程中裂纹的出现。

4）性能

表 3.5.2.3 列出了玻璃熔块涂层的主要性能。虽然这些涂层代表了典型的涂层体系,但是每一种涂层体系都存在不同的唯一性能。

表 3.5.2.3　玻璃熔块涂层的性能列表

性　　能	单　　位	硼硅酸盐	镁钙铝硅酸盐
组成	分子式	$(SiO_2)_{1.92}$ $(B_2O_3)_{1.14}$ $(MgO)_{0.83}$ $(Al_2O_3)_{0.36}$ $(CaO)_{0.17}$	$(SiO_2)_{2.22}$ $(MgO)_{0.87}$ $(Al_2O_3)_{0.42}$ $(CaO)_{0.13}$

（续表）

性　　能	单　　位	硼硅酸盐	镁钙铝硅酸盐
热膨胀系数（至 1 000℃）	$10^{-6}/℃$	4	4.4
融化温度	℃	1 050	1 200
水蒸气扩散率（WVTR）	$mL/(m^2 \cdot d)$	$<1\times10^{-8}$	$<1\times10^{-8}$

　　致密玻璃涂层的关键特性包括密封性（对气体和湿气的渗透性）和抗冲击性（在高速异物损坏或水滴冲击下的耐久性）。耐冲击性取决于许多因素，包括潜在的 CMC 力学性能以及涂层硬度和厚度，这些因素可以赋予不同程度的耐冲击性。一种测试抗冲击性的方法是以马赫数 3～4 的速度进行聚合物珠撞击，该方法是模拟穿过雨场的典型超声速导弹飞行路径。图 3.5.2.3（c）中显示了玻璃涂层氧化物 CMC 碰撞后的照片以及横截面显微照片。该测试结果显示出的 CMC 的损坏最小。

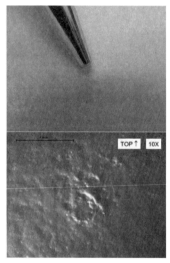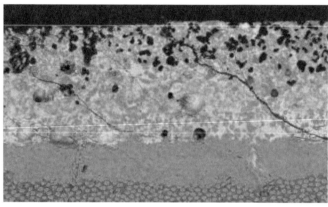

图 3.5.2.3（c）　N720 氧化物 CMC 上的 COIC 玻璃熔块涂层（横截面）
［来源于参考文献 3.5.2.3（a）］

3.5.2.4　高发射率涂层

1）引言

　　高发射率涂层应用在氧化物 CMC 上可以增加复合材料表面辐射热能耗散。热保护系统的主要作用是针对飞行器在高超速飞行过程中机身过热问题进行防护，实现飞行器的稳定服役，而高发射率 CMC 的主要应用领域就是热防护系统。其典型的应用场景是在空间飞行器上，表面的高发射率涂层可以防止飞行器在再入大气层过程中辐射热的产生。波音公司和 ATFI 已开发出 CMC 用高发射率涂层，而且波音公司针对 CMC 包裹的航天飞机贴块开发并测试了一种特殊的高发射率涂层体系。

高发射率涂层氧化物 CMC 的主要应用是高速飞行器前缘以及热保护系统（TPS）。热保护系统是集成了隔热、机械完整性和辐射热阻挡功能的集成式隔热罩。热保护系统用于高速飞机或航天器上，可以防止里层的机身发生热退化。一个典型的例子是美国航天飞机的 TPS 系统，该系统由低密度瓷砖[见图 3.5.2.4(a)]组成，并在其表面涂有高发射率涂层[见图 3.5.2.4(b)]。此外，随着飞机向超声速和高超声速发展，CMC - TPS 系统成为降低机身温度的主要措施，范围从 Ti 结构的约 $700^\circ F$（$370^\circ C$）到 Al 结构的约 $250^\circ F$（$120^\circ C$）。具体而言，排气

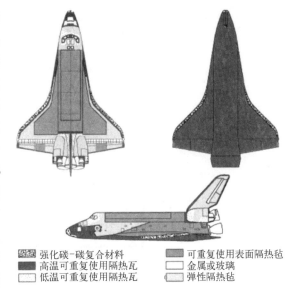

▨ 强化碳-碳复合材料   ▨ 可重复使用表面隔热毡
■ 高温可重复使用隔热瓦   □ 金属或玻璃
□ 低温可重复使用隔热瓦   ▨ 弹性隔热毡

图 3.5.2.4(a)　航天飞行器的再入系统上使用 TPS 系统作为隔热屏[来源于参考文献 3.5.2.4(a)]

结构通常需要高发射率，以帮助热量从结构中散发出去并冷却部件。

无高发射率涂层CMC瓦

有高发射率涂层CMC瓦

图 3.5.2.4(b)　有无高发射涂层的 CMC 表面形貌图[来源于参考文献 3.5.2.4(b)]

发射率是在特定温度和波长下，表面的总辐射输出与理想发射器的总辐射输出之比。所有材料的发射率值在 0～1 之间[见参考文献 3.5.2.4(c)]。如果一个材料的表面发射率为 1 时，该基体被认为是黑体。大多数材料属于"灰体"类别，这些材料的发射率接近 1，并且可以吸收和再辐射理论黑体的一部分。高发射率涂料是利用灰体吸收和再辐射相当比例的能量，这些发射剂是诸如碳、碳化硅或其他高效再辐射元素等材料。发射剂的类型、涂层内的量和分布对涂层有效性有影响。

发射率涂层的一个重要应用领域是在空间或其他高真空环境中辐射传递占比较大的材料上。在氧化物 CMC 上应用高发射率涂层可以显著降低表面温度[见图

3.5.2.4(c)],尤其是在较高温度[高于 2 000℉(1 093℃)]下,进而可以实现较低的绝缘厚度设计,从而降低表面密度。

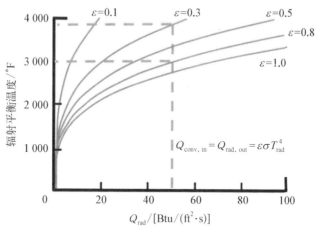

图 3.5.2.4(c)　不同温度对发射率的影响[来源于参考文献 3.5.2.4(d)]

2) 涂层体系与制备工艺

高发射率涂层通常使用溶液工艺制备,主要流程为将粉末形式的发射率试剂分散在黏结剂中,然后通过溶液沉积方法(如刷涂、喷涂或浸涂)在基体表面制备而成。浆料可以由多种粉末(发射剂)和黏结剂体系形成。表 3.5.2.4 列出了典型的发射率试剂及其性质。

表 3.5.2.4　发射率试剂及其性质

试　　剂	温度/℃	发射率/ε
炭黑	20	0.95
碳化硅	300~1 200	0.83~0.96
氧化锌	1 027	0.79
氧化硅	1 100	0.75
含纳米碳的铝磷酸盐玻璃	600~1 000	0.85~0.92

根据基体热膨胀系数[氧化物 CMC 范围为$(5\sim8)\times10^{-6}/℃$]、服役温度以及耐久性的不同要求,在制备发射涂层中使用的黏结剂体系多种多样。黏结剂通常是在去除溶剂或载体(水或酒精)时形成的溶液型玻璃。

为实现高发射率而开发的涂层体系包括 1994 年由 NASA 最初开发的 Emisshield^{TM} 涂层。该技术旨在用于 X‑33 和 X‑34 太空飞机计划的隔热板。Emisshield^{TM} 是 Wessex 公司从 NASA 取得的许可[见参考文献 3.5.2.4(c)]。ATFI 基于封装在玻璃中的纳米碳(称为 Cerablak$^{®}$)开发了一种发射率涂层[见参考文献 3.5.2.4(e)]。此外,波音公司还开发了一种称为反应固化玻璃(RCG)的发射率涂层,该涂层将碳和碳化硅颗粒掺入了玻璃涂层体系中。

3.6 表征方法

3.6.1 引言

应用现代技术表征复合材料微观结构需要细致的样品制备、高分辨率的成像和适当的算法,以便识别并定量复合材料组分(纤维、基体、界面层和孔隙)。鉴于数字成像几乎已经无处不在,此处将重点介绍基于离散数字图像算法的技术。

3.6.2 样品制备

用于微观结构检测和定量的陶瓷样品制备方法较为成熟(见参考文献 3.6.2.1 和 3.6.2.2)。陶瓷基复合材料样品通常用环氧树脂固定,以使材料体系在后续抛光中保持稳定。微观结构检测样品的制备涉及多步工艺,需使用逐渐细化的磨料来获得显微平面。每步工艺之间,样品和抛光盘都要彻底清洗以防样品表面被前一抛光步骤残留的大颗粒划伤。各金相实验室有不同的抛光工艺方法。例如,NASA 格伦研究中心用于 SiC/SiC CMC 的抛光工艺如下:粗磨以保证有一个可以开始抛光过程的平整表面;较细的研磨以去除粗磨造成的深划痕;初始抛光过程使用 6 μm 金刚石悬浮液和稀释润滑剂以预设速度按计量加到抛光盘上;其后的精细抛光过程先使用 3 μm 金刚石悬浮液,再使用 1 μm 金刚石悬浮液进行抛光。为取得最佳结果,研磨和抛光步骤应该在可精确控制力、速度、时间的自动抛光设备上进行。最终的抛光步骤可包括在振动抛光器上使用 0.05 μm 金刚石或 SiO_2 悬浮液的长时间抛光(24 h 或更长)。抛光之后,可能有必要对样品表面进行刻蚀,以凸显微观结构细节。微观结构中的一些区域,比如晶界和其他界面,经常更容易受到刻蚀剂的侵蚀,从而使这些特征突出。刻蚀剂的选择取决于材料。磷酸和硫酸通常用于氧化物(氧化铝、氧化锆等);盐酸通常用于碳化物(碳化硅、碳化钨等);氢氟酸通常用于刻蚀氮化物;乳酸、硝酸和氢氟酸的混合液用于刻蚀硼化物。在略低于烧结温度的环境中进行 0.5~1 h 的热暴露也能突出晶界。反应离子(等离子体)刻蚀也能用于陶瓷样品,常用的气氛是四氟化碳和氧气的混合物(见图 3.6.2)。

3.6.3 光学显微镜

各种复合材料参数的表征可以由光学显微镜完成。可能会用到多样的光学成像技术,例如明场、暗场、偏振光和微分干涉差[见图 3.6.3(a)]。为表征微观结构,必须取得复合材料抛光截面的高分辨图像。样品通常在放大 16~1 000 倍下检查。现代光学显微镜系统通常配备数码相机并带有电动和计算机控制的 x、y、z 样品台。这一组合通过多个通常在网格图中取得的重合图像可获得大范围的高分辨率图像。后续这些高分辨率图像可以组合成一个大的"马赛克"图像。高动态范围(HDR)成像

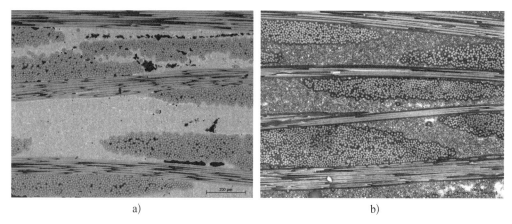

a)　　　　　　　　　　　　　　b)

图 3.6.2　SiC/SiC(MI)CMC 等离子体刻蚀

a) 刻蚀前；b) 等离子刻蚀后（非同一位置）

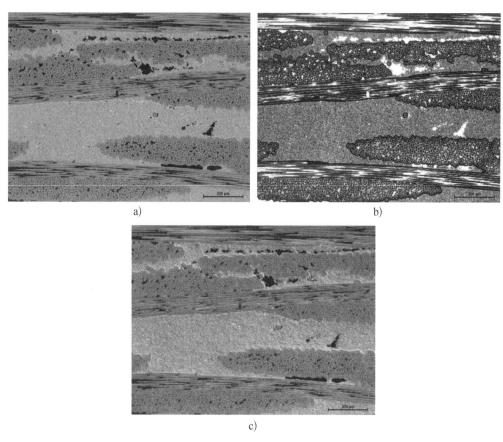

图 3.6.3(a)　二维织物 SiC/SiC(MI)CMC 的光学显微镜图像

a) 明场像；b) 暗场像；c) 微分干涉差(DIC)像

也是一个常用的功能。HDR 图像是通过合成不同曝光的一系列图像产生的[见图 3.6.3(b)]。当一个视场中有高反射区域和/或非常暗的区域时,HDR 可使区域中原本会过度曝光或完全黑暗的细节显露出来。

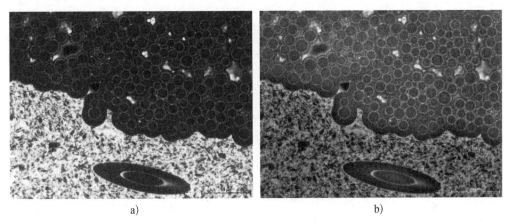

a)　　　　　　　　　　　　　　　　　　　　b)

图 3.6.3(b)　SiC/SiC(MI)CMC 的高动态范围(HDR)成像

a) 暗场像;b) HDR 像

通过光学照片可以观察和量化的微结构参数包括:晶粒尺寸,孔隙尺寸和形状,纤维几何形状和空间分布、束丝尺寸和空间分布以及孔隙、纤维和基体的体积分数。抛光截面的光学显微成像是在用电子显微镜进行更高倍数检查之前快速检查"大"区域的便利手段。

3.6.4　扫描电子显微镜

如果对小于 0.2 μm(大致为光学显微镜分辨极限)的特征感兴趣,则应使用扫描电子显微镜(SEM)。Goldstein 等的著作(见参考文献 3.6.4.1)可以作为使用电子显微镜对材料微结构成像以及通过 X 射线光谱鉴定元素组成的入门读物。对于陶瓷材料的处理,可参见 Ravishankar 和 Carter 的文章(见参考文献 3.6.4.2)。SEM 通常被用来表征抛光截面和试样的特征表面。为使电绝缘的 CMC 样品可用电子显微镜表征,常对抛光表面或特征表面施以薄薄的一层导电材料涂层。蒸发炭是最常用的选择,有时也会用到溅射材料(金、铂、钯等)。使用最新款的场发射 SEM,能使扫描电子显微镜的特征分辨率达到 1 nm(或更小)。现在大部分的 SEM 可使用关联不同检测器的多种成像模式:二次电子、背散射电子和 X 射线。二次电子是在扫描电子束轰击下释放的低能电子,其来自材料的导带或价层。二次电子图像提供良好的形貌信息和一些组分衬度。背散射电子是与原子核直接作用产生的高能电子(与入射电子束能级相当)。由于更重的元素更容易与入射电子直接作用(它们拥有较大的反射截面),背散射电子图像能提供良好的组分衬度(常被称为 Z 衬度)[见图 3.6.4(a)和(b)]。在图 3.6.4(b)中,注意 SiC 纤维的晶粒形貌和化学气相渗透(CVI)SiC 基体。入射电子束也能使原子失去内层电子形成空位，再被外层电子填入。填充内层的电子会释放能量以降低能级，从而发射具有元素特征能量的 X 射线光子。能量色散 X 射线光谱仪（EDS）或较少见的波长色散 X 射线光谱仪（WDS）可用于收集和分类 X 射线光谱，从而提供关于元素组成的定量信息。

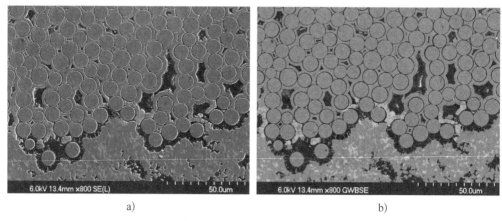

a)　　　　　　　　　　　　　　　　　b)

图 3.6.4(a)　SiC/SiC(MI)CMC 的 SEM 图像

a) 二次电子图像；b) 背散射电子图像

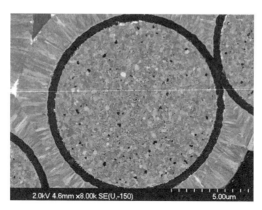

图 3.6.4(b)　SiC/SiC(CVI)CMC 的经二次电子和背散射电子
信号混合技术获得的更清晰的 SEM 图像

3.6.5　微观结构表征

一旦采集到数码照片，无数的软件包和程序库可辅助材料微观结构表征。常用的商业软件包包括 Adobe Photoshop、MATLAB 的图像处理工具箱、Media Cybernetics 的 ImagePro 以及许多其他的软件包。也有很多辅助这类处理的开源工具：GIMP(Gnu 图像处理程序)；来自 NIST 的 ImageJ、OpenCV 图像处理库(包括 C、C++、Java 和 Python 接口)；Python 的 SciPy ndimage 和 scikit-image 库。

在诸如 Photoshop 或 GIMP 的图像编辑软件中总能手动识别图像中的物体,勾勒边框并选择感兴趣的区域。然而,这一技术既乏味又容易受到使用者主观判断的影响。相反,如果成分之间存在足够的反差并且成分的边界定义明确,采用自动程序"分割"图片可能更为合适。自动图像分割常需施加一个阈值;设置一个或多个像素的亮度分隔来给图片中的像素分组。这一概念假设亮度或颜色相似的像素属于同一物理成分[见图 3.6.5(a)和(b)]。对光学照片而言,需要假设视场亮度均一并且成分的反射率和/或颜色差异足够大。对 SEM 照片而言,需假设组分和形貌的反差足以区分成分。阈值能手动或自动设定,但不推荐主观的手动方法。有很多自动选择阈值的算法。这些算法的目标几乎都是使组内的差异降至最低(将最相似的像素点归入一组)。这些方法的简要总结在 Russ 的文章中能够找到(见参考文献 3.6.5.1),其中有更详细的综述。

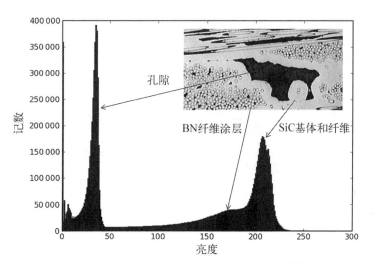

图 3.6.5(a)　SiC/SiC (CVI) CMC 的二次电子 SEM 的像素亮度柱状图

如果图像对比度低和/或成分内部反差相当大,需要用到更为复杂(计算强度大)的算法。

为获取分割后对象的尺寸和空间信息,必须确保图片具有精确的校准信息(每测量单位的像素数)以便取得正确测量结果,一般通过拍摄已知(最好是美国国家标准技术研究所可追溯的)长度标准的图像实现。

3.6.5.1　面积/体积分数(纤维、束丝、基体、孔隙)

根据二维截面评价三维结构特征的科学称为体视学(见参考文献 3.6.5.1.1)。已证明,只要二维截面积大到可以作为一个具有代表性的微观结构体积的样本,就能据此有效推断出三维参数。各向同性体系的经典结果是一个样品的随机截面上观察到的某组分的面积分数等于该组分的体积分数。

对于一张精确分割的图片,面积分数(以及通过体视学论证得到的体积分数)可

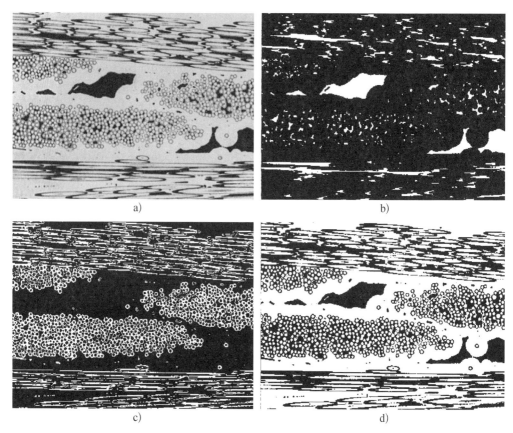

图 3.6.5(b)　SiC/SiC(CVI)CMC 经分割后的 SEM 图像

a) 原图；b) 孔隙；c) 纤维涂层；d) 碳化硅(基体和纤维)

通过将感兴趣的组分的像素点数之和除以样品的像素点总数简单计算得到。这相当于地质学样品常用的 Cavalieri(点计数)估算法。

3.6.5.2　晶粒尺寸测量

美国材料试验学会标准 E112 - 13[见参考文献 3.6.5.2(a)]描述了测定多晶材料中平均晶粒尺寸的方法。很多这类方法已经被集成到现代金相显微镜的软件包中，如尼康的 NIS - Elements、徕卡的 Grain Expert、奥林巴斯的 Stream 和蔡司的 AxioVision Grains。美国材料试验学会有一个单独的标准，即 ASTM E1382 - 97 (2015)《通过半自动和自动图像分析测定平均晶粒尺寸的标准测试方法》提供了如何运用自动工具的信息[见参考文献 3.6.5.2(b)]。

如果 CMC 基体中的晶粒是等轴的，截面的任何一个取向都应得出一个可接受的晶粒尺寸。根据制造方式的不同，陶瓷纤维或基体中的晶粒很可能在晶粒生长方向被拉长，因此仔细选择截面方向对取得精确的测量结果十分必要。

3.6.5.3　纤维尺寸和间距

复合材料体系的关键特征是纤维的尺寸和空间分布。对于分割适当的图像,许多图像分析软件包允许使用者根据对象的连续性对其进行标记;相连的像素组[通过边缘(4 点连接)或边缘和角(8 点连接)]可以被视为独立的对象。通过标记的图片,可推测出对象的很多结构特征,包括面积、形心、最大和最小直径、形状和出现频率(单位面积中的对象数)等。从这些测量中能够计算孔隙尺寸分布、纤维直径、纤维间距等。

3.6.5.4　孔隙尺寸和空间分布

孔隙可能是独立的或相通的,必须通过三维重建确定,否则无法明确得知。低孔隙率(体积分数)和低纵横比时,孔隙不太可能是相通的。也会有明显的取向效应。如果孔结构的三维重建不可行,有必要对多个取向的截面进行检查。

3.6.5.5　表征技术应用

微观结构表征是理解和发展 CMC 过程中的重要部分。制备方法会产生特定的微观结构,但是通过充分控制制备步骤来取得非常均匀的材料很难。微观结构表征可通过检验微观结构(必须包括组分的体积分数和空间排列,以及必要时各相的化学成分)来帮助确认材料质量,以便确认制备出了可接受的 CMC。通过在前期关联 CMC 的力学性能和微观结构可确定想要的结构。测试、显微检查以及 CMC 结构改进的迭代通常被用来优化材料的性能。由于纤维和界面层等组分为"微米尺度",通常采用扫描电子显微镜检查纤维/界面(纤维涂层)/基体区域。抛光截面的光学显微表征也是一种有价值的工具。它能快速扫描一个材料截面来评估孔隙的数量和分布、检查纤维在束内的"堆积"以及多个区域中束丝纤维涂层的均匀性。这些表征通常在 16~200 倍下观测孔隙、在 100~1 000 倍下聚焦纤维/束丝/界面。由于 SiC/SiC CMC 需要环境障涂层(EBC)保护,相似的制备、测试、表征方法的迭代也被用来发展和优化涂层,显微镜可以用于监测选用的成熟涂层质量。

由于 CMC 微观结构的复杂性,对所制备材料的表征应该达到制备单位知道哪些特征最关键,并且使表征尽可能地实现自动化。随着 ICME(集成计算材料工程)通过建模不断推动对材料微观结构和材料性能之间关系的研究,这一领域正在获得越来越多的关注。对退化的复合材料试件的检验是另一个微观结构表征的关键领域,具体指暴露于造成 CMC 断裂和/或组分氧化等损伤的环境(应力、温度、氧化条件、疲劳等)的试件,光学和电子显微镜都会用到。光学表征抛光断面能检查断裂和氧化物(二氧化硅、硅酸盐、硼硅酸盐等),可作为筛选过程或使用电子显微镜的前期步骤。电子显微镜用于检查精细颗粒/相,并且能检测感兴趣的相的化学成分。电子显微镜是一种强大的工具,具有诸多检测能力(高放大倍数和鉴别氧化物)。然而,它提供的海量信息要求研究者在进行这些表征时必须保持清醒判断。必须记住,最有用的信息实际可能是通过最基本的光学表征方法得到的。

断裂样品的 SEM(断口金相检验)也是一类微观结构表征。断口表面的检查可以阐明裂纹在复合材料中的扩展方式,帮助我们理解复合材料如何阻止裂纹扩展。另外,断口金相检验可以提供任何氧化损伤结果的信息。总而言之,电子显微镜因其提供的景深、高放大倍数和相识别能力是一种非常强大的工具。断口金相检验之后可以对样品进行固定和抛光来获取在表面上不明显的材料内部损伤的图像。

最后,X 射线计算机断层成像(CT)经常用来对 CMC 微观结构进行无损评定。根据 CT 系统,分辨率可能被限制在大约 10 μm,但是该技术可以给出对检查复合材料孔隙、EBC 完整性和纤维束结构非常有用的"虚拟截面"。该微观结构表征技术如今被用于材料制备工艺的优化,以及用于支撑 CMC 模型开发。CT 的优势包括可以对原始材料进行无损检查,并且可以在材料经过多种试验之后对相同区域的微观结构进行检验。同样地,采集到的大量数据对区分出重要数据造成困难。

3.6.6 三维微观结构评价

传统微观结构评价依赖对抛光样品的检查;所得到的是光学显微镜拍摄的二维照片。现在已有系统能够生成材料微观结构的三维(3D)描绘。Robo-Met 3D® 是一个探究三维微观结构的全自动连续截面扫描系统。该系统由 UES 公司(位于美国俄亥俄州代顿市,www.ues.com)和美国空军研究实验室(USAFRL)联合开发,可接受传统方式安装的金相学样品。该系统可以通过用户界面进行编程,允许对材料进行高精度和线性材料去除速率的自动连续研磨和抛光。图 3.6.6(a)展示了某样品 90 μm 深度 50 个不同抛光截面的生成。一个机械手使用多种化学试剂进行浸没式的刻蚀及后续的清洗和干燥。之后机械手将样品转移到观测台,台上配套的光学显微镜将对用户定义的视场采集数码拼接照片。后期处理将这些在同一光学尺上取得的二维照片(每个"切片"的)重组成三维模型。图 3.6.6(b)展示了一个 SiC/SiC

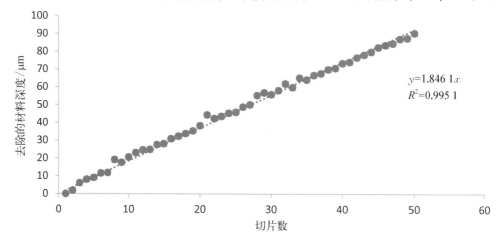

图 3.6.6(a) Robo-Met 3D 的线性材料去除速率(50 个中碳钢的"切片",每 1.8 μm 一个切片)

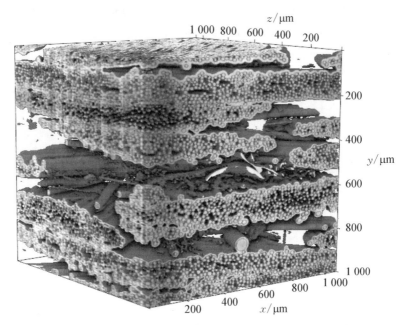

图 3.6.6(b)　Robo‐Met 3D 取得的基于 Hi‐Nicalon 的 CMC 预制体的三维描绘(模型),展示了预制体的孔隙和 1 mm×1 mm×1 mm 体积内不规则的纤维直径

(CVI)预制体微结构的三维描绘(该不完全致密化的结构中有大量孔隙)。

　　该系统已用于评估过很多材料的三维微观结构,包括陶瓷基复合材料[见参考文献 3.6.6(a)]、增材制造构件[见参考文献 3.6.6(b)]、焊接和热障涂层分析[见参考文献 3.6.6(c)]、航空航天合金[见参考文献 3.6.6(d)]、汽车结构钢[见参考文献 3.6.6(e)]、机织金属结构[见参考文献 3.6.6(f)]和沥青泡沫[见参考文献 3.6.6(g)]。这些三维描绘使研究者更好地理解材料的结构。在图 3.6.6(b)中,SiC/SiC 预制体分散孔隙率能被更全面地理解(与二维图片中展示的相比)。全自动抛光和成像系统使这一技术成为可能,而手动做这些将耗费极大的人力。

3.6.7　应用微焦 X 射线计算机断层成像的微观结构表征

　　3.7 节 CMC 的无损评定方法(缺陷表征)将讨论各种无损评定技术。尽管无损评定是定位缺陷的宝贵工具,研究机构也正意识到微焦 X 射线计算机断层成像(CT)的作用。它的高分辨率能对诸如 CMC 的材料的微观结构进行无损检验。CT 系统的极限能力如今能分辨 10 μm 的细节。这使得表征一个材料束丝的位置、孔隙的分布、EBC 的厚度(有涂层样品)和基体缺陷区域等成为可能,如图 3.6.7(a)中的 SiC/SiC(CVI)预制体。每个 CMC 样品都是独一无二的,必须确定合适的表征手段。CT 的分辨率取决于许多变量,例如几何形状、样品尺寸、孔隙率、密度和表面涂层。在样品性质/特征之外,许多其他测试因素也包含在 CT 评价中,例如视图数目、能量、帧平均、光源到样品距离、光源到检测器距离、过滤器、检测器像素数等。表 3.6.7 提供了表征如图 3.6.7 所示的 CMC 的测试参数样例。

表 3.6.7　X 射线 CT 表征参数

X 射线源: XrayWorX	电压/kV	100
	电流/μA	80
	焦点尺寸/μm	0
	焦点模式	微焦
检测器: Dexela 2923[2216]	像素数/μm	75×75
	模式	自由运行(高增益)
	增益	
	像素组合	1×1
	帧频率/fps	4(250.004 ms 积分时间)
	翻转	水平
	旋转	90°
	裁剪/像素	(l, t, r, b)＝(5, 5, 5, 5)
距离	X 射线管到检测器	760 mm(FDD)
	X 射线管到样品	85 mm(FOD)
	Ug 计算值	
	放大因子	×8.94
固定方式	在固定装置的旋转平台上	
过滤器	0.010 ft	

通过二维虚拟切片(与顶面垂直或平行)可以对同一样品的不同区域进行观察,而无须在样品的多个位置抛光和取样。此工具能用来检验不同制备阶段的 CMC 或研究制备出的原始复合材料(最终材料)。无损检测使研究不同制备阶段的同一块材料成为可能。例如,图 3.6.7 所示的预制体能够进一步熔渗。这一步骤后可再次对其进行检验。

3.7　无损评定方法(缺陷表征)

许多无损评定(nondestructive evaluation,NDE)技术能够检测复合材料的表面和内部缺陷。肉眼检测和涡流法可以检测材料的表面缺陷(涡流法要求材料导电),而检测材料的内部缺陷(如空洞、脱层、外物夹杂、脱粘、褶皱和孔隙)则需要其他技术。这些技术包括超声、射线、热成像、声发射和涡流检测。这些方法的基本原理和步骤已经在美国《军用手册-728》系列中阐述,而理论方法的更多细节信息和数据解读可在其他手册中找到,包括《军用手册-731》(热成像)、《军用手册-732》(声发射)、《军用手册-733》(射线检测)和《军用手册-787》(超声)。

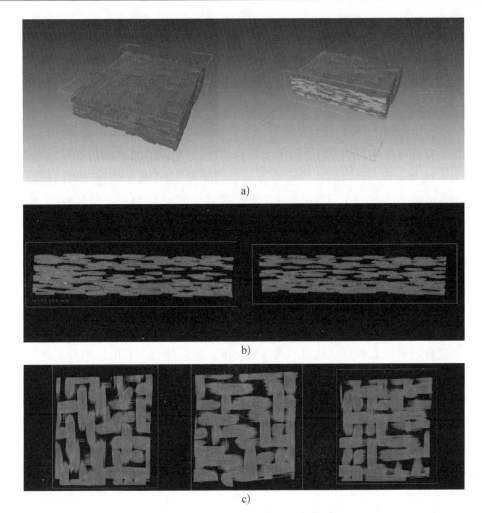

图 3.6.7　SiC/SiC(CVI)预制体(收到后未做处理)的微焦 X 射线 CT 图像

a) 预制体的三维描绘；b) 微观结构的二维虚拟断层侧视图；c) 微观结构的二维虚拟截面顶视图(切片与样品上表面平行)

　　美国无损评定协会(American Society of Nondestructive Evaluation，ASNT)所出的《无损检测手册》系列也描述了多种检测方法。该手册共有 10 卷，3、4、6、7 卷分别介绍了红外和热检测、射线检测、声发射检测以及超声检测。但这些资料未对无损评定技术研发的最新进展进行论述。此外还有从设备到应用的许多相关话题的线上教育信息(如 http：//www.ndt.net/index.php)。授予 NDE/NDT 学位的大学和职业学校也在它们的网站上提供了有用的信息(如艾奥瓦州立大学，http：//www.cnde.iastate.edu；美国无损检测研究院，http：//www.trainingndt.com)。其他专门从事 NDT 的机构，比如 ASNT，提供了许多 NDE 方法的指导方针。这些机构致力于通过它们成员的区域会议来促进地方层面的信息交流(https：//www.asnt.org)。美国国防部还提供与检测方法相关的优秀综述的指南(见 http://www.dtic.mil/和 T. O. 33B - 1 - 1)。

无损评定(NDE)、无损检测(nondestructive testing，NDT)和无损表征(nondestructive characterization，NDC)，尽管具有相似的含义，却有略微不同的应用内涵。NDT 长久以来是 NDE 的一个子集，通常认为是几种定义明确的 NDT 方法的应用：X 射线检测(常被称作射线检测，RT)、超声(常被称作超声检测，UT)、涡流检测(ET)、磁颗粒检测(MT)和染料渗透检测(PT)。美国无损检测协会就每种 NDT 方法为不同专业程度的检测员提供专业水平的课程。而 NDE 则包含对检测和检测方法更深入的分析和理解，更多地用在研究领域。NDC 则集中于材料表征，如晶粒尺寸、密度和均匀性。不同的产业和团体倾向于不同的术语。这些术语经常混用。

历史上，NDE 主要应用于金属。陶瓷材料的 NDE 数据库很少，不论是单体还是复合材料。金属上的应用在很大程度上被航空航天、核电站(主要是不锈钢焊件)、燃煤能源系统(主要是碳钢压力容器)、炼油压力容器和储罐以及其他压力容器应用所驱动。针对多种部件和不同应用的标准检测方法通常会明确检测所需的持证检测员的水平等级。部件生产商的保险公司和担保方对检测需求起到推进作用。现阶段，陶瓷基复合材料缺乏被广泛认可的规范和标准。所以先进陶瓷的检测需求并没有被很好地定义。在 CMC 拥有广泛应用的现实环境下，这一局面正在迅速改变。

3.7.1 需求和要求

每种无损检测都旨在检测人们关心的特定缺陷。人们关心这些缺陷是因为它们对性能有负面影响。零件性能被应用要求所约束，应用要求对力学和/或热性能设置了所容许影响的极限值，这些极限值又驱动了对不合格缺陷的定义，最终确定了 NDE 要求的阈值或接受-拒绝标准。在理想情况下，材料性能设计许用值与缺陷影响研究、材料/微结构/结构模型和寿命预测模型紧密相关。这些许用值将形成检测要求，检测要求将推动基于 NDE 能力定量评估的 NDE 方法的选择和检测标准(接受-拒绝标准)。图 3.7.1 概述了建立 NDE 接受/拒绝标准或检测阈值的步骤。

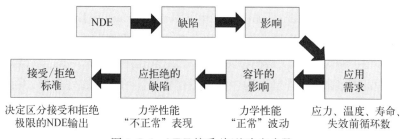

图 3.7.1　NDE 接受/拒绝决定步骤

另一个方法是以尽力而为的检测能力来确定基于给定检测能力的材料性能，这将为材料在特定构件和系统中的使用设限。

一般检测需求属于下列范畴之一：生产质量保障、服役中损伤检测、确保重新使用时完整性的修复检测。这一节讨论的 CMC 状态和相关缺陷包括但不限于以下几条：

（1）生产质量保障：密度、总孔隙率、空洞、夹杂、分层、掉层/缺层、纤维错排、纤维断裂、纤维缺失、基体化学组成失配、熔渗不完全、基体开裂、加工缺陷、力学性能和热性能。在每个案例中，检测和表征的程度很重要。

（2）服役中缺陷检测和材料条件评估：纤维-基体界面氧化、分层的出现和程度（如因为冲击和热暴露）、损伤积累（即基体开裂）和一般的退化。

（3）修复质量保障：CMC 的相关资料还不全面。

本节没有提及修复质量。在有限的 CMC 高温应用中，还没有确定服役检测和修复质量 NDE 的相关要求。本书将在适当部分提及一些服役检测方法发展研究的例子。还需要很多研究来建立 CMC 性能和检测需求的必要数据库，包括缺陷检测极限、接受-拒绝水平和材料表征要求。

在以上评论中，很少关注构件是通过二维机织铺层还是三维编织结构制造。目前除了分层检测，还没有数据库能从 NDE 的角度区分二维铺层和三维编织结构。尽管纤维结构从根本上影响所用方案和最终数据的信噪比，但目前应用这些 NDE 方法还没有显著的区别。

3.7.2 无损检测方法

每种相关无损检测方法将在以下各部分进行简要描述。

3.7.2.1 红外热成像

热成像，或确切地说，主动式热成像，是一种使用热来探究待检零件并检测零件表面温度的 NDE 方法。在脉冲（或闪光）红外热成像中，用一个高强度闪光灯快速加热零件的一侧，并用红外相机监测零件的同侧（即反射模式）或对侧（即透射模式）。零件中的热流受材料的热性质、零件几何形状和内部缺陷等几个因素的影响。热流是动态的，零件前后表面温度都会随时间改变。红外相机在视场内捕捉温度-时间轮廓图。下面将用一个例子来强调应用闪光热成像法检测内部缺陷。

当检测一块平整、厚度均匀、厚度方向和整块板材中成分都均匀的复合材料板材时，以反射模式检测该板材，闪光瞬间将板材的前侧加热，同时红外相机检测板材的前侧温度。如果板内无缺陷，相机记录的温度会在闪光时突增，之后稳定下降到环境温度。因为热流是扩散现象，前表面的温度会指数下降，直到热量抵达后表面并渐近达到环境温度。在任意给定的时间（即任意给定的红外录像时间区间），除了初始加热轮廓图的瞬时差异，整块板的前表面温度是均匀的。然而，如果板材内存在局部的阻挡热流的缺陷，如空洞或分层，缺陷附近的前表面温度会在高温停留更长时间。与周围的好材料相比，在缺陷上方的前表面会形成一个热点。相似地，在透射热成像中，以零件为参照，红外相机处在闪光灯的对侧，后表面的温度会随着时间先达到一个峰值，再稳步下降到环境温度。热阻碍的存在将使红外画面出现冷点，因为阻碍遮蔽了来自前表面的热流。使用热成像检测缺陷的基本原理就是寻找红外图像中对比的改变，其意味着热流的内部改变。图3.7.2.1(a)展示了透射热成像法检测包含一列不同尺寸和深度的圆形分层样(内部切除)缺陷的CMC板的灰度图。左上角的圆形亮斑是方向标记，不是缺陷。更深和更小的缺陷更难检测。

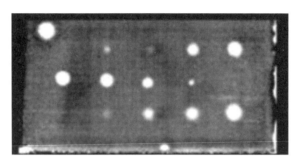

图3.7.2.1(a)　透射热成像样例，具有不同尺寸和深度的内部
　　　　　　　分层样缺陷的小 SiC/SiC CMC 板(3 in×6 in)

　　　热成像数据处理的先进方法包括分析相机视场内独立像素的温度-时间轮廓图。除了在闪光后观察不同时间的温度图像(即帧)，有时可观察温度相对时间的一阶或二阶导数，有助于增强对比度，对缺陷检测有帮助。其他像素处理方法能将视场内的温度归一化，去除横向闪光不均匀和零件各部分辐射系数差异导致的影响。一种像素处理方法，假设热导率已知且是常数，则可以确定缺陷深度或零件厚度[①]。图3.7.2.1(b)展示了该方法处理分层样缺陷CMC试样的结果。试样中每排缺陷的深度不同。右上角的圆形亮斑标明方向，不是缺陷。

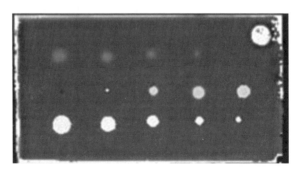

图3.7.2.1(b)　使用合成飞行时间深度成像法测定分层样缺陷
　　　　　　　深度的反射模式热成像样例，3 in×6 in SiC/SiC
　　　　　　　CMC 试样，每排缺陷深度不同

---

　　① 通用电气关于合成热飞行时间深度成像的论文：Ringermacher, H. I., Howard, D. R., "Synthetic Thermal Time of Flight (STTOF) Depth Imaging", Review of progress in Quantitative nondestructive Evaluation, ed. D. O. Thompson and D. E. Chimenti, Vol. 20, 2001。

另一种像素处理方法,假设零件厚度已知,则可以确定未知的热扩散系数。这由透射模式完成最为容易,但若有合适的像素处理方法,则反射模式也能测定热扩散系数①。热扩散系数的测量使得热导率可以通过材料的比热容和密度计算得到。图 3.7.2.1(c)展示了 12 个不同分散孔隙率的 CMC 样品的扩散图像的拼接图,孔隙率标注在样品图像上。

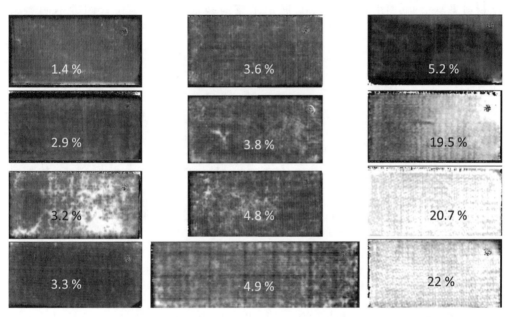

图 3.7.2.1(c)　12 个不同开孔孔隙率(见图像上的注释)的 SiC/SiC CMC 样品透射热成像
　　　　　　　检测的扩散图像拼接(为防潜在敏感信息的泄露,热扩散系数的尺度被设
　　　　　　　限,所有图像灰度尺度相同)

热成像因其非接触、可检测大区域并且非常快速,成为具有吸引力的 CMC 检测方法。另外,热成像检测结果很容易解读。尽管如此,发展和优化热成像检测时,有多个因素需要注意。选择红外相机时必须认真考虑红外带宽、检测尺寸(长宽像素数)、温度敏感性、视场、帧频率和透镜选择(如焦距和景深)。热源通常是一组同步的摄影闪光灯从而提供短而高强度的闪光;还建立了有调节闪光能量脉冲的专利方法②;零件的热性质也必须给出。例如,对于热量流动较快的材料(高热扩散系数),必须选择高帧频的相机以捕捉薄板中的快速变化。低热辐射系数的零件可能需要经过使其能从闪光中吸收更多热量的处理方法;例如,如果允许的话,则可将零件涂黑。一些材料是热透明或半透明的(如氧化物/氧化物复合材料),这使得热成像检测更为

　　① Thermal Wave Imaging 公司热成像信号重建:http://www. thermalwave. com/1/376/technology. asp。

　　② http://thermalwave. com/1/376/precision_flash_controller. asp.

复杂。数据采集方面要考虑相机–零件距离、屏蔽闪光发散反射和假热源对相机的影响。需要保护操作人员视力免受亮闪光影响。

已证明红外热成像对 CMC 的多种缺陷和材料状态敏感。如果空洞和夹杂与周围材料热性质不同，则可测出。类似地，分层缺陷也可测；然而，由于难以制备测试样品中的实际分层缺陷，因此限制了测试结论的置信度。在 CMC 制造中可能有多种夹杂材料需要检测。图 3.7.2.1(d) 展示了反射热成像检测一块含四种不同夹杂（Grafoil 柔性石墨、钨、手套和 Mylar 聚酯薄膜）的 3 in×6 in CMC 的前表面和后表面图像。后表面的检测图像经过左右镜像处理，使得夹杂顺序反转以便与前表面检测图像对比。

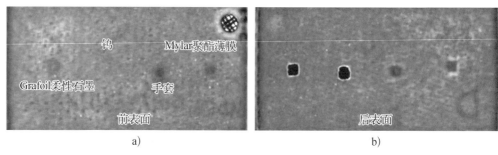

图 3.7.2.1(d)　含不同夹杂的 3 in×6 in 的 SiC/SiC CMC 试样的反射热成像图像
a) 前表面图像；b) 左右镜像翻转后的后表面图像

很多变量会影响红外热成像检测的效果。待测件的几何形状尤其会使结果解读复杂化。当不要求闪光和相机角度与表面垂直时，材料的局部厚度会严重影响结果。图 3.7.2.1(e) 展示了 3 in×6 in 模拟叶片的截面图[a)分图]和反射热成像检测这一

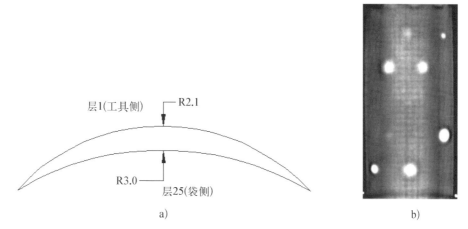

图 3.7.2.1(e)　3 in×6 in SiC/SiC CMC 模拟叶片成像效果
a) 截面图；b) 包含厚度方向不同深度分层样缺陷的反射热成像图像

零件的结果[b)分图],结果显示零件包含厚度方向上不同深度的分层样缺陷。叶片的厚度变化通过减少前后边缘附近的铺层数目实现。试样长度方向厚度均匀。叶片厚度的变化给热成像图像带来了十分明显的变化,使缺陷检测复杂化。

空洞、夹杂和分层等的局部缺陷的检测受零件深度限制。层中热扩散会掩盖零件深部的缺陷[见图 3.7.2.1(e)]。根据经验法则,当缺陷的横纵比(缺陷的层中尺寸除以它距离上表面的深度)小于 1 时,缺陷检测能力显著下降。材料状态的分布不受这一限制的影响;总分散孔隙率和密度变化可能会改变实际热扩散率,使检测成为可能[见图 3.7.2.1(c)]。遗憾的是,热扩散率与孔隙率或密度等材料性质状态的最终联系会被其他变量复杂化,包括零件的几何形状、材料组成和构型以及制备工艺,所有这些都影响测得的热扩散率。目前仅能获得材料状态的相对变化。任何情况下,在具有代表性缺陷和材料状态的真实零件上对选定的方法进行全面测试,以确保恰当和充分的检测,这一点很重要。

CMC 热成像法的研究主要集中在脉冲闪光法。然而,其他类型的主动式热成像法也已开发,并可用于研究。在瞬态热成像法中,对零件施加热量的时间比闪光热成像法长,有潜力减少系统在热源上的成本。在锁相热成像法中,热激励是周期性的。振动热成像法用声振动摩擦缺陷位置附近的表面(如断裂面)产热,周围材料不被加热从而使缺陷能通过红外相机记录的温度差检测出。

3.7.2.2　超声检测

超声波无损评估被用于表征内部结构或检测零件表面下的不连续。该技术是通用方法,对构件的薄厚部分均适用。由于声传播对材料的很多性质都敏感,该技术可用于检测孔隙率、分层、材料裂纹、密度变化和几何形状。图 3.7.2.2(a)展示了 1 个 3 in×6 in 包含圆形分层样缺陷的 CMC 样品的透射超声振幅图像。图像右上角的圆形标记是方向标记,不是缺陷。图 3.7.2.2(b)展示了具有不同总孔隙率(数值标注在样品上)的 12 个 CMC 样品的透射超声检测振幅结果的拼接图像。

超声检测设备至少包括换能器、脉冲发生器/接收器以及信号可视化手段。通过

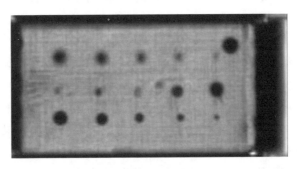

图 3.7.2.2(a)　包含不同深度分层样缺陷的 3 in×6 in SiC/SiC CMC
　　　　　　　样品的浸没超声图像

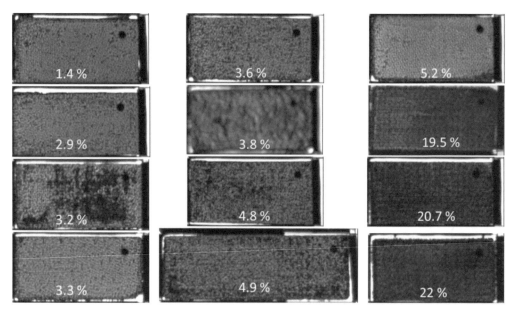

图 3.7.2.2(b)　12 个不同孔隙率(由每个样品上的注释标明)SiC/SiC CMC 样品的浸没超声图像,所有灰度尺度相同

检测信号的图像处理、换能器和仪器的优化等超声检测技术最新的进展极大地增强了近表面分辨率和减少电子噪声。距离-振幅校正也对高衰减的厚材料有所帮助。因此,检测技术的建立和执行可能相对简单,但测量仪器、设置、使用和数据处理可能极为复杂。根据构件的应用和关键程度,检测所需的验证过程可能也很关键,须在应用到产品或装机检测过程前完成。有关这些主题更多的细节将在后续章节中讨论。

3.7.2.2.1 超声操作原理

超声检测指通过在介质中产生和检测振动波的传播来表征结构的方法。CMC的超声检测振动激发频率取决于特定的检测需求和材料的衰减性质,通常范围为500 kHz～20 MHz。振动能在固体介质的纵向(振动与波传播方向相同)或横向(振动与波传播方向垂直)引入。横波通常被称为剪切波,传播的声速比纵波慢。非固体介质,如液体或气体,仅能支持纵波。

引入材料的声波将沿直线以常速传播(除了各向异性或不均匀的特殊情况外),直到由于材料变化引起的声阻变化而被折射或反射。因此,能检测声波传播的不连续性,比如空洞、夹杂和分层,因为它们相比周围材料表现出不同的声性质。关键要求是传播材料和待检特征之间要有足够的声性质差异。此外,如果传播波的波长明显比缺陷特征大,则反射信号的分辨率将不足以检测到这一特征。高频换能器能生成更短波长的波,因此能提高针对小目标的检测灵敏度。然而,由于超声信号的衰减随频率的增加而增大,用高频换能器检测如 CMC 这样高度不均匀的材料是很困难的。影响换能器选择和其他实验参数的因素将在本节的余下部分讨论。

CMC 超声检测使用两种主要方法：浸没式和接触式。浸没式方法要求待检零件浸没在液体里，该液体同时浸润零件和产生声波的换能器表面。通常用水作为耦合剂，但是如有必要，对于特殊应用也可选择其他液体。浸没式方法将换能器置于离零件表面一定距离处，因此有一定的自由度调整超声束相对零件表面的方向。精确的换能器朝向和位置可为复杂的零件几何构型提供接触式检测难以达到的检测范围，接触式方法的换能器、楔子、延迟线或其他界面与待检零件直接接触。浸没式可通过模式转换在零件表面同时产生纵波和剪切波等不同的入射声方向。因为不同模式的声性质不同，纵波和剪切波的检测也可用来进一步改善检测效果、提高灵敏度以实现特定缺陷表征。此外，浸没式方法允许使用聚焦束换能器，这也能提高检测灵敏度和分辨率。

另一种超声检测方法利用导波。导波有复杂的传播模式，涉及平面内对称和非对称的粒子运动。这样的模式很多，每种都有速度分布曲线。应用时间飞行以及可能的反射和透射振幅，能够测定材料的弹性模量。复合材料通常各向异性(包括在复合材料平面内以及垂直该平面的方向)，导致弹性性质随方向变化。在某些情况下，这些弹性性质与材料状态和损伤积累有关。

3.7.2.2.2　检测模式和缺陷检测

浸没式方法有两种检测方式：脉冲回波模式和透射模式。脉冲回波依靠检测零件内特征声波的直接反射或因样品声性质不同造成的参考信号衰减而识别缺陷。例如，空洞和分层的存在可通过检测体积可测的嵌入孔或平面分层的反射信号识别出。缺陷导致的不连续通常指某个与周围材料声性质区别很大的区域。分层，或者主要由空气组成的层状区域，对声波的反射遵从与自由表面类似的折射和反射定律。然而，如果空洞或分层充满液体或其他固体媒介，不连续的声性质可能与基体材料更相似从而使缺陷平面只有较小的反射。

脉冲回波检测模式也可通过检测穿过零件的参考信号振幅的衰减而识别缺陷。对复合材料板总体加工缺陷的扫描常规上采用反射平面技术，声波透过复合材料板传播，被复合材料板后面的金属平板反射回换能器[见图 3.7.2.2(a)]。反射信号的振幅变化被检测。反射板信号振幅的减小表明超声传播能量的变化，这常与复合材料中材料性质(分层、孔隙率、纤维排布等)可能发生变化的区域相关。类似地，接合点附近基体裂纹的分布或薄板零件的冲击损伤区域可能更容易通过反射板信号衰减被检测出[见图 3.7.2.2.2(b)]。检测结果通常表示为二维图像，图像的 x-y 维度在空间上对应零件的扫描区域。超声振幅被表示为颜色分布图，表现出高衰减(低振幅)的区域可从周围材料中被辨认出。图 3.7.2.2.2(b)展示了 CMC 经常观察到的超声响应变化。

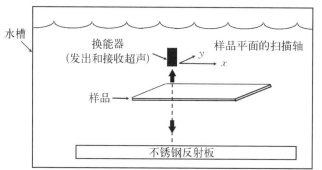

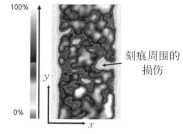

图 3.7.2.2.2(a)　CMC 反射板浸没超声检测设置示意图　　　图 3.7.2.2.2(b)　反射板浸没超声
检测结果

透射检测使用两个换能器，一个用于传播，另一个用于接收零件中传出的超声信号。透射检测通常在浸没槽中进行，需精心排列换能器，使通过零件的信号可垂直进入接收换能器［见图 3.7.2.2.2(c)］。应用透射模式检测内含缺陷可能包括对信号穿过样品时衰减的简单分析，或者声频率变化和分散的更复杂评估。

CMC 零件的几何形状将导致超声检测复杂化。对于浸没模式而言，重要的是在进入表面保持入射束的适当角度。对于透射模式，接收换能器必须仔细安放来捕捉超声离开零件后表面时在该表面的折射。图 3.7.2.2.2(d)展示了如图 3.7.2.1(e)所示的模拟 CMC 叶片的透射超声 C 扫描结果。零件厚度变化的影响在本图中由颜色变化表示。

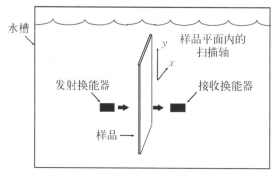

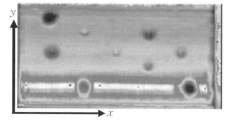

图 3.7.2.2.2(c)　模拟 SiC/SiC 叶片的浸没透射　　　图 3.7.2.2.2(d)　浸没透射超声 C 扫描
超声安装示意图［叶片的细节　　　　　　　　　　结果（右下角大点是
见图 3.7.2.1(e)］　　　　　　　　　　　　　　方向标，不是缺陷）

浸没方法仅能在浸没液不会伤害 CMC 的前提下才能直接应用于 CMC。对于某些致密 CMC 而言，一个简单的干燥循环就能将浸没液从开口孔隙中除去。然而某些 CMC 对水敏感，必须浸没在其他无损伤的液体里来进行检测。在这些情况下，进行检测前必须先制订一个除去零件开口孔隙中液体的特别步骤。对潮气或湿度严重敏感的情况则需采用空气耦合检测技术。

　　干耦合超声技术使用空气耦合压电换能器、专门设计的接触式换能器或激光产生超声。空气耦合换能器频率低，以便声波可在空气中传播并进入零件。由于空气耦合检测分辨率低，仅限于检测大的缺陷或者近表面的分层。图 3.7.2.2.2(e) 展示了一个 3 in×6 in 包含内部缺陷的 CMC 样品用一对透射模式空气耦合换能器检测的颜色梯度结果。

图 3.7.2.2.2(e)　包含夹杂的 3 in×6 in SiC/SiC CMC 样品
空气耦合颜色梯度超声检测结果

　　接触式换能器也可使用轮式探头、非破坏性楔子或延迟线，或通过换能器面上的磨损表面来检测对水暴露敏感的零件。轮式探头通过柔性材料与零件表面保持必要的声界面条件，该柔性材料与换能器一起在零件上移动。刚性延迟线和楔子作为换能器和零件之间的声界面；延迟线在主脉冲和前表面反射之间形成一个时间延迟，与此同时楔子在界面完成折射和模式转换。在某些情况下，换能器面上的磨损表面能与待测零件直接接触。在检测中，接触式探头在零件表面手动移动。如果零件表面和楔子之间有空气层，延迟线或换能器的磨损表面就会产生额外的信号损失，则可能需要耦合剂。同样地，耦合剂材料的选择也要考虑 CMC 对水和其他渗透液体的敏感性。对于所有的接触式换能器，穿透界面材料和多孔复合材料所需要的低频率会导致检测的低灵敏性。图 3.7.2.2.2(f) 展示了采用一对透射模式应用干耦合轮式探头/换能器对 3 in×6 in 含有夹杂的 CMC 的超声检测结果。

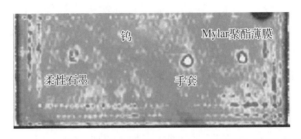

图 3.7.2.2.2(f)　包含夹杂的 3 in×6 in SiC/SiC CMC 样品
干耦合轮式探头颜色梯度超声检测结果

检测中使用的特定换能器、仪器和检测设置取决于 CMC 厚度、缺陷类型、灵敏度和分辨率要求。如前所述，使用高频换能器的超声检测通常对小缺陷更灵敏，但是在零件深度方向上的衰减和信号损失更大。CMC 因为通常具有高声衰减，需要高增益设置。新式仪器通常提供 80 dB 增益以及距离-振幅校正（一种放大形式），但是多孔和分层严重的材料可能需要额外的放大。不平的表面将带来束散射和反射时间测量值的变化。因此，可能有必要使用前表面跟踪波门。类似地，平板翘曲或零件几何构型导致的非平面表面可能需要使用跟踪信号，该信号可以作为相对于零件表面的时间参考。

3.7.2.2.3 校准

如果没有参考信号可供比较，获得数据后，对检测结果进行解读可能会很难。未知内含缺陷的尺寸和材料信息很难被提取出来，除非已经用相同的超声检测方法对已知缺陷进行了研究。从未知特征获得的信号与从已知尺寸、取向、深度和基体材料的特征获得的信号比较，可作为参考信息，用作检测中的特征评价标准。在理想情况下，这一参考信号应该使用相同材料的样品，由相同的检测设置产生，样品应具有与检测过程期望的尺寸和深度范围相同的嵌入特征。由于包含与所关注特征完全相同的实际检测材料不常能获得，因此使用具有相似声性质和已知嵌入缺陷的标准件进行校准。这些标准件可以是与待测材料类似的金属或模拟材料，再经过加工以包含已知目标特征。只要标准件能用与实际零件相同的方式来检测，并且信号衰减的差异可解释，这一标准件就能用作校准参考。在任何情况下，校准的目标是提供可重复的参考信号，这一信号对影响检测条件的因素敏感，可以用来与实际检测中采集的信号比较。

超声检测常用的校准目标须加工至合适的基体材料中。在零件上钻出最深处为"平"面的圆柱形扁平底部孔，经常被用来测量衰减量和检测灵敏度。零件上加工出的不同直径和深度的扁平底部孔用来表征检测中预期的缺陷尺寸和深度范围。另一种常用的校准目标物是"侧方钻孔"。侧方钻孔在零件侧面钻取，孔的轴与超声束方向垂直。与扁平底部孔相似，侧方钻孔的直径可调，以取得一定范围的检测灵敏度。侧方钻孔目标的优势是可以从孔周围一系列放射性分布的束方向检测。对于使用多种不同束角度的检测，包括纵波和剪切波，使用同一目标校准对于检测设置很有帮助。

尽管可以通过比较从实际零件和从加工目标物采集的信号得到检测灵敏度的相对值，如果使用的特征不能够准确代表检测中预期的缺陷，就无法取得真实的检测灵敏度。为制造出能代表可能自然发生的加工缺陷和服役损伤，已付出了很大努力。致力于在生产中消除缺陷的 CMC 生产商被要求故意生成缺陷时，这一难题很快变得十分明显。由于改变高度优化的生产工艺难度和成本都较高，所以真实零件偶然出现的制造缺陷经常被当成是黄金标准，被用来与其他更容易制造的校准标准作比较。制造可用于真实 NDE 灵敏度研究的实际缺陷的研究正在进行，制造有代表性的 CMC 的分层、空洞和孔隙的方法也在持续地开发。

3.7.2.2.4 数据解读和处理

对于很多研究领域而言,检测信号的处理本身已经成为一门科学,超声也不例外。换能器在零件上移动时接收的振幅-时间信号称为 A 扫,A 扫的直接观察结果可以利用一个振幅阈值来检测嵌入缺陷。任何接收到的超声信号如果偏离特定振幅水平的都被视作反常,需要进一步的探究或者进行有损表征。换能器穿过一条线时收集到的 A 扫的二维图称为 B 扫。B 扫显示的观测结果可提供更多嵌入缺陷附近反射振幅的代表性信息。通过将特定时间飞行串口内的最大振幅映射到换能器在零件上扫描和编码时的 $x-y$ 位置,可实现从 A 扫数据生成二维区域扫描。该二维图称为 C 扫,它可通过任意图像处理算法来处理以增强图像给操作者的视觉效果或实施自动缺陷检测方案。确定特征形状和评价材料噪声的分析过程可应用于 C 扫振幅,来决定零件的通过/作废评估。通过检验飞行时间的最大反射振幅可以取得更多的信息。例如,如果 C 扫中峰值振幅出现变化,但是所有的峰值都在零件同一深度取得,那么这一信息可能暗示特定深度发生了材料性质变化。对 A 扫数据频率内容的进一步分析也可以用来确定材料性能的更多信息。

3.7.2.2.5 实施中的问题

超声检测的安装依据所关注的材料和缺陷的特征来选择。如前所述,高频率换能器(10 MHz 或更高)通常用于更高空间和时间分辨率的检测。然而在这些频率下材料中的超声传播对材料的微观不规则非常敏感,故而在许多复合材料和多孔材料中噪声很大。使用低频换能器能减少材料的噪声效应,但是这样做会限制检测的灵敏度和空间分辨率。

换能器直径的选择也将影响检测设置。大直径换能器可在零件中取得更大的穿透深度,但是也会导致更大的束直径,进而导致低空间分辨率,除非聚焦合适。类似地,为了在零件所关注的深度达到最大的灵敏度,焦距的选择对于浸没检测很关键。对于特定的频率和待测材料,保持恒定的焦距/换能器直径比将在零件深度上提供恒定的束直径。通过调整换能器位置将焦点移动到零件内感兴趣的区域附近可取得最大的检测灵敏度。

其他参数设置会影响检测的精度和有效性,具体与使用的仪器相关。脉冲发生器的设置,如电压、脉冲形状、脉冲宽度在很大程度上取决于换能器的选择。检测速度的优化需要使用足够高的脉冲重复速率以便在检测中实现全覆盖。然而,最大重复速率取决于声速和零件厚度,要确保后来的信号在时间上不会叠加。一旦选定了检测方法,也要确定设置应用和仪器具体检测参数的指南。

尽管此处不会详细论述,相控阵技术也可用于检测 CMC。由于 CMC 内在的不均匀性,应用前必须仔细表征相控阵换能器和检测步骤。在很多情况下,相控阵技术提供的检测速度和量会被材料结构导致的超声噪声抵消。阵列换能器已经成功应用于有机基复合材料(OMC)的检测,其在损伤和分层检测上的应用也是一个快速发展的研究领域。

3.7.2.2.6　发展方向

许多研发工作都围绕影响 CMC 性能的特定种类的材料缺陷的检测。孔隙（包括分散的和局部的）必须得到控制，因为孔隙会影响材料强度，改变损伤模式和氧化行为。隔绝在基体材料中的闭孔能提供裂纹萌生点或通过降低应力承载能力使强度下降。分层或局部的层间脱粘经常妨碍材料更深处的缺陷检测。开发多角度检测缺陷的方法可实现三维检测缺陷。应用分析方法评估 NDE 响应也是一个成长中的研究领域。由于 CMC 对超声的响应差异很大，需要开发定量的分析方法来判定一个响应是否显著偏离了材料的预期正常范围。此外，对于先进材料而言，相比单纯的缺陷检测，将 NDE 响应与能够表征的其他材料性质相关联正变得越来越重要。

3.7.2.3　射线检测

射线检测通过在物体上照射 X 射线、伽马射线或中子形式的放射能量穿透束，然后收集成功穿过测试体到达永久胶片屏、可重复使用平板接收器、一维阵列或二维阵列等接收器的能量来生成图像。接收器可以提供测试部件的内部结构图像，其突出了在照射束路径上的材料密度差异。背散射方法也在开发，但不在本节讨论范围。

3.7.2.3.1　操作模式

目前有两种射线检测方案：透射射线检测和计算机断层成像（CT）。两种方案对于不同的检测器类型都有不同的操作模式。透射射线检测使用透射射线在永久胶片或可重复使用的数字平板接收器/检测器上［后者称为数字 X 射线摄影（DR）］取得射线检测密度分布图形式的投影射线检测图像。数字平板接收器提供数据作为数字媒介，实现了电子存储、复制、传递和数字信号处理的便利。计算机 X 射线摄影（CR）采用光激励的磷光成像板接收器，事后经激光扫描来读取并数字化存储的图像。放射检测法指使用荧光屏直接观察或数字成像。注意，尽管胶片相比数字摄像能够提供较高分辨率的数据，但为了方便数据分享或处理，会将实体胶片转化为数字形式，此时会造成图像分辨率的损失。但胶片自身也会随着时间推移而发生退化，因此这种转化造成的损失影响也相对弱化了。另外，数字形式使图像后处理成为可能，图像亮度和对比度的提高能弥补分辨率的损失。

CT 使用透射射线来收集图像，通过计算机辅助重构处理成三维体相数据。这里，测试部件放置在一个可调的水平旋转台上，一系列的透射数据在此采集随后进行三维重构。CT 在恒定高度的旋转转台上以均匀的角间距将投影数据拍摄到一维或二维探测器阵列上。使用一维阵列拍摄的数据称为线性 CT，使用二维阵列称为体相 CT（VCT）。重构处理之后，线性 CT 的数据集可产生由源和一维阵列之间的区域定义的二维图像"切片"或截面层，而在多于一种转台高度重复扫描序列中可以得到多于一个的二维图像切片，由此产生三维体相图像数据。在 VCT 中，源和二维阵列定义了一个放置测试部件的体积而不是面积，所以转台的单次转动在重构处理后能获得体相数据。

CT 的射线检测扫描仪可根据图像分辨率和的空间定义分类，空间定义基于电子束束斑尺寸、X 射线束射入和射出测试物体时的尺寸以及它在检测器像素上的透射。束斑尺寸最初由使用的射线检测系统的电子束聚焦决定。CT 的体素由检测器距和扫描测试物体的放大倍率决定。通常，更小的像素间距和更高的放大倍数会带来更小的体素尺寸，提供更为精确的显示。表 3.7.2.3.1 估计了当今 CT 基于焦点尺寸的分辨率差异。

表 3.7.2.3.1　CT 分辨率情况

类　　型	体素尺寸/μm
纳焦	<1
微焦	$1\sim50$
小焦	$50\sim400$
大焦	>400

3.7.2.3.2　校准

射线检测系统的基本性能特征通过使用参考试块来测定。通过分析从参考试块包含的特征获得的检测数据来确定系统参数，包括机械校准、转台高度变化一致性、空间一致性、噪声、低对比度、空间分辨率（包括调制传递函数）、有效能量和线性，以及可靠性和稳定性（即随时间变化的测量准确度和精密度）。

3.7.2.3.3　处理和解读

在观看及解读图像以便做出验收决定前，应对取得的射线检测数据进行处理，处理需根据使用的特定接收器类型，包括永久胶片、屏幕、DR 或 CR 中的可重复使用平板接收器以及 CT 的一维和二维阵列接收器。胶片处理是一个化学过程，将照相乳剂中经射线曝光的卤化银颗粒转化为金属银，同时去除未曝光的卤化银颗粒。处理后所得的胶片是一个灰度密度分布图，可转化为数字形式或使用照明装置观看。胶片数据的解读由一系列辅助措施来帮助解读者分辨小缺陷。其他解读辅助包括参考射线检测以及在检测待测部件的同时使用参考试块。

可重复使用平板接收器的处理与其类型一样多样。荧光屏幕在激发后的有限时间内持续发射可见光，持续时间根据生产过程的不同变化很大。中子灵敏屏幕、高能屏幕和荧光平板具有类似的持续时间考虑。可重复使用 CR 成像板用激光来读取和数字化。每一种可重复使用平板接收器生成的图像的解读取决于结果图像的质量。如永久胶片一样，解读这些图像可通过使用参考射线和参考试块来进行辅助。

CT 处理使用试样的多角度透射数据数字重构内部结构的界面图像。CT 的一个主要益处是特征不会像在射线检测的投影图中那样重叠，这样使得显示更容易解读。为测定一个特征的深度位置，采用了三角测量技术。线性 CT 的数据通过旋转以及可能的待测部件垂直移动来获得。体相 CT（VCT）只需要旋转，然后将该系列投影按照数学方式反透射到二维平面（线性 CT）或三维体相中。随着透射数量的增加，更精确地重构部件的能力也提高了。CT 的局限之一是检测时间长,新技术正在缩短 CT 检测所需时间。

3.7.2.3.4　发展方向

CT 的发展方向包括通过先进图像处理减少 VCT 数据中产生的图像伪影。另一个方向是有限角、切向和环形重构 CT,这对大型复合材料结构件的检测有益,因为所能到达的零件面积有限。有限角 CT 指旋转台不完全旋转 360°,而是只旋转一部分。切向和环形重构为只需要环形圈内尤其是结构外侧附近信息的大型柱状结构提供了便利。

射线检测方法已经在 CMC 中成功应用。图 3.7.2.3.4(a)展示了在样品厚度方向三个不同深度处含有内部分层样缺陷的 3 in×6 in SiC/SiC 样品的 CT 切片。图 3.7.2.3.4(b)展示了一个相似样品的 DR 结果。

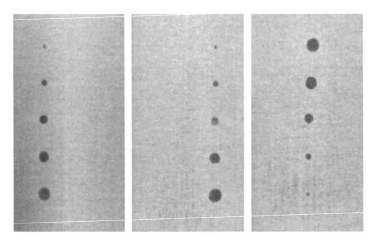

图 3.7.2.3.4(a)　　含有不同深度内部分层样缺陷的 3 in×6 in SiC/SiC 样品的 X 射线 CT 图像

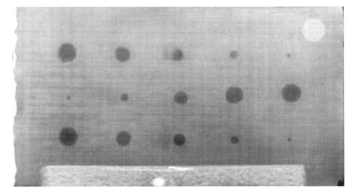

图 3.7.2.3.4(b)　　含有内部分层样缺陷的 3 in×6 in SiC/SiC 样品的 DR 结果(右上角的亮圈标识是方向标记不是缺陷,图像底部的水平亮条是夹持装置)

CT 的一个优势是不必考虑零件的几何形状即可构建零件厚度上的密度分布图。图 3.7.2.3.4(c)展示了图 3.7.2.1(e)所示的模拟叶片样品的 CT 切片拼贴图。在这些图像中，每个分层样的缺陷都很明显。相比之下，DR 会受到厚度变化的不利影响。图 3.7.2.3.4(d)展示了 DR 的结果[见 b)分图]和沿检测图中所示垂线的强度轮廓图[见 a)分图]。沿着样品可见很大的强度变化。两个分层样缺陷在图中不可见，在强度轮廓图中也几乎不可见。

由于材料透射的 X 射线的衰减是材料密度（和组分）的直接函数，射线检测可用来测量 CMC 样品的密度和孔隙成分。图 3.7.2.3.4(e)展示了 12 个不同开孔隙率（标注在样品上）CMC 样品处理过的 CT 数据。为了显示的需要，这张图的每个图像都包含了零件全厚度上所有 CT 切片的平均；正常情况下 CT 切片是独

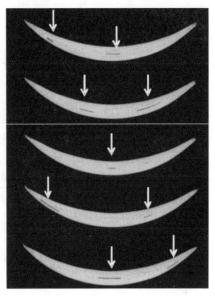

图 3.7.2.3.4(c)　图 3.7.2.1(e)描述的模拟 SiC/SiC 叶片样品的 X 射线 CT 截面图（箭头指示的是分层样缺陷）

立查看的。图 3.7.2.3.4(f)展示了相同样品的 DR 结果。DR 对这些图中很明显的开孔隙率程度的灵敏度有限，可能是受选用的特定检测参数的影响。

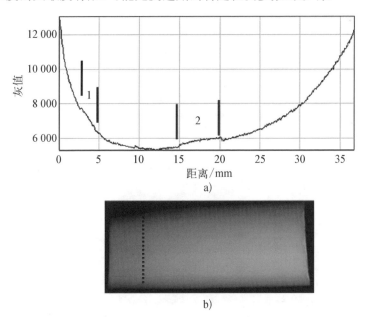

图 3.7.2.3.4(d)　图 3.7.2.1(e)描述的模拟 SiC/SiC 叶片样品的 DR 结果

a) 沿检测中所示垂线的强度轮廓图；b) 图像分层样缺陷在图像中不可见在强度轮廓图中也几乎不可见

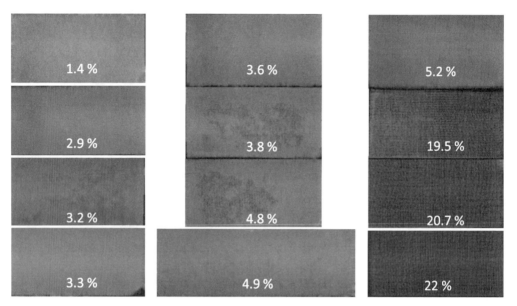

图 3.7.2.3.4(e)　经过处理的 12 个不同开孔孔隙率 SiC/SiC CMC 样品 CT 图像（为显示需要，每个图像都是所有 CT 切片的平均）

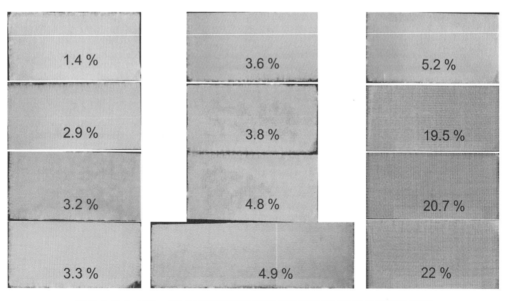

图 3.7.2.3.4(f)　12 个不同开孔孔隙率 SiC/SiC CMC 样品的 DR 图像

　　射线检测能够检测 CMC 的夹杂,比如手套材料和 Mylar 聚酯薄膜片。图 3.7.2.3.4(g)展示了包含 4 个不同材料小夹杂的样品的 X 射线 CT 图像。钨夹杂上下的大条纹是在该夹杂和 CMC 中间大密度差异导致的金属条纹伪像。同一个样品也进行了 DR 成像,结果如图 3.7.2.3.4(h)所示。

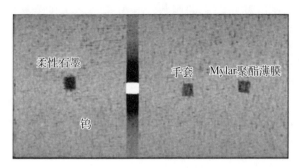

图 3.7.2.3.4(g)　含有夹杂的 3 in×6 in SiC/SiC 样品的 X 射线 CT 图像
(该二维图像绘制的是全厚度平均值)

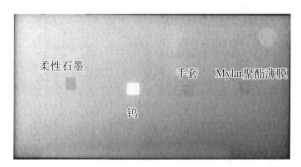

图 3.7.2.3.4(h)　含有夹杂的 3 in×6 in SiC/SiC 样品的 DR 图像

3.7.2.4　微波检测

　　微波是一种非接触电磁波检测方法,对不导电材料的介电性质变化敏感。它通常在 5~50 GHz 范围内操作。材料体相介电常数的变化可能由密度或分散孔隙率变化引起。其他材料变量也可能引起介电常数的变化,例如纤维体积分数和加工变量。

　　该方法将源发出的微波辐射传过待测样品。这一路径上介电常数的变化会引起微波能量的反射。材料前后表面也同样会发生反射。后表面的反射可被材料后面的金属反射板增强。反射的辐射通过材料后,由波导管内的两个相隔四分之一波长的微波接收器组成的相敏探测器测量,而微波源也在波导管中。接收器将测量源微波和所有反射微波能量之和。总材料介电常数(或折射率)的不同会以材料波长为单位改变微波路径长度,改变穿过材料的辐射相位,也改变检测到的辐射相位。任一接收器的灵敏度都可通过微调频率或探头到材料的距离对介电变化进行优化,在这一情况下，第二个接收器变得对介电变化不敏感。x - y 扫描能够绘制出优化的检测器检测到的介电常数变化图。

　　这种方法不仅对材料变化敏感，也对厚度和距离的变化敏感。温度能够驱动频率漂移进而影响结果。该方法可假定其他变量都是常数，在小介电常数变化范围内校准，小介电常数是密度和孔隙率的函数。介电常数较大的变化会导致响应变得非线性而造成解读问题。由于相位仅在一个波长内可知，如果以波长计算的路径长度变化过大，可能有额外的复杂性和模糊性（如超过一个波长）。

　　内部空洞、夹杂或孤立缺陷的微波检测也是可能的。高微波频率可提供对这些缺陷更好的深度分辨率。此外，材料前后表面在检测中会产生反射，但是缺陷带来的介电常数差异会给总接收微波能量创造额外的反射。净反射辐射进入波导管并被相敏检测器测量到。图 3.7.2.4 展示了包含 3 个圆形内部分层样缺陷的 3 in×6 in 样品的一个频道的微波检测结果（振幅）。

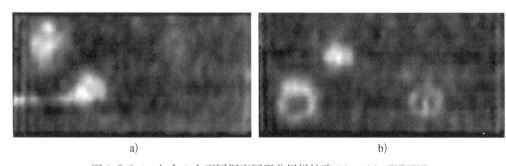

a)　　　　　　　　　　　　　　　　　　b)

图 3.7.2.4　包含 3 个不同深度圆形分层样缺陷 3 in×6 in SiC/SiC
CMC 样品的微波检测结果（振幅）

a) 样品前面的扫描；b) 样品上下翻转后从后面的扫描

　　材料中缺陷的深度会影响微波信号的相位。同样地，仅依靠一个频道（一个接收器）来检测缺陷可能会导致深度上对缺陷不敏感的死区。幸运的是，其他接收器对这些区域中的缺陷敏感。

　　可通过将两个检测频道以不同数学关系合并进行两种方法的信号处理（材料变化的检测，如孔隙率或密度以及缺陷）。例如，相位可以从两个频道比值的反正切提取。更简单的关系包括两个频道的加或减。

　　微波方法的空间分辨率受波导管的尺寸限制，而该尺寸是波长的直接函数。然而，由于波导管开口灵敏度的不均匀性，分辨率实际上小于波导管的尺寸。

　　微波的校准方法仍在发展。一种方法是运用组分和厚度相似的参考材料，并且需要调整探头距离来优化一个接收器随距离变化的响应。如上所述，微波方法对频率漂移和温度变化敏感，因此任何应用都要注意这些影响。

　　微波方法只限于在不导电的材料上应用。扫描一个零件会有几何构型效应，包括使解读复杂化的棱效应。需要仔细的验证试验来证明对材料状态变化和多种缺陷的敏感性。缺陷的检测可能受限于信噪比的问题,这里的"噪声"是指对该方法同样敏感的真实材料变化。

3.7.2.5 新兴的和潜在的 NDE 方法

一系列其他的 NDE 方法正被研究应用于 CMC 检测,包括新兴方法。本节将简要介绍其中的部分方法。

3.7.2.5.1 冲击声共振

冲击声共振光谱是一种测量零件的共振和阻尼的方法。零件被某种形式的冲击或振动激发来引起材料的共振振动。材料表面位移用振动计(如一个激光干涉仪)测量。频率响应和阻尼可从获得的信号推测出,并与孔隙率相关联。此方法据报道可以检测内部空洞和孔隙成分。

3.7.2.5.2 导波

面内弹性模量可用超声导波测量,内部损伤或材料状态也可与此关联。一个超声波换能器可用来产生超声导波,同时一个或两个其他的换能器用来接收波并测量飞行时间进而得出声速。超声导波可用来探明弹性模量,进而判定损伤参数。由于弹性模量可以和损伤参数联系起来,而损伤参数随损伤积累(如多个基体裂纹)而定。这一方法在部件健康检测或服役损伤方面有潜在应用前景。

3.7.2.5.3 其他方法

一系列新的 NDE 方法可供选择,并且可能适用于一般的 CMC。以下介绍仅出于提供信息的目的,没有过多细节。

1) 太赫兹

太赫兹方法正在被研究用于 CMC(如检测热效应和力学应力)。太赫兹电磁波辐射针对零件的表面。反射的能量作为光谱在时域上(如时间飞行)被收集和分析。x-y 扫描可用来创造多种与材料和损伤状态关联的太赫兹参数图像(如反射,它是折射率的函数)。CMC 的太赫兹检测是一个新的研究领域。具体内容见以下链接: https://etd.ohiolink.edu/ap/10? 0::NO:10:P10_ACCESSION_NUM: wright1342668277。

2) 热声/振动热成像

热声,也称为振动热成像及声红外,是一种给予待检零件力激发(振动)的方法。这些振动由于局部机械摩擦(如在分层的两侧之间)产热,之后热量被红外相机检测来识别缺陷的存在。

3) 原位监测方法

原位健康监测方法正在实验室研究阶段,包括声发射和电阻。声发射是一种被动方法,声换能器被附着在待测零件或样品表面。裂纹生长通常伴随着声能的释放,被换能器捕捉。利用多种换能器和时间飞行计算可测定独立裂纹的位置。或者,总的声能量经过一段时间后能够确定，并且与部件的损伤状态有关。电阻测量同样可监测材料的损伤状态。通常采用四点电阻测量。外面两电极在样品中引发一个已知恒定电流，内侧两电极测量它们之间的电势降。如果部件开裂，电阻会升高。电阻可与部件的损伤状态联系起来。如前所述，这些目前只是实验室方法，但是它们未来对服役零件的健康监测有着潜在的应用前景。

3.7.3　材料状态和缺陷

本节依据材料状态和关注的缺陷划分。每个类别中列举了相应材料状态和缺陷的相关 NDE 方法。

3.7.3.1　密度和总孔隙率

CMC 的最终密度对它的行为和服役性能至关重要，尤其关系到保护纤维/基体界面免受氧气侵蚀以及将施加的载荷在纤维和基体之间进行合适的分配。总分散孔隙率与材料的密度显著相关，材料的密度会随孔隙率的提高而降低。进一步地，孔隙提供环境入侵路径，潜在地引起纤维/基体界面的退化，对材料性能造成负面影响。孔隙经常被表征为开或闭；开孔与零件外部相通，而闭孔与外界隔绝。开孔提供了外部环境进入 CMC 内部的直接通道。

每一种 CMC 类型的制备目标都包括通过渗透提高密度和降低孔隙率。例如，PIP 工艺制备 CMC 过程中选定 PIP 循环次数的目标是达到优化的密度，每个循环都逐渐取得更高的密度和更低的孔隙率。在其他材料中，熔融渗透步骤被用来达到最终产品的理想密度。过去工业界用阿基米德法测量密度和孔隙率，该方法需测量样品的多种重量：干重、湿重以及悬挂浸没重量。阿基米德法依据浸没物体受到的浮力等于物体排开水的重力的原理，可有效测定样品的密度和开孔隙率。由于该方法将样品浸没在水中，并且事实上需要水渗透进开孔，不是一个适用于量产 CMC 的理想测量方法，有些 CMC 在制备过程中对水的存在敏感。同时，这个方法也很费时，测量结果与操作者有关，不同的操作者会因为测重方法的不同而得出不同的值，尤其是湿重。因此，工业界寻求 NDE 方法来测量密度和孔隙率。此处将介绍已被证明对总分散孔隙率（与更大的局部孔隙区别）变化敏感的方法。在每个例子中，不强调独立孔的检测，而是关注总孔隙率和/或密度水平。

红外热成像已被证明可量化一些 CMC（如 SiC/SiC）的密度和孔隙率变化。在这种情况下，材料的孔隙会改变材料的热性质，阻碍热流动并减小热导率。如此会产生在热成像响应中可直接测量出的差异。

超声也对总分散孔隙率和密度变化敏感。超声速度是模量和材料密度的函数，而且材料中超声阻的突然变化产生反射。因为孔与周围材料的声阻抗不同，孔隙率提高会对超声造成额外的散射，导致有效衰减的提高。通常透射超声检测信号随孔隙率升高减小。然而，应该注意 CMC 前后表面的反射在特定强度下会有干涉，在不同密度和孔隙率的材料检测中造成假象。应在给定的检测参数下(如换能器中心频率、脉冲宽度等)进行实验来验证方法的有效性。

射线检测也被发现对总分散孔隙率和密度敏感。事实上,X 射线法是检测密度的理想方法,在某些情况下还可以量化密度。穿过材料的 X 射线被路径上的材料减弱,衰减程度由材料密度而定。高分辨 X 射线系统也许能够检测到更大的孔隙,但是如前所述,当前的目标不是检测独立的孔,而是测量总分散孔隙率。

在不导电的 CMC 中,微波方法可能对密度和孔隙率的变化敏感。微波对任何影响电磁波介电常数(或者等价的折射率)的材料变化敏感。密度和孔隙率的变化会导致这些变化,微波方法可以通过配置来检测这些变化。遗憾的是,其他制备参数也能够产生介电常数变化,可能是优质材料产生的变化,而不是由于密度和孔隙率的变化。需要进一步的试验来开发这一方法,使之成为测量密度和孔隙率的可靠方法。

以上描述的每一个方法都有材料和检测设置相关的灵敏度水平。因此,提供一个普适的检测水平是不可能的。应该对具有已知不同密度和孔隙水平的样品进行恰当的测试。应仔细重复实际的生产条件以在测试中捕获相关变化(见 3.7.5 节)。

3.7.3.2　局部孔隙率/空洞和夹杂

加工中可产生的局部缺陷包括局部孔隙和空洞以及多种类型的夹杂(如手套材料或层压背衬材料)。本节将阐述具有非零厚度的缺陷。这些缺陷每个都需要被检测。热成像、超声、射线检测和微波都是检测这些缺陷的候选方法。

热成像如 3.7.2.1 节所述有透射和反射两种模式。在反射模式中,任何阻碍热流的缺陷都会在材料的前表面产生一个热点。在透射模式中,同样的缺陷会在零件的后表面产生一个冷点。这样的变化如果足够大应可检测出来。检测这类局部缺陷的能力通常被缺陷的径深比(直径比深度)经验定律限制。越深的缺陷需要越大的层中尺寸才能被可靠地检测出来。其他因素,比如背景变化(对好材料来说),也影响检测能力。先进的定量方法有助于提高信噪比和对这些缺陷的检测能力。

超声也能够检测局部缺陷。检测能力取决于缺陷相对于超声波长的尺寸。其他影响检测能力的因素包括质量较好部分的背景衰减变化和缺陷的位置。

X 射线检测法也可检测非零厚度的小局部缺陷。X 射线法对缺陷相关的密度变化敏感。它们也因检测器和传感器存在空间分辨率限制。通常射线检测法相比其他NDE 方法有更好的空间分辨率,对缺陷造成的密度变化也有较好的灵敏度。微焦距射线检测尤其如此。针对所关注的缺陷设计检测方法同样重要。

最后,微波方法对产生介电常数变化并造成反射的局部缺陷敏感。例如,空洞相比周围的 CMC 会产生介电常数变化并造成微波反射。相似地,手套材料等夹杂应该也能引起微波反射,因为夹杂与 CMC 的电磁性质不同。在任何一种情况下,该方法都需要经过设计来检测这些缺陷。好材料的变化可能会对缺陷检测造成困难。如

3.7.2.4 节提到的，必须注意避免降低零件内部的灵敏度。

3.7.3.3　分层和平面缺陷

分层缺陷本质上是复合材料两层脱粘或因其他原因分离导致的非零平面缺陷。能检测到分层很关键，因为分层对 CMC 性能有负面影响。遗憾的是，故意制造真正的分层缺陷十分困难。模拟分层样通常为具有一定厚度或分层的平面"缺陷"，有时通过向复合材料中插层实现。图 3.7.3.3 展示了具有非零厚度分层样缺陷的 CMC 的显微照片。

图 3.7.3.3　非零厚度分层样缺陷的 SiC/SiC CMC 截面显微照片

另一种方法是填入合适材料的平底孔。金属插片有时用于在样品边缘附近制造这些缺陷。可惜很难从这些模拟缺陷推导出实际缺陷。以下讨论基于对模拟分层样缺陷的研究。

热成像被证明能够以反射或透射模式检测分层样缺陷。缺陷阻碍热流，可在样品前表面产生热点或在样品后表面产生冷点。热成像的检测能力受如上所述的径深比经验规则限制（见 3.7.3.2 节）。如果缺陷可以被找到，它在零件厚度方向上的深度可通过 3.7.2.1 节所述的同步热时间飞行算法推导出来。

浸没超声也被证明可以检测分层样缺陷和真正的分层。声能被缺陷相对周围材料不同的声阻所阻挡。缺陷在透射检测束中会产生有效的阴影。缺陷检测能力受到缺陷相对超声波长的尺寸影响，也受到扫描/编码步长和束宽的影响（波长、换能器直径和焦距的函数）。小缺陷更难检测。空气耦合和干耦合超声的检测也是可能的。

分层样缺陷也能够被 X 射线法检测。密度差异可导致厚度方向上衰减率减小并呈现为一个更强的 X 射线点。然而，如果缺陷实际包含的材料并不少，则不能显现出来。CT 或许能检测这样的缺陷，前提是缺陷的宽度比深度或 CT 系统的空间分辨率大。

微波理论上能检测分层样缺陷。假定缺陷的电磁性质与周围材料不同，这一差异会产生可测微波信号反射。与其他局部缺陷相似，能否被检测到取决于微波检测如何设置，材料内部可能产生有效死点，该点的检测信号会改变相位，产生无法检测的区域。同时微波方法的信噪比是个问题。

以上每种 NDE 方法经试验样品模拟，都对分层样缺陷有潜在的检测能力。然而如前所述,从这些结果无法推测出对真实分层缺陷的检测能力。更真实的缺陷检测只有通过在样品边缘附近插片的方式才能实现;但这些缺陷通常较大,并不能真正尝试出对小缺陷的检测极限。需要开展更多针对样品内部真实小分层缺陷的研究。通常来说,对于真实分层样缺陷的检测,超声和热成像相比 X 射线透射和微波更有优势,X 射线 CT 的性能介于这两种检测之间。

3.7.3.4 热性质(热扩散系数和热导率)

因为 CMC 通常是高温材料,测量 CMC 的热性质在某些情况下是必要的。热成像技术对这类检测尤其合适。热扩散系数可从每个像素点的温度-时间曲线直接测得。热扩散系数 α 可通过反射模式用式 3.7.3.4(a)得出:

$$t^* = \frac{L^2}{\alpha \pi} \qquad\qquad 3.7.3.4(a)$$

式中,t^* 为 $\ln(T-T_0)$ 对 $\ln(t)$ 所作温度曲线中偏离直线的时间。在透射模式中,热扩散系数可通过式 3.7.3.4(b)获得:

$$t_{1/2} = \frac{1.38 \times L^2}{\pi^2 \alpha} \qquad\qquad 3.7.3.4(b)$$

式中,$t_{1/2}$ 是后表面的温度达到最大值的一半所需要的时间。采用先进方法可以更可靠地确定这一时间值。厚度方向热导率可由热扩散系数、密度和比热容得到,如式 3.7.3.4(c)所示:

$$\alpha = \frac{k}{\rho C_p} \qquad\qquad 3.7.3.4(c)$$

式中,ρ 为密度;C_p 为比热容;k 为热导率。

3.7.3.5 缺层和脱层

质量控制检测需要注意生产中可能存在的问题,例如缺层或脱层。遗憾的是,NDE 研究目前没有特别关注,甚至完全没有关注这些问题。本手册讨论的 NDE 方法通常不足以检测或表征到单层的程度,因此不得不依赖这些条件下的非直接证据。缺层和脱层的检测可能最需要的是检测由异常引起的厚度变化或孔隙的出现及密度的变化。

3.7.3.6 生产中的纤维涂层

CMC 性能取决于纤维/基体界面相要求的性质。纤维涂层对这一界面相来说很关键。检测纤维涂层的研究未包含在本节的讨论中,因为本节关注 CMC 的整体质量检测。

3.7.3.7 服役中的 NDE

随着更多的 CMC 在高温关键部件中使用,对服役引起的损伤和材料退化进行 NDE 在未来会变得越来越重要。检测服役引起的脱层的方法可能来源于检测生产过程中同类缺陷的方法。然而，作为 NDE 实验对象的生产缺陷和材料状态有可能与服役检测中需要检测和表征的损伤和材料状态非常不同。例如，检测由氧侵蚀导致的纤维-基体界面相或一般基体的退化很重要。基体开裂会导致这样的侵蚀，被检测的材料性质则随基体开裂发生变化。又如，电阻率可能随基体开裂改变，声速度和衰减可能随 CMC 退化改变，热性质也可能改变。需要使用暴露于真实环境和载荷条件下的 CMC 样品的大量试验研究来测定各候选检测方法的可行性。需要对 CMC 退化和缺陷进行独立表征来验证检测结果并与损伤状态相关联。只有在这些验证试验到位之后，不同技术之间的转换才能被考虑。

服役引发损伤的原位监测是一种有前景的方法。声发射被证明可检测 CMC 的基体和纤维开裂。电阻率测量也有望成为候选方法，因为在某些 CMC 中电阻率随着损伤状态的演进而变化。

3.7.3.8　修复 NDE

未来，对损伤和退化 CMC 零件的修复可能成为现实。此外，一些部件只是被简单替换。如果要考虑修复，就会产生检测修复的需求。Sun 等[1]（来自阿贡国家实验室 Ellingson 团队）记录了以下 NDE：

（1）损伤修复（在 PIP 循环中）。

（2）热冲击损伤（热扩散系数成像）。

（3）冲击损伤和修复（热成像和超声）。

（4）连接质量评估（怀疑连接质量差的低扩散系数区域的热成像）。

（5）环境障涂层（EBC）体系相关瑕疵（与 CMC 基底的结合力、EBC 的均匀性、EBC 后表面的瑕疵-热成像、空气耦合超声、X 射线 CT）[2]。

（6）转动部件的振动频率和阻尼（冲击声共振）。

（7）健康监测/剩余使用寿命测定（通过导波 UT-整体基体开裂测得弹性模量）。

3.7.4　转换/实施问题

考虑到当前对 CMC 的关注日益增长，以及其正在向实际应用过渡，对于合格的 NDE 的需求也在上升。以上各节讨论的许多 NDE 技术在其他应用上都有很高的技术成熟度，但是它们转换到 CMC 应用上发展有些迟缓。这些 NDE 技术的转换要解决很多问题，包括成本、产出、能力（以及成本、产出和能力之间的平衡）、校正标准和处理标准。

3.7.4.1　成本

在生产或检修设施中实施 NDE 有很多成本因素，包括一次性投入成本，例如设

---

[1]　Sun, Deemer, Ellingson, Wheeler, "NDE Technologies for Ceramic Matrix Composites: Oxide and Non Oxide", Materials Evaluation, 64 [1] 52—60 (2006).

[2]　使用 NDE 研究地面装机考核前后涂敷 EBC 的 SiC/SiC CMC 的缺陷在 3.5.1 节的图 3.5.1.7.3(f)中给出（非氧化物 CMC 的外部保护涂层）。

备购置、设施和基础条件的改造,以及与仪器运行相关的经常性成本(如劳动力和维护)和耗材。一个系统可能使用非常昂贵的仪器但只要很少的操作人力成本,最终在 CMC 应用中的成本更低。由于应用都很特殊,很难给出细节;但可以分享普适的指导意见。

1) 设备成本

NDE 设备价格差异很大。X 射线 CT 通常比手动检测如手持超声检测更贵,后者的仪器成本在几千美元左右,X 射线 CT 系统可达数十万美元。自动扫描超声系统相应比手动系统价格高。热成像的价格将取决于对红外照相系统的要求,包括帧频率、热灵敏度和红外频带。数字 X 射线和胶片 X 射线价格适中。微波方法与自动超声系统价格相当。

2) 设施和基础条件

任一 NDE 方法的计划实施都需要一个具有合适设施条件的独立 NDE 实验室〔电源、水、空气、结构(如屏蔽、振动隔离)、控制温度和湿度〕。上述方法都需要不同程度的设施改进。闪光热成像需要对红外相机屏蔽假红外热源、闪光反射,并保护人员不暴露于明亮的闪光。几种检测方法需要隔离振动和控制环境(如温度、湿度和电子噪声)。

3) 检测员(培训)

检测员必须经过适当的培训和认证。现有的认证需求建立在 ASNT 推荐规范 SNT‑TC‑1A《无损检测人员资质和认证》基础上。ASNT 出版了一部人员资质和认证标准 ANSI/ASNT‑CP‑189‑2011《无损检测人员的资质和认证标准》。在美国,资质和认证要求定义在 AIA‑NAS‑410《航空航天工业协会、国家航空航天标准、NAS 无损检测人员认证和资质》中。虽然有现成的培训课程,然而需要注意的是,这些指南和标准需要有一个归档经验和认证的体系。它们也需要相关职能的内部人员(如一个认证者)对"开发、管理和维护雇主的认证项目"负责。通常地,一级检测员可以进行常规检测,而更高级的检测和检测结果解读需要二级资质。检测员的培训和测试以及新检测的开发需要三级检测员。

4) 耗材(如有)

数字化 NDE 方法不断增多;然而一些方法仍然是手动的并且需要耗材,如 X 射线胶片。耗材的成本是经常性的,需要包含在 NDE 系统的整体消耗中。胶片储存和废物回收也是相关成本。其他的耗材和有限次使用的材料包括超声换能器和热成像闪光灯泡的价格。

3.7.4.2 产出

就像检测方法的成本差异巨大,单件检测时间也不同。这在比较不同 NDE 方法时十分重要。另一种方式是考虑达到一个目标输出所需的检测系统的数量;慢检测方法可通过购置多个单元来满足输出要求。

通常 X 射线 CT 是一种包含零件多个切片的慢检测方法，每个切片需要样品绕轴旋转。数据必须经过后处理，用特定的算法来检定损伤或所需的材料状态，这也增加了检测时间。X 射线 CT 也比其他方法更贵。一种新的 X 射线 CT 使用的二维检测器可在样品一次旋转中取得完整 CT 扫描，这明显能显著缩短检测时间。所谓体相 CT 的使用可能会牺牲检测灵敏度和空间分辨率。

某些检测方法，如超声和微波，需要用探头或工具扫描整个待测零件。这增加了很多检测时间，降低了产出。其他检测方法，如热成像、CT 和 DR 在可能只有几秒长的短数据采集间隔内检测整个区域，极大地增加了产出，假设这些检测方法符合检测能力的要求，则使得这些方法非常具有吸引力。

3.7.4.3　能力

任何一种检测系统的能力必须基于具体的应用判断，通常用可检的缺陷尺寸或不良材料状态定义。如可能预料到的一样，缺陷检测取决于检测中遇到的许多变量。对于复合材料，这些变量包括部件的细节如材料组成（如基体和纤维材料、复合材料结构与厚度、构件几何尺寸和表面条件）、缺陷类型[如分层、裂纹、空洞、夹杂（即异物）、褶皱和孔隙]和检测设置参数。例如，闪光热成像的参数变量包括帧频率、相机空间分辨率、相机与部件的距离以及闪光强度、均匀性和持续时间；超声检测的参数变量包括换能器特性（如中央频率、带宽、直径和焦距）、换能器距离、扫描模式索引步长、取样频率和滤波设置；X 射线（透射或 CT/VCT）检测的参数变量包括源能量、积分时间、分辨率、放大倍数和检测器/成像板特性；微波检测参数变量包括微波频率、探头选择、使用反射板与否以及与检测器的距离。以上列出的变量并不详尽。

由于检测能力最终取决于这些变量以及在特定的应用中如何优化它们，无法做出通用的陈述或推荐，尤其是对于复合材料整体尤其是陶瓷基复合材料。出于这种考虑，验证特定应用的能力很重要。美国空军开发了一个正式检测能力验证手册，即 MIL - HDBK - 1823(A)《无损检测系统可靠性评估》。手册概括了正式评估任意检测系统能力的步骤，并且包含对检测过程和系统的文件编制和控制、定义缺陷度量、设计实验、准备和保存样品、采集数据、用统计方法分析数据和报告结果等过程的指导。尽管手册的通用性对良好的能力验证很关键，但手册中的一些步骤对目前陶瓷基复合材料检测的适用情况并不理想。尤其是手册是针对金属材料的检测开发的。它要求定义完善的测试样品，具有已知的、可被度量（如裂纹长度）的与部件性能相关的缺陷。实验中必须包含已知缺陷被检出概率的统计样本。定义一个包括相关参数和变量的试验矩阵。这些实验即便对于相对简单的检测也是非常复杂和昂贵的，例如用涡流探头检测光滑金属表面的裂纹。复合材料的复杂性、检测设置、重要的缺陷和材料状态特性都使将 MIL - HDBK - 1823(A)应用在 CMC 上变得复杂化。因此，手册给出的方法在对 CMC 进行正式的 NDE 能力验证前需要做出调整。

图 3.7.4.3 展示了调整 MIL - HDBK - 1823(A)的方法使之适用于检测 CMC 孔

隙率水平概率的一种可能方式。在 a)分图中,NDE 响应的振幅被作为开孔孔隙率的函数作图。对数据做了线性拟合。拟合的离差在拟合的附近呈正态分布(一种假设模型)。检出概率(POD)是振幅超出选择阈值[a)分图中的水平线]的概率。POD 在 b)分图中被作为孔隙率的函数作图,并定义了 $a(50)$ 和 $a(90)$ 值,分别是 50% 和 90% POD 对应的孔隙率水平。

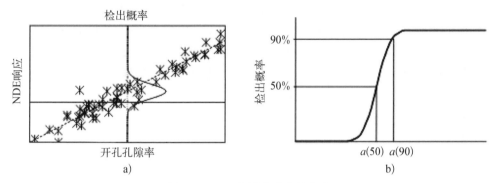

图 3.7.4.3　检测孔隙率的方法

a) NDE 响应结果;b) 检出概率(POD)随开孔孔隙率的变化

　　在一个正式的方法开发出来并且 CMC 业内对该方法取得共识之前,检测能力的评估会受限制。能力验证有必要在小批量制备的带有与真实零件上预期的特征和缺陷相似而不相同的样品或部件上进行。例如,复合材料中分层缺陷的检测受到无法在试样中创造真实的分层样缺陷的阻碍。需要制造假缺陷,包括层中切除(即在制造前切除铺层的一个小区域,同时在切除的部分填入另一种材料以防熔渗时基体材料侵入)、留在复合材料中的插入物、堵塞的平底孔或者用拔出创造棱分层(如样品棱上的可移除插入物)。这些缺陷只能定性地代表给定检测方法对真实分层缺陷的检测能力。尽管如此,这些人造缺陷(或合成缺陷)已经是现在能做到的最好的了。从而检测能力只能在检测这些人造缺陷方面进行量化,且知道它们的应用范围有限。

　　能力验证与检测系统的校准和过程控制紧密相关。检测过程一定要定义明确、制订文件并受控,适当的校准也会确保检测能力随时间推移保持恒定。此外,校准依赖于校准参考试块,后者必须包含某些校准用的人造缺陷。在理想情况下,校准缺陷应真实代表实际缺陷。能力验证中创造代表性缺陷的限制同样也适用于创造校准缺陷。

3.7.4.4　权衡

　　显然,对于每一种应用都必须进行权衡。检测和表征缺陷和材料状态的能力最终将驱使对检测方法的选择。当多种检测方法有相似或重叠的能力时,其他的考虑就变得重要起来。产出、检测时间和成本将经受考量。一些检测的速度慢,并且当缺陷尺寸要求降低时,检测时间可能更长。对于给定的检测时间,可能需要多套检测系统以达到产出需求,从而抬高了购买和使用的总成本。考虑到因缺乏寿命预测模型导致的"软"需求以及与缺陷尺寸和材料状态相关的性能要求,检测需求的变化也会导致检测成本和预计产出的浮动较大。

3.7.4.5　校准标准

每种待检材料体系都需要一个不同的具有恰当材料状态或所关注缺陷的校准参考试块,无论该试块是否理想。校准是针对特定应用的,并且校准试块应具有可复制性和可追溯性。例如,分层检测的校准试块应包括堵塞的平底孔,这样的制品很容易被重复。然而,从真实部件中提取出来的分层样的制品会很难被复制,尽管它可提供重要的检测缺陷能力的信息,但可能缺少作为校准试块的实用性,业内仍需要开发校准试块。

3.7.4.6　规范和处理标准

工业界接受的针对相关 NDE 方法的检测过程的标准(文件)已在多种情况下建立起来（ASTM：E - 94, ASNT https://asnt. org/MajorSiteSections/NDT-Resource-Center/Internet_Resources_for_Nondestructive_Testing. aspx）。然而,这些方法对 CMC 的应用,以及标准针对 CMC 的改进还没有完全实现。用于 CMC 检测的相应标准的改进包括规定针对 NDE 方法转换的必要校准、过程控制、操作员培训、验证、确认、度量和能力验证的方案,尤其要强调与实施和量化这些检测相关的问题,包括生产和服役中检测的接受/拒绝标准。在某些情况下,一些公司为各自的商业需求建立了自己的专用标准。而更普适标准和规范的过程必须包括业界广泛的参与：CMC 生产商、使用者和 NDE 专家,尤其是考虑应用于 CMC 检测的 NDE 方法的专家。

3.7.4.7　工业需求

为了让多种 NDE 方法有效转换并广泛应用于 CMC 业内,需要实现一些技术进步,包括如下内容：

（1）通过开发校准标准、过程标准、有效的能力评估方法等使 NDE 方法标准化。

（2）量化检测能力(如检出概率和缺陷尺寸/严重性指标共识)的方法和度量。

（3）材料性能设计余量——与基于缺陷效果研究的材料性能特征相关的检测要求。

（4）材料/微观结构/结构模型和理论以及寿命预测模型和方法。

3.7.5　检测验证

在理想情况下,任何考虑应用的检测方法都应该经过正式研究的验证,在研究中检测预期缺陷的能力或表征所关心的材料状态的能力应经过试验检验。对于美国军方的应用,美国国防部将此方法论加入了 MIL - HDBK - 1823 手册及更新版 MIL - HDBK - 1823A。尽管该手册包含有关评估实验设计的通用指导,但其中大部分与裂纹缺陷有关。遗憾的是,缺少对复合材料特别是 CMC 的扩展,尤其是对这些材料中发现的缺陷类型的关注。需要进一步发展的领域会在手册中验证实验要素相关的概述中指出。此概述并非旨在代替手册的使用,从业人员应查询手册或同等资料以获得进一步的细节。另外,推荐就设计实验咨询统计学家。

验证试验的设计意味着检测系统和相关过程在开发过程中处于稳定的状态,这在 CMC 业内是一大挑战,因为 CMC 和其检测都在发展中。仪器和程序应明确定义,包括设备校准和检测本身的校准。过程控制程序应到位。应该有过程控制规范。指导操作者检测的书面标准应记录在案,并制订操作员培训。检测过程应固化并归档。

设计试验矩阵之前,确认影响检测响应的变量很重要。手册中描述的变量包括零件预处理、检验员、检测材料、传感器、检测过程变量,例如驻留时间和扫描频率。从该列表定义测试矩阵,其中详细列出了每个变量的组合和范围。随着测试矩阵的完善,将有必要做出一些取舍,以限制测试的大小和范围。随着添加其他测试条件,测试矩阵往往会迅速增长。该手册对此过程提供了指导。

为了让验证与考虑的特定检测紧密贴合,试样需要物理上真实并具有代表性。例如,CMC 试样应具有相似的材料组成(如材料、纤维/基体体积分数)、铺层方式和厚度。对于一些检测,材料的处理可能很重要,所以试样的制造过程应该反映真实零件的制造方式。

CMC 检测通常是寻找分层、空洞或夹杂等缺陷,也可能是测量材料状态例如 CMC 内分散孔隙率的百分比。试样应设计成包含相关的缺陷和材料状态。缺陷尺寸应该达到对 CMC 性能造成影响的程度,且对检测方法产生响应。例如,如果 CMC 性能受到特定尺寸的分层的影响,这一尺寸的分层也就形成了检测的基本要求,那么试样应包含覆盖该要求的尺寸范围的分层。同样地,旨在测量材料状态的检测也要求试样的材料状态范围包含该变量的关键极限。

另外,试样组应该有足够多的含缺陷和不含缺陷的检测。手册给出了各种类型检测方法和检测响应类型的详尽指导。包含缺陷的检测用于确定随缺陷尺寸而定的缺陷检出概率。不含缺陷检测则用于测算错误提示率,也就是检测系统报出错误提示的频率(即假阳性)。错误提示率过高的检测系统也不可取。

在设计试样时,应考虑试样和缺陷制造的方法和维护。此外,重要的是规划缺陷或材料状态的独立表征。扁平金属样品中的表面连接裂纹可以通过显微表征,但复合材料内部的分层缺陷可能难以测量。

一系列问题使制造 CMC 验证测试的试样复杂化。第一,制造理想缺陷和材料状态变化并不简单直接。例如,分层缺陷理想上是非零体积的二维平面缺陷。制造这样缺陷的方法包括使用堵塞的平底孔、在层间加入薄的插入物、切掉给定层的一部分、试样侧面的金属插片以及将基体或填料限制在一定区域内等方式。夹杂缺陷则较为直接,但是缺陷必须能够承受试样制造过程中的高处理温度。空洞、分散孔隙率和局部改变密度的区域通过改变材料处理方法生成,例如改变聚合物浸渍裂解(PIP)的循环次数或试图制造缺少基体或填料的区域(例如在 MI 工艺 CMC 中)。每种方法都将产生能或不能代表真实缺陷的"缺陷"。考虑到工业级 CMC 的状态,对制造缺陷方法的试验耗费耗时。更多地,材料的花费经常约束试验中的试样数量,而试样数量又限制了之后进行的统计分析的显著性。

另一个实验设计的重要因素是试验规范的建立。检测系统的设置、测试顺序、数据处理和记录保存都要定义。过程控制计划应被归档和证明。

试验进行和数据采集之后,响应的数据必须经过分析,结果要以统一的形式汇报。手册及其更新版给出了指导。但是,如前所述,NDE 业内尚未拓展到复合材料、CMC 及其独特缺陷和感兴趣的材料状态。具体而言,业界需要就如何将手册中的方法应用于 CMC 检测达成共识,尤其是如何针对由适当矩阵定义的相关缺陷生成检测概率(POD)曲线。

最近,NDE 业内已经探究了使用模型和模拟来辅助基于检出概率的检测能力评估。所谓的模型辅助 POD 或 MAPOD,使用转移方程和/或基于物理的模型,从第一性原理或两者关联出发来从一个案例中的 POD 推测另一个。MAPOD 方法已经在一系列不同应用上验证;然而,几乎没有研究将这些方法应用于评估 CMC 检测的POD。然而,考虑到制造试样的成本,模型辅助 POD 测定可能是一项富有成果的工作。

3.8 加工

CMC 部件通常需要一些精加工来达到最终部件特征,使其从粗糙的近净形状部件到满足最终装配要求所需要的尺寸和公差。然而,CMC 具有耐磨性,为了达到最终的尺寸和表面光洁度要求且不损害部件,刀具通常磨损较快且材料去除速率较低。当投入大量成本到加工中时,过程中 CMC 出现损伤可能会导致报废,可见加工损伤是十分危险的。因此,选择一个能够满足成本、周期和质量要求的加工系统是很重要的。

每一节将对切削刀具相关技术、性能、局限性、工艺参数和注意事项进行介绍,为进一步完善和改进奠定基础。

迄今为止,对于精加工阶段的研究和调查已经取得了重大进展,随着 CMC 部件的需求量增加以及创新工艺、工具、建模和工装夹具的开发、验证和实施,可以预见还将迎来更多进展。CMC 的近净成型技术可以减少所需的加工量。

3.8.1 引言

CMC 中耐磨的纤维与硬质的基体相结合及其非均质的成分使其难以加工。陶瓷基复合材料主要可分为四大类,即氧化物/氧化物、C/SiC、SiC/SiC、熔体渗透 SiC/

SiC,每一类纤维与基体的组合都有其独特的加工特点和难度。上述四类复合材料的加工难度依次增加。CMC 材料体系中高浓度的金属硅合金相会加速传统切削刀具的磨损。

本节内容的目的不是推荐具体的供应商、工艺或模具,而是提出一个理解框架,从而为 CMC 部件供应商提供一个跳板,以便从更高的知识和理解水平建立和改进 CMC 的加工体系。

有各种各样的供应商提供 CMC 的专业咨询和切削工具,他们在各自领域知识渊博,但不一定在其他领域也同样精通。

本节主要讨论最终特征成型,即通常所称的加工。这些加工特征包括钻孔和埋头孔,槽加工和平面特征以及边缘精加工。具体讨论了常规加工(使用传统设备和凹槽刀具)、超声波加工、水射流加工、磨料加工(通常称为磨削)和激光加工等五种技术。2009 年,美国空军进行了一项研究,旨在降低加工各种 CMC 的成本和缩短周期。这一有限的努力表明仍有机会进一步改进加工工具和工艺,以提高 CMC 的生产率[见参考文献 3.8.1(a)]。

不同技术(如砂轮、喷砂水等)采用的切削工具不同,同一种技术采用的切削工具也有所不同,如有各种各样的传统加工立铣刀材料和配置。每一种切削工具对于不同的结构特征、尺寸公差以及加工材料都有特定的优势和局限性。

一般来说,一方面,为了避免加工后零件需要额外的时间来干燥,最好不使用传统的加工冷却液。另一方面,传统的切削液可能会对纤维/基体界面造成不利影响。先进冷却剂如 CO_2 和 N_2 可有效地降低基体和刀具温度,因此可以成倍延长刀具寿命,同时加工速率可提高一倍[见参考文献 3.8.1(b)]。

由于 CMC 的脆性特征,因此需要特殊的加工夹具来确保零件相对于刀具的准确定位,同时快速固定零件以最大限度地缩短加工周期,并在加工过程中牢固地夹持零件,在不损坏零件的同时确保零件的最终质量。

有效的工艺参数与加工工艺方法、加工刀具、零件的结构特征、尺寸公差和零件材料等因素有关。本节无法提供所有的工艺参数,但会介绍过去的典型加工案例。

3.8.2 常规加工

使用钻头、半球头和球头立铣刀加工 CMC 几何特征已经取得了成功,其中包括使用半径为 0.127~0.762 mm(0.005~0.03 in)的方形立铣刀,直径为 6.35~19.5 mm(1/4~3/4 in)的球头立铣刀和带 30°螺旋、四槽实心硬质合金芯的立铣刀。

1) 切削材料

CMC 的加工刀具材料的基底为金刚石,在对耐磨性很强的 CMC 进行切割和成型时,金刚石的硬度是减少刀具磨损的必要条件,金刚石的高化学稳定性和由此产生的对有色金属材料的低亲和力以及低摩擦系数有助于延缓刀具毛边的形成。金刚石刀具主要有三类：含 CVD 金刚石涂层的碳化钨、聚晶金刚石（PCD）尖头刀具和 PCD 脉纹碳化钨。这些切削材料具有独特的硬度和韧性特征［见图 3.8.2(a)］，此外，每一类材料都有不同的加工能力范围。

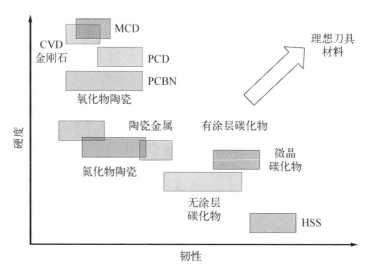

图 3.8.2(a)　金刚石刀具硬度和韧性特征［来源于参考文献 3.8.2(a)］

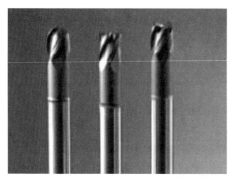

图 3.8.2(b)　含金刚石涂层的铣刀［来源于参考文献 3.8.2(b)］

使用 CVD 工艺在碳化钨基体上涂覆金刚石涂层［如图 3.8.2(b)］。不同的 CVD 工艺可制备出不同的金刚石晶体，这些晶体的尺寸可以从纳米到微米不等。CVD 金刚石晶体的维氏硬度接近 10 000［见参考文献 3.8.2(b)］，金刚石 CVD 涂层比 PCD 更硬，但磨损速度更快。

聚晶金刚石（PCD）是一种合成生长的金刚石，在切割边缘呈现为一个固体"块"。它可以通过钎焊与切削工具基体连接［见图 3.8.2(c)］，最常见的连接方式是将这种金刚石嵌入刀具槽中，其维氏硬度为 7 000～8 000（数据来源于肯纳公司）。

标准的 PCD 切削温度不应超过 1 290℉（700℃）。如果切割的热量达到了钎焊温度，那么它将在 600℉（315℃）时开始受到侵蚀。

PCD 的粒度范围为 0.5～30 μm。晶粒尺寸越粗，切削表面的耐磨性越强。磨损的特点是在刀具侧面形成凹槽和凸起。然而，更细的晶粒尺寸可增加强度或抗崩刃性。崩刃是指在刀刃上形成小切口。PCD 中存在的微裂纹（微裂纹指不太严重的裂

图 3.8.2(c)　聚晶金刚石刀片(来源于 American Carbide Tool 公司)

纹,包括崩刃、开裂)并不妨碍使用[见参考文献 3.8.2(a)]。

需要注意的是,对粗晶和细晶 PCD 切削高硅(18%)铝合金进行对比时,发现表面光洁度提高了 30%[见参考文献 3.8.2(c)]。

PCD 脉纹工具,钻头和立铣刀具有优异的磨损性能[见图 3.8.2(d)],这种工具容易再研磨,而且锋利度非常好,因此是非常好的复合材料切削工具。缺点之一是它是一种脆性材料,会在中断切削等不稳定的情况下出现问题。目前该工具还很少应用于 CMC 加工。

图 3.8.2(d)　PCD 钻头(来源于 Sandvik Coromant)

2) 工艺参数

当用金刚石镀层刀具加工 SiC/SiC CMC 时,根据文献以下参数适用:

(1) 高速粗加工、高轴向深度、低径向深度、高进给速度的粗加工:

a. 轴向深度为 12.7 mm。

b. 径向深度最大为 0.025 mm。

c. 进给速度为 127 cm/min。

d. 切割速度为 92.9 m^2/min。

e. 材料去除速率为 4.1 cm^3/min。

f. 刀具直径 10 mm,圆柱形,12.7 mm LOC,36 粒。

g. 工具磨损可忽略不计。

(2) 高轴向深度、高径向深度、低进给速度的粗加工:

a. 轴向深度为 0.762 cm。

b. 径向深度为 0.406 cm。

c. 进给速度为 1.27 cm/min。

d. 材料去除速率为 3.93 cm^3/min。

e. 刀具直径 1.98 cm,圆柱形或定制形状,7.62 mm LOC,36 粒。

f. 工具磨损可忽略不计。

(3) 低径向深度、低轴向深度、低进给量最终加工:

a. 轴向和径向深度小于 0.101 mm，可以在径向和轴向充分啮合刀具，但精加工坯料数量不能超过 0.101 mm。

b. 切削速度为 185.8 m²/m。

c. 进给速度为 1.27 cm/m。

d. 刀具直径 20 mm，圆柱形或成型工具，7.62 mm LOC，80 粒。

e. 工具磨损可忽略不计。

须注意的是，由于担心污染，所有的切割都是干燥的。使用油雾或冲刷冷却剂可能使材料去除速率加快。工具失效模式与镀镍熔化有关。

3.8.3 超声加工

超声加工(USM)是一种非传统的机械加工方法，切削均匀，同时适用于导电和非导电材料。这种工艺特别适用于非常硬(洛氏硬度 40)的材料或脆性材料，如石墨、玻璃、碳化物和陶瓷。超声加工材料去除速率低，不会改变工件的化学成分、材料微观结构和物理性能[见图 3.8.3(a)]。

图 3.8.3(a)　超声加工[来源于参考文献 3.8.3(a)]

超声加工已被证实可以用于加工 CMC，特别是在传统电火花加工和小图形加工的位置。由于陶瓷含耐磨组分，且较硬(洛氏硬度大于 50)，超声加工比其他常规加工方法有优势。

超声加工技术的优点是可以在 CMC 中加工高精密度和独特的几何图形，几乎可以加工包括圆形、正方形和异形穿孔、不同深度的空腔和内径、外径图形加工等任何形状，加工质量高，工艺稳定[见图 3.8.3(b)]。此外，可以同时加工多个形状。加工空腔形状时，成型工具与细磨料浆结合可加工出精确的孔(公差为 0.012 7 mm)或规则或不规则形状的空腔。根据材料类型和图形尺寸的不同，长径比可以达到 25∶1。

工件上的大部分材料通过微切削或退化去除。材料去除的方式为使用超声振动

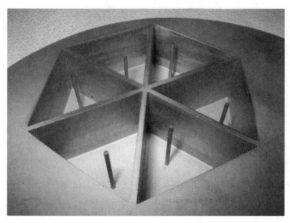

图 3.8.3(b)　超声加工圆柱周围正三角形［来源于参考文献 3.8.3(b)］

工具(通过 20 kHz 传感器)在工件上通过研磨颗粒施加直接和间接锤击力(最小力)。当超声装置的振动幅度在 0.001 in(0.025 4 mm)这个级别,且必须在 0.001 5～0.005 in(0.038 1～0.127 mm)范围内,才能获得理想的切削效果。振动幅度越大,材料去除速率越快。

　　研磨浆料不断在工件和工具表面之间流过,研磨浆料是研磨颗粒的来源,流动的同时带走了加工碎屑和断裂颗粒。冷冻泵系统循环研磨浆料,这一过程吸收了切削过程中产生的热量,从而防止浆料在 0.038 1～0.127 mm 的空隙内沸腾。如果颗粒去除不能与刀具的垂直运动节奏保持同步,则加工空隙中可能产生气穴。主要切削工作由施加于工件表面的循环加速颗粒完成。

　　针对 CMC 的研磨颗粒一般为碳化硼或金刚石,磨粒尺寸一般为 100～800 目。研磨颗粒的选择取决于被加工材料的类型、材料的硬度、材料的理想去除速率以及所需表面光洁度。较大的磨粒用于粗切削,较小的磨粒用于精细加工表面。

　　超声加工最常用的流体介质是水,除此之外还可以采用苯、甘油或者油。

　　超声加工用水介质中的磨粒的体积浓度为 15％～30％,最常见的范围是20％～25％。

　　与电火花加工相比,采用超声波加工的材料成本相对较低,可以多次使用。现已证明超声加工可以用于小角半径或传统加工不能实现的图形结构的加工。超声加工可以有效实现内半径较小的图形加工。

　　超声加工刀具的形状会反映在工件表面。超声加工刀具材料容易磨损,因此需要选择合适的刀具与工装组合。刀具材料通常是低碳钢、工具钢或黄铜。刀具的磨损程度取决于刀具材料的硬度。通常磨损比在 1∶1 到 100∶1 之间(材料去除与刀具磨损之比)。延展性刀具材料在某些工艺中会发生表面硬化,从而增加磨损比,与此同时,易通过传统工艺进行制造,从而降低了刀具的制造成本,使整个工艺更加经济实惠。

振动工具与研磨浆料结合,可均匀地研磨材料,加工出精确的反向刀具形状。

声极和工件用于加工形状时本质上类似于电火花加工电极,加工时底部会磨损。声极可以重复加工多个部件直到长度无法继续加工或超出切割 CMC 部件的有效加工频率范围。

3.8.4 水射流加工

CMC 的水射流加工采用压力为 55 000～94 000 psi 的高压水,并夹带石榴石或氧化铝等磨料来修边、打孔、转动零件,甚至打埋头孔。为特定的 CMC 选择合适的磨料材料很重要。与石榴石相比,较硬的 CMC 通常使用氧化铝或碳化硅磨料进行切削更加有效。此外,使用这些较硬磨料的加工进给速度通常比使用石榴石时设置得更高。

3.8.4.1 水射流加工工具

水射流切割器是一种工业工具,能够使用高压水射流切割各种各样的材料。对于金属和硬质材料(如 CMC)进行水切割加工时通常将水与研磨物质混合。研磨水射流(AWJ)特指使用水和磨料的混合物来切割硬质材料,如硬质金属、石头和陶瓷(见图 3.8.4.1)。图中展示的是刀具的一般组成部分。喷孔通常由蓝宝石或金刚石制成,用于形成高速水射流。射流后面会形成一道真空,用于将磨料从计量装置中带出。有时用真空辅助端口辅助夹带磨料,并确保在启动水射流之前磨料的流动。这一特性在穿透 CMC 和其他易碎材料时非常重要。磨料的加速过程发生在混合管中,混合管的直径通常是喷孔直径的 3 倍,长径比约为 100。混合管会由于严重的侵蚀和摩擦环境而损坏。

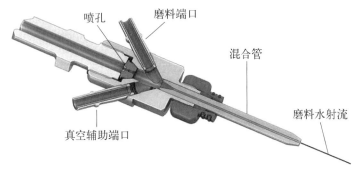

图 3.8.4.1　磨料水射流喷嘴的主要部件

常用的混合管材料是碳化钨基加可替代的硬质黏结剂材料,粒度为亚微米。使用石榴石磨料时,该材料在常规使用条件下的平均寿命约为 40 h。当使用硬磨料并以较高的速率切割 CMC 时,其磨损速率显著加快,寿命至少降低一个数量级。将石榴石与氧化铝磨料混合可降低切割 CMC 的成本。这表明想要使用氧化铝和碳化硅等硬质磨料,需要改进喷嘴材料,例如利用 CVD 金刚石涂层。

　　水射流每分钟大约使用 2~4 L(取决于喷孔的大小和压力)的水,水可以使用闭环系统循环利用。废水通常较洁净,可以经过滤后排放到下水道。石榴石磨料是一种无毒的材料,可以重复回收使用,或者在垃圾填埋场处理。

3.8.4.2　水射流加工结果

　　表 3.8.4.2 显示了包括 CMC 在内的不同硬质材料的切割速度。为了达到较好的加工效果,加工边缘的速度为最快切割速度的一半。切割锥度可能与图 3.8.4.2 (a)所示的切口有关。现代水射流机配备了一个自动锥度修正腕,其应用了一个小倾角,根据预测模型,可以纠正切口一侧的锥度。

表 3.8.4.2　陶瓷和 CMC 样品的切割速度[来源于参考文献 3.8.4.2(a)]

单位: mm/s

材　　料	厚　　度/mm						
	0.8	1.6	3.2	6.4	12.7	19.1	50.8
增韧氧化锆		0.9		0.7	0.4	0.3	
高致密氧化锆			0.8	0.7			
SiC/SiC		1.1	0.6	0.5			
$ZrO_2 - MgO$			0.8	0.7			
Al_2O_3/CoCrAly(80%/20%)			1.0	0.7			
Al_2O_3/CoCrAly(60%/40%)			1.0	0.7			
碳玻璃	100.0	90.0	80.0	60.5	40.0	20.0	6.0
Al_2O_3/SiC(7.5%)			2.7	1.4			
SiC/TiB_2(15%)			0.3	0.2			

注: 1. 测试条件: P=345 MPa,喷嘴直径=0.299 mm,平均粒度=0.762 mm,石榴石 80 目。

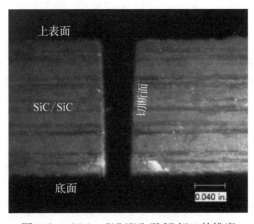

图 3.8.4.2(a)　SiC/SiC CMC 切口的锥度

图 3.8.4.2(b)显示了样本切削锥度随切削速度的变化[见参考文献 3.8.4.2(f)]。由图可知,切削的锥度随着压力的增加而减小,采用更硬的磨料如氧化铝时也是如此。

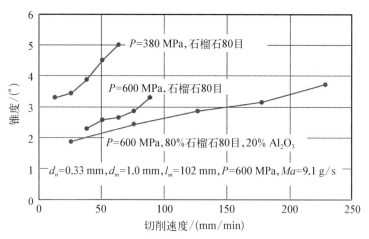

图 3.8.4.2(b)　切削速度对 SiC/SiC 材料中切削锥度的影响

切口的宽度取决于混合管的直径。切口宽度一般为 $1.02 \sim 1.27$ mm,最窄可达 0.51 mm。如图 3.8.4.2(b)所示,氧化铝产生的锥度小于石榴石。纯水射流切割产生的切口通常为 $0.18 \sim 0.33$ mm,但最小可达 0.08 mm,大约像人类头发一样细。这些细的射流可以在各种软材料上加工细小图形。商用的水射流机能够达到 ± 0.01 mm 的切割精度和 ± 0.003 mm 的定位精度,切口锥度通常为 $1° \sim 2°$。

图 3.8.4.2(c)显示了一般水射流钻孔的示意图,以及在钻削脆性材料(如 CMC)时可能出现的问题。

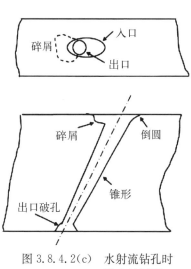

图 3.8.4.2(c)　水射流钻孔时潜在的问题

为了钻出高质量的孔且不出现上述问题,制订了若干措施[见参考文献 3.8.4.2(b)]。降低水射流的压力以消除可能导致切割碎屑的初始冲击压力。为适应水射流压力的降低,在启动水射流的时候必须有研磨料。因此,开发了真空辅助技术[见参考文献 3.8.4.2(c)],以便在水射流启动之前将磨料带入切削头。喷口尺寸是影响上表面切割碎屑的另一个影响因素。减小喷口尺寸可以减少冲击表面的水量,从而最大限度地减少顶部的碎屑。浅角度钻孔时采用的另一个措施是动态角度控制。射流开始时的角度比最终要求的角度要浅,然后迅速减小到最终的方向。

上表面倒圆有时是理想特征,然而,为了尽量减少这种圆形,应使用相对较小的喷口尺寸,同时相隔距离应保持最小。图 3.8.4.2(d)显示了在氧化铝基 CMC 材料中钻出的一个 0.75 mm 的孔,按照上述方法加工时没有不良影响。

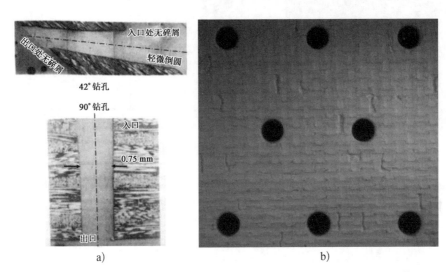

图 3.8.4.2(d)　水射流在氧化铝/氧化铝 CMC 中打孔无不良影响

a) 42°打孔的横截面(GE 供图);b) 90°打孔,直径 1 mm

图 3.8.4.2(e)显示了在 7 mm 厚的 SiC/SiC 材料样品上钻出的孔,上表面和切口面的边缘良好。材料的横截面如图 3.8.4.2 的 a)和 b)分图所示。

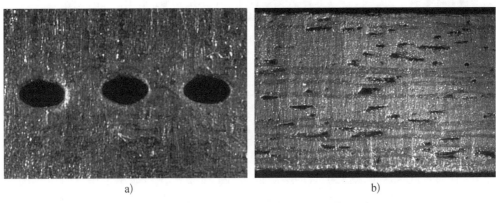

图 3.8.4.2(e)　在 SiC/SiC 材料中的水射流钻孔

a) SiC/SiC 材料截面上钻出的约 1 mm×2 mm 孔;b) 材料横截面

微声传感器可用于检测突破时间,且可以增加额外时间以获得所需出口孔尺寸。图 3.8.4.2(f)显示了 Al_2O_3/Al_2O_3 样品测量的孔圆度。可见穿孔后出口孔的圆度随着停顿时间的增加而改善。

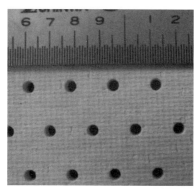

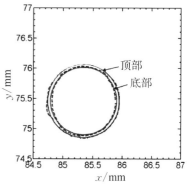

图 3.8.4.2(f)　孔的圆度测量

图 3.8.4.2(g)　铝氧氮化物（AlON）
材料的凹槽铣削

使用水射流进行凹槽铣削已经在金属和 CMC 等各种材料上得到了证明［见参考文献 3.8.4.2(d)］。为了提高铣削深度的加工精度，必须使用较高的横动速率。采用旋转盘径向移动喷嘴对样品进行反复铣削。在加工过程中，采用硬质材料制成的罩子隔离铣削区域。大量射流束以精细的分辨率去除材料。图 3.8.4.2(g) 展示了采用水射流铣削凹槽的例子。

根据设置适于同时将几个样品安装在旋转盘上进行铣削，即使在每个样品的铣削图形各有差异的情况下，也较为节约成本。目前该领域还没有开展过重要的工作，因此建议将此方法用于特定用途时能够发挥其优势。

水射流还可以用于硬质材料的车削［见参考文献 3.8.4.2(e)］。水射流沿着所需的轮廓形状轴向移动，可以使工件旋转。由于射流与材料的相互作用，最终直径将大于其扫过的直径，这可以作为近净形状加工。图 3.8.4.2(h) 显示了用水射流车削的两个硬质材料样品。除了车削之外，水射流还可以在车削之前进行切割分段，以尽量减少碎屑形成。这种方法也可用于在一个单一的设置中加工复杂的三维零件，其中加工操作可能包括切割、车削和钻孔。

水射流在工业中的实际用途取决于具体的应用，并且必须进行经济可行性分析。例如，对氧化锆棒进行粗加工时，水射流可以在几分钟内完成，而使用传统模具需要几个小时。但水射流车削不能达到磨削表面质量。因此，水射流与标准金刚石精加

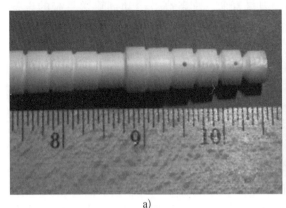

a)   b)

图 3.8.4.2(h)   水射流车削硬质材料

a) 增韧氧化锆；b) 碳化硼

工工艺结合的效果最佳。

3.8.4.3   水射流加工用于 CMC 的优势

水射流的一个重要优点是能够在不干扰其固有结构的情况下切割材料，这意味着没有"热影响区"（HAZ）。水射流也可以在材料上进行复杂的切割。采用专用软件和三维加工头，就可以生产出复杂的形状。

由于水射流的微加工特性和对材料施加最小的力，因此不会使基材发生机械变形，也不需要重型夹具。

由于切口相对较窄，水切割可以减少生产废料的数量。这可以通过切割片段（不是切屑）和嵌套相关专利来实现。

水射流不会产生或仅产生极少的粉尘颗粒，且不会产生与切割有关烟雾、废气和污染物，从而使操作者尽可能少地暴露于危险材料中。

水射流有助于自动化，多种加工工艺可以自动执行，可能减少整个周期时间。

3.8.5   磨削加工

CMC 的研磨加工通常称为磨削，广泛用于需要符合尺寸和公差的表面加工。通常，旋转砂轮与嵌入的研磨颗粒结合，这些颗粒比待加工的产品材料（如碳化钨和碳化硅）硬。为了减少摩擦，降低磨削的难度，通常需要加入润滑剂。许多公司已经开发出专门的技术，将硬质材料磨成所需的形状。他们将成型轮和外形磨削相结合，可以有效地生成复杂的形状。

磨削被认为是一个缓慢的材料去除过程，然而，对于一些较硬的 CMC，为了避免常规加工的过度刀具磨损，磨削是一种加工选择。

人造金刚石和天然金刚石晶体通过多种胶接工艺胶接到钢芯上，可以采用不同尺寸、形状和粗糙度的研磨轮盘来加工所需的零件形状。专用于复合材料的切削液可用于提高加工效率和最大限度地延长刀具寿命。配备高效冷却剂输送系统的设备可以提高加工效果。采用关键机器部件的高效防护措施来保护设备。使用能够去除小于 1 μm 颗粒的系统进行有效过滤，以保护设备免受加工过程产生的高研磨性颗粒的损害。

3.8.6 激光加工

激光加工比传统方法具有优势。激光加工系统使用的所有刀具都不会被磨损，光束转向非常精确，加工速度超过接触式加工方法。激光加工的效率取决于许多变量，包括功率密度、进给速率、光学和光束波长等。激光能量的吸收取决于被加工的 CMC 的材料特性。激光加工是一个加热过程，在一个非常密闭的区域内对材料的一部分进行熔化、烧蚀和剥离，能够加工通孔、埋头孔、凹槽等形状，以及圆边修整（见图 3.8.6）。

图 3.8.6　CMC 的激光加工（来源于参考文献 3.8.6）

许多激光器被用于加工 CMC，如 YAG（钇铝石榴石）激光器、CO_2 和镱光纤激光器。脉冲激光器和连续波激光器都已成功应用于加工 CMC。政府资助的激光加工研发工作使用了功率为 70～10 000 W 的激光器。功率密度是激光加工工艺性能的关键指标。更高的功率密度通常会在单位时间内去除更多的材料，提高切割速率。启动切割时有最小功率密度要求。

有几种方法可以控制功率密度。最简单的方法是增加激光功率输出。功率密度可以通过光学系统的设计来控制，光学系统用于将激光能量传递给被加工的工件。使用脉冲激光器时，功率密度可以通过控制激光器的脉冲速率来调节。对功率密度的所有调整都需要在性能上进行权衡。虽然可以提高切割速度，但提高切割速度的代价可能会造成过度的材料加热（增加激光输出）、可切割材料的厚度限制（光学系统设计）或激光性能的变化（脉冲重复率）。

准分子激光也可以用于加工，但去除速率往往太慢。不推荐使用 CO_2 激光器，因为会大面积加热 CMC 材料,导致陶瓷材料熔化或发生反应。高速的脉冲激光器输出的数十皮秒或飞秒级脉冲可提供最干净的切割表面,但这些激光器的总输出功率有限(通常小于 200 W),因此切割速度很慢。

根据激光功率、进给速度、厚度和所加工的特定 CMC 材料,激光加工的切割速度最高可达 3 048 mm/min。在激光加工中,切口和切割深度由切割材料、功率、进给速率和激光光学共同决定。激光束不是直的,而是由于光学原理而略有倾斜,因此,孔径沿其深度不均匀。材料厚度越大(深度越深)或进给速率越高,切口越窄。表面热损伤经测量为 0.1 mm。重铸层的形成使得形成的任何裂纹都不会破坏表面。重铸层像氧气吸收剂,因此抑制了弱界面的氧化。有时采用传统的加工技术进行表面处理以去除热影响区域,提高尺寸公差和表面精度。所需的最小常规加工量不会导致刀具的大量磨损。

连续激光辅助加工(SLAM)结合激光加工可作为传统方法的补充,用于 CMC 的三维表面加工。在加工凹槽时,可用激光在材料表面穿孔,创建一个网格基座。该工艺有效地降低了 CMC 的硬度,使得传统的接触式加工方法可以在不过度磨损刀具的情况下进行加工。SLAM 工艺提高加工效率,减少了刀具发热,为采用低价刀具加工复杂形状 CMC 提供了机会。

现已证明,在 5.1 mm 厚的材料中可加工 0.635～6.35 mm 的孔。激光加工埋头孔的最大角度可达 130°。

激光辅助加工(LAM)也有利于提高加工 CMC 的刀具寿命。激光束在使用刀具之前对材料进行直接预热,使得材料局部硬度降低,改善加工性能。

3.8.7　电火花加工

电火花加工(EDM)可以通过在工件(+)和电极(-)之间流动脉动直流电源上产生快速重复的电火花来精确去除 CMC 材料。开模电火花加工(SEDM)、线切割电火花加工(WEDM)和快速电火花加工(fast EDM)都适用于 CMC,材料去除速率与钢材电火花加工相当。

开模电火花加工可以加工深度和细小的特征形状,边缘和角度清晰度好。特征形状由固体电极提供可靠的边缘轮廓,而不是由无形的辐射束来确定。与其他所有加工技术相比,该工艺刀具偏转小,介质冲洗简单,因此能够在最高纵横比下进行最深的切割。开模电火花加工还可以在不足以进行其他加工的狭窄空间内加工复杂的内部特征。

由于没有刀具偏转和机械力,电火花线切割可以在 CMC 零件上加工出非常平坦和精确的基准面。五轴或六轴 CMC 使采用简单的工具或夹具来定位复杂的翼型工件成为可能。多道工序可以用来提高准确度和表面质量。

快速电火花加工可以用来在 CMC 部件上钻冷却孔。虽然与其他非常规钻削工艺（如激光）相比,快速电火花加工的周期时间要长得多,但可以在不产生过多热量的情况下加工更深的冷却孔。

参 考 文 献

3.1.1(a)   F. W. Zok, "CMCs enable revolutionary gains in turbine engine efficiency," American Ceramic Society Bulletin, Vol. 95, No. 5.

3.1.1(b)   "Ceramic Matrix Composites Improve Engine Efficiency," http://www. geglobalresearch. com/innovation/ceramic-matrix-composites-improve-engineefficiency

3.1.1(c)   "New material for GE Aviation a play for the future," http://www. cincinnati. com/story/money/2016/04/09/ge-aviation- cmc-future/82649420/

3.1.1(d)   https://en. wikipedia. org/wiki/Turbine-electric_transmission

3.1.1(e)   G. Morscher, "Fiber-Reinforced Ceramic Matrix Composites for Aero Engines". Encyclopedia of Aerospace Engineering. 1 – 10. 2014.

3.1.1(f)   R. Shyne, "Advanced Ceramic Materials for Aerospace Propulsion and Power," Proceedings of the Ceramic Expo, Cleveland, OH, April 26, 2016.

3.1.1(g)   D. Zhu, "Advanced Environmental Barrier Coatings For SiC/SiC Ceramic Matrix Composite Turbine Components," Chapter 10 in *Engineered Ceramics*, *Current Status and Future Prospects*. Edited by Tatsuki Ohji and Mrityunjay Singh. The American Ceramic Society and John Wiley & Sons, Inc., (2016), pp. 187 – 202.

3.1.1(h)   https://www. cfmaeroengines. com/press-articles/avianca-brasil-takes-delivery-cfm-leap-1apowered-a320neo/

3.1.1(i)   "New material for GE Aviation a play for the future," http://www. cincinnati. com/story/money/2016/04/09/ge-aviation-cmc-future/82649420/

3.1.1(j)   G. Gardiner, "Aeroengine Composites, Part 1: The CMC invasion," http://www. compositesworld. com/articles/aeroengine-composites-part-1-the-cmc-invasion

3.1.1(k)   G. Mandigo and D. Frietag, "A Primer on CMCs", http://compositesm-anufacturingmagazine. com/2015/02/a-primer-on-ceramic-matrix-composites/

3.1.1(l)   J. D. Kiser, J. E. Grady, R. T. Bhatt, V. L. Wiesner, and D. Zhu, "Overview of CMC (Ceramic Matrix Composite) Research at the NASA Glenn Research Center," Proceedings of the Ceramic Expo, Cleveland, OH, April 26, 2016.

3.1.1(m)   J. D. Kiser, K. E. David, C. Davies, R. Andrulonis, and C. Ashforth, "Updating Composite Materials Handbook-17 Volume 5 – Ceramic Matrix Composites," Advances in High Temperature Ceramic Matrix Composites and Materials for Sustainable Development, Ceramic Transactions, Volume 263 (Selected Peer Reviewed Papers from 9th International Conference on High Temperature Ceramic Matrix Composites (HTCMC 9) and Global Forum on Advanced Materials and Technologies for Sustainable Development (GFMAT 2016), Toronto, Canada, June 26 – 30, 2016) Edited by M. Singh, T. Ohji, S. Dong, D. Koch, K. Shimamura, B. Clauss, B. Heidenreich, and J. Akedo.

3.1.2(a)   M. Singh, https://nari. arc. nasa. gov/sites/default/files/SINGHM-LEARN. pdf

3.1.2(b)　　J. A. DiCarlo and N. P. Bansal, "Fabrication Routes for Continuous Fiber-Reinforced Ceramic Composites (CFCC)," NASA TM - 1998 - 208819 (November 1998).

3.1.3.1.1(a)　R. A. Lowden, T. M. Besmann, and D. P. Stinton, "Ceramic Matrix Composites Fabrication and Processing: Chemical Vapor Infiltration", in *Handbook on Continuous Fiber-Reinforced* CMH - 17 - 5A Volume 5, Part A Introduction and Guidelines 244 *Ceramic Matrix Composites* (R. L. Lehman, S. K. El - Rahaiby and J. B. Wachtman, Jr., Eds.), CIAC, Purdue Univ., West Lafayette, IN; Chap. 6 (1995).

3.1.3.1.1(b)　J. A. DiCarlo and N. P. Bansal, "Fabrication Routes for Continuous Fiber-Reinforced Ceramic Composites (CFCC)," NASA TM - 1998 - 208819 (November 1998).

3.1.3.1.1(c)　R. Naslain, et al., "Chemical Vapor Infiltration Technique," Euro-CVD-Four (Eindhoven, The Netherlands: The Centre, 1983), 293 - 304.

3.1.3.1.1(d)　R. Naslain, "CVI Composites," Ceramic Matrix Composites, ed. R. Warren (New York: Chapman and Hall, 1992), 199 - 244.

3.1.3.1.1(e)　E. Fitzer and R. Gadow, "Fiber Reinforced Silicon Carbide," Am. Ceram. Soc. Bult. 65(2):326 - 335, 1986.

3.1.3.1.1(f)　F. Christin, R. Naslain, and C. Bernard, "A Thermodynamic and Experimental Approach of Silicon Carbide-CVD Application to the CVD-Infiltration of Porous Carbon/Carbon Composites," Procee dings of the 7th International Conference on Chemical Vapor Deposition, ed. T. D. Sedwick and H. Lydtin (Pennington, NJ: The Electrochemical Society, 1979), 499 - 514.

3.1.3.1.1(g)　J. C. Canalier, A. Lacombe, and J. M. Rouges, "Composites a Matrice Ceramique, Nouveaux Materiaux a Tres Hautes Performances," Proceedings of ECCM3, Developments in the Science and Technology of Composite Materials, eds. A. R. Bunsell, P. Lamicq, and A. Massiah, (London: Elsevier Applied Science, 1989), 99 - 110.

3.1.3.1.1(h)　R. Naslain, "Two-Dimensional SiC/SiC Composites Processed According to the Isobaric-Isothermal Chemical Vapor Infiltration Gas Phase Route," J. Alloys Compd. 188 (1 - 2): 42 - 48, 1992.

3.1.3.1.1(i)　R. Naslain, and F. Langlais, "Fundamental and Practical Aspects of the Chemical Vapor Infiltration of Porous Substrates," High Temp. Sci. Part 2 27: 221 - 235, 1990.

3.1.3.1.1(j)　R. Naslain, J. Y. Rossignol, P. Hagenmuller, F. Christin, L Heraud, and J. J. Choury, "Synthesis and Properties of New Composite Materials for High Temperature Applications Based on Carbon Fibers and C-CiC or C-TiC Hybrid Matrices," Revue de Chimie Minerale 18 (5):544 - 564, 1981.

3.1.3.1.1(k)　Fiber Reinforced Ceramic Composites: Material, Processing and Technology, edited by KS Mazdiyasni, "Fabrication of Fiber-Reinforced Ceramic Composites by Chemical Vapor Infiltration: Processing, Structure and Properties," Noyes Publisher.

3. 1. 3. 1. 1(l)　　　Paraphrased Honeywell Advanced Composites Inc. proposals and reports.

3. 1. 3. 1. 2(a)　　　D. Kiser, A. Almansour, D. Gorican, T. McCue, R. Bhatt, R. Phillips, and C. Smith. "Evaluation of CVI SiC/SiC Composites for High Temperature Applications," Proceedings of the 41st Annual Conference on Composites, Materials, and Structures, Cocoa Beach, FL Jan 2017.

3. 1. 3. 1. 2(b)　　　G. N. Morscher, M. Singh, J. D. Kiser, M. Freedman, and R. Bhatt, "Modeling stress-dependent matrix cracking and stress-strain behavior in 2D woven SiC fiber reinforced CVI SiC composites," Composites Science and Technology 67 (2007)1009 – 1017.

3. 1. 3. 1. 2(c)　　　G. N. Morscher, "Tensile creep and rupture of 2D-woven SiC/SiC composites for high temperature applications," Journal of the European Ceramic Society, Volume 30, Issue 11, August 2010, Pages 2209 – 2221.

3. 1. 3. 1. 2(d)　　　J. A. DiCarlo, H. -M. Yun, G. N. Morscher, and R. T. Bhatt, "SiC/SiC Composites for 1 200℃ and Above," NASA TM – 213048, November, 2004.

3. 1. 3. 1. 2(e)　　　J. Kiser, D. Brewer, and A. Calomino, "Development and Characterization of SiC/SiC Composites for 3 000°F Hypersonic Vehicle Applications," Proceedings of the ARMD FAP Annual Meeting, Oct. 7 – 9, 2008, Atlanta, GA.

3. 1. 3. 3(a)　　　G. S. Corman and K. L. Luthra, "Silicon Melt Infiltrated Ceramic Composites (HiPerComp^{TM})," in *Handbook of Ceramic Composites*, edited by N. P. Bansal, Kluwer Academic Publishers, 2005.

3. 1. 3. 3(b)　　　K. L. Luthra and G. S. Corman, "Status and Challenges for the Use of Melt Infiltrated CMCs (HiPerComp) in Industrial Gas Turbine Applications", in the proceeding of HTCMC – 5, paper HTCMC – 591304, 2004.

3. 1. 3. 3(c)　　　ttps://www. cfmaeroengines. com/press-articles/avianca-brasil-takes-delivery-cfm-leap-1apowered-a320neo/

3. 1. 3. 3. 1(a)　　　https://www. youtube. com/watch? v=is1BBilkyUM

3. 1. 3. 3. 1(b)　　　M. J. Verrilli, S. Foster, and J. Subit, "Impact Behavior of a SiC/SiC Composite at an Elevated Temperature", in the proceedings of the 7th Conference on High Temperature CMCs (HT CMC7), Bayreuth, Germany, Sept. , 2010, paper 147.

3. 1. 3. 3. 1(c)　　　T. T. Kim, S. Mall, and L. P. Zawada, "Fatigue Behavior of Hi-Nicalon^{TM} Type S/BN/SiC Ceramic Matrix Composites in a Combustion Environment", Int. J. Appl. Ceramic Technol. , 8, [2], 261 – 272, (2011).

3. 1. 3. 3. 2(a)　　　Aviation Week, Oct. 27, 2015 http://aviationweek. com/optimizing-engines-through-lifecycle/ge-unveils-cmc-production-ramp-plan

3. 1. 3. 3. 2(b)　　　D. A. Lewis, M. T. Hogan, J. McMahon, and S. Kinney, "Application of Uncooled Ceramic Matrix Composite Power Turbine Blades for Performance Improvement of Advanced Turboshaft Engines", in the proceedings of the American Helicopter 64th Annual Forum, held in Montreal, Canada, April, 2008.

3. 1. 3. 4(a)　　　S. K. Lau, S. Calandra and R. Ohnsorg, "Development of Slurry Casting/Melt Infiltration Process for CMC Fabrication", Presented at the 19th Annual Conference on Composites, Advanced Ceramics, Materials, and Structures, Cocoa Beach, FL, January (1995).

3.1.3.4(b)　D. Brewer, "HSR/EPM Combustor Materials Development Program," Mater. Sci. Eng. A, A261 284-291 (1999).

3.1.3.4(c)　J. A. DiCarlo, H.-M. Yun, G. N. Morscher, R. T. Bhatt, "SiC/SiC Composites for 1 200℃ and Above," NASA TM - 2004 - 213048 (November 2004).

3.1.3.4(d)　J. A. Dever, M. V. Nathal, J. A. DiCarlo, "Research on High-Temperature Aerospace Materials at NASA Glenn Research Center," J. Aerosp. Eng., 2013, 26(2): 500-514.

3.1.3.4(e)　R. T. Bhatt, "Creep/stress rupture behavior of 3D woven SiC/SiC composites with Sylramic™ - iBN, super Sylramic™ - iBN, and Hi-Nicalon™ S Fibers at 2 700°F in air," Proceedings of the 41st Annual Conf. on Composites, Materials, and Structures, Cocoa Beach/Cape Canaveral, FL, January, 2017.

3.1.3.4(f)　J. D. Kiser, J. E. Grady, R. T. Bhatt, V. L. Wiesner, and D. Zhu, "Overview of CMC (Ceramic Matrix Composite) Research at the NASA Glenn Research Center", Proceedings (documented by the American Ceramic Society) of the Ceramics Expo 2016, Cleveland, OH: April, 2016.

3.1.3.4(g)　J. A. DiCarlo and N. P. Bansal, "Fabrication Routes for Continuous Fiber-Reinforced Ceramic Composites (CFCC)," NASA TM - 1998 - 208819 (November 1998).

3.1.4.1(a)　K. Harrison, "GE's Passport Wins FAA Certification," http://aviationweek. com/ebace-2016/ge-s-passport-wins-faa-certification, May 24, 2016. Accessed April 17, 2017.

3.1.4.1(b)　Boeing, "Continuous Lower Energy, Emissions and Noise (CLEEN) Technologies Development," Presented at the CLEEN Consortium Meeting, Atlanta, GA, 2011.

3.1.4.1(c)　M. Petervary and T. Steyer, "Ceramic Matrix Composites for Structural Aerospace Applications," Presented at the 4th International Congress on Ceramics, Chicago, Ⅱ, 2012.

3.1.4.1(d)　M. L. Hand, B. Chakrabarti, L. L. Lehman, and G. P. Mathur, "Exhaust washed structure and associated composite structure and method of fabrication," US Patent No. 8043690, 2011.

3.1.4.1(e)　M. Petervary and T. Steyer, "Ceramic Matrix Composites Challenges and Opportunities," Presented at the 39st Annual Conference on Composites, Materials and Structures, Cocoa Beach, FL, January 2015.

3.1.4.1(f)　F. Collier, R. Thomas, C. Burley, C. Nickol, C. Lee, and M. Tong, "Environmentally Responsible Aviation — Real Solutions for Environmental Challenges Facing Aviation," in 27th International Congress of the Aeronautical Sciences, 2010.

3.1.4.1(g)　J. Heidmann, "Improving Engine Efficiency Through Core Developments," Presented at the AIAA Aero Sciences Meeting, Orlando, Fl., 2011.

3.1.4.1(h)　J. D. Kiser, et al., "Oxide/Oxide Ceramic Matrix Composite (CMC) Exhaust Mixer Development in the NASA Environmentally Responsible Aviation (ERA) Project," Proceedings of ASME Turbo Expo 2015: Ceramics, June 15-19, 2015,

Montreal，Canada.

3. 1. 4. 1(i)   R. John，L. P. Zawada，and J. L. Kroupa，"Stresses due to temperature gradients in ceramic-matrix-composite aerospace components，" J. Am. Ceram. Soc. ，vol. 82，pp. 161 – 168,1999.

3. 1. 4. 1(j)   B. Jurf，"Fabrication and Test of Insulated CMC Exhaust Pipe，" Presented at the ASM International Aeromat Conference，Dayton，OH，2003.

3. 1. 4. 1(k)   J. A. Morrison and K. M. Krauth，"Design and Analysis of a CMC Turbine Blade Tip Seal for a Land-Based Power Turbine，" Ceram. Eng. Sci. Proc. ，vol. 19，pp. 249 – 256，1998.

3. 1. 4. 2(a)   R. J. Kerans，R. S. Hay，T. A. Parthasarathy，and M. K. Cinibulk，"Interface Design for Oxidation-Resistant Ceramic Composites，" J. Am. Ceram. Soc. ，vol. 85，pp. 2599 – 2632，2002.

3. 1. 4. 2(b)   A. G. Evans，F. W. Zok，and J. B. Davis，"The Role of Interfaces in Fiber-Reinforced Brittle Matrix Composites，" Compos. Sci. Technol. ，vol. 42，pp. 3 – 24，1991.

3. 1. 4. 2(c)   C. G. Levi，F. W. Zok，J. Y. Yang，M. Mattoni，and J. P. A. Lofvander，"Microstructural design of stable porous matrices for all-oxide ceramic composites，" Z. Metallk. ，vol. 90，pp. 1037 – 1047，1999.

3. 1. 4. 2(d)   M. He and J. W. Hutchinson，"Crack deflection at an interface between dissimilar elastic materials，" Int. J. Solids Struct. ，vol. 25，pp. 1053 – 1067，1989.

3. 1. 4. 2(e)   F. W. Zok，"Developments in Oxide Fiber Composites，" J. Am. Ceram. Soc. ，vol. 89，pp. 3309 – 3324，2006.

3. 1. 4. 2(f)   R. J. Kerans and T. A. Parthasarathy，"Crack Deflection in Ceramic Composites and Fiber Coating Design Criteria，" Comp. Part A，vol. 30A，pp. 521 – 524，1999.

3. 1. 4. 2(g)   K. T. Faber，"Ceramic Composite Interfaces：Properties and Design，" Annu. Rev. Mater. Sci. ，vol. 27，pp. 499 – 524，1997.

3. 1. 4. 3(a)   D. C. C. Lam and F. F. Lange，"Microstructural Observations on Constrained Densification of Alumina Powder Containing a Periodic Array of Sapphire Fibers，" J. Am. Ceram. Soc. ，vol. 77，pp. 1976 – 1978，1994.

3. 1. 4. 3(b)   M. N. Rahaman，Ceramic Processing and Sintering，1st ed. New York：Marcel-Dekker，Inc. ，1995.

3. 1. 4. 3. 1(a)   F. F. Lange，"Shape forming of ceramic powders by manipulating the interparticle pair potential，" Chem. Eng. Sci. ，vol. 56，pp. 3011 – 3020，2001.

3. 1. 4. 3. 1(b)   R. A. Jurf and S. C. Butner，"Advances in all-oxide CMC，" J. Eng. Gas Turbines Power，vol. 122，pp. 202 – 205，2000.

3. 1. 4. 3. 3(a)   M-Helene Ritti，et. al. ，"Process for producing a ceramic matrix composite part，" U. S. Patent 9302946 B2，April 5，2016.

3. 1. 4. 3. 3(b)   J. Y. Yang，J. H. Weaver，F. W. Zok，and J. J. Mack，"Processing of Oxide Composites With Three-Dimensional Fiber Architectures，" J. Am. Ceram. Soc. ，vol. 92，pp. 1087 – 1092，2009.

3. 1. 4. 3. 3(c)   P. O. Guglielmi，et. al. ，"Processing of All-Oxide Ceramic Matrix Composites

with RBAO Matrices,"J. Ceram. Sci. Tech. , 07 [01] 87 – 96 (2016).

3. 1. 4. 3. 3(d) Y. Bao and P. S. Nicholson, "AlPO₄-coated mullite/alumina fiber reinforced reaction — bonded mullite composites," J. Eur. Ceram. Soc. , 28 3041 – 3048 (2008).

3. 1. 4. 3. 3(e) Nicholson, P. Sarkar, and X. Huang, "Electrophoretic Depositon and its Use to Synthesize ZrO_2/Al_2O_3 Micro-laminate Ceramic/Ceramic Composites," J. Mat. Sci. , vol. 29, pp. 6274 – 6278, 1993.

3. 1. 4. 3. 3(f) A. R. Boccaccini, C. Kaya, and K. K. Chawla, "Use of electrophoretic deposition in the processing of fibre reinforced ceramic and glass matrix composites: a review," Comp. Part A, vol. 32, pp. 997 – 1006, 2001.

3. 1. 4. 3. 3(g) T. Mah, K. A. Keller, R. J. Kerans and M. K. Cinibulk, "Reduced Cracking in Oxide Fiber-Reinforced Oxide Composites vis Freeze-Dry Processing," J. Am. Ceram. Soc. , 98 [5]1437 – 1443 (2015).

3. 1. 4. 3. 3(h) T. Machry, C. Wilhelmi, and D. Koch, "Novel High Temperature Wound Oxide Ceramic Matrix Composites Manufactured Via Freeze Gelation," ed: John Wiley & Sons, Inc. , 2011, pp. 201 – 212.

3. 1. 4. 4(a) M. B. Ruggles-Wrenn and J. C. Braun, "Effects of Steam Environment on Creep Behavior of Nextel™ 720/Alumina Ceramic Composite At Elevated Temperature," Mater. Sci. Eng. A, vol. 497, pp. 101 – 110, 2008.

3. 1. 4. 4(b) M. B. Ruggles-Wrenn, S. Mall, C. A. Eber, and L. B. Harlan, "Effects of Steam Environment on High-Temperature Mechanical Behavior of Nextel™ 720/ Alumina (N720/A) Continuous Fiber Ceramic Composite," Comp. Part A, vol. 37, pp. 2029 – 2040, 2006.

3. 1. 4. 4(c) M. B. Ruggles-Wrenn and N. R. Szymczak, "Effects of Steam Environment on Compressive Creep Behavior of Nextel™ 720/Alumina Ceramic Composite At 1 200℃," Comp. Part A, vol. 39, pp. 1829 – 1837, 2008.

3. 2. 2. 1(a) D. M. Wilson, "Structural and tensile properties of continuous oxide fibers", Handbook of Tensile Properties of Textile and Technical Fibres, ed. A. R. Bunsell, CRC Press, 2009, pp. 626 – 650.

3. 2. 2. 1(b) D. M. Wilson and L. R. Visser, "High performance oxide fibers for metal and ceramic composites",Composites: Part A, 32 (2001), pp. 1143 – 1153.

3. 2. 2. 1(c) M. G. Mueller, V. Pejchal, G. Žagar, A. Singh, M. Cantoni and A. Mortensen, Fracture toughness testing of nanocrystalline alumina and fused quartz using Chevron-notched microbeams,Acta Materialia 86 (2015) 385 – 395.

3. 2. 2. 5(a) C. J. Armani, M. B. Ruggles-Wrenn, R. S. Hay, G. E. Fair, "Creep and microstructure of Nextel 720 fiber at elevated temperature in air and in steam", Acta Materialia 61 (2013), pp. 6114 – 6124.

3. 2. 2. 5(b) R. S. M. Almeida, K. Tushtev, B. Clauß, G. Grathwohl, K. Rezwan, "Tensile and creep performance of a novel mullite fiber at high temperatures", Composites: Part A 76 (2015), pp. 37 – 43.

3. 2. 2. 5(c) M. Schmucker, F. Flucht, P. Mechnich, "Degradation of oxide fibers by thermal overload and environmental effects", Mat. Sci. & Eng. A 557 (2012),

pp. 10 - 16.

3.2.2.6　D. M. Wilson and L. R. Visser., "High performance oxide fibers for metal and ceramic composites", Composites: Part A, 32 (2001), pp. 1143 - 1153.

3.2.3.1(a)　H. Ichikawa and T. Ishikawa: Silicon Carbide Fibers (Organometallic Pyrolysis), Comprehensive Composite Materials, Vol. 1, Eds. A. Kelly, C. Zweben, and T. Chou, Elsevier Science Ltd, Oxford, England, 2000, pp. 107 - 145.

3.2.3.1(b)　F. E. Wawner Jr.: Boron and Silicon Carbide Fibers (CVD), Comprehensive Composite Materials, Vol. 1, Eds. A. Kelly, C. Zweben, and T. Chou, Elsevier Science Ltd, Oxford, England, 2000, pp. 85 - 105.

3.2.3.2(a)　J. A. DiCarlo and H. M. Yun: Creep of Ceramic Fibers: Mechanisms, Models, and Composite Implications, Creep Deformation: Fundamentals and Applications, eds. R. S. Mishra, J. C. Earthman, and S. V. Raj, The Minerals, Metals, and Materials Society, Warrendale, PA, 2002, pp. 195 - 208.

3.2.3.2(b)　J. A. DiCarlo: Modeling Creep of SiC Fibers and Its Effects on High Temperature SiC/SiC CMC. Proceedings of 38th Annual Conference on Composites, Materials, and Structures, January 2014, Cape Canaveral, Florida.

3.2.3.3(a)　J. Lipowitz and J. A. Rabe: Preparation of polycrystalline ceramic fibers, U. S. Patent 5279780 (1994).

3.2.3.3(b)　J. A. DiCarlo and H. M. Yun: Methods for Producing Silicon Carbide Architectural Preforms, U. S. Patent 7687016 B1 (2010).

3.2.3.3(c)　J. A. DiCarlo and R. Bhatt: Constituent Effects on Intrinsic Life of a 2 700°F SiC/SiC CMC. Proceedings of 39th Annual Conference on Composites, Materials, and Structures, January 2015, Cape Canaveral, Florida.

3.2.3.3(d)　J. Pegna, J. L. Schneiter, R. K. Goduguchinta, K. L. Williams, and S. L. Harrison, Laser Printed Silicon Carbide Fibers: A National Game Changer; Innovation in Materials, Proceedings of National Space Missile and Materials Symposium (NSMMS), June, 2013, Bellevue, Washington.

3.2.3.3(e)　J. Pegna, S. L. Harrison, R. K. Goduguchinta, K. L. Williams, and J. L. Schneiter, CVD-Inherited Properties of Laser-printed Silicon Carbide Filaments. Proceedings of the 39th Annual Conference on Composites, Materials, and Structures, January, 2015, Cape Canaveral, Florida.

3.3.1(a)　D. W. Richerson, "Ceramic Matrix Composites" Composites Engineering Handbook Ed. P. K. Mallic, Marcel-Dekker Inc: 983 - 138. (1997)

3.3.1(b)　F. W. Zok, A. G. Evans, T. J. Mackin, "Theory of Fiber Reinforcement," Handbook on Continuous Fiber Reinforced Ceramic Matrix Composites, Ed. R. L. Lehman, S. K. El-Rahaiby, J. B. Wachtman, Jr. (Purdue Research Foundation, 1995), pp. 35 - 110.

3.3.1(c)　K. T. Faber, "Ceramic Composite Interfaces: Properties and Design," Annual Rev. Materials Science, 1997 (27):499 - 524.

3.3.1(d)　R. J. Kerans, R. S. Hay, T. A. Parthasarathy, and M. K. Cinibulk, "Interface Design for Oxidation-Resistant Ceramic Composites," J. Am. Ceram. Soc., 85 [11] 2599 - 2632 (2002).

3.3.1(e)　　F. W. Zok, "Developments in Oxide Fiber Composites," J. Am. Ceram. Soc. , 89 [11] 3309 – 3324 (2006).

3.3.1.1(a)　T. A. Parthasarathy, C. P. Pryzbyla, R. S. Hay and M. K. Cinibulk, "Modeling Environmental Degradation of SiC-Based Fibers," J. Am. Ceram. Soc. , 99 [5] 1725 – 1734 (2016).

3.3.1.1(b)　R. S. Hay and E. Boakye, "Monazite Coatings on Fibers: I, Effect of Alumina Doping and Temperature on Coated Fiber Tensile Strength," J. Am. Ceram. Soc. , 84 [12] 2783 – 2792(2001).

3.3.1.2　　US Patent 7687016: Methods for Producing Silicon Carbide Architectural Preforms.

3.3.2.1　　A. J. Eckel, J. D. Cawley and T. A. Parthasarathy, "Oxidation Kinetics of a Continuous Carbon Phase in a Nonreactive Matrix," J. Am. Ceram. Soc. , 78 [4] 972 – 980 (1995).

3.3.2.2.(a)　N. S. Jacobson, G. N. Morscher, D. R Bryant and R. E. Tressler, "High-Temperature Oxidation of Boron Nitride: Ⅱ, Boron Nitride Layers in Composites," J. Am. Ceram. Soc. , 82 [6]1473 – 1482 (1999).

3.3.2.2(b)　US Patent 7427428: Interphase for Ceramic Matrix Composites Reinforced by Non-Oxide Ceramic Fibers.

3.3.2.2(c)　G. N. Morscher, H. M. Yun, J. A. DiCarlo, and L. Thomas-Ogbuji, "Effect of a Boron Nitride Interphase that Debonds between the Interphase and the Matrix in SiC/SiC Composites,"J. Am. Ceram. Soc. 87 [1] 104 – 112 (2004).

3.3.2.3.1(a)　F. F. Lange, W. C. Tu, and A. G. Evans, "Processing of Damage-Tolerant, Oxidation-Resistant Ceramic-Matrix Composites," Mater. Sci. Eng. A, 195, 145 – 150 (1995).

3.3.2.3.1(b)　A. Szweda, M. L. Millard, and M. G. Harrison, "Fiber-Reinforced Ceramic Composite Member,"U. S. Pat. No. 5488017, 1996.

3.3.2.3.1(c)　W.-C. Tu, F. F. Lange, and A. G. Evans, "Concept for a Damage-Tolerant Ceramic Composite with 'Strong' Interfaces," J. Am. Ceram. Soc. , 79 [2] 417 – 424 (1996).

3.3.2.3.1(d)　C. G. Levi, J. Y. Yang, B. J. Dalgleish, F. W. Zok, and A. G. Evans, "Processing and Performance of an All-Oxide Ceramic Composite," J. Am. Ceram. Soc. , 81 [8] 2077 – 2086 (1998).

3.3.2.3.1(e)　R. A. Jurf and S. C. Butner, "Advances in Oxide-Oxide CMC," J. Eng. Gas Turb. Power,122 [2] 202 – 205 (2000).

3.3.2.3.1(f)　M. A. Mattoni, J. Y. Yang, C. G. Levi, and F. W. Zok, "Effects of Matrix Porosity on the Mechanical Properties of a Porous-Matrix, All-Oxide Ceramic Composite," J. Am. Ceram. Soc. ,84, 2594 – 2602 (2001).

3.3.2.3.1(g)　F. W. Zok and C. G. Levi, "Mechanical Properties of Porous-Matrix Ceramic Composites,"Adv. Eng. Mater. , 3 [1 – 2] 15 – 23 (2001).

3.3.2.3.1(h)　L. P. Zawada, R. S. Hay, S. S. Lee, and J. Staehler, "Characterization and High Temperature Mechanical Behavior of an Oxide/Oxide Composite," J. Am. Ceram. Soc. , 86 [6] 981 – 990 (2003).

3.3.2.3.1(i)　H. Fujita，G. Jefferson，R. M. McMeeking，and F. W. Zok，"Mullite-Alumina Mixtures for Use as Porous Matrices in Oxide Fiber Composites，" J. Am. Ceram. Soc.，87 [2] 261 - 267 (2004).

3.3.2.3.1(j)　R. A. Simon，"Progress in Processing and Performance of Porous-Matrix Oxide/Oxide Composites，" Int. J. Appl. Ceram. Technol.，2 [2] 141 - 149 (2005).

3.3.2.3.1(k)　J. Y Yang，J. H. Weaver，F. W. Zok，J. J. Mack，"Processing of Oxide Composites with Three-Dimensional Fiber Architecture，" J. A. Ceram. Soc.，92 [5] 1087 - 1092 (2009).

3.3.2.3.1(l)　T. Mah，K. A. Keller，R. J. Kerans，M. K. Cinibulk，"Reduced Cracking in Oxide Fiber-Reinforced Oxide Composites via Freeze-Dry Processing" J. Am. Ceram. Soc.，98 [5] 1437 - 1443 (2015).

3.3.2.3.2(a)　H. Carpenter and J. Bohlen，"Fiber Coatings for Ceramic-Matrix Composites，" Ceram. Eng. Sci. Proc.，13 [7 - 8] 238 - 256 (1992).

3.3.2.3.2(b)　J. B. Davis，J. P. A. Lofvander，A. G. Evans，E. Bischoff，and M. L. Emiliani，"Fiber-Coating Concepts for Brittle-Matrix Composites，" J. Am. Ceram. Soc.，76 [5] 1249 - 1257 (1993).

3.3.2.3.2(c)　T. A. Parthasarathy，E. Boakye，K. Keller，and R. S. Hay，"Evaluation of Porous rO_2 - SiO_2 and Monazite Coatings Using Nextel 720 Fiber-Reinforced Blackglas-Matrix Minicomposites，" J. Am. eram. Soc.，84 [7] 1526 - 1532 (2001).

3.3.2.3.2(d)　M. K. Cinibulk，T. A. Parthasarathy，K. A. Keller，and T. Mah，"Porous Yttrium Aluminum Garnet Fiber Coatings for Oxide Composites，" J. Am. Ceram. Soc.，85 [11] 2703 - 2710 (2002).

3.3.2.3(a)　T. Mah，K. A. Keller，T. A. Parthasarathy，and J. Guth，"Fugitive Interface Coating in Oxide-Oxide Composites: A Viability Study，" Ceram. Eng. Sci. Proc.，12 [9 - 10] 1802 - 1815 (1991).

3.3.2.3(b)　K. A. Keller，T. Mah，T. A. Parthasarathy，and C. Cooke，"Fugitive Interfacial Carbon Coatingsfor Oxide/Oxide Composites，" Ceram. Eng. Sci. Proc.，14，878 - 879 (1993).

3.3.2.3(c)　K. A. Keller，T. Mah，C. Cooke，and T. A. Parthasarathy，"Fugitive Interfacial Carbon Coatings for Oxide/Oxide Composites，" J. Am. Ceram. Soc.，83 [2] 329 - 336 (2000).

3.3.2.3(d)　J. H. Weaver，J. Yang，and F. W. Zok，"Control of Interface Properties in Oxide Composites via Fugitive Coatings，" J. Am. Ceram. Soc.，91 [12] 4003 - 4008 (2008).

3.3.2.3.4(a)　R. F. Cooper and P. C. Hall，"Reactions between Synthetic Mica and Simple Compounds with Application to Oxidation-Resistant Ceramic Composites，" J. Am. Ceram. Soc.，76 [5]265 - 273 (1993).

3.3.2.3.4(b)　T. A. King and R. F. Cooper，"Ambient-Temperature Mechanical Response of a Fluoromica-Alumina Laminate，" J. Am. Ceram. Soc.，77 [7] 1699 - 1705 (1994).

3.3.2.3.4(c)　K. Chyung and S. B. Dawes，"Fluoromica-Coated Nicalon-Fiber-Reinforced lass-Ceramic Composites，" Mater. Sci. Eng. A，162，27 - 33 (1993).

3.3.2.3.4(d)　G. Demazeau, "New Synthetic Mica-Like Materials for Controlling Fracture in Ceramic-Matrix Composites," Mater. Tech. , 10, 43 – 58 (1995).

3.3.2.3.4(e)　P. Reig, G. Demazeau, and R. Naslain, "$KMg_2AlSi_4O_{12}$ Phyllosiloxide as a Potential Interphase Material for Ceramic-Matrix Composites," J. Mater. Sci. , 32, 4195 – 4200 (1997).

3.3.2.3.4(f)　N. Iyi, S. Takekawa, and S. Kimura, "The Crystal Chemistry of Hexaluminates: Beta-Alumina and Magnetoplumbite Structures," J. Solid-State Chem. , 83, 8 – 19 (1989).

3.3.2.3.4(g)　P. E. D. Morgan and D. B. Marshall, "Functional Interfaces for Oxide/Oxide Composites,"Mater. Sci. Eng. A, 162, 15 – 25 (1993).

3.3.2.3.4(h)　M. K. Cinibulk and R. S. Hay, "Textured Magnetoplumbite Fiber-Matrix Interphase Derived from Sol-Gel Fiber Coatings," J. Am. Ceram. Soc. , 79 [5] 1233 – 1246 (1996).

3.3.2.3.4(i)　K. Cinibulk, "Hexaluminates as a Cleavable Fiber-Matrix Interphase: Synthesis, Texture Development, and Phase Compatibility," J. Eur. Ceram. Soc. , 20 [5] 569 – 582 (2000).

3.3.2.3.4(j)　M. G. Cain, R. L. Cain, M. H. Lewis, and J. Gent, "*In Situ*-Reacted Rare-Earth Hexaluminate Interphases," J. Am. Ceram. Soc. , 80 [7] 1873 – 1876 (1997).

3.3.2.3.5(a)　P. E. D. Morgan and D. B. Marshall, "Ceramic Composites of Monazite and Alumina," J. Am. Ceram. Soc. , 78 [6] 1553 – 1563 (1995).

3.3.2.3.5(b)　D. B. Marshall, P. E. D. Morgan, R. M. Housley, and J. T. Cheung, "High-Temperature Stability of the Al_2O_3 – $LaPO_4$ System," J. Am. Ceram. Soc. , 81 [4] 951 – 956 (1998).

3.3.2.3.5(c)　J. B. Davis, D. B. Marshall, and P. E. D. Morgan, "Monazite-Containing Oxide-Oxide Composites,"J. Eur. Ceram. Soc. , 19, 2421 – 2426 (1999).

3.3.2.3.5(d)　E. Boakye, R. S. Hay, and M. D. Petry, "Continuous Coating of Oxide Fiber Tows Using Liquid Precursors: Monazite Coatings on Nextel 720," J. Am. Ceram. Soc. , 82 [9] 2321 – 2331(1999).

3.3.2.3.5(e)　J. B. Davis, R. S. Hay, DB. Marshall, P. E. D. Morgan, and A. Sayir, "Influence of Interfacial Roughness on Fiber Sliding in Oxide Composites with La-Monazite Interphases," J. Am. Ceram. Soc. , 86 [2] 305 – 316 (2003).

3.3.2.3.5(f)　D. -H. Kuo and W. M. Kriven, "Characterization of Yttrium Phosphate and a Yttrium Phosphate/Yttrium Aluminate Laminate," J. Am. Ceram. Soc. , 78 [11] 3121 – 3124 (1995).

3.3.2.3.5(g)　D. -H. Kuo and W. M. Kriven, "Microstructure and Mechanical Evaluation of Yttrium Phosphate-Containing and Lanthanum Phosphate-Containing Zirconia Laminates," Ceram. Eng. Sci. Proc. , 18 [4] 129 – 136 (1997).

3.3.2.3.5(h)　M. G. Cain, R. L. Cain, A. Tye, P. Rian, M. H. Lewis, and J. Gent, "Structure and Stability of Synthetic Interphases in CMCs," Key Eng. Mater. , 127 – 131, 37 – 50 (1997).

3.3.2.3.5(i)　W. Goettler, S. Sambasivan, and V. P. Dravid, "Isotropic Complex Oxides as

Fiber Coatings for Oxide-Oxide CFCC," Ceram. Eng. Sci. Proc. , 18 [3] 279 – 286 (1997).

3. 3. 2. 3. 5(j) T. A. Parthasarathy, E. Boakye, M. K. Cinibulk, and M. D. Petry, "Fabrication and Testing of Oxide/Oxide Microcomposites with Monazite and Hibonite as Interlayers," J. Am. Ceram. Soc. , 82 [12] 3575 – 3583 (1999).

3. 3. 2. 3. 5(k) S. M. Johnson, Y. D. Blum, and C. H. Kanazawa, "Development and Properties of an Oxide Fiber-Oxide Matrix Composite," Key. Eng. Mater. , 164 – 165, 85 – 90 (1999).

3. 3. 2. 3. 5(l) K. A. Keller, T. Mah, T. A. Parthasarathy, E. E. Boakye, P. Mogilevsky, and M. K. Cinibulk, "Effectiveness of Monazite Coatings in Oxide/Oxide Composites in Extending Life after Long-Term Exposure at High-Temperature," J. Am. Ceram. Soc. , 86 [2] 325 – 332 (2003).

3. 4. 4. 1 Webster's Ninth New Collegiate Dictionary, 1991 by Merriam-Webster Inc.

3. 4. 5. 15 Fiber Materials Inc, figure used with permission.

3. 4. 5. 16 http://www. virginia. edu/ms/research/wadley/celluar-materials. html

3. 4. 6(a) Bale et al, Characterizing Three-Dimensional Textile Ceramic Composites using Synchrotron X-Ray Micro-Computed-Tomography, 2011, J. American Ceramics Society, 1 – 11.

3. 4. 6(b) Cox et al, Stochastic Virtual Tests for High-Temperature Ceramic Matrix Composites, Annu. Rev. Mater. Res. 2014. 44:17. 1 – 17. 51.

3. 4. 6(c) Grippon et al, Ultrasonic Characterisation and Multi-Scale Modelling of The Damage Under Tensile Loading of a 3D Woven SiC/SiC Composite, ICCM19 proceedings, Montreal, 2014.

3. 4节附加参考文献(文内无体现)

3. 4(a) S. Hughes, 1903. Packing. U. S. Patent 731458, filed August 6, 1902, and issued June 23, 1903.

3. 4(b) P. F. Kozlowski, Method for making braided packing. U. S. Patent 4333380, filed January 30, 1981, and issued June 8, 1982.

3. 4(c) R. A. Florentine, Apparatus for weaving a three-dimensional article. U. S. Patent 4312261, filed May 27, 1980, and issued January 26, 1982.

3. 4(d) R. M. Bluck, High speed bias weaving and braiding. U. S. Patent 3426804, filed December 20, 1966, and issued February 11, 1969.

3. 5. 1. 1(a) K. N. Lee, H. Fritze, and Y. Ogura, "Coatings for Engineering Ceramics," in "Ceramic Gas Turbine Component Development and Characterization," Volume II of Progress in Ceramic Gas Turbine Development, Mark van Roode, Mattison K. Ferber, David W. Richerson, eds. , ASME Press, New York, USA, 2003, pp. 641 – 664.

3. 5. 1. 1(b) K. N. Lee, "Environmental Barrier Coatings (EBCs) for SiC/SiC" in "Ceramic Matrix Composites: Materials, Modeling, Technology and Applications ", Narottam P. Bansal and Jacques Lamon, eds. , Wiley. Hoboken, NJ. 2015.

3.5.1.2(a)　J. Lamon, "Chemical Vapor Infiltrated SiC/SiC Composites (CVI SiC/SiC)," in *Handbook of Ceramic Composites*, N. P. Bansal, ed., Kluwer Academic Publishers, 2005, Chapter 3, pp. 55 – 76.

3.5.1.2(b)　J. A. DiCarlo, H-M. Yun, G. N. Morscher, and R. T. Bhatt, SiC/SiC Composites for 1 200℃ and Above, in *Handbook of Ceramic Composites*, N. P. Bansal, ed., Kluwer Academic Publishers, 2005, Chapter 4, pp. 77 – 98.

3.5.1.2(c)　G. S. Corman and K. L. Luthra, Silicon Melt Infiltrated Ceramic Composites (HiPerComp™), in *Handbook of Ceramic Composites*, N. P. Bansal, ed., Kluwer Academic Publishers, 2005.

3.5.1.2(d)　A. Szweda, T. E. Easler, R. A. Jurf, and S. C. Butler, "Ceramic Matrix Composites for Gas Turbine Applications," Volume II of Progress in Ceramic Gas Turbine Development, Markvan Roode, Mattson K. Ferber, David W. Richerson, eds., ASME Press, New York, USA, 2003, pp. 277 – 289.

3.5.1.2(e)　J. A. DiCarlo and M. van Roode, "Ceramic Composite Development for Gas Turbine Engine Hot Section Components," ASME Paper GT2006 – 90151, Proceedings of the ASME TURBO EXPO 2006: Power for Land, Sea and Air, Barcelona, Spain, May 8 – 11, 2006.

3.5.1.3(a)　N. S. Jacobson, D. S. Fox, J. L. Smialek, E. J. Opila, P. F. Tortorelli, K. L. More, K. G. Nickel, T. Hirata, M. Yoshida, and I. Yuri, "Corrosion Issues for Ceramics in Gas Turbines, Volume II of Progress in Ceramic Gas Turbine Development," Mark van Roode, Mattson K. Ferber, David W. Richerson, eds., ASME Press, New York, USA, 2003, pp. 607 – 640.

3.5.1.3(b)　N. S. Jacobson, J. L. Smialek, and D. S. Fox, Handbook of Ceramics and Composites. Edited by N. S. Cheremisinoff, Marcel Dekker, New York, NY, USA, 1, 99 – 135, 1990.

3.5.1.3(c)　N. S. Jacobson, "Corrosion of Silicon-Based Ceramics in Combustion Environments," J. Am. Ceram. Soc. 76[1], 3 – 28, 1993.

3.5.1.3(d)　N. S. Jacobson, J. L. Smialek, D. S. Fox, and E. J. Opila, "Durability of Silica-Protected Ceramicsin Combustion Atmospheres"; pp. 158 – 163 in Ceramic Transactions, Vol. 57, High-Temperature Ceramic-Matrix Composites I: Design, Durability, and Performance. Edited by A. G. Evans and R. Naslain. American Ceramic Society, Westerville, Ohio, 1995.

3.5.1.3(e)　N. S. Jacobson, "Oxidation and Corrosion of Silicon-Based Ceramics — Challenges and Critical Issues"; pp. 87 – 104 in Progress in Ceramic Basic Science: Challenge Toward the 21st Century. Edited by T. Hirai, S. Hirano, and Y. Takeda. Ceramic Society of Japan, Tokyo, Japan,1996.

3.5.1.3(f)　R. C. Robinson, "SiC Recession Due to Scale Volatility under Combustor Conditions," NASA Contractor Report 202331, 1997.

3.5.1.3(g)　E. J. Opila and R. Hann, "Paralinear Oxidation of CVD in SiC Water Vapor," J. Am. Ceram. Soc 80[1], 197 – 205 (1997).

3.5.1.3(h)　J. L. Smialek, R. C. Robinson, E. J. Opila, D. S. Fox, D. S., and N. S. Jacobson, 1999, "SiC and Si_3N_4 Recession Due to Volatility under Combustor

Conditions," Adv. Comp. Mat. ,8[1], 33 – 45, 1999.

3. 5. 1. 3(i)　R. C. Robinson and J. L. Smialek, "SiC Recession Caused by SiO_2 Scale Volatility under Combustor Conditions：Ⅰ, Experimental Results and Empirical Model," J. Am. Ceram. Soc 82[7]. 1817 – 1825, 1999.

3. 5. 1. 3(j)　M. van Roode, J. R. Price, J. Kimmel, N. Mariela, D. Leroux, A. Fahme, and K. Smith, "Ceramic Matrix Composite Combustor Liners: A Summary of Field Evaluations," ASME Paper GT2005 – 68420, presented at the ASME TURBO EXPO, Power for Land, Sea &. Air, Reno/Tahoe, NV, USA, June 6 – 9, 2005. Transactions of the ASME, J. Eng. Gas Turbines &. Power, 129 [1], 21 – 30, 2007.

3. 5. 1. 3(k)　M. van Roode, J. R. Price, R. E. Gildersleeve, and C. E. Schmelzer, "Ceramic Coatings for Corrosion Environments," Ceram. Eng. Sci. Proc. , 9(9 – 10), 1245 – 1260, 1988.

3. 5. 1. 3(l)　M. McNallan, M. van Roode, M. , and J. R. Price, "The Mechanism of High Temperature Corrosion of SiC in Flue Gases from Aluminum Remelting Furnaces," paper presented at the International Symposium on Corrosion and Corrosive Degradation of Ceramics, Anaheim, California, 1989.

3. 5. 1. 4(a)　M. van Roode, J. R. Price, and C. Stala, Ceramic Oxide Coatings for the Corrosion Protection of Silicon Carbide, ASME paper 91 – GT – 38 presented at the International Gas Turbine and Aeroengine Congress and Exposition, Orlando, Florida, June 3 – 6, 1991. Transactions of the ASME, Journal of Engineering for Gas Turbines and Power, 115(1), 1 – 208, 1993.

3. 5. 1. 4(b)　K. N. Lee, R. A. Miller, and N. S. Jacobson, New Generation of Plasma-Sprayed Mullite Coatings on Silicon-Carbide, J. Am. Ceram. Soc. 78[3], 705 – 710, 1995.

3. 5. 1. 5. 1(a)　K. N. Lee, "Current Status of Environmental Barrier Coatings for Si-Based Ceramics," Surface and Coatings Technology, 133 – 134, 1 – 7, 2000.

3. 5. 1. 5. 1(b)　K. N. Lee, D. S. Fox, J. I. Eldridge, D. Zhu, R. C. Robinson, N. P. Bansal, and R. A. Miller,"Upper Temperature Limit of Environmental Barrier Coatings Based on Mullite and BSAS," J. Am. Ceram. Soc. 86 [8] 1299 – 1306 (2003).

3. 5. 1. 5. 1(c)　K. N. Lee, J. I. Eldridge, and R. C. Robinson, "Residual Stresses and Their Effects on the Durability of Environmental Barrier Coatings for SiC Ceramics," J. Am. Ceram. Soc. ,88[12], 8483 – 8488, 2005.

3. 5. 1. 5. 1(d)　K. N. Lee, D. S. Fox, and N. P. Bansal, "Rare Earth Silicate Environmental Barrier Coatings for SiC/SiC Composites and Si_3N_4 Ceramics," J. Eur. Ceram. Soc. 25, 1705 – 1715, 2005.

3. 5. 1. 5. 1(e)　K. N. Lee, "Overview of EBC Research in the NASA UEET Program," 3rd Annual Environmental Barrier Coatings Workshop, November 17 – 18, 2004, Nashville, TN.

3. 5. 1. 5. 1(f)　D. De Wet, R. Taylor, F. Stott, Corrosion mechanisms of ZrO_2 – Y_2O_3 thermal barrier coatings in the presence of molten middle-east sand, Le Journal de Physique Ⅳ, 3 (1993) C9 – 655 – C659 – 663.

3. 5. 1. 6(a)　I. Spitsberg, J. Steibel, Thermal and Environmental Barrier Coatings for SiC/SiC

CMCs in Aircraft Engine Applications＊，International Journal of Applied Ceramic Technology，1(2004) 291 – 301.

3. 5. 1. 6(b)   C. G. Levi, J. W. Hutchinson, M. -H. Vidal-Sétif, C. A. Johnson, Environmental degradation of thermal-barrier coatings by molten deposits，MRS bulletin，37 (2012) 932 – 941.

3. 5. 1. 6(c)   K. M. Grant, S. Krämer, J. P. A. Löfvander, C. G. Levi, CMAS degradation of environmental barrier coatings，Surface and Coatings Technology，202 (2007) 653 – 657.

3. 5. 1. 6(d)   B. J. Harder, J. Ramìrez-Rico, J. D. Almer, K. N. Lee, K. T. Faber, Chemical and Mechanical Consequences of Environmental Barrier Coating Exposure to Calcium-Magnesium-Aluminosilicate，Journal of the American Ceramic Society，94 (2011) s178 – s185.

3. 5. 1. 6(e)   S. Krämer, S. Faulhaber, M. Chambers, D. R. Clarke, C. G. Levi, J. W. Hutchinson, A. G. Evans, Mechanisms of cracking and delamination within thick thermal barrier systems in aero-engines subject to calcium-magnesium-alumino-silicate (CMAS) penetration, Materials Science and Engineering A: 490 (2008) 26 – 35.

3. 5. 1. 6(f)   M. P. Borom, C. A. Johnson, L. A. Peluso, Role of environment deposits and operating surface temperature in spallation of air plasma sprayed thermal barrier coatings，Surface and Coatings Technology，86 – 87，Part 1 (1996) 116 – 126.

3. 5. 1. 6(g)   P. Mechnich, W. Braue, U. Schulz, High-Temperature Corrosion of EB-PVD Yttria Partially Stabilized Zirconia Thermal Barrier Coatings with an Artificial Volcanic Ash Overlay，Journal of the American Ceramic Society，94 (2011) 925 – 931.

3. 5. 1. 6(h)   N. P. Bansal, S. R. Choi, Properties of CMAS glass from desert sand，Ceramics International，41 (2015) 3901 – 3909.

3. 5. 1. 6(i)   V. L. Wiesner, N. P. Bansal, Crystallization kinetics of calcium-magnesium aluminosilicate (CMAS) glass，Surface and Coatings Technology，259，Part C (2014) 608 – 615.

3. 5. 1. 6(j)   V. L. Wiesner, N. P. Bansal, Mechanical and thermal properties of calcium-magnesium aluminosilicate (CMAS) glass，Journal of the European Ceramic Society，35 (2015) 2907 – 2914.

3. 5. 1. 6(k)   E. M. Zaleski, C. Ensslen, C. G. Levi, Melting and Crystallization of Silicate Systems Relevant to Thermal Barrier Coating Damage, Journal of the American Ceramic Society, (2015) n/a – n/a.

3. 5. 1. 6(l)   V. L. Wiesner, U. K. Vempati, N. P. Bansal, High Temperature Viscosity of Calcium-Magnesium-Aluminosilicate Glass from Synthetic Sand，Scripta Materidia，24(2016) 188 – 192.

3. 5. 1. 6. 2(a)   V. L. Wiesner, B. J. Harder, N. P. Bansal, High-Temperature Interactions of Desert Sand Glass with Yttrium Disilicate Environmental Barrier Coating Material, in preparation.

3. 5. 1. 6. 2(b)   N. L. Ahlborg, D. Zhu, Calcium-magnesium aluminosilicate (CMAS) reactions

and degradation mechanisms of advanced environmental barrier coatings, Surface and Coatings Technology,237 (2013) 79 - 87.

3.5.1.6.2(c)　F. Stolzenburg, M. T. Johnson, K. N. Lee, N. S. Jacobson, K. T. Faber, The interaction of calcium-magnesium-aluminosilicate with ytterbium silicate environmental barrier materials, Surface and Coatings Technology, (2015).

3.5.1.6.2(d)　V. L. Wiesner, N. P. Bansal, Calcium-magnesium aluminosilicate interactions with ytterbium disilicate environmental barrier material (in preparation).

3.5.1.6.2(e)　G. C. Costa, N. S. Jacobson, Mass spectrometric measurements of the silica activity in the Yb_2O_3 - SiO_2 system and implications to assess the degradation of silicate-based coatings in combustion environments, Journal of the European Ceramic Society, 35 (2015) 4259 - 4267.

3.5.1.6.2(f)　D. L. Poerschke, J. S. Van Sluytman, K. B. Wong, C. G. Levi, Thermochemical compatibility of ytterbia-(hafnia/silica) multilayers for environmental barrier coatings, Acta Materialia, 61(2013) 6743 - 6755.

3.5.1.6.2(g)　D. L. Poerschke, D. D. Hass, S. Eustis, G. G. E. Seward, J. S. Van Sluytman, C. G. Levi, Stability and CMAS Resistance of Ytterbium-Silicate/Hafnate EBCs/ TBC for SiC Composites, Journal of the American Ceramic Society, and (2014) n/ a - n/a.

3.5.1.6.2(h)　S. Krämer, J. Yang, C. G. Levi, Infiltration-Inhibiting Reaction of Gadolinium Zirconate Thermal Barrier Coatings with CMAS Melts, Journal of the American Ceramic Society, 91(2008) 576 - 583.

3.5.1.6.2(i)　J. M. Drexler, C. -H. Chen, A. D. Gledhill, K. Shinoda, S. Sampath, N. P. Padture, Plasma sprayed gadolinium zirconate thermal barrier coatings that are resistant to damage by molten Ca-Mg-Al-silicate glass, Surface and Coatings Technology, 206 (2012) 3911 - 3916.

3.5.1.6.2(j)　A. G. Evans, D. R. Clarke, C. G. Levi, The influence of oxides on the performance of advancedg as turbines, Journal of the European Ceramic Society, 28 (2008) 1405 - 1419.

3.5.1.6.2(k)　J. Liu, L. Zhang, Q. Liu, L. Cheng, Y. Wang, Calcium-magnesium-aluminosilicate corrosion behaviors of rare-earth disilicates at 1 400℃, Journal of the European Ceramic.

3.5.1.7(a)　J. Kimmel, J. Price, K. More, P. Tortorelli, E. Sun, and G. Linsey, The Evaluation of CFCC Liners after Field Testing in a Gas Turbine-Ⅳ, Proceedings of ASME Turbo Expo 2003, Power for Land, Sea, and Air, June 16 - 19, 2003, Atlanta, GA, USA.

3.5.1.7(b)　G. S. Corman and K. L. Luthra, Melt Infiltrated Ceramic Composites (HIPERCOMP®) for Gas Turbine Engine Applications, Continuous Fiber Ceramic Composites Program, Phase Ⅱ Final Report, for the Period May 1994 - September 2005, US Dept. of Energy Contract DE - FC26 - 92CE41000, January 2006.

3.5.1.7(c)　G. S. Corman, Melt Infiltrated Ceramic Matrix Composites for Shrouds and Combustor Liners of Advanced Industrial Gas Turbines, Advanced Materials for Advanced Industrial Gas Turbines (AMAIGT) Program Final Report, US Dept. of

Energy Cooperative Agreement DE – FC26 – 00CH11047, December 2010.

3. 5. 1. 7(d)　　Y. Zhu, Evaluation of Gas Turbine and Gasifier-Based Power Generation System, Ph. D. Thesis, North Carolina State University, Raleigh, 2004.

3. 5. 1. 7(e)　　Ceramic Stationary Gas Turbine Development, Final Report Phase Ⅲ, October 1, 1996 – September 30, 2001, U. S. Department of Energy Contract DE – AC02 – 92CE40960, September 30, 2003.

3. 5. 1. 7(f)　　J. Kimmel, E. Sun, G. D. Linsey, K. More, P. Tortorelli, P. , J. Price, The Evaluation of CFCC Liners After Field Testing in a Gas Turbine Ⅳ, ASME paper GT2003 – 38920, ASME TURBOEXPO, Power for Land, Sea & Air, Atlanta, GA, USA, June 16 – 19, 2003.

3. 5. 1. 7(g)　　Advanced Materials for Mercury 50 Gas Turbine Combustion System, Final Report, Solar Turbines Incorporated, DOE Contract Number DE – FC26 – 00CH11049, May 28, 2009.

3. 5. 1. 8(a)　　D. Zhu, Advanced Environmental Barrier Coatings for SiC/SiC Ceramic Matrix Composite Turbine Components, Chapter 10 in *Engineered Ceramics, Current Status and Future Prospects*, First Edition. Edited by Tatsuki Ohji and Mrityunjay Singh. The American Ceramic Society and John Wiley & Sons, Inc. Published, 2016, pp. 187 – 202.

3. 5. 1. 8(b)　　D. Zhu and R. A. Miller, Multi-functionally graded environmental barrier coatings for Si based ceramic components, Provisional patent application number: 60/712, 605, August 26, 2005; US Patent Application No. 11/510 573, August 28, 2006. US Patent No. US7,740,960, 2010.

3. 5. 2. 2　　　K. A. Keller, G. Jefferson, and R. J. Kerans, "Oxide/Oxide composites," in "Handbook of Ceramic Composites,"Narottam P. Bansal, ed. , Kluwer Academic Publishers, 2005, Chapter 16, pp. 377 – 421.

3. 5. 2. 2. 1(a)　Use of high temperature insulation for ceramic matrix composites in gas turbines US 6197424 B1, Siemens Westinghouse Power Corporation, Inventors: J. A. Morrison, G. B. Merrill, E. M. Ludeman, J. E. Lane, March 6, 2001.

3. 5. 2. 2. 1(b)　Specialty Engineered Products, COI Ceramics, Inc. , company brochure. http:// www. coiceramics. com/specialtyproducts. html. Accessed June 7, 2013

3. 5. 2. 2. 2(a)　M. Parlier, M. H. Ritti, A. Jankowiak, "Potential and Perspectives for Oxide/ Oxide Composites," J. Aerospace Lab. , 3, Nov. 2011, 1 – 12, AL03 – 09.

3. 5. 2. 2. 2(b)　http://www-ferp. ucsd. edu/LIB/PROPS/PANOS/al2o3. html, and references therein, accessed July 18, 2014.

3. 5. 2. 2. 3(a)　W. Braue, and P. Mechnich, "Tailoring protective coatings for all-oxide ceramic matrix composites in high temperature-/high heat flux environments and corrosive media," Mat. -wiss. u. Werkstofftech. 38[9], 690 – 697, 2007.

3. 5. 2. 2. 3(b)　L. Tröster, S. V. Samoilenkov, G. Wahl, W. Braue, P. Mechnich, and H. Schneider, "Metal-Organic Chemical Vapor Deposition of Environmental Barrier Coatings for All-Oxide Ceramic Matrix Composites" in Advances in Ceramic Coatings and Ceramic-Metal Systems, Dongming Zhu and Kevin Plucknett, eds. , Ceram. Eng. & Sci. Proc. , 26[3], 173 – 179, 2005.

3.5.2.2.3(c)　M. Gerendás, Y. Cadoret, C. Wilhelmi, T. Machry, R. Knoche, T. Behrendt, T. Aumeier, S. Denis, J. Göring, D. Koch and K. Tushtev, "Improvement of Oxide/Oxide CMC and Development of Combustor and Turbine Components in the HiPOC Program," ASME Paper GT2011 - 45460, Proceedings of the ASME Turbo Expo, Vancouver, B. C. , Canada, June 6 - 11, 2011.

3.5.2.3(a)　R. Jurf, J. Paretti, J. Glabe, (July, 2010) Oxide CMCs for Hypersonic Radomes, National Space and Missile Materials Symposium, Henderson Nevada.

3.5.2.3(b)　B. Mangrich, J. Donelan, S. Sambasivan, (January, 2013), Durable Lightweight Oxide CMCs 37th Annual Conference On Composites, Materials, and Structures, Cape Canaveral, Florida.

3.5.2.4(a)　http://www-pao. ksc. nasa. gov/kscpao/nasafact/pdf/TPS-06rev. pdf

3.5.2.4(b)　V. Heng (January, 2008), Oxide CMC Wrapped Tile Development Overview, 32nd Annual Conference On Composites, Materials, and Structures, Daytona Beach, Florida.

3.5.2.4(c)　http://www. emisshield. com/technology/

3.5.2.4(d)　D. Glass, 15th AIAA Space Planes and Hypersonic Systems and Technologies, AIAA - 2008 - 2682.

3.5.2.4(e)　http://www. atfinet. com/index. php/products/high-temperature-paint

3.6.2.1　R. E. Chinn, "Ceramography", ASM International and the American Ceramic Society, 2002.

3.6.2.2　G. Elssner, H. Hoven, G. Kiessler& P. Wellner, translated by R. Wert, "Ceramics and Ceramic Composites: Materialographic Preparation", Elsevier Science Inc. , 1999, ISBN 978 - 0 - 444 - 10030 - 6.

3.6.4.1　J. Goldstein, et al. , "Scanning Electron Microscopy and X-Ray Microanalysis", Springer Science, 2014, ISBN - 13: 978 - 1461332756.

3.6.4.2　N. Ravishankar and C. B. Carter, "Application of SEM to the Study of Ceramic Surfaces", RLMM, Vol. 19, 1999, pp. 7 - 12.

3.6.5.1　J. C. Russ, "The Image Processing Handbook", 7th edition, CRC Press, 2015, ISBN 978 - 1 - 4987 - 4026 - 5.

3.6.5.1.1　J. C. Russ and R. T. Dehoff, "Practical Stereology", Kluwer Academic/Plenum Publishers, New York, 2000, ISBN 978 - 1 - 4613 - 5453 - 6.

3.6.5.2(a)　ASTM E112 - 13, Standard Test Methods for Determining Average Grain Size, ASTM International,West Conshohocken, PA, 2013, www. astm. org

3.6.5.2(b)　ASTM E1382 - 97(2015), Standard Test Methods for Determining Average Grain Size Using Semiautomatic and Automatic Image Analysis, ASTM International, West Conshohocken, PA, 2015, www. astm. org

3.6.6(a)　S. Bricker, J. P. Simmons, C. Przybyla, and R. Hardie (2015, March). Anomaly detection of microstructural defects in continuous fiber reinforced composites. In SPIE/IS&T Electronic Imaging (pp. 94010A - 94010A). International Society for Optics and Photonics.

3.6.6(b)　S. Ganti, M. Velez, B. Geier, B. Hayes, B. Turner & E. Jenkins, E. (2017). A Comparison of Porosity Analysis Using 2D Stereology Estimates and 3D Serial

Sectioning for Additively Manufactured $Ti_6 Al_2 Sn_4 Zr_2 Mo$ Alloy. Practical Metallography, 54(2), 77 – 94.

3.6.6(c)　　J. D. Madison, E. M. Huffman, G. A. Poulter & A. C. Kilgo. (2015). R3D at Sandia National Laboratories-A User Update (No. SAND2015 – 7665PE). Sandia National Laboratories (SNL-NM), Albuquerque, NM (United States).

3.6.6(d)　　M. D. Uchic (2011). Serial sectioning methods for generating 3D characterization data of grain-and precipitate-scale microstructures. In *Computational Methods for Microstructure-Property Relationships* (pp. 31 – 52). Springer US.

3.6.6(e)　　W. S. Choi & B. C. De Cooman (2014). Characterization of the Bendability of Press-Hardened 22MnB5 Steel. Steel Research International, 85(5), 824 – 835.

3.6.6(f)　　A. J. Levinson, D. J. Rowenhorst, K. W. Sharp, S. M. Ryan, K. J. Hemker & R. W. Fonda (2017). Automated methods for the quantification of 3D woven architectures. Materials Characterization.

3.6.6(g)　　B. Maruyama, J. E. Spowart, D. J. Hooper, H. M. Mullens, A. M. Druma, C. Druma & M. K. Alam (2006). A new technique for obtaining three-dimensional structures in pitch-basedcarbon foams. Scripta materialia, 54(9), 1709 – 1713.

3.7 节参考文献(文内无体现)

3.7(a)　　ASNT Level Ⅲ Study Guide Radiographic Testing Method, 2nd edition, by Timothy Kinsella, The American Society for Nondestructive Testing, Inc., © 2004, ISBN 1 – 57117 – 114 – 2, ISBN – 1378 – 1 – 57117 – 114 – 6.

3.7(b)　　J. G. Sun, C. M. Deemer, W. A. Ellingson, J. Wheeler, "NDE Technologies for Ceramic Matrix Composites: Oxides and Non-Oxides", Materials Evaluation, Vol. 64, No. 1, January 2006, pp. 52 – 60.

3.7(c)　　W. Hoppe, O. Scott, V. Kramb, J. Pierce, "AMPI: Advanced Nondestructive Evaluation (NDE) for Ceramic matrix Composites (CMC)—Final Report", AFRL – RX – WP – TR – 2013 – 0060; "Distribution limited: U. S. DoD and U. S. DoD Contractors", January 2013.

3.7(d)　　W. J. Parker, R. J. Jenkins, C. P. Butler, and G. L. Abbott, "Flash Method of Determining Thermal Diffusivity, Heat Capacity, and Thermal Conductivity," J. Appl. Phys., Vol. 32, 1961, pp. 1679 – 1684.

3.7(e)　　H. I. Ringermacher, D. R Howard, "Synthetic Thermal Time of Flight (STTOF) Depth Imaging", Review of progress in Quantitative nondestructive Evaluation, ed. D. O. Thompsonand D. E. Chimenti, Vol. 20, 2001.

3.7(f)　　S. M. Shepard, "Advances in Thermographic Signal Reconstruction", 11th International Conference on Quantitative Thermography, 11 – 14 June 2012, Naples, Italy.

3.7(g)　　D. L. Balageas, "Thickness or Diffusivity Measurements from Front-Face Flash Experiments using TSR (Thermographic Signal Reconstruction) Approach", 10th International Conference on Quantitative Thermography, 27 – 30 July 2010, Naples, Italy.

3.7(h)　　S. M. Shepard, "Flash Thermography of Aerospace Components", Ⅳ Conferencia

Panamericana de END, Buenos Aires, Oct. 2007.

3.7(i)   S. M. Shepard, et al, "Materials Characterization using Reconstructed Thermographic Data", Review of Progress in Quantitative Nondestructive Evaluation, Vol. 22, ed. By D. O. Thompson and D. , E. Chimenti, 2003.

3.7(j)   Standard Practice for Infrared Flash Thermography of Composite Panels and Repair Patches used in Aerospace Applications, ASTM Standard E2582 - 07.

3.7(k)   Shepard, S. M. , "System for Generating Thermographic Images using Thermographic Signal Reconstruction", U. S. Patent Number 6751342, June 15, 2004.

3.7(l)   J. G. Sun, C. M. Deemer, W. A. Ellingson, and J. Wheeler, "NDE Technologies for Ceramic Matrix Composites: Oxide and Non-Oxide", Materials Evaluation, Vol. 64, No. 1, Jan. 2006, pp. 52 - 60.

3.7(m)   B. K. Ahn, and W. A. Curtin, 1997, "Strain and Hysteresis by Stochastic Matrix Cracking in Ceramic Matrix Composites," J. Mech. Phys. Solids, Vol. 45, pp. 177 - 209.

3.7(n)   R. A. Bemis, K. Shiloh, and W. A. Ellingson, 1998, "Nondestructive Evaluation of Thermally Shocked Silicon Carbide by Impact Acoustic Resonance," Trans. ASME, J. Eng. Gas Turbinesand Power, Vol. 118, pp. 491 - 424.

3.7(o)   H. T. Chein, S. H. Sheen, and A. P. Raptis, 1994, "An Alternative Approach of Acousto Ultrasonic Technique for Monitoring Material Anisotropy of Fiber-Reinforced Composites," IEEE Trans Ultrasonics, Ferroelectrics, and Frequency Control, Vol. 41, pp. 209 - 214.

3.7(p)   C. Deemer, 2003, "Use of Plate Waves for Predicting Remaining Useful Life of Ceramic Matrix Composites," Ph. D. Dissertation, Northwestern University, Evanston, IL.

3.7(q)   H. E. Eaton, G. Linsey, E. Sun, K. L. More, J. Kimmel, J. Price, and N. Miryala, 2001, "EBC Protection for SiC/SiC Composites in the Gas Turbine Combustion Environment: Continuing Evaluation and Refurbishment Consideration," ASME Paper 2001 - GT - 513.

3.7(r)   W. A. Ellingson, J. G. Sun, K. L. More, and R. G. Hines, 2000, "Characterization of Melt Infiltrated SiC/SiC Composite Liners Using Meso and Macro NDE Techniques," ASME Paper 2000 - GT - 0067.

3.7(s)   W. A. Ellingson, and C. Deemer, 2002 "Nondestructive Evaluation Methods for CMC (defect characterization)," Department of Defense Handbook — Ceramic Matrix Composite, MIL - 17 - 5, ed. S. T. Gonczy, pp. 100 - 108.

3.7(t)   W. A. Ellingson, Y. Ikeda, and J. Goebbels, 2003, Chapter 23: "Nondestructive Evaluation/Characterization," in Ceramic Gas Turbine Component Development and Characterization, eds. , M. van Roode, M. K. Ferber, and D. W. Richerson, ASME Press, New York, pp. 493 - 519.

3.7(u)   W. A. Ellingson and C. Deemer, 2004, "Nondestructive Evaluation of Structural Ceramics," Handbook of Advanced Materials, ed. J. K. Wessel, McGraw-Hill, Hoboken, NJ. 17.

3.7(v)   A. G. Evans and R. Naslain, 1995a, "High-Temperature Ceramic-Matrix Composites I: Design, Durability and Performance," Ceram. Trans. Vol. 57, Am. Ceram. Soc.

3.7(w)   A. G. Evans, and R. Naslain, 1995b, "High-Temperature Ceramic-Matrix Composites II: Manufacturing and Materials Development," Ceram. Trans. Vol. 58, Am. Ceram. Soc.

3.7(x)   G. G. Genge and M. W. Marsh, 1999, "Carbon Fiber Reinforced/Silicon Carbide Turbine Blisk Testing in the SIMPLEX Pump," Proc. of the 49th Joint Army, Navy, Air Force(JANNAF) Meeting, pp. 89 – 97.

3.7(y)   F. K. Ko, 1989, "Preform Fiber Architecture for Ceramic-Matrix Composites," Am. Ceram. Bulletin, Vol. 68, No. 2, pp. 401 – 414.

3.7(z)   D. Krajcinovic, 1984, "Continuum Damage Mechanics," Appl. Mech. Rev., Vol. 37, No. 1, pp. 1 – 6.

3.7(aa)   N. Miriyala, A. Fahme, and M. van Roode, 2001, "Ceramic Stationary Gas Turbine Program- Combustor Liner Development Summary," ASME Paper 2001 – GT – 512, presented at the International Gas Turbine and Aeroengine Congress and Exposition, New Orleans, Louisiana, USA, June 2001.

3.7(ab)   G. N. Morscher, 1999, "Modal acoustic Emission of Damage Accumulation in a Woven SiC/SiC Composite," Composite Sci. Technol., Vol. 59, pp. 687 – 697.

3.7(ac)   W. J. Parker, R. J. Jenkins, C. P. Butler, and G. L. Abbott, 1961, "Flash Method of Determining Thermal Diffusivity, Heat Capacity, and Thermal Conductivity," J. Appl. Phys., Vol. 32, pp. 1679 – 1684.

3.7(ad)   T. A. K. Pillai, W. A. Ellingson, J. G. Sun, T. E. Easler, and A. Szweda., 1997, "A Correlation of Air-Coupled Ultrasonic and Thermal Diffusivity Data for CFCC Materials," in Ceram. Eng. Sci. Proc., Vol. 18, No. 4, pp. 251 – 258.

3.7(ae)   J. Price, O. Jimenez, V. J. Parthasarthy, N. Miryala, and D. Levoux, 2000, Ceramic Stationary Gas Turbine Development Program: Seventh Annual Summary: ASME Paper 2000 – GT – 75.

3.7(af)   T. W. Spohnholtz, 1999, "Development of Impact Resonant Spectroscopy for Characterizing Structural Ceramic Components," M. S. Thesis, University of Illinois-Chicago, 1999.

3.7(ag)   S. G. Steel, 2000, "Monotonic and Fatigue Loading Behavior of an Oxide/Oxide Ceramic-Matrix Composite," M. S. Thesis, Air Force Institute of Technology, Wright-Patterson Air Force Base, OH. 18.

3.7(ah)   J. Stuckey, J. G. Sun, and W. A. Ellingson, 1998, "Rapid Infrared Characterization of Thermal Diffusivity in Continuous Fiber Ceramic Composite Components," in Nondestructive Characterization of Materials VIII, ed. R. E. Green Jr., Plenum Press, New York, pp. 805 – 810.

3.7(ai)   J. G. Sun, T. E. Easler, A. Szweda, T. A. K. Pillai, C. Deemer, and W. A. Ellingson, 1998a, "Thermal Imaging and Air-Coupled Ultrasound Characterization of a Continuous Fiber Ceramic Composite," in Ceramic Eng. Sci. Proc., Vol. 19, Issue 3, pp. 533 – 540.

3. 7(aj)   J. G. Sun, D. R. Petrak, T. A. K. Pillai, C. Deemer, and W. A. Ellingson, 1998b, "Nondestructive Evaluation and Characterization of Damage and Repair for Continuous Fiber Ceramic Composite Panels," in Ceram. Eng. Sci. Proc. , Vol. 19, Issue 3, pp. 615 – 622.

3. 7(ak)   J. G. Sun, C. Deemer, W. A. Ellingson, T. E. Easler, A. Szweda, and P. A. Craig, 1999, "Thermal Imaging Measurement and Correlation of Thermal Diffusivity in Continuous Fiber Ceramic Composites," in Thermal Conductivity 24, eds. P. S. Gaal and D. E. Apostolescu, pp. 616 – 622.

3. 7(al)   J. G. Sun, 2001, "Analysis of Quantitative Measurement of Defect by Pulsed Thermal Imaging," in Review of Quantitative Nondestructive Evaluation, Vol. 21, ed. D. O. Thompsonand D. E. Chimenti, pp. 572 – 576.

3. 7(am)   J. G. Sun, S. Erdman, R. Russel, C. Deemer, W. A. Ellingson, N. Miriyala, J. B. Kimmel, and J. R. Price, 2002, "Nondestructive Evaluation of Defects and Operating Damage in CFCC Combustor Liners," in Ceram. Eng. Sci. Proc. , Vol. 24, Issue 3, ed. H-T Lin and M. Singh, pp. 563 – 569.

3. 7(an)   J. G. Sun, 2003, "Method for Determining Defect Depth Using Thermal Imaging," U. S. Patent No. 6542849, issued April 2003.

3. 7(ao)   J. G. Sun, S. Erdman, and L. Connolly, 2003, "Measurement of Delamination Size and Depth in Ceramic Matrix Composites Using Pulsed Thermal Imaging," in Ceram. Eng. Sci. Proc. , Vol. 24, Issue 4, ed. W. M. Kriven and H-T Lin, pp. 201 – 206.

3. 7(ap)   R. Talreja, 1989, "Damage Development in Composites: Mechanisms and Modeling," J. Strain Anal. , Vol. 24, No. 4, pp. 215 – 222.

3. 7(aq)   Y. L. Wang, J. E. Webb, R. N. Singh, J. G. Sun, and W. A. Ellingson, 1998, "Evaluation of Thermal Shock Damage in 2 – D Nicalon™ Al$_2$O$_3$ Woven Composite by NDE Techniques," in Ceram. Eng. Sci. Proc. , Vol. 19, Issue 3, pp. 607 – 614.

3. 8. 1(a)   Staggs, Nicholas P Deskevich and Benjie A (2009), Composite Matrix Components Machining(report number: AFRL – RX – WP – TR – 2009 – 4194), Air Force Research Laboratory, Materials and Manufacturing Directorate.

3. 8. 1(b)   Creare (2014) Machining Technology, Retrieved August 27, 2015, from Creare Engineering Research and Development: http://www. creare. com/services/ manufacturing/machining. html

3. 8. 2(a)   American Carbide Tool Company (n. d.), PCD & CBN Tipped Inserts (Catalog No. 10 – 04). American Carbide Tool Company.

3. 8. 2(b)   Niagara Cutter (2010), Composite Cutting Tools, Expanded Line of CVD Diamond Coated Products, (Brochure: DC11), Niagara Cutter.

3. 8. 2(c)   Kennametal (n. d.), Superhard Materials. PCBN & PCD (Brochure: B133). Kennametal.

3. 8. 2(d)   Sandvik Coromant (2010), Composite Product Solutions, Sandvik Coromant.

3. 8. 3(a)   Bullen Ultrasonics, Retrieved August 27 2015, from Bullen Ultrasonics: http://

bullentech. com/

3. 8. 3(b)　　Bullen Ultrasonics，Retrieved June 16 2016，from Bullen Ultrasonics：http://
bullentech. com/contract-machining-services/ultrasonic-machining/

3. 8. 4. 2(a)　M. Hashish，（1989）"Machining of Advanced Composites with Abrasive-
Waterjets，" Manufacturing Reviews，Vol. 2，No. 2，pp. 142 – 150.

3. 8. 4. 2(b)　M. Hashish，（1994）"Drilling of Small-Diameter Holes in Sensitive Materials，"
Proceedings of the 12th International Water Jet Cutting Technology Conference，
BHRA group，Rouen，France，pp. 409 – 424，1994.

3. 8. 4. 2(c)　US Patent number 4,955,164，Hashish，M. ，et. al，"Apparatus for piercing brittle
materials with high velocity abrasive-laden waterjets"，US Patent number 4955164，
1987.

3. 8. 4. 2(d)　M. Hashish，（1998）"Controlled Depth Milling of Isogrid Structures with AWJs"，
ASME Transactions，Journal of Manufacturing Science and Engineering，Volume
120，pp 21 – 27.

3. 8. 4. 2(e)　M. Hashish，（1987）"Turning with Abrasive-Waterjets — A First Investigation，"
ASME Transactions，Journal of Engineering for Industry，Volume 109，No. 4，
pp. 281 – 296.

3. 8. 4. 2(f)　M. Hashish，A. Kotchon，and M. Ramulu，"status of AWJ machining of CMCs
and hard materials，"Proceedings of INTERTECH 2015，May 19 – 20，2015，
Indianapolis，IN.

3. 8. 6　　　Creare（2016），Laser-Assisted Machining，Retrieved June 16，2016，Creare
Engineering Research and Development：http://www. creare. com/services/
manufacturing/machining

第4章 材料和生产过程的质量控制

4.1 引言

为了确保表征材料或材料体系的持续完整性,需要进行质量一致性测试。质量一致性测试必须能够表征每批次材料的特性,以便正确评估材料体系的关键特性。这些关键特性可提供材料体系的完整信息,包括材料性能、制造能力、应用情况,并且可以在材料的储存期随时使用以验证一致性。此外,测试基体必须能够经济、快速地评估一个材料体系。

生产环境中的质量控制包含复合材料的检验和测试、陶瓷基复合材料制造以及部件加工各阶段的原材料。材料供应商既要对纤维和基体进行单独测试,也须对中间材料(含界面层的织物、蜂窝结构等)一起进行测试。预浸料用户必须进行收货检查和再验证测试,过程控制测试和无损检测/无损评定(NDI/NDE)。这些测试和一般工业流程将在以下章节进行详细介绍。

4.2 材料采购的质量保证程序

4.2.1 规范和文件

材料、制备过程以及材料测试手段的相关规范文件必须确保遵守工程需求。

本手册中第10章至第13章分别介绍用热性能、力学性能来衡量纤维、基体、界面以及最终复合材料的验收测试方法。4.3节和4.4节介绍基于ANSI/ASQ Z1.9标准的可变统计抽样方法。这一方法目的在于通过控制材料性能验证测试的频次和范围,以达到目标质量水平。

有损及无损测试设备及方法的规范需要包含测试和评估程序。这些程序需要描述校准设备以维持所需准确度和可重复性,还应该确定校准频率。有关化学分析设备校准的规范文件信息,可在前述章节中找到,该章节涉及一些特定的测试手段。有关质量控制文件要求的标准可在美国军方及联邦规范文件中找到,例如美国联邦航空管理局生产批准负责人使用的美国联邦航空法规第21部"产品和零件的认证程序"。

4.2.2　供应商层面控制

复合材料控制始于供应商层面,因此离不开与供应商合作。工艺控制文件(PCD)用于规范给定复合材料的制备工艺。统计过程控制(SPC)通过跟踪复合材料制造过程中生成的数据来控制材料性能,并确保批次间的稳定性。最后,复合材料制造商与用户之间达成共识,设置一系列通常由材料规范认证的测试方法来防止运输不合格材料。这些方法将在下文介绍。

4.2.2.1　工艺控制文件

工艺控制文件由材料供应商及用户共同制订。工艺控制文件作为制造计划来定义以及控制制备复合材料的原材料、材料制造工艺和设备,以及向材料供应商和客户保证给定的批次与原始的合格材料相当的试验方法。工艺控制文件通常存放于材料供应商的工厂,但由用户批准。每种待检验/控制的材料都应有唯一的工艺控制文件。对于给定材料的制造,通常使用单独的工艺控制文件。工艺控制文件建立了用于材料控制以及变更批准程序的完整体系。对于预浸料的工艺控制文件创建指南可参阅 NCAMP 文件(No. NRP 101 预浸料工艺控制文件编制指南)。

4.2.2.2　统计过程控制

由于 CMC 具有很强的差异性,因此能够识别、评估以及控制差异的工具十分重要,并且这些工具必须能够敏锐地追踪和监测到引起差异的影响因素。统计过程控制是应用统计技术对材料制造过程中各个阶段进行关联的一种质量管理技术,应让用户能够识别材料和材料体系的内外控制条件。

统计过程控制包括以下几种方法:基本算数平均值;值域和标准差计算;控制图以及更先进的方法,例如 t 检验来进行批次间的跟踪与对比。下文所描述的内容并不全面,还有许多其他技术,或者上述技术的变体,都可以在其他文献中找到。

跟踪和监控生产过程的一种传统方法是测量和计算过程输出的算数平均值。无论是合格率,或是厚度值,都可以得到算数平均值或者平均数,如果将其与历史数据进行比较,可以有助于识别过程目标的转变。另一种方法是计算最小值和最大值或值域(最大值与最小值之差),并与历史数据进行比较。值域可以识别出数据总体中异常值的变化。还有一种可用于跟踪过程的基本统计方法是计算标准差,该值可指出特定数据总体的变化,并且可以看出该变化随时间是增加、减少还是保持不变。对于收集到的每个值,用户可以选择随时间或者批次绘制数据,以便于评估。

控制图用于测量过程输出中的差异性。差异的来源可分为两大类:偶然原因和可寻变化。数据按其产生的顺序进行绘制。用一套简单的规则(可从 ASQ、NIST 等来源获得)可以确定是否应该追究可寻变化产生的原因。合理使用规则可以在达到不合格水平之前识别和解决问题。t 检验和其他类似的总体评估方法可用于评估特定批次，以确定其变化是否具有统计意义，或者属于自然变化和预期变化。

制造工艺的基本问题在于"在考虑差异性的前提下，满足规范要求的产品占比是多少？"有几种方法可以用来估计该值。工艺能力值（Cpk）可根据规格上限和下限以及总体标准差来定义工艺的总体能力。工艺能力值越大，产品在工艺控制文件规格范围内的百分比就越高。

一个新的生产工艺需要特性化和发展，对已存在的工艺进行改进是十分必要的。一个曾经可控的工艺可能由于未被完全理解而不再可控。在这种情况下，须对已有工艺进行排查，以及对新工艺或已有工艺进行改进。一种排查方法是根据对产量趋势的评估来调整工艺。当环境温度、湿度或者当材料组成发生改变时，须反馈控制来弥补这些变化造成的影响。

4.2.2.3 批量放行试验

在某批次复合材料制造完成后，通常会对该材料进行一系列试验，以确保该批次材料与最初合格的材料相当。材料规范中包含了相关试验内容，材料供应商可自行决定进行附加试验。批量放行试验见表 4.2.2.3（"生产验收-供应商"部分）。试验数据通常与材料一起提供，或至少提供一份合格证书（CoC）或测试证书（CoA），以确认进行试验且通过了规定要求。如前文所述，材料供应商进行的试验可由用户重复进行。表 4.2.2.3 中所示的批量放行试验比较典型，但在实际过程中，没有必要进行所有试验。

4.2.3 用户层面控制

额外的材料控制措施通常由用户在收到材料后执行。即使在材料供应商处进行试验时材料是合格的，但由于运输过程中的环境条件改变可能会改变材料的性能，因此通常需要进行入库检验。在某些情况下，可采取抽样的方法进行。由用户自行决定，他们也可完全依赖供应商，而不采取任何复验。用户接收后，鉴于陶瓷和陶瓷预制体会继续老化，必须对材料的储存期和外置时间进行控制。

4.2.3.1 批次验收

陶瓷基复合材料用户通常会准备材料规范，定义来料检验程序和控制供应商，以确保使用的材料符合工程要求。这些规范基于材料开发程序生成的材料许用值，必须明确热学试验、力学试验以及其他试验的验收标准，以确保生产零件所用材料的性能等同于开发许用值的材料。

用户材料规范通常要求供应商提供每批货物中每批材料符合材料规范要求的证明。这些证明材料包括测试数据、测试标准（如 ASTM 标准）、认证书、承诺书等，具体取决于用户质量保证计划和特定材料的采购合同要求。测试报告包含验证材料性能是否符合用户规范和验收标准的数据。

　　验收试验要求可能因用户而异，但必须确保材料满足或超过工程要求。表4.2.2.3显示了预浸料CMC所需的一般验收试验示例。这些测试的目的是确保基体和纤维材料在可接受的范围内。表格底部列出了对固化层压板或单层试验。所选择的力学性能测试应能反映应用场景所需的设计性能，可以是性能的直接测试，也可以是与关键设计性能相关的基本测试。0°/90°面内拉伸测试用于评估纤维强度和模量。0°/90°面内压缩测试用于评估纤维和基体。剪切测试和层间拉伸测试用于评估基体和工艺。对于剪切试验，应根据最终产品对层间或面内特性的重视程度选择短梁剪切试验或±45°拉伸试验。

　　来料检验试验要求应说明试验频率，如果开始未能满足指标要求，则应重新制定试验标准。如果材料试验不合格，应采用同一批输入材料制备一个新面板，重新进行该特定试验。如果材料未通过复验，应由材料工程部对整个批次进行审查，并根据用户的质量政策进行处理。随着使用和置信度的增加，可修改来料检验程序。例如，可减少试验频率，或逐步取消某些试验。

表 4.2.2.3　供应商和用户要求的典型 CMC 验收和复验项目

性　　能		测　试　项　目			要求的试样数量
		生产验收（供应商）[①]	生产验收（用户）[①]	复验（用户）[①]	
预浸料	视检和尺寸	✓	✓		—
	挥发性含量	✓	✓		3
	吸湿量	✓	✓	✓	3
	凝胶时间	✓	✓	✓	3
	基体流量	✓	✓	✓	2
	黏性	✓	✓	✓	1
	基体含量	✓	✓		3
	纤维面密度	✓	✓		3
	红外分析	✓			1
	液相色谱	✓	✓	✓	2
	差示扫描量热法	✓	✓	✓	2
	陶瓷转化量	✓	✓		2
层压板	密度	✓	✓		3
	纤维体积分数	✓	✓		3
	基体体积分数	✓	✓		3
	孔隙体积分数	✓	✓		3
	单层厚度	✓	✓	✓	1
	化学组成	✓			2

（续表）

性　　能	测　试　项　目			要求的试样数量
	生产验收（供应商）[①]	生产验收（用户）[①]	复验(用户)[①]	
层压板　SBS 或 45°张力[②]	√	√	√	6
层间张力[②]	√	√	√	6
0°/90°压缩，弯曲强度[②]	√	√	√	6
0°/90°压缩，弯曲[②] 强度和模量[②]	√	√	√	6

[①] 供应商指预浸料供应商。用户指复合材料零件制造商。生产验收测试指供应商或用户为初始验收进行的测试。复验指用户在储存寿命或室温外置寿命到期前进行的试验，以便在正常贮存或外置寿命过期后能够继续使用材料。

[②] 试验应在室温/环境温度下进行。

4.2.3.2　储存期和外置寿命控制

材料被用户接收并投入生产之后，在使用过程中仍须有控制措施。一些陶瓷前驱体聚合物、溶胶和泥浆在室温下会相对迅速地发生变化，导致其在几天之内无法使用，有的甚至可能数月不可使用。聚合物先驱体在冷藏储存期间也可能继续变化，因此在储存期也应受控制。而其他原材料，如用于高温炉的反应性或者惰性气体，必须对外置寿命和储存期进行控制，以确保安全处理和材料质量。当超过储存期限时，在重新验证材料性能仍符合规范值之后，可通过控制规范适当延长储存期限。

4.3　部件制造验证

4.3.1　过程验证

用户的质量保证部门负责验证制造过程是否按照工艺规范要求进行。控制制造过程的各种活动如下所述。

1) 材料控制

用户工艺规范必须为以下各项设置材料控制规范：

(1) 材料有正确的名称和规格标识。

(2) 材料的储存和包装应防止环境因素（如温度、湿度等）引起的损坏和污染。

(3) 易腐材料出库时应在允许的储存寿命内，固化时应在允许的适用期之内。

(4) 正确识别和检查预包装套件。

(5) 验收和复验试验标识。

2) 原材料的储存和操作

用户材料和工艺规范规定了基体材料储存的程序和要求，以保证材料质量。低温储存可能会延缓部件的反应并延长其使用寿命。供应商应保证易腐材料在上述储存条件下的保存期限。供应商和用户协商决定的保存期限将作为用户材料规范的要求之一。

预浸料等中间材料一般储存在密封的塑料袋或容器中,一方面防止预浸料干燥,另一方面在预浸料预热到环境温度过程中,防止空气遇到温度较低的材料表面凝结成水滴,之后再转移至前驱体聚合物中。预浸料冷藏与否均可。从冰柜中取出材料到打开材料袋或容器的时间间隔通常根据经验决定。因此,用户应制订程序,防止在材料温度稳定之前过早地从储存袋或容器中取出材料。

应确定纤维的储存条件。采取措施防止或尽量减少陶瓷纤维污染,例如储存于专用区域内的塑料袋/容器中。此外,温度和湿度等环境影响可能会对陶瓷纤维及其上浆产生影响,纤维和界面层制造商可以推荐理想的纤维储存条件。

3) 工装

用于铺层的工装(模具)应符合工装检验/验证程序。当采用指定的材料、铺层、装袋以及固化方法时,工装能够生产出符合图纸和规范要求的零件。此外,用测试工装制备得到的固化/烧结试样,应通过测试来确保其满足特定的力学、物理性能。每次使用前必须检查工装表面,以确保工装表面清洁无污染以防损坏零件。

4) 设施和设备

用户将制订控制 CMC 工作区环境的要求。这些要求是用户工艺规范的一部分,应与材料对车间环境污染的敏感性一致。对热压罐或烘箱的检查和校准必须明确。

环境控制区域的污染限制通常禁止使用非受控喷雾(例如硅污染),禁止粉尘、污染物、烟雾、油性蒸气以及其他可能影响制造过程的颗粒或化学物质存在。还应确定操作员处理材料的条件。铺层间和超净间的空气过滤和加压系统应能够提供轻微的正超压。

5) 过程控制

在复合材料零件的叠放过程中,必须对某些关键步骤或操作进行严格控制。这些关键步骤的要求和限制在用户工艺规范中有规定。下面列出了一些需要控制的步骤和操作:

(1) 确认洁净的工装表面已涂覆脱模剂,且已固化。

(2) 验证零件生产中需要用到的易腐原材料是否符合材料规范。

(3) 检查 CMC 铺层情况,以确保符合工程图纸对层数和方向的要求。

(4) 检查蜂窝芯或其他附加夹层材料(如适用),并检查定位是否符合工程图纸要求。

(5) 用户文件应包含以下信息。

a. 材料供应商、生产日期、批号、累计使用寿命。

b. 热压罐或烘箱的设置压力、温度和时间。

c. 热压罐或烘箱载荷数。

d. 零件和序列号。

6）固化

必须在用户工艺规范中规定固化零件的热压罐和烘箱的操作参数。这些参数包括热升率、温度、时间、冷却速率、温度和压力公差以及炉温均匀性。

环境健康和安全(EHS)要求应该得到重视。因为一些陶瓷前驱体可能会分解产生潜在危险产物。

7）过程控制样品

许多制造商要求生产零件的同时应制备专门的试验板（通常称为"随炉件"）。固化后，对这些试验板进行物理和力学性能测试，以验证其所代表的零件符合工程性能。

物理和热机械试验的要求通常由注释图纸来定义，图纸说明了每个零件的类型或等级。非关键结构或次要结构可能不需要试样和试验。关键部件和飞行安全部件可能要求进行完整的物理和力学性能测试。

4.3.2 无损检测

在确保过程控制的前提下，还必须详细地检查 CMC 零件是否符合尺寸和工艺要求，并对加工造成的缺陷和损坏进行无损检测。

对装配过程进行检查十分必要，只有合理地进行加工和钻孔，CMC 才不容易出现特殊类型的缺陷。因此，需要制造商在相关工艺规范中通过制订工艺标准来控制修正边缘和钻孔的质量。标准需要明确以下典型缺陷的目视验收/拒收要求：裂纹、分层、纤维松脱表面、过热、表面光洁度、离轴孔和气孔率。而钻孔加工造成的典型缺陷是从孔边界开始的分层以及纤维断裂，这些缺陷本质上是内部缺陷，因此仅仅利用目视检查无法发现，此时必须搭配无损检测技术，同时必须建立无损检测判定内部缺陷的标准。

复合材料部件无损检测(NDI)的详尽程度取决于部件所承担的作用，是主要结构、飞行安全结构，还是次要结构、非飞行安全结构。零件的类型或等级通常在工程图纸上定义。工程图纸还参考了规定 NDI 试验和验收/拒收标准的工艺规范。NDI 试验用于发现材料缺陷和损伤，如孔隙、分层、夹杂物和基体中的微裂纹。

常见的无损检测方法包括目视检测、超声检测和 X 射线检测。还有一些其他方法如红外检测、全息检测和声学检测也在探索过程中，未来有可能在检测中应用。

目视检测也属于无损检测，可检查零件是否符合图纸要求并评估零件的表面和外观状况，也可以检查异常情况，如异物夹杂、层扭曲、表面光洁度和气孔率。制造商的工艺规范中给出了此类缺陷的验收/拒收标准。

CMC 生产中使用最广泛的无损检测技术是超声透射 C 扫描检测,其次是超声脉冲回波 A 扫描检测,工艺要求和标准通常包含在用户工艺规范的引用文件内。超声波评估的主要缺陷包括内部孔隙、分层以及孔隙率。这些检查要求制造包含内置已知缺陷的参照标准。超声检测输出形式为图表,可显示整个零件的声衰减变化。将图表与零件进行比较,以显示声衰减变化的位置。如果发现缺陷超出了工艺规范要求,零件被拒收并由工程部处理,处理方式可以是:① 按原样验收;② 退回进一步返工或修理至零件合格;③ 报废。

X 射线检测也是 NDI 测试中经常使用的一种方法,用来评估层压板和夹层板中蜂窝芯到面板的层间强度。所需的测试范围在工程图纸上按检验类型或等级划分,类型或等级通常在制造商工艺规范引用的单独文件中定义。和超声波检测一样,通常需要有内置缺陷的参照标准来正确对比评估射线图像。

4.3.3　破坏性试验

4.3.3.1　引言

单靠无损检测技术无法保证部件的结构完整性时,需要进行破坏性试验(destructive test,DT)。这些测试包括定期解剖零件以检查内部的复杂结构,以及对从多余部分切下的试样进行力学测试(见图 4.3.3.1)。

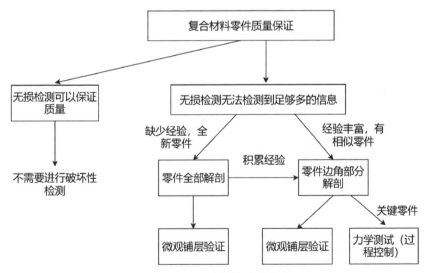

图 4.3.3.1　破坏性试验方法

4.3.3.2　试验方法

破坏性试验主要分为两类:整个零件的解剖以及零件边角部分的解剖。全部解剖即对零件进行全面检查,但成本高昂,通常对象是采用新工具生产的第一个零件。其余情况下,最好对零件的边角部分进行检查,既不会破坏零件整体,又可以检查到结构细节,同时还可以获得力学测试样本。

1)零件全部解剖

当提到"破坏性试验"这个术语时,通常会设想全部解剖。由于全部解剖使得零件未来无法再次使用,因此对零件采用全部解剖应满足以下准则:

(1) NDI 无法对区域进行充分检查。

(2) 零件复杂,对其结构形式或制造工艺的经验较少。

(3) 零件为净修整,不能使用多余的修整区域或零件延伸部分进行细节区域检查。

2)零件边角部分解剖

边角部分检查和测试均衡考虑了质量保证和成本。边角部分可有意设计为超出修剪线的零件延伸部分,也可以从零件内部的切口区域提取。可对从细节区域切割下来的部分进行差异性检查,可从切割部分取样进行力学实验,以确保零件结构性能达标,并可验证制造过程的质量。以这种方式可以满足破坏性试验要求和过程控制要求。

4.3.3.3　实施指南

破坏性试验的频率取决于零件类型和经验。如果生产商具有丰富的制造经验,复杂零件可能不需要定期进行破坏性试验,而只需要进行首件解剖。对于复杂 CMC 部件,在经验不足的情况下,最好定期试验,逐渐增加试验间隔。关键(飞行安全)部件应考虑进行破坏性试验。

与全面零件解剖相比,边角部分的检查和测试可以更频繁地进行,且成本较低。可以通过频繁和不太复杂的边角部分检查来加强质量保证。

破坏性试验应在零件出厂前进行。定期进行破坏性试验,可监控生产工艺,以确保零件质量。如果出现问题,周期性检查应包括可疑零件的数量。不是每种零件都需要检查。如果许多零件的结构形式和复杂性相似,则可以将它们集中在一起进行采样。由同一个主喷溅制成的某部位的零件也可以组合在一起进行检查。

1)抽样

典型的抽样计划可能包括首件完整零件的解剖,然后采用边角部分的解剖进行定期检查。定期检查的时间间隔可能因零件合格率而异。在几次破坏性试验结果都合格之后,检验间隔可以延长。如果破坏性试验发现不合格区域,可缩短检验间隔。如果在使用过程中发现问题,可以解剖同一生产系列的其他部件,以确保不是共通问题。

由于边角部分解剖成本低,定期破坏性试验可以采用较短的时间间隔。若是关键部件,尤其需要采用短间隔。

对于首件检验,可以选择前几件中的某一件来代表首件。在此没有规定制造的第一件为首件的原因如下:① 由于经验教训和特殊处理,它可能不能作为生产运行的代表;② 有加工问题或差异的其他零件可能会揭示更多的信息。

2) 潜在区域

潜在区域和检查项目包括:零件内的主要载荷路径;无损检测提示的区域;共固化细节附近的工装标记;锥度处的层厚下降;层褶皱;缺少基体和富含基体的区域;拐角半径和共固化细节;核心到面板圆角;锥形区域。

4.3.3.4　试验类型

无论是全面解剖还是零件边角部分解剖都涉及细节区域的检查。在加工细节区域后,可以利用显微照片来观察微观结构。另一种破坏性试验是层合板检验。只需对一小部分进行取样,以验证铺层是否按照正确的堆叠顺序和方向铺设。对于机器铺层,初始验证后不需要再使用该验证程序。为了检查诸如铺层、潜在层褶皱和孔隙率等,可在紧固件孔位置取初始芯塞,并得到显微照片。

当对从边角部分或随炉件加工而成的试样进行力学试验时,应测试该零件或该零件区域的临界失效模式。处理典型失效模式的试验包括无缺口压缩、开孔压缩和层间拉伸与剪切。

4.4　材料和工艺的变更管理

4.4.1　引言

在任何项目的进行过程中,都可能需要替换材料或工艺。对这些变更进行系统化和成本效益管理是项目成功的关键。尽管材料和工艺的变更必须根据具体情况进行处理,一些通用方法或协议可以用于指导该过程。以下内容详细介绍了材料和工艺变更管理的方法,以及需要解决的关键问题。

4.4.2　新材料或新工艺的验证

验证评估的成本通常从试片、元件、典型件、模拟件到飞机逐步上升。这种上升过程称为"积木式"验证方法。该方法最重要的是进行初始规划,以在早期验证过程中协调多个来源、产品形式和工艺。通过规划可以同时考虑多个因素,从而能够充分地利用现有昂贵的大规模测试。

替代材料或工艺可根据特定应用进行评估,允许替换部分基线材料。值得注意的是,如果采用部分替换,则必须考虑为保持两种材料的区别而进行的多次图纸更改而产生的成本。此外,还必须分配部分成本用于性能分析,性能可能会与初始合格部件不同。

当发现与材料或工艺相关的变更,或有与材料或工艺相关的问题需要补救时,相关人员可使用此处介绍的协议来制订解决方案。该材料和工艺验证协议的两个要素和顺序阶段如图 4.4.2 所示。两个要素为:差异/风险;生产成熟度。这两个要素对材料或工艺的成功变更尤为重要。下面将进行详细介绍。

材料/工艺验证协议的要素和顺序阶段	(A) 可行性/候选识别	(B) 基本性能和决策	(C) 质量性能	(D) 要素	(E) 部件生产验证	(F) 全尺寸测试
(2) 业务案例 ● 供应商 ● 买方 ● 使用方	● 生成可接受的商业案例 ● 所有利益相关方同意计划	● 签署保密协议 ● 理解并记录质量保证所需的资源	● 确认业务案例并根据需要进行修改	● 确认业务案例并根据需要进行修改	● 确认业务案例并根据需要进行修改	● 获得变更控制委员会对实施计划的批准
(3) 差异/风险 ● 控制风险 ● 了解差异	● 文件差异 ● 起草风险声明/计划 ● 优先考虑需求	● 实施风险降低计划	● 确认差异问题 ● 修改风险分析	● 确认差异问题 ● 修改风险分析	● 确认差异问题 ● 修改风险分析	● 展示对差异和风险的理解和控制
(4) 技术验收（设计关注） ● 新出现的 ● 第二供应来源	● 问询信誉好的供应商 ● 讨论问题陈述的解决选项	● 开始高风险、长周期测试 ● 完成组合测试计划	● 确定加工参数	● 建立初步设计指南	● 建立设计指南	● 验证设计是否符合要求
(5) 许用值指定和等效性验证 ● 新出现的 ● 第二供应来源	● 集成可用数据	● 建立基本属性和目标	● 确定材料规格值	● 建立统计允许值	● 将结果与预测进行比较	● 验证预期结果
(6) 生产成熟度（制造/可生产性关注） ● 供应商生产成熟度 ● 用户生产成熟度	● 起草可行的生产过渡计划	● 将材料供应商、加工者、装配者和用户的输入纳入生产过渡计划	● 草拟材料和工艺/制造、供应商、用户、组装商的规格	● 批准材料和工艺/制造规格		● 证明供应商、加工者和用户已经做好生产准备
(7) 吸取的经验 ● 从过去和现在吸取经验教训	● 确定计划成功所需的专业知识	● 建立关键联系 ● 记录进展评估	● 记录变化和意外的处理和测试结果	● 记录预想外的处理和测试结果	● 记录预想外的处理和测试结果	● 吸取经验教训

（1）问题描述

最终状态：形成对性能的系统验证
● 完整的数据库
● 过程和许用验证

图 4.4.2　材料和工艺验证协议的要素和顺序阶段

4.4.2.1　问题陈述

　　问题陈述通过提供对预期结果和成功标准的明确陈述，对验证方案进行限定。它向材料供应商、加工商、总承包商、实验室或客户描述了验证方案各方面的责任，是其他决策的重要组成部分,是商业案例的基础,也是差异和风险分析,在此基础上可建立技术验收测试矩阵。当问题陈述缺乏具体性,或过于具体以至于限制了方法,或存在明显的技术错误时,经验证参与者和利益相关方同意,可进行修改。

4.4.2.2 业务案例

在制订问题陈述之后,需开发一个业务案例,以澄清责任,并向所有参与者和相关方展示验证的优势,以及获取和分配验证工作相关的资源。

4.4.2.3 差异与风险

进行差异和风险分析是为了提供最经济简化的验证方案,同时解决使用相关数据、点设计验证等风险。差异分析可帮助验证参加者确定新材料或新工艺与已有的材料或新工艺的相似性和差异性。风险分析的目的是确定减少测试、排序测试等的影响。

4.4.2.4 技术验收

技术验收是通过实现问题陈述中所包含的目标,基于知识和经验回答技术问题,并通过测试、分析以及差异/风险分析的结果来表明可以理解该材料或工艺体系,继而可以达到技术验收。然后通过设计和分析指南确定并传达其优势和劣势。

4.4.2.5 许用值制订和等效性验证

许用值制订和等效性验证着重于材料和工艺验证的定量方面。

4.4.2.6 生产成熟度

过去,由于验证方案仅关注设计数据库的量,因此常常达不到标准。成功的验证方案必须能够确保材料或工艺向生产成熟度的过渡。生产成熟度涉及原材料供应商、配方设计师、纤维供应商、预制体、加工者、质量合格测试、足够的文档资料和其他领域。同样,此方法并不能回答具体验证项目涉及的所有问题,而是提供讨论以启发验证参加者,使其能够根据问题陈述、业务案例、差异或风险分析,以及有经验的相关人员对特定案例建立的技术验收测试,提出适当的计划。

4.4.2.7 经验教训

最后,该方法承认所有验证都是不完美的。在差异或风险分析中识别出的过去的经验教训应立即纳入计划。此外,从当前验证中学到的经验教训应记录在案,并在整个验证过程中借鉴教训。

这种方法要求验证参加者重新审查每个验证要素,并对验证的整个顺序阶段进行必要的修改。图 4.4.2.7 提供了复合材料和工艺验证程序测试计划的流程图。

4.4.3 差异与风险

通过评估"新的"或"修改的"材料/工艺与在基准、过去经验或复合材料和工艺历史中使用的材料/工艺的相似性和差异性,可以确定验证方案的差异水平。这一工作

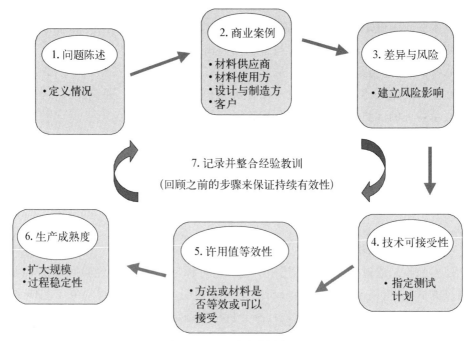

图 4.4.2.7　测试计划流程图

可识别出与常识相吻合的领域,以及与常识和经验不符的领域。

　　风险可以定义为不希望出现但可能出现的情况,并且可能对工作产生负面影响。在进行材料验证工作时,一种明显的不良情况就是采用替代材料时发生失败,可能是加工困难,部件本身的结构失效,或任何其他对成本或进度产生不利影响的事件或发展。

　　新材料的验证总是存在一定程度的风险。替代材料的风险水平取决于基准材料或工艺与替代材料或工艺之间的差异。风险最高的情况是在新的生产方案中采用了一种新材料体系或工艺。这种情况没有基准材料或工艺,因此差异最大。本方案并未解决这种情况。

　　如果一项活动要进行多项更改,则应评估总风险。应综合考虑所有变更的优缺点,并应报告最终风险。总风险应包括在同时进行多个更改时难以确定意外结果的根源。

　　本节讨论材料差异对验证测试方案的影响,为确定差异程度,评估风险,制订验证计划,确定测试样本量以及选择测试方法提供了指南。建议所有利益相关方都参与确定差异程度。

4.4.3.1　差异

　　确定风险水平的第一步是确定替代材料或工艺与基线之间的差异程度。首先需要列出与基线复合材料和工艺相关的所有属性、特征、描述符以及其他因素,然后评估列表中每个项目的差异。

列表可以比较概括,也可以有细分。差异标准可能包括如下几种:① 原材料来源的变化;② 加工场所或设备的变化;③ 纤维浸润剂或涂层的改变;④ 织物样式的变化;⑤ 基体的变化。差异还可能包括零件制造工艺的改变,例如人工纤维铺放引起的差异,或从化学气相渗透到聚合物转化陶瓷渗透变化的不同。这种制造工艺的差异可能因其材料发生变化,也可能不引起变化。在制造工艺中的生产设备也可能发生改变。材料和工艺组合之间的差异程度决定了初始风险的水平。

例如,清单上的项目之一可以是"基体"。在一种情况中,基线材料为水基氧化铝浆,要评定为"无差异",替代材料只能是水基氧化铝浆料。然而,在另一种情况下,"无差异"的定义是在替代位置采用替代浆料,只需化学上与基线材料相当。

对列表中的每个项目进行评估,以确定基线材料和替代材料之间的差异程度。根据定义,某些项目(如新的预浸线的验证)可以有可接受的差异,也有些项目则不允许有差异(如在验证测试中经过批准的基体材料配方)。

根据差异项目可确定相关的测试要求。有时通过测试可以验证这些差异对材料或其最终使用没有负面影响,有时通过测试可以验证不存在差异。

差异评估的一个关键要素是确定用于分析测试数据、审计结果和处理试验的接受标准或拒绝标准。标准的建立需要清楚地理解差异要求,如等效与相等、相似与相同、基于统计学的与典型值等。

差异分析的代表性项目如表 4.4.3.1(a)。

表 4.4.3.1(a)　差异分析代表性项目

基　　体	预浸料制造
• 原料来源 • 成分 • 混合设备 • 混合参数 • 测试方法和验收值	• 预浸线 • 浸渍参数 • 辅助处理

纤　　维	组　件　制　造
• 原料来源 • 纤维生产线 • 纤维工艺参数 • 浸润剂类型 • 浸润剂来源 • 纤维束尺寸(单丝纤维数) • 用于纤维预制体的织物样式 • 纤维预制件编织源(位置)	• 铺层程序 • 工装的概念 • 固化周期 • 分级式装袋过程

　　表 4.4.3.1(a)仅供参考,并不包含所有内容。它引用了过去的验证中常见的差异领域,但未来的验证可能有新的和独特的差异领域,尚不可知。

　　差异评估表样例如表 4.4.3.1(b)所示,在此样例中,目标是验证为增加纤维的浸润性已更改的第二条预浸线。纤维、基体及基体混合中没有变化。

表 4.4.3.1(b)　差异评估表样例

潜在预浸线变化	线之间的差异
线宽	相同
纤维架排列	相同
纤维张紧方法	相同
纤维路径	改变
纤维扩展方法	改变
基体应用方法	相同
浸渍法	改变
浸渍参数	改变
预浸分切	相同
预浸料卷起	相同
载纸	相同

　　在本例中,验证新预浸料生产线的目的是确保设备可以产出更适合在纤维放置过程中分切成窄带的预浸料。这一变更的两个关键影响因素是:① 纤维的扩展/准直度;② 浸渍。变更的目的是提高纤维的准直度和纤维的润湿水平。

　　确定差异后,下一步是评估变更的每个领域的相关风险。

4.4.3.2　风险评估

　　风险与差异程度造成的不确定性直接相关,风险评估的目标是通过有效地组织和实施验证方案来管理风险并将其降低到可接受的水平。验证方案侧重于对替代材料的测试,但通过审计、工艺试验、借鉴以往经验和其他手段也可以降低风险。

　　风险评估可能是主观的。一个人认为是高风险的事情,另一个人可能认为是中等风险。过去的经验和对新材料或工艺的熟悉程度将影响一个人对风险水平的感知。基于这些原因,重要的是要量化材料或过程的差异程度,并形成一个系统的风险评估过程文档。

　　风险评估建立在明确差异的基础上,从而可以完全确定风险。当被问到"会出什么问题?"时,在方案中正确评定问题的级别是很重要的。这不是一个笼统的问题,"如果新材料不合格,会出什么问题?"这一阶段的评估是针对每一个存在差异的领域。

　　继续我们的案例样本验证,每个差异领域的风险评估应遵循如下原则:

（1）纤维路径——纤维路径的变化可能会损坏纤维，验证方案应包括对纤维损伤较敏感的试验。

（2）纤维扩展方法——随着纤维路径变化，新的纤维扩展方法也有可能损坏纤维，尤其是为了增加纤维拉力而改变纤维路径时。同样，验证方案应包括对纤维损伤较敏感的试验。

（3）浸渍方法和参数——浸渍方法和相关参数的变化有可能改变基体渗透水平和预浸料的物理结构（表面上的基体较少）。这些变化可能导致黏性损失，外置寿命缩短，基体流动减少，并消除挥发性逸出通道。它们也将有助于在分切过程中形成干净的边缘（改变的目标）。

验证方案应包含针对纤维损伤、基体渗透性和黏性变化、操作性能的测试和评估。除此之外，也需要评估验证预浸料生产线究竟如何改善了纤维分切和纤维铺放过程。

4.4.3.3　风险分析

在此步骤中，通过风险分析来确定风险级别。风险发生的概率几何？风险可能带来什么后果？如何为风险划分类别，是成本风险、进度风险，还是技术风险？

风险发生的概率取决于是否采取了合适的减轻风险的方法。如果风险确实发生，将会产生不同程度的影响——从没有影响到不可接受的影响，从而制订对应的验证计划来解决已识别的风险。通过实施验证计划使风险最小化。

图 4.4.3.3 给出了典型的风险分析表。这个表格一般用于程序化的风险分析，也适用于其他种类广泛的风险分析。对于表中不适用之处，用户必须重新定义可能性及后果的级别。

4.4.4　生产成熟度

生产成熟度评估必须预估以下各个方面的能力，据此规定生产规模和生产率，并充分记录所有相关信息以进行追溯，包括：

（1）材料供应商。

（2）配方师/加工方/预浸料。

（3）零件制造商。

（4）组装设施。

（5）分包商、中间供应商、加工商、检验员等。

生产成熟度是降低产品在成本控制、进度控制和技术验收控制等方面风险的关键考虑因素之一。生产中一个初始更改通常会影响到最终产品路径中后续的处理和文档编制。必要的文件有两种形式：① 要求描述程序；② 用于可追溯性或用于说明一次具体运行或最终零件的具体情况。

通常，验证测试是在预生产环境中进行的。但是，一般扩大规模对生产中的成

风险发生的可能性？		
等级		计划的方法和工艺
1	不可能	• 可以通过标准做法有效避免或降低该风险
2	可能性低	• 通常在类似情况下通过最小程度的监督来降低此类风险
3	可能	• 可能会降低该风险，但是需要替代方法
4	可能性高	• 无法减低该风险，但是采用其他方法可能可以
5	几乎确定	• 无法降低该风险；无已知的工艺或替代方法可用

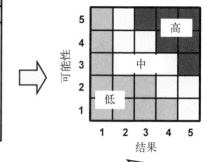

若风险已发生，将造成的影响程度？			
等级	技术	进度	成本
1	• 最小或无影响	• 最小或无影响	• 最小或无影响
2	• 轻微性能不足	• 需要额外工作，能够满足关键日期节点	• 预算增加或单位生产成本增加<1%
3	• 保留相同方法 • 中等性能不足，但有替代方法	• 轻微进度延误；会错过要求日期	• 预算增加或单位生产成本增加<5%
4	• 不可接受，但有替代方法	• 影响项目关键计划	• 预算增加或单位生产成本增加<10%
5	• 不可接受，且无替代技术	• 无法完成关键项目	• 预算增加或单位生产成本增加>10%

图 4.4.3.3　典型风险分析表

本、进度或技术参数影响最大。因此，必须对批次、加工运行和零件试验等代表生产能力的方面进行计划。这些结果需系统地记录下来并作为工艺的历史文件储存。

当生产率/使用率发生变化时，车间特性有时需要进行更改。这些方面需要尽早得到理解和稳定。基本设备的需求和校准/认证、人员培训以及工艺流程是必须解决的一些典型要素。

生产过程中采购文件、规格、流程说明（计划包括工单之类）、质量技术等文件必须放置到位。

全面的生产成熟度审查应评估原材料供应商、预浸料供应商、基体供应商、编织方、预成型机和零件制造商（包括所有生产商）。仅对那些已准备好生产或有明确生产路径的材料/工艺进行验证。

生产成熟度应就最低实际水平进行评估，验证期间或之后的任何更改都会产生影响，并需要根据协议对影响进行检查。

如果采用多种加工工艺，请确保根据生产条件对每个加工工艺进行评估。

建立产品可靠性方案是非常重要的。这项工作首先应明确原则，说明什么是产品可靠性，并明确可靠性特征。产品可靠性要求是通过研究客户需求来定义的。可靠性方案定义了资源和组织职能，部署了工具，定义了所需的文件，建立了信息跟踪系统，并建立了审查程序。可靠性方案计划的实施从需求、活动、实践和资源等方面进行。具体工作包括分析、预测和审查产品以及采购材料的可靠性的程序。预估生命周期成本和节省成本也非常重要。此外，还应该制订产品改进计划以及建立客户反馈系统。完成这些工作后，就可以建立对采购材料、设备和设施、程序和工艺以及质量的要求，进而能够满足产品可靠性要求。

第5章　应用、工程案例及经验

5.1　1974—1995 年联合技术公司 CerComp™ CMC 的研发及测试历程

5.1.1　概述

CerComp™ 是一系列陶瓷基复合材料的商品名称,该材料由联合技术公司(UTC)旗下的联合技术研究中心(UTRC)和普惠(P&W)公司开发。该系列 CMC 主要研发时间段为 1974—1995 年,其注册商标名称为 COMPGLAS®(见参考文献5.1.1)。CerComp™ CMC 的优势在于可以制备出燃气轮机复杂部件。CerComp™ CMC 部件的制备流程与聚合物基复合材料相似,区别在于其制备条件通常在1 000~1 400℃的惰性气氛下,并且需使用石墨工装。科研人员很早就意识到,如果要将 CerComp™ CMC 应用到燃气轮机,需要开展大量的模拟环境考核及装机考核,以发现影响材料耐久性的关键因素。因此,1984—1996 年期间,UTC 制备了大量的CerComp™ CMC 发动机部件,并开展了模拟环境/装机考核,这些部件包括:压缩机内罩、隔热屏、燃烧室内衬、涡轮支撑环、喷管扩散密封片及 EPM 降噪片。整体而言,CerComp™ CMC 部件在模拟环境/装机考核过程中表现良好,在考核后的表征分析中仅有少量问题。

5.1.2　引言

CerComp™ 是一系列 CMC 的商品名称,该系列材料是聚合物基复合材料的一个延伸,它由若干种不同类型的纤维增强的玻璃及玻璃-陶瓷基体组成。其中,最常用的三种类型的 CerComp™ CMC 分别是:

(1)碳化硅纤维增强的玻璃-陶瓷,主要用于燃气轮机结构件,最高使用温度可达1 300℃(约 2 400℉)。

(2)碳纤维增强的玻璃,主要用于燃气轮机,最高使用温度为 400℃(约 750℉),其改性材料可以用于对高刚度及尺寸稳定性有较高要求的空间卫星领域。

(3)氧化物纤维增强的玻璃及玻璃-陶瓷,主要用于燃气轮机,最高使用温度为1 100℃(约 2 000℉)。

　　碳化硅纤维增强的玻璃陶瓷由于具有较高的强度与韧性,及良好的环境耐久性
而被认为最适合燃气轮机应用。在多年的研发过程中,由于对环境耐久性的需求及
纤维厂家(日本碳素公司)对于纤维组分的改变,纤维与基体组合方式得以不断优化。
UT-22 和 UT-16(正式名称为 UTRC-200)是开发出的最成功的 SiC 纤维增强的
玻璃-陶瓷体系。其中,UT-22 是 Nicalon 碳化硅纤维增强的钡镁铝硅酸盐复合材
料,其纤维/基体界面为氮化硼,最高使用温度 1 200℃(约 2 200℉)。UT-16 为
Nicalon 碳化硅纤维(界面层为热解碳)增强的锂铝硅酸盐复合材料,基体中含 3%的
硼,最高使用温度 900℃(约 1 650℉)。

5.1.3　制备过程

　　CerComp™ CMC 的优势之一在于可以制备出燃气轮机复杂部件。CerComp™
部件的制备流程与聚合物基复合材料相似,区别在于其制备条件通常在 1 000~
1 400℃(约 1 800~2 550℉)的惰性气氛下,并且需使用石墨工装。UTC 制备部件的
方法包括:热压、复合材料传递模塑法、热等静压法及玻璃传递模塑法。纤维增强体
包括:二维布和板、短纤维及不同的三维机织预制体。

5.1.4　模拟环境及地面装机考核

　　科研人员很早就意识到,如果要将 CerComp™ CMC 应用到燃气轮机,需要开
展大量的模拟环境及装机考核以揭示影响耐久性的关键因素。之前的聚合物基复
合材料用于发动机领域的研发过程表明,受部件的几何形状、纤维结构、多轴受力
状态、温度分布及气体组成与流动等多种因素的影响,在实验室完全模拟材料的行
为是不可能的。因此,1984—1996 年期间,UTC 制备了大量的 CerComp™ CMC 发
动机部件,并开展了大量的模拟环境/装机考核。1974—1985 年期间,在海军研究
局(ONR)、空军科学研究处(AFOSR)及公司内部的资助下,UTC 开展了材料组成
及制造开发工作,这些工作为上述部件的台架/装机考核奠定了基础。试验的主要
目的是全面分析发动机材料的应力状态及温度/环境性能。通过这些工作,希望能
够增加对 CMC 的信心,并建立部件使用寿命的边界条件。所试验部件类型的案例
如下:

　　1) 压缩机内罩

　　20 世纪 80 年代,CerComp™ CMC 高压压缩机(HPC)内罩被开发用于放置
F119 发动机的第三、四及五级进气导向叶片(IGV)。与传统高温合金相比,
CerComp™ CMC 具有低密度的特点,因此减重约 10 kg。此外,由于 CerComp™
CMC 具有良好的耐磨损性能,不需要非金属套管,因此与金属材料的设计相比,零件
数量显著减少。CerComp™ CMC 内罩最开始采用由复合材料传递模塑工艺制备的
石墨纤维增强的玻璃,为了提高材料的耐磨性及抗氧化性,后又更改为 UT-16 复合
材料,并且采用热压工艺制备。图 5.1.4(a)给出了单个的 CerComp™ CMC 部件,

图 5.1.4(b)给出了多个部件共同组成的环。

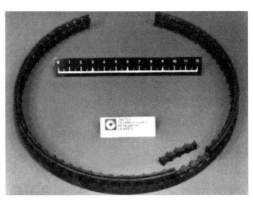

图 5.1.4(a)　CerComp™ CMC 内罩部件　　　　图 5.1.4(b)　CerComp™ CMC 内罩环
　　　　　　　（长 13 cm）　　　　　　　　　　　　　　　　　　（直径 46 cm）

　　石墨/玻璃罩在 F119 发动机中总计考核了 1 600 h，UT－16 罩在 F119 发动机中总计考核了 260 h，考核最高温度为 315℃（约 600℉）。此外，在 PW5000 HPC 台架上总计考核 180 h。尽管装机考核过程中存在不可预测的结构载荷，CerComp™ CMC 内罩仅发生微小的局部剥落（后来通过调整纤维结构得到解决），并且在考核过程中全程未失效。此外，普惠公司建立了一个中试基地。该基地可以生产装机考核所需的硬件，并且展示了成为一个真正的制造基地的潜力。最后，CerComp™ CMC 内罩成为 F119 发动机项目的备选材料，但是由于成本原因最终没有使用，仍然采用了金属内罩。

　　2）隔热屏

20 世纪 80 年代，UTC 采用 CerComp™ CMC JT9D－7R4 隔热屏及 CerComp™ CMC JT9D－7R4 隔热板进行了燃烧模拟环境考核，如图 5.1.4（c）所示。直径 5 cm 的喷嘴冲击燃烧器以马赫数 0.7 的速率将高速燃气喷出，样件通过垂直移入及移出火焰正前方实现热震测试，一个循环包含 50 s 燃气热冲击及 10 s 的火焰内强制冷却空气。

图 5.1.4（c）　CerComp™ CMC 隔热板
燃气冲击测试

　　3）燃烧室衬套

　　分段的燃烧室被认为是 CerComp™ CMC 的重要应用方向。使用 CMC 不仅可以减重，还有望提高耐久性，过去已针对多种不同的材料组分及部件设计进行了考核试验。1983—1985 年期间，UTC 在 NASA 节省能源发动机（energy efficient engine，E³）项目[见参考文献 5.1.4（a）]支持下进行了 CerComp™ CMC 分段燃烧室内衬装配件的模拟环境考核。普惠公司分析了可能的温度、温度梯度、热应力、机械应力及发动机整体工作寿命等运行条件。燃烧室板采用热压工艺制备，为便于测试，板件装配到一个金属壳里面，如图 5.1.4（d）所示。图 5.1.4（e）给出了 CerComp™ CMC 燃烧室内衬扇形段经过 18 h 的模拟环境考核后的形貌，最高考核温度达 1 150℃（约 2 100℉）。图 5.1.4（e）中左边部件的图案是由测量最高表面温度的测温漆造成。测试过程中未发现结构破坏，测试后的样品解剖及测试结果表明，CerComp™ CMC 的氧化退化现象符合预期，与实验室多向增强的陶瓷基复合材料样品建立的模型相符。

图 5.1.4（d）　支撑 CerComp™ CMC 燃烧室板的 E³ 金属壳　　图 5.1.4（e）　E³ CerComp™ CMC 燃烧室板模拟环境考核后的形貌（从上到下长为 27 cm）

1983—1989 年期间，在海军航空推进中心 ATEGG 685 燃烧室板项目的支撑下，UTC 开展了第二次 CerComp™ CMC 分段燃烧室衬套装配件的模拟环境考核。考核总计进行了 39 h，其中有 6 h 达到或高于目标温度。考核过程中，由于燃油喷嘴（标准金属件）发生熔化，并因此导致一级导叶被烧穿，致使考核终止。尽管周边的金属件发生了损坏，但是 CerComp™ CMC 燃烧室衬套仅受到微弱影响。

由于燃烧室的工作温度非常高，为此提出混杂设计理念，即将 CerComp™ CMC 作为单相陶瓷隔热屏的支撑结构，该项目由空军支持[见参考文献 5.1.4（b）]。采用普惠公司 X - 960 试验台的 XTC - 65 燃烧室进行设计理念验证，CerComp™ CMC 作为支撑结构，SiC 陶瓷为隔热屏。X - 960 能够以一定温度、进气量及压力提供预热的进气，以模拟 XTC - 65 核心段的设计运行条件。验证考核过程包含 8 h 共 840 个循环。考核后的结果分析表明，隔热屏产生的裂纹是最严重的问题，该问题可以通过制备过程中校正材料性能及改变材料的组分排列方式得以解决。同之前的测试项目结果相同，CerComp™ CMC 部件未发生结构破坏。

4）涡轮支撑环

1986—1992 年期间，在空军支持的先进涡轮旋转设计（ATRD）项目中［见参考文献 5.1.4(c)］，UTC 制备并测试了 CerComp™ CMC 涡轮支撑环。ATRD 支撑环安

图 5.1.4(f)　CerComp™ CMC ATRD 支撑环
（外径 21 cm）

装在一个中心轴上，涡轮叶片通过扩散胶接的方式与之结合，并且叶片也是涡轮应力的主要承载单元，如图 5.1.4(f)所示。该支撑环具有多项创新，该环在设计及制造过程中引入了梯度模量理念，其模量从内径到外径方向逐渐递增。渐变的模量可以使得高速旋转引起的应力能够在支撑环截面均匀分布，从而消除传统金属材料（模量相同，厚壁结构）中内径部分应力集中的问题。支撑环模量的梯度调控通过改变中模量及高模量的纤维含量实现。ATRD 支撑环采用三维编织增强，通过玻璃传递模塑的方法制备。

ATRD 支撑环虽然未进行装机考核，但是采用旋转及静态模拟环境考核进行了梯度模量的理念验证。1988 年采用碳纤维增强的玻璃，在旋转实验中测试出的环向强度达到 480 MPa。1990 年，采用双向碳化硅纤维增强的玻璃，在静态爆裂试验中测出的环向强度达到 800 MPa。ATRD 支撑环工作于 1993 年终止，主要是由于随着工作温度的提高，CerComp™ CMC 支撑环与镍基合金中心轴之间出现严重的热-力性能不匹配。

5）喷管扩散段密封片

1985 年采用热压工艺制备了 CerComp™ CMC PW1120 扩散段密封片，材料体系为 0°/90°铺层的 SiC 纤维增强的锂铝硅酸盐。采用 FX - 413 发动机对其中一片进行了 69 h 的考核，最高温度达 900℃（约 1 650°F）。考核过程中，气体流速为马赫数 1.58～1.76。考核结果表明材料发生了分层及局部鼓包，该重要发现清晰

图 5.1.4(g)　CerComp™ CMC 扩散段密封片
（12 cm×30 cm）

地表明了纤维方向在材料氧化退化过程中起到重要的作用。0°/90°铺层的交叉层片容易导致结构的快速氧化和分层，而实验室中采用的单向铺层样品并未发生此现象。

此外,扩散段密封片是由较早的 CerComp™ CMC 体系制备的,如果采用 UT‑22 材料,燃烧试验结果表明密封片将会表现良好。

6) EPM 降噪片

20 世纪 90 年代初期,为减弱高速民用运输系统(HSCT)的喷管噪声,UTC 在 NASA 支持的提高推力材料(EPM)项目中[见参考文献 5.1.4(d)],制备了 CerComp™ CMC 降噪片。降噪片尺寸为 30 cm×30 cm×0.25 cm,上面有激光加工的 10 000 或者 20 000 个通孔,孔径为 0.76 mm。开发了一种新型的连接结构,即米勒紧固件[见参考文献 5.1.4(e)],将降噪片与金属支撑件相连接。米勒紧固件降低了复合材料紧固件与平板的层间剪切及拉伸应力。1995 年,CerComp™ CMC 降噪片及其他 CMC 体系制备的降噪片在普惠的热声测试台上进行了考核,考核时间共计 23 h,其中有 11 h 声压力达到 142 dB/Hz,有 9 h 温度达到 488℃。CerComp™ CMC 降噪片未发生损坏,但在米勒紧固槽位置由于紧固件加工角度出错导致产生了裂纹。

图 5.1.4(h) CerComp™ CMC 降噪片(30 cm×30 cm)

5.1.5 结论

1984—1996 年期间,UTC 制备了大量 CerComp™ CMC 燃气轮机部件,并开展了大量模拟环境/装机考核,这些部件包括压缩机内罩、隔热屏、燃烧室内衬、涡轮支撑环、喷管扩散密封片及 EPM 降噪片。整体而言,CerComp™ CMC 在模拟环境和装机考核中表现不错,在考核后的结果分析中仅发现轻微损伤。

5.2 SiC/SiC CMC 燃烧室衬套研发及地面装机考核

5.2.1 概述

本部分总结了 SiC/SiC CMC 燃烧室衬套的研发历程及装机考核的相关经验。该研究由位于加利福尼亚州圣地亚哥市的 Solar Turbines 公司主导的政企合作项目支持,研究时间为 1992—2007 年。这些项目的首要目的是替换掉工业燃气轮机热段的金属部件,包括一级转子叶片,一级导向叶片及燃烧室衬套,从而实现提高燃烧效率与降低 NO_x 及 CO 释放的目的。尽管采用氮化硅陶瓷叶片及导向叶片未能达到项目预期研究目标,但是采用 SiC/SiC CMC 替代金属应用在燃烧室衬套上却获得了较大成功,最长服役寿命达到约 15 000 h,远超项目指标的 4 000 h。

研发历程包含了在工厂超过 88 000 h 的装机考核(见参考文献 5.2.1)。采用 Solar Centaur® 50S 工业燃气轮机的环形燃烧室对表面涂覆环境障涂层(EBC)及未涂覆环境障涂层的 SiC/SiC CMC 燃烧室内衬进行试验。结果表明,不带涂层的 SiC/SiC CMC 燃烧室衬套由于受到水蒸气的侵蚀而发生严重退化,导致内衬的寿命只有约 5 000 h,而应用氧化物基的 EBC 后,可以将寿命提高至约 15 000 h。EBC 由 BSAS 面层、Si 黏结层及莫来石＋BSAS 过渡层组成,该涂层优于采用单纯莫来石过渡层的 EBC。采用 SAS 替代 BSAS 面层的 EBC 在装机考核中表现不佳。采用硅酸钇面层及 Si 黏结层的 EBC 经过 7 784 h 的装机考核仍表现良好,并且可能比 BSAS 型 EBC 具有更优的环境耐受性。

5.2.2　项目团队、研发策略及研发进度

表 5.2.2(a)列出了研发期间的政府项目及项目团队成员,包括:燃气轮机制造商、陶瓷基复合材料供应商、国家实验室及其他企业合作伙伴。研发工作开始由美国能源部陶瓷静止件燃气轮机项目(CSGT)支持,进而由美国能源部的先进材料项目延续支持。项目的具体信息可在项目验收报告中查到[见参考文献 5.2.2(a)~(d)]。

表 5.2.2(a)　项目及团队成员

美国能源部陶瓷静止件燃气轮机项目(CSGT)- DE－AC02－92E40960(1992－2001) 美国能源部先进材料项目-DE－FC26－00CH11049(2001－2007)	
团　队　成　员	项　目　角　色
美国能源部(DoE)	经费支持,DoE 项目管理
Solar Turbines 公司	项目牵头单位,项目管理,设计、模拟环境考核及装机考核
DuPont Lanxide Composites 公司/AlliedSignal Composites 公司/霍尼韦尔先进复合材料公司/通用电气动力系统复合材料公司/通用电气陶瓷复合材料产品部(DLC/ACI/HACI/GE PSC/GE CCP) BF Goodrich Aerospace (BFG)公司 Babcock & Wilcox (B&W)公司	陶瓷基复合材料部件研发与制备
橡树岭国家重点实验室(ORNL)	材料测试与评价
阿贡国家实验室(ANL)	无损检测
联合技术研究中心(UTRC)	环境障涂层开发与应用

（续表）

美国能源部陶瓷静止件燃气轮机项目(CSGT)- DE - AC02 - 92E40960(1992 - 2001) 美国能源部先进材料项目- DE - FC26 - 00CH11049(2001 - 2007)	
团 队 成 员	项 目 角 色
通用电气公司(GE)	陶瓷基复合材料及环境障涂层制备及应用
ARCO 公司/德士古公司/雪佛龙德士古公司/ Malden Mills 纺织厂	地面装机考核用户单位
加利福尼亚州乳品公司(CDI)	

图 5.2.2(a)给出了项目研发策略及研究进度表。CSGT 项目开始于 1992 年,当时陶瓷基复合材料的基础数据有限,并且材料与部件制备技术的研发同时进行。在 CSGT 项目的第一阶段(从 1992 年的秋天到 1993 年的春天,跨度约 6 个月),项目主要进行了理念设计,建立了材料性能目录,确认了基础数据中的空白,并提出材料性能测试计划。在 CSGT 项目的第二阶段(1993—1997 年),主要工作包括发动机及部件的初步及详细设计、材料性能测试、典型元件测试。该部分工作可以筛选出适合制备全尺寸部件并进行考核的材料及供应商。当时选中两家供应商来制备全尺寸 SiC/SiC CMC 燃烧室衬套。CSGT 项目的第三阶段(1997—2001 年),针对全尺寸 CMC 燃烧室衬套开展了模拟环境考核及内场和地面装机考核。在项目运行期间,CMC 性能得到提升,从实验室测试、模拟环境考核及地面装机考核中得到的结果用来迭代 CMC 部件的设计与制造。地面装机考核中发现退化后,SiC/SiC CMC 燃烧室衬套引入了环境障涂层来提高它的环境耐久性。

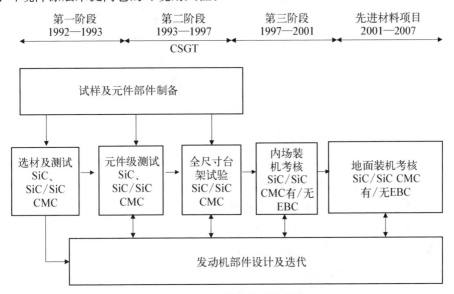

图 5.2.2(a)　研究策略及进度

CSTG 项目在 2001 年进行了总结。项目本来的目标为对有 CMC 部件的工业燃气轮机测试 4 000 h，而当时的 CMC 衬套累计测试时间已经超过 13 000 h。项目团队经过项目资助方的允许，在 CSGT 项目之后，继续在美国能源部先进材料项目的支持下对 SiC/SiC CMC 衬套进行测试。在先进材料项目中，后来还引入了氧化物/氧化物 CMC 衬套进行地面装机考核。关于氧化物/氧化物 CMC 的研发将在本书中 5.3 节予以介绍。

在项目开始的时候，Solar Centaur® 50S 工业燃气轮机运行的涡轮转子入口温度 (TRIT，为一级喷嘴出口的燃气温度)基准为 1 010℃（1 850℉），压力比约为 10∶1，输出功率约为 4.1 MW$_e$，并将此条件定为 CMC 部件研发与地面考核条件。该发动机采用的是 Solar Turbines 公司的倾斜预混 SoLoNOx™ 环形燃烧室技术。Solar Centaur® 50S 发动机及带有陶瓷部件的燃烧室热端部件(燃烧室内衬，一级氮化硅陶瓷转子及导向叶片)的示意图如图 5.2.2(b)所示。

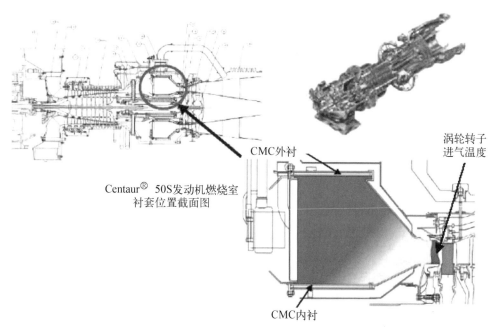

CMC外衬

涡轮转子
进气温度

Centaur® 50S发动机燃烧室
衬套位置截面图

CMC内衬

图 5.2.2(b)　带有陶瓷基复合材料燃烧室内衬的 Solar Centaur® 50S 发动机[来源于参考文献 5.2.1 和 5.2.2(d)]

如图 5.2.2(a)所示，研发策略的目标是在规定时间内完成所有必要检查的同时，实现项目资源的充分利用。研发遵循从材料选择与测试，到缩比件模拟环境考核，再到全尺寸模拟环境考核，进而到内场及地面装机考核的顺序，设计与测试条件逐步提高，积木式验证，最终实现燃气轮机实际应用。

5.2.3　CMC 衬套设计

Solar Centaur® 50S 发动机环形燃烧室由上部的圆顶部分、两个同轴的圆柱体、两个锥形的尾部组成,其中燃烧室的主要部分位于两个同轴的圆柱体之间,锥形的尾部主要起到输送燃气到涡轮尾喷口的作用[见图 5.2.2(b)]。带有冷却孔的锥形部位包含用于图案因素控制的稀释孔及出口温度轮廓调整。

采取的方案是将 Solar Centaur® 50S 发动机的金属圆柱形部分替换成 CMC,并且尽可能地减少火焰筒的设计更改。CMC 衬套镶嵌在金属壳内部,金属壳还包含上部的锥形部分及金属支撑圆柱部分。为缓解 CMC 部件与周边金属圆柱部件产生的径向的收缩应力,在二者之间放置了一层 Nextel 缓冲层,CMC 圆柱体与金属壳之间的轴向间隙可以避免末端应力的产生。在这种设计构型中,CMC 圆柱体仅承受热应力(最大局部应力约为 75 MPa)。设计目标是维持燃烧室内衬温度低于 1 204℃,但是实际检测结果表明陶瓷基内衬部分温度最高达到 1 260℃。燃烧室外衬的直径为 76 cm,内衬的直径为 36 cm,长度均为 20 cm。

CMC 燃烧室柱体主要依靠背面的金属支撑圆柱体进行冷却。为了将气流分散到燃烧室内衬与燃油喷嘴(低喷射时),将通常用于冷却金属燃烧室圆柱体的气流改为流向下部的锥形体部位,如此可以使圆锥体得到加强冷却及额外的稀释气流。燃烧室的圆顶部位及燃油喷嘴未做气流更改,因此与之前的金属件的设计方案相比,CMC 燃烧室的一级燃烧区工作条件未发生明显改变。同常规设置,共有 12 个燃油喷嘴用于全尺寸燃烧室及装机考核。喷嘴中加入了试验性的燃油喷射系统以保障火焰的稳定性。

5.2.4　陶瓷基复合材料模拟环境考核

CMC 燃烧室衬套研发项目中包括了在 Solar Turbines 公司的试验台上测试典型及全尺寸候选的 CMC 衬套。缩比件模拟环境考核的目的是在模拟发动机环境下对小尺寸火焰筒进行考核,而不必制备全尺寸火焰筒。典型结构件的考核条件如下:进口压力为 620 kPa;进口温度为 321℃;气体流速为 0.57 kg/s;火焰温度为 1 400～1 550℃。典型结构件为圆柱形,尺寸如下:直径为 20 cm;长度为 20 cm 或 40 cm;厚度为 3～5 mm。考核时长相对较短,为 1～2 h、10 h 或 100 h。在 100 h 的考核中包含了 200 次启停循环以测试陶瓷基复合材料的热振性能。考核前后衬套的完整性通过红外或者气体/水耦合的超声无损检测进行评估。接受评估的三个 CMC 燃烧室衬套中有一个是 Nextel 610 增强的氧化铝复合材料(B&W),该内衬经过 10 h 的考核后发生了非破坏性的轴向裂纹。这些裂纹的产生是由材料属性决定的,而非装配所导致。此氧化物/氧化物 CMC 没有用于接下来的全尺寸制备及装机考核。BFG 公司的 CG Ni/PyC/SiC(CVI)典型件在之前的 Solar Turbines 公司内场考核中表现出很好的耐久性。DLC/ACI 公司的二维典型件 CG Ni/PyC/E - SiC(CVI)燃烧室衬套在连续的三次考核中也表现出很好的耐久性,三次考核时长逐次增加。BFG 与 DCL/ACI 制备的 SiC/SiC CMC 被选用于全尺寸制备及装机考核。

全尺寸 SiC/SiC CMC 衬套考核试验在 Solar Turbines 公司的空气环境及高压燃

烧室设施上进行。空气条件考核可以模拟发动机内衬的温度分布，高压考核可以模拟燃烧室的高压条件。图 5.2.4 给出了 BFG 与 DCL/ACI 制备的全尺寸 CG Ni/PyC/SiC(CVI)SiC/SiC CMC 燃烧室衬套组合件。

a)　　　　　　　　　　　　　　　b)

图 5.2.4　CG Ni/PyC/SiC (CVI)CMC 燃烧室内衬组合件

a) BFG［来源于参考文献 5.2.2(b)］；b) DLC/ACI［来源于参考文献 5.2.1 和 5.2.2(d)］

全尺寸模拟环境考核及测试后的表征可以进一步加强设计的稳健性及材料的耐久性评估。内衬经过考核后仍能保持结构的完整性，考核后的颜色变化主要是由氧化引起。

进一步对 SiC/SiC CMC 衬套的考核是在 Solar Centaur® 50S 发动机上进行，该发动机为装配陶瓷基部件而进行了适当更改。考核过程记录了金属/陶瓷界面载荷、发动机振动特性、气动载荷、部件温度及应力分布等参数。发动机产生的能量通过 7 000 hp[①] 的水闸功率计吸收。CMC 燃烧室衬套的发动机模拟环境考核周期为 12 个月，从 1995 年的 10 月持续到 1996 年的 9 月。接受考核的燃烧室内衬为 BFG 公司的 CG Ni/PyC/SiC (CVI) CMC，共考核了四次，总计考核时长为 44 h，最长的一次为 21.5 h。功率为 100%输出，涡轮转子进气温度范围为 1 007～1 112℃。SiC 材质的转子叶片也一同进行了考核。

5.2.5　CMC 地面装机考核

地面装机考核的详细资料可以在 ASME 发表的文章及项目结题报告中找到［见参考文献 5.2.1 和 5.2.2(c)～(d)］。地面装机考核的概要详见表 5.2.5，该表对之前发表的地面装机考核总结进行了更新。

5.2.5.1　地面装机考核地点

DoE/Solar CSGT 项目及先进材料项目支持的 SiC/SiC CMC 燃烧室衬套地面装机考核在三个不同的商用发动机公司进行。测试所在的三个地点分别标记为 CT-

———————————————

① 　hp 为功率单位，1 hp＝0.735 kW。

表 5.2.5　燃烧室衬套装机考核概览[改编自参考文献 5.2.1 和 5.2.2(d)]

地点/考核时间	考核时长(h)/启停次数	CMC 衬套 EBC 来源组成	备　　注
CT‑1 1997 年 5 月—7 月	948/15	CG Ni SiC/PyC/E‑SiC (CVI) SiC 封闭层(DLC)	● 首次 CMC 考核 ● CMC 受侵蚀/表面退化
CT‑2 1998 年 2 月—3 月	352/31	内衬：HiNi SiC/BN/E‑SiC (CVI) 外衬：HiNi SiC/PyC/E‑SiC (CVI) SiC 封闭层(DLC)	● 纤维改进(HiNi) ● 传导路径改进 ● 无涂层保护的 SiC/SiC 寿命约 5 000 h
CT‑3 1998 年 5 月—8 月	1 906/46		
CT‑4 1998 年 12 月—1999 年 4 月	2 758/26	内衬：HiNi SiC/BN/SiC‑Si (MI) SiC 封闭层(BFG) 外衬：HiNi SiC/PyC/E‑SiC (CVI) SiC 封闭层(DLC)	● 首次测试 MI 工艺制备的内衬 ● MI 工艺制备的内衬损伤程度低于 CVI 工艺
CT‑5 1999 年 4 月—2000 年 11 月	13 937/61	内衬：HiNi SiC/BN/SiC‑Si (MI) SiC 封闭层(ACI) Si/莫来石/BSAS EBC(UTRC) 外衬：HiNi SiC/PyC/E‑SiC (CVI) SiC 封闭层(ACI) Si/莫来石＋BSAS/BSAS(混合层)EBC(UTRC)	● 首次含 EBC 考核 ● 内衬延长寿命 2~3 倍 ● EBC 缺陷与内衬受侵蚀结果一致 ● 外衬表面粗糙处 EBC 受侵蚀 ● BSAS 表面受侵蚀 ● 莫来石相分离 ● 混合层 EBC 效果更好
MM‑1 1999 年 8 月—2000 年 10 月	7 238/159	内衬：HiNi SiC/BN/SiC‑Si (MI) SiC 封闭层(BFG) Si/莫来石＋BSAS/BSAS EBC (UTRC) 外衬：HiNi/PyC/E‑SiC (CVI) SiC 封闭层(ACI) Si/莫来石＋BSAS/BSAS EBC (UTRC)	● EBC 状态良好 ● EBC 剥落后重新喷涂并用于 CT‑6 考核
CT‑6 2001 年 9 月—2002 年 5 月	5 135/43	内衬：HiNi SiC/BN/SiC‑Si (MI) SiC 封闭层(BFG) Si/BSAS EBC(UTRC) 外衬：HiNi/PyC/E‑SiC (CVI) SiC 封闭层(ACI) Si/莫来石＋BSAS/BSAS EBC (UTRC)	● 同 MM‑1 考核的衬套 ● 采用 EBC 重新喷涂进行考核 ● CMC 测试共进行 12 373 h，经历 202 次启停 ● Si/BSAS 双层体系加速侵蚀

（续表）

地点/考核时间	考核时长(h)/启停次数	CMC 衬套 EBC 来源组成	备　注
MM - 2 2000 年 8 月—2002 年 7 月	15 144/92	内衬：TyZM/BN/SiC - Si（MI） SiC 封闭层（BFG） Si /莫来石＋BSAS/BSAS EBC（UTRC） 外衬：HiNi/PyC/E - SiC（CVI） SiC 封闭层（HACI） Si/莫来石＋BSAS/BSAS EBC（UTRC）	● SiC/SiC CMC 最长的考核 ● 采用成本较低的 Tyranno ZM 纤维 ● 衬套边缘也喷涂 EBC
MM - 3 2002 年 7 月—2003 年 7 月	8 368/32	内衬：TyZM/BN/SiC - Si（MI）（HACI） Si / SAS EBC(UTRC) 外衬：TyZM/BN/SiC - Si（MI）（HACI） Si/莫来石 ＋ SAS/SAS EBC（UTRC）	● 成本较低的 Tyranno ZMI 纤维 ● 无 CVD 封闭层 ● 首次采用 SAS 环境障涂层 ● Si/SAS 双层体系 EBC，侵蚀严重 ● EBC 混合层：SAS 受侵蚀，SiO_2 损耗
CT - 7A 2003 年 5 月—2004 年 11 月	12 582/63	内衬：HiNi/BN/E - SiC（CVI） SiC 封闭层（DLC/ACI） Si /莫来石/BSAS EBC(UTRC) 外 衬：N720/Al_2O_3 硅铝酸盐 FGI（COIC/SWPC）	● 首次带 FGI 的氧化物/氧化物 CMC ● 氧化物/氧化物 CMC 及 FGI 状态良好
CT - 7B 2005 年 1 月—2006 年 10 月	12 822/46	内衬：HiNi/BN/SiC - Si（MI） SiC 封闭层（GE PSC） Si /莫来石＋BSAS/BSAS EBC（GE PSC） 外衬：N720/Al_2O_3 硅铝酸盐 FGI（COIC/SWPC）	● 延续考核带 FGI 的氧化物/氧化物 CMC ● HiNi/BN/SiC - Si（MI）内衬考核后状态较好
CD - 1 2006 年 6 月—2007 年 5 月	7 784/43	内衬：TyZM/BN/SiC - Si（MI）（GE CCP） Si / 莫来石/SAS EBC(UTRC) 外衬：TyZM/BN/SiC - Si（MI） SiC 封闭层（GE CCP） Si/YS EBC(UTRC)	● 内衬受侵蚀严重 ● 外衬及 EBC 考核后状态较好

（雪佛龙德士古公司，加利福尼亚州贝克尔斯菲市），MM -（Malden Mills 纺织厂，马萨诸塞州劳伦斯市），CD-（加利福尼亚州乳品公司，加利福尼亚州蒂普顿市），命名的依据是考核所在地的公司名称。雪佛龙德士古公司及 Malden Mills 纺织厂的地面考

核发动机如图 5.2.5.1 所示。CMC 的考核条件与通常的商用机模式相同,这样可以
保证对 CMC 的全范围考核条件与典型的燃气轮机运行条件相同。CMC 燃烧室衬套
的检查按既定的发动机检查及设备保养关停时间表进行。

a)　　　　　　　　　　　　　　　　　　b)

图 5.2.5.1　地面装机考核现场[来源于参考文献 5.2.1 和 5.2.2(d)]

a) 雪佛龙德士古公司;b) Malden Mills 纺织厂

5.2.5.2　未保护的 SiC/SiC CMC 衬套的退化情况

首轮的四次装机考核于 1997 年 5 月—1999 年 4 月进行,测试结果表明 SiC/SiC
CMC 衬套存在明显的退化情况。退化发生是由于 SiC/SiC CMC 表层的二氧化硅层
与燃气环境中的水蒸气反应生成挥发性的 $Si(OH)_4$。表层的二氧化硅挥发后,新的
二氧化硅层生成,而新的二氧化硅层与水蒸气反应又被带走。随着此过程的进行,
SiC/SiC CMC 内衬开始变薄并且损失强度。硅基陶瓷基复合材料的退化过程详细资
料见 NASA 的研究(见参考文献 5.2.5.2)。

经过 948 h 地面装机考核后(CT-1)的 CG Ni SiC/PyC/E-SiC(DLC)燃烧室衬
套经检测发现退化的有力证据。尽管衬套的外形仍然完整,但是表面有明显的玻璃
氧化产物,内衬表面的侵蚀达 0.5 mm,外衬的侵蚀不到 0.1 mm。图 5.2.5.2(a)给
出了考核后的内衬及表面的玻璃态氧化产物,图 5.2.5.2(b)给出了内衬及外衬截面
的微观形貌。

接下来的 CT-2/3/4 考核在设计及材料方面做了一些更改,包括 CMC 衬套与
金属壳之间的传导路径的更改,采用 Hi Nicalon 纤维代替 CG Nicalon 纤维,增加
CMC 的密度,采用更厚的 SiC CVD 封闭层,将纤维的界面层由热解碳更改为氮化
硼,采用 MI 工艺代替 CVI 工艺制备 SiC/SiC CMC。

在 CT-2/3/4 考核中,DLC 公司制备的 HiNi SiC/PyC/E-SiC(CVI)外衬也随
着进行了 5 016 h 的考核,这是在 Solar 公司进行的最长的无涂层的 SiC/SiC CMC 燃

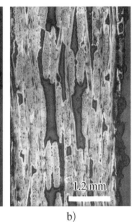

图 5.2.5.2(a)　948 h CT-1考核后 CG Ni SiC/PyC/E-SiC(CVI)内衬形貌[来源于参考文献5.2.1,5.2.2(d)]

图 5.2.5.2(b)　948 h CT-1考核后的微观形貌[来源于参考文献5.2.1和5.2.2(d)]

a) 内衬；b) 外衬

烧室衬套地面考核。考核后，外衬发生了严重退化，部分位置厚度损失约80%，外衬的室温及1 200℃残余拉伸强度约为原始强度的50%。试样的断口表面仍然能发现明显的纤维拔出，表明仍具有明显的复合材料特征。燃烧室环境下的水蒸气侵蚀是决定内衬使用寿命的主要因素，并且通过更改结构设计及材料无法消除该侵蚀。考核结果表明，在燃气轮机的热端部位，HiNi SiC/PyC/E-SiC (CVI) CMC 内衬的最长寿命为5 000 h。为了增加内衬的使用寿命，在接下来的考核中引入了环境障涂层。

5.2.5.3　带环境障涂层保护的 SiC/SiC CMC

1) CT-5考核

该考核首次将 EBC 用于 SiC/SiC CMC 燃烧室衬套的表面防护。ACI 公司制备了一套新的衬套用于1999年4月到2000年11月在贝克尔斯菲市的地面装机考核。燃烧室内衬采用的熔渗工艺制备的 HiNi/BN/SiC-Si，燃烧室外衬采用的化学气相渗透工艺制备的 HiNi/PyC/E-SiC，燃烧室内衬的 EBC 由 UTRC 制备。

EBC 的组分为 Si/莫来石＋(BSAS)/BSAS，采用空气等离子喷涂工艺制备，该技术开始由 NASA 的 EPM 项目研发，之后在 CSGT 项目中得到优化。EBC 由三层组成，分别是外层的 BSAS 层、莫来石过渡层及与陶瓷基复合材料相接的 Si 黏结层。此外，过渡层为 BSAS 与莫来石相混合的另一种 EBC 也进行了考核。BSAS 面层起到阻挡水蒸气的作用。Si 黏结层起到氧吸收剂的作用，莫来石中间层则阻止硅表面氧化生成的二氧化硅与 BSAS 在1 300℃以上时生成共熔物。同时，Si 黏结层还能起到增加 SiC 与莫来石之间结合强度的作用。EBC 中每层的厚度约为125 μm。考核前的 CMC 内衬组合件如图5.2.5.3(a)所示，EBC 的微观形貌如图5.2.5.3(b)所示。

燃烧室内衬的 EBC 为 Si/莫来石/BSAS。外衬的 EBC 相似,区别在于中间层混入了部分 BSAS,即外衬 EBC 的结构为 Si/莫来石+BSAS/BSAS。

　　周期性的内窥镜检查结果表明,EBC 及下面的基体发生了损坏,但是内衬仍然工作良好,考核至 13 937 h/61 次启停后,内窥镜检查观测到 CMC 内衬有一个缺口,因此考核终止。发动机关停后运到 Solar Turbines 公司进行拆卸与检查。图 5.2.5.3(c)的部分为考核后内衬与外衬的数码照片。EBC 脱落区域可以观测到 EBC 及下面的基体发生了严重侵蚀。尽管部分位置侵蚀严重,但是大部分表面能够保持完整,说明 EBC 可以有效地保护 CMC,并且提高其 2~3 倍的使用寿命。

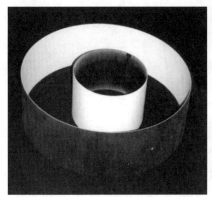

图 5.2.5.3(a)　CT-5 考核的带 EBC 的 CMC 内衬组合件[来源于参考文献 5.2.1 和 5.2.2(d)]

图 5.2.5.3(b)　CT-5 考核的 EBC 微观形貌[来源于参考文献 5.2.1 和 5.2.2(d)]

　　考核后的分析结果表明,CMC 衬套采用的混合 EBC(中间层为莫来石+BSAS)保护效果要优于中间层为单一莫来石的 EBC。该结果与 ORNL 使用试样在模拟燃气轮机环境中进行试验得到的结果相似,其研究结果表明,Si/莫来石/BSAS 涂层体系中硅表面形成的二氧化硅的厚度是 Si/莫来石+BSAS/BSAS 涂层体系的 5 倍,较低的二氧化硅生成量是由于在混合中间层中微裂纹较少,因而阻止了氧对硅的侵蚀。

　　ANL 对考核前后的燃烧室衬套进行了无损检测。无损检测的目的主要有两点:① 分别检测原始件、喷涂 EBC 前后、地面装机考核前等几个不同时期的内衬缺陷;② 检测衬套及 EBC 在考核后或发动机拆卸后的损伤情况。图 5.2.5.3(c)的 c)分图是内衬在地面装机考核前的热成像无损检测结果。从图中可以看出,低热扩散区域与考核后的数码照片[见图 5.2.5.3(c)的 b)分图]中的受损区域相一致。无损检测结果表明在 EBC/CMC 界面可能存在缺陷,并导致了最终 EBC 从基体的脱落。

　　其他损伤模式包括:① 加工产生的表面较粗糙位置的点状退化[图 5.2.5.3(c)位置 A 处];② BSAS 面层的表面退化,其中高温处更加明显,甚至局部发生涂层完全

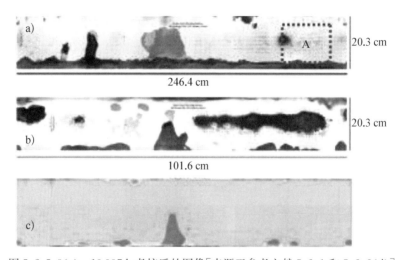

图 5.2.5.3(c)　13 937 h 考核后的图像[来源于参考文献 5.2.1 和 5.2.2(d)]

a) HiNi SiC/PyC/E - SiC(CVI)外衬图片；b) HiNi SiC/BN/SiC - Si(MI)内衬图片；
c) CT - 5 考核前内衬的热扩散成像

消失；③ 燃烧环境下 BSAS 层消失后引起中间层的莫来石发生 Al_2O_3 与 SiO_2 的相分离；④ EBC 中 Si 黏结层发生氧化。结果表明，在中间层与 Si 黏结层的界面氧化生成的 SiO_2 容易成为 EBC 产生裂纹的起始源。BSAS 面层退化严重区域出现在 SAS 富集区域，这表明含 Sr 的相更加稳定。因此，对 EBC 进行了一些改进，采用 SAS 层代替 BSAS 层，并在后面的装机考核中进行了考核。

衬套经过 13 937 h 考核后，从中截取的样品在室温下的残余拉伸强度为原始强度的 40%～60%，区别主要与氧化程度相关。ORNL 的力学测试结果表明，CMC 与 EBC 中即使是经过考核后看起来完好的区域，其强度与原始 CMC 部件相比也有一定程度的降低，推测是 CMC 组分的内部氧化导致了强度损失。

2) MM - 1 及 CT - 6 考核

接下来的考核进一步验证了 CT - 5 的考核结果。MM - 1 及 CT - 6 采用了一套全新的燃烧室衬套，考核时间从 1999 年 8 月持续到 2002 年 5 月。MM - 1 是在 Malden Mills 公司进行的首次考核，也是对于涂覆 EBC 保护涂层的 CMC 衬套的第二次考核。外衬是 ACI 公司采用 CVI 工艺制备的 HiNi/PyC/E - SiC，内衬是 BFG 公司采用 MI 工艺制备的 HiNi/BN/SiC - Si，环境障涂层是 UTRC 公司制备的 Si/莫来石＋BSAS/BSAS 体系，与 CT - 5 中的陶瓷基复合材料外衬采用的 EBC 相似。

由于发动机自身的原因，而非 CMC 衬套的原因，MM - 1 考核于 2000 年 10 月停止，考核时长为 7 238 h，共 159 次启停。结果显示外衬的 EBC 裂纹明显比内衬严重。尽管 EBC 发生了损伤，但仍然起到了保护作用，CMC 状况相对完好。之后将 CMC 上的 EBC 剥除，采用新的 EBC 重新涂覆于衬套上再次进行考核。外衬采用的新

EBC 与 MM - 1 考核中的相似,但内衬的 EBC 改为 Si/BSAS 来评估是否可以去除莫来石层,那样将会简化 EBC 的应用过程。

衬套涂覆新涂层后,于 2001 年 9 月—2002 年 5 月在贝克尔斯菲市(Bakersfield)又进行了 5 135 h 的现场考核,加上 MM - 1 考核总计考核了 12 373 h,共 202 次启停(CT - 6)。内外衬套均发生了 EBC 的剥落现象,其中内衬局部剥落现象更严重,可能是由于莫来石中间层的缺失,致使 Si 黏结层表面氧化生成的 SiO_2 与 BSAS 形成共熔相。由于莫来石可以阻止发生共熔反应,因此在 BSAS 体系中加入该中间层至关重要。

3) MM - 2 考核

该考核共持续了 15 144 h,92 次启停,从 2000 年 8 月持续到 2002 年 7 月,也是单次考核 SiC/SiC CMC 衬套最长的一次。外衬由 HACI 公司(HACI 是 ACI 公司的继承者,ACI 公司于 1999 年被霍尼韦尔公司收购)采用化学气相沉积工艺制备的 HiNi/PyC/E - SiC 材料构成,内衬由 BFG 公司采用熔渗工艺制备的 TyZM/BN/SiC - Si 构成。内衬中的 Hi - Nicalon 纤维由更廉价的 Tyranno ZM 纤维代替。两个衬套均沉积了较厚的 SiC 封闭层,EBC 体系为 Si/莫来石＋BSAS/BSAS 体系。

MM - 2 现场考核由于观测到燃烧室内衬贯穿厚度方向的周向及侧面的裂纹而终止[见图 5.2.5.3(d)内衬的 A 位置]。尽管内衬表面大部分区域 EBC 保持完好,但是在燃油喷嘴附近的高温区域,EBC 剥落较严重。在内衬的外表面,即冷端面一侧表面氧化及退化较严重,该冷端面无 EBC。微观结构表明,在硅及莫来石＋BSAS 界面处存在明显的 SiO_2 氧化层[见图 5.2.5.3(d)的 B 位置]。BSAS 层表面退化及中间层的莫来石相分离也较为明显。陶瓷基复合材料内衬中,在纤维受到保护的区域,Tyranno ZM 纤维没有发生侵蚀,这表明在现场考核条件下,价格较低的 Tyranno ZM 纤维表现与 Hi-Nicalon 相差不大。

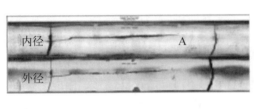

a)

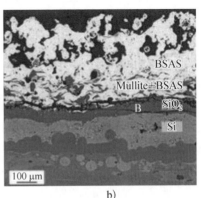

b)

图 5.2.5.3(d)　经 15 144 h MM - 2 考核后的 CMC 内衬图像

a) TyZM/BN/SiC - Si(MI)内衬图像;b) EBC 中 Si 黏结层与莫来石＋BSAS 层之间 Si 表面的 SiO_2 层

4) MM－3 考核

该考核进行时间为 2002 年 7 月—2003 年 7 月,地点为 Malden Mills 纺织厂,是均采用 MI 工艺制备 CMC 内衬及外衬的首次考核。TyZM/BN/SiC－Si CMC 采用日本宇部公司的 Tyranno ZMI 纤维,内外衬均由 GE PSC 公司制备,该公司于 2001 年将 HACI 公司收购。内外衬的冷侧端均发生较为严重的退化,主要是由于外层无 SiC 封闭层的原因(可能是为了节省制造成本)。由于外层无封闭层,致使 CMC 的孔隙暴露,加速了 CMC 的退化。EBC 与之前考核的涂层相比有所改变,采用 SAS 层代替了 BSAS 层,这是由于之前的 UTRC 的燃气模拟环境考核结果表明 SAS 比 BSAS 有更好的抗退化效果。内衬采用的是 Si/SAS 层,外衬采用的是 Si/莫来石＋SAS/SAS 层。内衬 EBC 的 Si/SAS 层出现退化使得考核终止,考核共进行了 8 368 h,共 32 次启停。考核结果表明,Si/SAS 双层体系并不稳定。显微观察表明,外衬 EBC 的 SAS 层发生退化,莫来石＋SAS 中间层发生 SiO_2 消耗。MM－3 考核结果与 UTRC 进行的燃气模拟环境考核结果并不相符。

5) CT－7A/7B 考核

最后一次考核在雪佛龙德士古公司进行,开始于 2003 年 5 月,主要是考核氧化物/氧化物 CMC 外衬,该外衬由美国国家标准和技术研究所(NIST)的先进技术项目(ATP)制备。NIST ATP 项目的详细考核结果及背景资料在本手册中 5.3 节介绍。该部分将主要介绍与氧化物/氧化物外衬同时考核的两个 SiC/SiC CMC 内衬的情况。之所以选用 SiC/SiC CMC 内衬,主要是由于当时氧化物/氧化物 CMC 内衬不具备考核条件。

CT－7A 考核中的首件内衬为 HiNi/BN/E－SiC(CVI)CMC,由 DLC/ACI 公司于 1998—1999 年期间制备,环境障涂层由 UTRC 制备,体系为 Si/莫来石/BSAS。考核累计持续了 12 582 h,63 次启停,于 2004 年 11 月进行发动机拆卸,主要是为了查看 CMC 衬套的形貌及进行无损检测。氧化物/氧化物 CMC 外衬仅发生了局部轻微损伤,经修复后用于接下来的考核。内衬中约 20％的 EBC 发生了剥离或裂纹。接下来的考核中,内衬换用了 GE PSC 公司制备的 HiNi/BN/SiC－Si(Hi－Nicalon 纤维增强,预浸料-熔渗工艺制备 SiC 基体,BN 界面层)复合材料,EBC 体系为 Si/莫来石＋BSAS/BSAS,该考核于 2015 年 1 月开始。对第二件 SiC/SiC CMC 衬套考核了 12 822 h,共 46 次启停,并于 2006 年 12 月结束。第二件内衬与中间拆卸下的第一件相比有较大改善,内衬整体上结构保持完整,仅在中间高温区域发生了有限的 EBC 的侵蚀。内衬表面的 EBC 的剥离面积约为 0.6％,并且其中三分之二的剥离区域为边缘部分,可能由机械振动引起。该考核的概况详见 DoE/Solar 先进材料项目的结题报告[见参考文献 5.2.2(d)]。

6) CD－1 考核

CMC 燃烧室衬套的最后一次考核也是加利福尼亚州乳品公司进行的唯一一次

考核,于 2006 年 6 月至 2007 年 5 月间进行。CMC 衬套采用 TyZM/BN/SiC‐Si 体系经 MI 工艺制备,配套工艺为料浆浇注工艺,增强体为 Tyranno ZMI 二维织物,BN 界面层,封闭层为 SiC。该衬套由 GE CCP 制备,其前身为 GE PSC 公司。EBC 由 UTRC 制备,外衬为新型 Si/YS(硅/硅酸钇)体系,内衬为 Si/莫来石/SAS 体系。

　　分别在约 1 250 h、2 750 h 及 5 535 h 后进行内窥镜检查,结果表明,采用 Si/YS 环境障涂层的外衬状态良好。然而,采用 Si/莫来石/SAS 环境障涂层的内衬表面在约 1 250 h 后的检查中发现了较为严重的侵蚀。图 5.2.5.3(e)给出了 5 535 h 后内外衬的内窥镜检查图像。采用 Si/YS 环境障涂层的外衬状态良好,而采用 Si/莫来石/SAS 环境障涂层的内衬表面发现了较为严重的 EBC 侵蚀。考核进行到 7 784 h,43 次启停后,由于担心内衬失效风险较大,考核于 2007 年 8 月份停止。结果表明,SAS 层的效果并不比 BSAS 层好,这与 MM‐3 考核(Si/SAS EBC)结果相一致。Si/YS EBC 被证明是考核过的 SiC/SiC CMC 的环境障涂层中保护效果最好的材料体系。根据 CD‐1 考核结果看,Si/YS EBC 保护的外衬将用于未来进一步的测试,因此该外衬未进行解剖破坏性测试。然而,DoE/Solar 先进材料项目的结束标志着 Solar CMC 衬套项目的结束,并且未进行更多的现场考核。

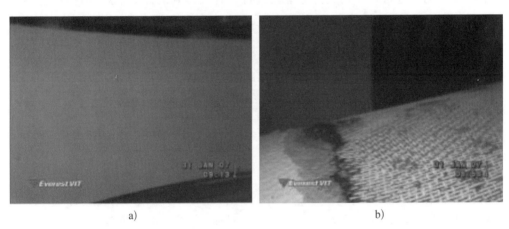

a)　　　　　　　　　　　　　　　　　　　　b)

图 5.2.5.3(e)　5 535 h TyZM/BN/SiC‐Si (MI)内外衬考核后内窥镜检查图像
[来源于参考文献 5.2.2(d)]

a) 采用 Si/YS 环境障涂层的外衬;b) 采用 Si/莫来石/SAS 环境障涂层的内衬(CD‐1)

5.3　氧化物/氧化物 CMC 燃烧室衬套研发及地面装机考核

5.3.1　概述

　　本案例研究总结了 1999 年至 2007 年间,在西门子西屋动力公司(Siemens Westinghouse Power Corp.,SWPC)和 Solar Turbines 公司(Solar)牵头的行业‐政府合作计划下,研发氧化物/氧化物陶瓷基复合材料燃气轮机燃烧室衬套的经验。自

1990 年代以来，氧化物/氧化物 CMC 作为燃气轮机热端结构材料逐渐引起人们的关注，因为与 SiC/SiC CMC 相比，氧化物/氧化物 CMC 的纤维成本更低，更易制备且具有更好的耐久性。但是它们本身的低强度和低抗蠕变性的属性将市售氧化物/氧化物 CMC 的长期使用温度限制在约 1 200℃（2 192℉）以下。为了将其温度保持在 1 200℃（2 192℉）以下，CMC 涂有易碎分级绝缘涂层（FGI），这是一种具有低热导率，较厚的多孔半结构热障涂层。CMC/FGI 体系被称为混杂氧化物 CMC，采用了适度的背面冷却技术。西门子公司已获得该技术的专利（见参考文献 5.3.1），该技术在先进燃气轮机的固定部件（例如燃烧室衬套、过渡件、喷嘴、外环等）上具有潜在的应用前景。涂有 FGI 涂层的 N720/Al$_2$O$_3$ 混杂 CMC 燃烧室外衬（环形结构），在 Solar Centaur® 50S 工业燃气轮机上进行了超过 25 000 h 的测试。此案例研究是对 5.2 节中 SiC/SiC CMC 衬套研发及测试的补充。

5.3.2 项目团队、研发策略和研发进度

表 5.3.2 列出了研发工作所合作的美国政府计划以及团队合作伙伴。研发工作起初由美国国家标准技术研究院（NIST）的先进技术计划（ATP）支持，之后在美国能源部（DoE）的先进材料计划支持下继续进行。有关计划的详细信息，请参见合同结题报告[见参考文献 5.3.2(a)和(b)]以及美国机械工程师协会（ASME）论文[见参考文献 5.3.2(c)～(g)]。

表 5.3.2　项目及团队成员

NIST 先进技术计划（ATP），合作协议号：70NANB9H3037 （1999—2003）	
团　队　成　员	项　目　角　色
美国国家标准技术研究院（NIST）	资金，NIST 项目管理
西门子西屋电力公司（SWPC）	主承包商，项目管理，零件设计，材料开发
ATK COI Ceramics 公司（COIC）	材料开发，样件和零件制造
Solar Turbines 公司	零件设计，模拟环境考核，装机考核
美国能源部先进材料计划，合作协议编号：DE－FC26－00CH11049 （2003—2007）	
团　队　成　员	项　目　角　色
美国能源部（DoE）	资金，DoE 项目管理
Solar Turbines 公司	主承包商，项目管理，装机考核
ATK COI Ceramics 公司（COIC）	CMC 部件翻新
通用电气动力系统复合材料公司（GE PSC）/通用电气陶瓷复合材料产品部（GE CCP）	SiC/SiC 零件制造

（续表）

美国能源部先进材料计划,合作协议编号：DE - FC26 - 00CH11049 （2003—2007）	
团　队　成　员	项　目　角　色
西门子西屋电力公司(SWPC)	零件设计/材料支持
橡树岭国家实验室(ORNL)	零件评估
阿贡国家实验室(ANL)	无损评定(NDE)
德士古公司(后更名为雪佛龙德士古公司)	商业最终用户进行发动机地面测试

图 5.3.2 总结了项目研发策略和进度安排。NIST ATP 计划于 1999 年开始实施。该计划的最终目的是在工业现场的典型发动机工作条件下,对工业用 Solar Centaur® 50S 燃气轮机配置的全尺寸混杂氧化物 CMC 燃烧室衬套进行考核。要达到此目标,需要进行设计、材料和制造研发(包括收集设计数据库)、小尺寸衬套和全尺寸衬套制备、在台架和燃气轮机中考核这些衬套。该项目的研发策略与 SiC/SiC CMC 的研发策略相似(见 5.2.2 节)。

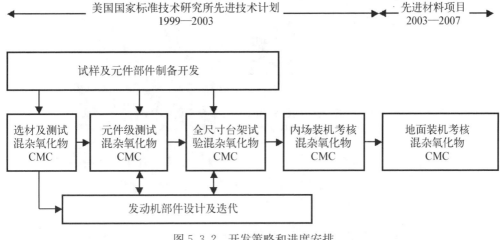

图 5.3.2　开发策略和进度安排

NIST ATP 计划的最后一部分是对带有混杂氧化物 CMC 外部燃烧室衬套的 Solar Centaur® 50S 燃气轮机进行 1 000 h 的地面考核。在对 NIST ATP 计划进行了最终审查之后,NIST ATP 计划合作伙伴与美国能源部达成了一项决定,即在现有美国能源部先进材料计划支持下继续对混杂氧化物 CMC 外衬以及 SiC/SiC CMC 内衬进行地面装机考核。考核一直持续到 2007 年 11 月,此时混杂氧化物 CMC 衬套已累积考核 25 404 h。随后,对考核后功能仍正常的衬套进行了无损检测和破坏性试验。

5.3.3 混杂氧化物 CMC 衬套的设计与制造

图 5.3.3(a)阐释了混杂氧化物 CMC 的概念：厚度为 2～6 mm 的 FGI 涂层胶接在氧化物/氧化物 CMC 上。FGI 涂层是由空心微球（空心球）、黏结剂和合适的填充材料组成。本手册 3.5.2.2 节介绍了 FGI 技术。FGI 具有双重用途，它作为一种环境障涂层（EBC）保护底层氧化物/氧化物 CMC 免受燃烧室环境中的水蒸气的侵蚀而退化，同时它也起到了有效的热障作用，确保氧化物/氧化物 CMC 的温度保持在较低水平，使得材料的性能在发动机运行过程中不被破坏。该项目采用的第一种 FGI 材料基于磷酸铝，第一种 CMC 为 N720/AS(Nextel 720 增强硅酸铝)，后来将 CMC 升级为 N720/A(Nextel 720 增强氧化铝)。

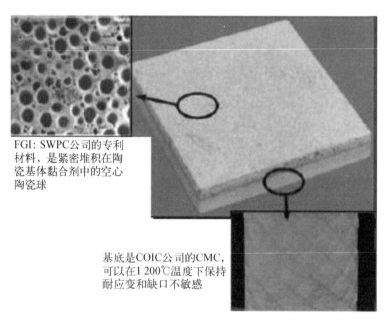

FGI：SWPC公司的专利材料，是紧密堆积在陶瓷基体黏合剂中的空心陶瓷球

基底是COIC公司的CMC，可以在1 200℃温度下保持耐应变和缺口不敏感

图 5.3.3(a)　混杂氧化物 CMC 的概念：FGI 胶接在氧化物/氧化物 CMC 上〔来源于参考文献 5.3.2(c)和(e)〕

Solar Centaur® 50S 作为该项目的试验发动机，因为该型号发动机为装配 SiC/SiC CMC 燃烧室衬套已经过改装，自 1997 年以来，这些衬套一直装在该发动机中进行考核试验。燃烧室衬套为环形结构，由直径 36 cm(14.2 in)的内衬和直径 76 cm(29.9 in)的外衬组成[见 5.2.2 节和图 5.2.2(b)]。两个衬套的轴向长度均为 20 cm(7.9 in)。由于混杂氧化物 CMC 外衬套最终被用于装机考核，这里的重点将放在它的研发上。对于罐式外衬，FGI 涂层必须位于 CMC 的内侧。外衬通过纤维缠绕工艺制备，该工艺成本低，便于选择合适的纤维编织方式，并且有利于收缩控制和制备。在 FGI 圆柱体上缠绕纤维后，外衬在 1 200℃(2 192℉)以上的空气中烧结。FGI 的内径随后采用常规金刚石进行加工。图 5.3.3(b)显示了 N720/A 纤维缠绕衬套的缠绕

和致密化过程。通过超声波和热扩散技术对衬套进行了无损检测,结果表明该衬套状况良好。

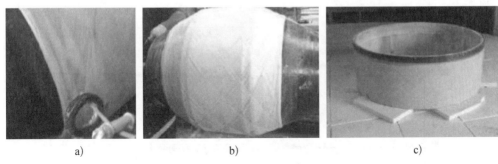

　　　　　　a)　　　　　　　　　　　　　　　b)　　　　　　　　　　　　　　　c)

图 5.3.3(b)　N720/A 纤维缠绕衬套[来源于参考文献 5.3.2(c)]

a) CMC 外衬的纤维缠绕;b) 已完成的纤维缠绕衬套;c) 准备烧结的纤维缠绕衬套

5.3.4　混杂氧化物 CMC 衬套模拟环境考核

　　混杂氧化物 CMC 燃烧室衬套的研发策略(见图 5.3.2)为逐步接近真实条件,最终实现在现场工作条件下的考核。考核从一个小尺寸结构特征件开始,它具有最终燃烧室衬套设计的许多设计特征,但使用材料较少,从而将费用降至最低。在成功测试小尺寸衬套之后,又制备了全尺寸衬套,并在更大的试验台架上进行了考核,这些试验台架模拟了燃烧室在燃气轮机中的工作环境。当全尺寸考核得到令人满意的结果后,这些燃烧室衬套又在内场进行了装机考核,模拟了最终使用环境中可能出现的条件。全尺寸和缩比件模拟环境考核的详细信息见参考文献 5.3.2(c)。

　　2000 年 11 月至 12 月进行了第一次罐式混杂氧化物小尺寸衬套试验。该衬套[见图 5.3.4(a)]的基本成分为 N720/AS(硅酸铝基体)CMC 和磷酸盐基 FGI(包含莫来石球体的磷酸铝基体)。通过纤维缠绕[+45°/−45°]制备的小尺寸衬套长约 20 cm(7.9 in),直径约 20 cm(7.9 in)。CMC 和 FGI 的厚度分别为 3 mm(0.12 in)和 4 mm(0.16 in)。衬套被插入金属外壳中,并松散地固定在边缘,确保最小的机械载荷和热应力。第一次小

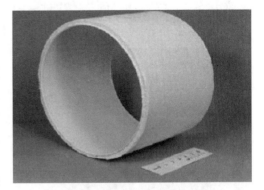

图 5.3.4(a)　N720/AS 小尺寸衬套和硅酸铝 FGI
[来源于参考文献 5.3.2(c)]

尺寸衬套考核在稳态条件下进行了 48 h,在循环(每个周期 1 h)条件下进行了 58 h。

　　图 5.3.4(b)显示了在小尺寸衬套模拟环境考核过程中典型的稳态温度扫描图。在混杂氧化物 CMC 衬套上观察到了约 833℃(1 500℉)的大温降。FGI 上的温降约为

555℃(1 000℉),而在 CMC 上的温降约为 278℃(500℉)。FGI 表面显示出了一些微裂纹,CMC 中有一些分层迹象。衬套尾部有一些碎裂,可能是考核期间压力波动造成的。

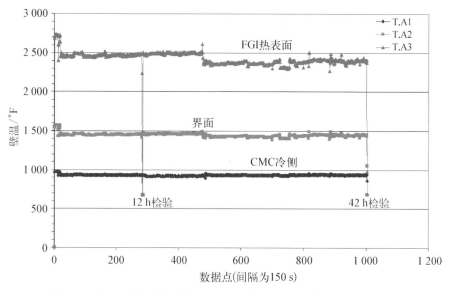

图 5.3.4(b)　考核过程中带 FGI 的 N720/AS 小尺寸衬套的温度扫描
[来源于参考文献 5.3.2(c)]

　　2002 年 6 月,采用改进的混杂氧化物 CMC 衬套进行了第二次小尺寸衬套考核。CMC 为 N720/A(氧化铝基体),FGI 为硅酸铝(包含莫来石球体的磷酸铝基体)。考核模块经过了修改,以消除第一次试验中出现的压力波动。试验台架的操作条件与第一次考核有些不同,混杂 CMC 衬套上的温度梯度要小得多[222～333℃(400～600℉)]。本次试验在稳态下和循环(每个周期 1 h)条件下各进行了 50 h,结果显示改进的混杂氧化物 CMC 衬套没有受到损坏。FGI 表面无微裂纹,CMC 无分层。

　　第二次缩比件模拟环境考核成功后,制备了一套全尺寸衬套,用于 Solar 公司的台架试验。采用改进的混杂氧化物 CMC(N720/A CMC+硅酸铝 FGI)进行了两次试验。试验采用了一套环形衬套,该套衬套包括直径 76 cm 的外衬和直径 36 cm 的内衬,衬套长度为 20 cm。考核之前的无损检测扫描显示衬套的平均厚度为 6.99 mm,厚度范围为 6.4～

图 5.3.4(c)　在高压模拟环境考核之前将全尺寸混杂氧化物 CMC 衬套安装在燃烧室中[来源于参考文献 5.3.2(c)]

7.8 mm。CMC 厚度为 2～3 mm，FGI 厚度约为 5 mm。图 5.3.4(c)显示了第一次全尺寸高压模拟环境考核用燃烧室壳体中的一组衬套。第一次考核于 2002 年 9 月进行，共 2 次启停，历时 10 h。FGI 上的温度梯度达到稳态时约为 417℃。考核后目视检查和无损检测显示，除了靠近热电偶位置的小裂纹外，外衬套完好无损。

第二次高压模拟环境考核于 2003 年 2 月进行，在 100% 负载下持续了 48 h，在部分负载下持续了 7 h，共 8 次启停。外衬套上的温度梯度达到 611℃(1 100℉)，说明 FGI 起到了有效的保护作用。外衬套的最高表面温度约为 1 149℃(2 100℉)。考核后的目测和无损检测表明，除了因为与燃烧室壳体接触而与衬套冷表面分离的少数纤维束外，外衬套的状况相对良好。无损检测还显示出一个热扩散率较低的区域，表明可能存在一个小的 CMC 与 FGI 之间的脱粘区域(约 0.10 μm)，位于靠近热电偶附件的衬套后缘。在考核期间，发现内衬套出现不可接受的 FGI 与 CMC 分离现象，因此没有再继续进一步的试验。因此，将混杂氧化物 CMC 外衬套与带有环境障涂层(EBC)的 SiC/SiC CMC 内衬套搭配使用，以进行下一步的装机考核。

5.3.5　混杂氧化物 CMC 衬套发动机模拟环境考核

为了消除外衬套后缘附近的潜在缺陷，根据模拟环境考核后无损检测的结果，从衬套的一端切下一个 2.0～2.5 cm 的截面。由于阿贡国家实验室的计算机断层无损检测和西门子公司的破坏性检测分析未显示切割部分出现脱胶，因此，剩余长度约 17.5 cm(6.7 in)的外衬套仍可用于装机考核。燃烧室壳体进行了改进，以适应切短的外衬套。混杂氧化物 CMC 外衬套与 Dupant Lanxide Composites 公司(DLC)在 1998—1999 年期间制造的 HiNicalon/BN/SiC(CVI)内衬套配对。本案例研究将集中于混杂氧化物 CMC 外衬套的结果。内衬的性能已在配套的 SiC/SiC CMC 案例研究(5.2.5.3 节中的 CT - 7A/7B)中进行了介绍。

表 5.3.5 是在雪佛龙德士古公司的 C 租赁场地对混杂氧化物 CMC 外衬套进行发动机地面考核的时间表。Solar Centaur® 50S 燃气轮机装运至试验现场前，于 2003 年 4 月进行了验收试验。该试验确认发动机符合规定的性能和排放水平。

表 5.3.5　历时 25 404 h 的混杂氧化物 CMC 外衬套考核进度表[见参考文献 5.3.2(f)]

日　　期	考核/评估	考核时长(h)/启停次数
2003 年 4 月 4 日—10 日	验收试验	10/12
2003 年 5 月 16 日	开始考核	
2003 年 6 月 28 日		1 026/19
2004 年 1 月 22 日	内窥镜检查	5 885/40
2004 年 8 月 12 日		10 667/61

(续表)

日 期	考核/评估	考核时长(h)/启停次数
2004 年 11 月 10 日	考核中断,发动机运至 Solar 公司进行检查,外衬套维修,新 SiC/SiC CMC 内衬	12 582/63
2005 年 1 月 20 日	恢复考核	衬套维修
2005 年 7 月 11 日		16 565/81
2005 年 11 月 30 日	内窥镜检查	18 288/85
2006 年 7 月 10 日		22 132/97
2006 年 11 月 10 日	完成试车	25 404/109

地面装机考核于 2003 年 5 月 16 日开始。在日常维护停机期间进行了内窥镜检查。2003 年 6 月 28 日,在地面装机考核进行 1 026 h 和 19 次启停后,进行了第一次内窥镜检查,没有发现外层和内层衬套退化的迹象。第一次检查也标志着 NIST ATP 项目测试的结束。在 NIST ATP 项目结束时,经所有项目参与者同意,决定继续在 DoE/Solar 先进材料项目支持下进行地面装机考核。Solar Centaur® 50S 燃气轮机中的 CMC 衬套的现场测试自 2001 年以来一直在先进材料项目下进行,在此之前(1997 年以来)一直在 DoE/Solar CSGT 项目下进行(见 5.2 节的案例研究)。

图 5.3.5(a)显示了连续三次维护检查中外衬的内窥镜图像。在第二次检查中观察到的棕色是由于现场的灰尘造成的。第三次检查中看到的对角线是由于外衬套厚度的突变,加工这一厚度突变是为了适应外衬套与燃烧室顶的连接界面。

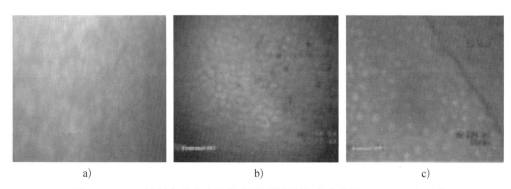

a)   b)   c)

图 5.3.5(a) 外衬套的内窥镜检查视图[来源于参考文献 5.3.2(b)和(f)]

a) 1 026 h;b) 5 885 h;c) 10 667 h

在三次内窥镜检查中发现混杂氧化物 CMC 外衬套状况良好,但在测试 5 885 h 后进行内窥镜检查时,发现 SiC/SiC CMC 内衬已经出现明显退化。雪佛龙公司于 2004 年 11 月决定暂时停止其 C 租赁场地的运营,趁此机会将发动机运回 Solar 公司进行了拆卸和检查。考核停止时,CMC 衬套累计考核 12 582 h,启停 63 次。

目视检查发现外衬总体状况良好,仅有轻微侵蚀。在衬套冷(外径)表面上的几束松散的纤维束由 COIC 公司重新固定。图 5.3.5(b)展示了外衬的退化部分。在退化较轻的地方,FGI 涂层内的球粒较圆。在靠近十二个喷油嘴的燃烧热点附近退化严重,FGI 涂层内的球粒很圆,基体出现严重后缩(1~2 mm),占 FGI 涂层厚度的 20%~40%。退化的主要原因似乎是 FGI 涂层基体的后缩和陶瓷球粒的松动。COIC 公司使用改进过的更稳定的 FGI 基体配方修复了严重退化区域。在外衬套尾端附近观察到的 FGI 涂层剥落和裂纹区域,与高压模拟环境考核后无损检测扫描结果一致[见图 5.3.5(c)和(d)]。COIC 公司通过研磨去除表面不平整区,并涂覆 FGI 料浆进行修补,然后通过机械加工获得光滑表面[见图 5.3.5(e)]。

修复后的混杂氧化物 CMC 外衬重新安装到 Solar Centaur® 50S 燃烧室部件中,通用电气动力系统复合材料公司[即后来的通用电气陶基复合材料产品部]则提供了新的 HiNi/BN/SiC 内衬,用于接下来的试验。重新安装后,发动机又运行了 12 822 h,经历 46 次启停。试验于 2006 年 11 月结束,累计考核 25 404 h,共启停 109 次,达到了项目计划修订后的 25 000 h 的目标。

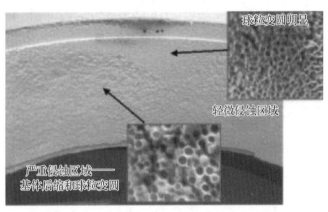

图 5.3.5(b)　混杂氧化物 CMC 衬套部分的侵蚀区域[来源于参考文献 5.3.2(b)和(f)]

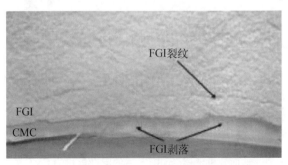

图 5.3.5(c)　衬套尾端附近的 FGI 破裂区域[来源于参考文献 5.3.2(f)]

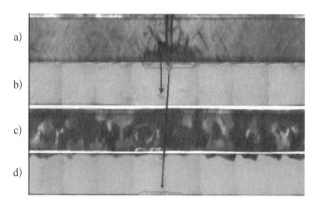

图 5.3.5(d)　装机考核前后对比[来源于参考文献 5.3.2(f)]

a) 装机考核前的无损检测结果；b) 装机考核前的 CMC 侧照片；c) 发动机现场测试
12 582 h 后的热扩散率扫描图像；d) 现场测试后的 FGI 侧照片

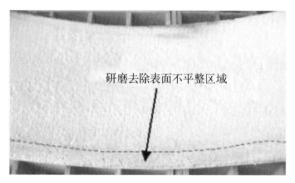

图 5.3.5(e)　受损区域修复后照片[来源于参考文献 5.3.2(f)]

5.3.6　考核后检测

图 5.3.6(a) 为从发动机上拆下来的混杂氧化物 CMC 外衬套。虽然衬套完好，
但有损坏迹象。图 5.3.6(b) 表明，使用改进后的 FGI 配方修复的区域比周围原有的

图 5.3.6(a)　地面装机考核 25 404 h 后的混杂氧化物 CMC 外衬
[来源于参考文献 5.3.2(b)和(f)]

FGI 涂层更耐退化,原有的 FGI 继续退化。靠近冷表面(后部 CMC)的几层观察到大量 CMC 孔隙/分层区域。这些区域较软,厚度方向热扩散率较低,无损检测时空气耦合超声传输率低。表面"良好"区域的热扩散率值也低于装机考核前,表明 CMC 内部存在损坏(孔隙率增加、开裂)。

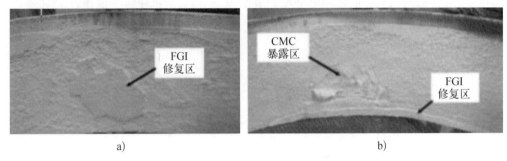

图 5.3.6(b)　a) 外衬套中心区域修复后的 FGI;b) 后端燃烧室
[来源于参考文献 5.3.2(b)和(f)]

在衬套后端附近的修补区域附近有一个约 10 cm × 10 cm 的区域,FGI 涂层完全剥落[见图 5.3.6(b)的 b)分图]。地面装机考核后的内窥镜检查发现损坏区域变得明显。推测可能是 FGI 涂层剥落导致 CMC 过热,从而导致局部分层。与间歇时从燃烧室拆下的第一个 SiC/SiC 内衬相比,第二个 SiC/SiC 内衬中间(热)区附近虽然有少量的 EBC 侵蚀,但整体状况仍然良好。

在目视检查和无损检测[见参考文献 5.3.2(g)]之后,由 ORNL 进行了破坏性微观结构分析和厚度测量。图 5.3.6(c)比较了原始混杂氧化物 CMC 衬套和装机考核

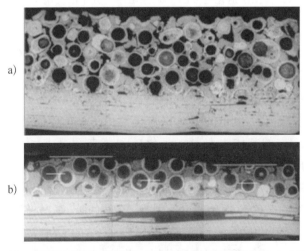

图 5.3.6(c)　考核前后严重退化区域对比[来源于参考文献 5.3.2(b)和(g)]
a) 原始混杂氧化物 CMC 衬套;b) 地面装机考核后表面凹陷的衬套

后衬套中心附近的严重退化区域。刚制备的衬套上的 FGI 涂层厚度约为 5 mm,而退化区域的 FGI 涂层厚度仅为约 2.0～2.6 mm,表明退化造成的表面凹陷区域比例约为 50%～60%。此外,据估计,涂层以下区域大约有 1.1 mm 的挥发损伤。图 5.3.6(d)显示了使用坐标测量机测量的混杂氧化物 CMC 衬套三个严重退化区域的厚度分布(从前到后),同时给出了原始衬套的厚度分布,以供比较。退化对 FGI 涂层厚度的影响很明显。图 5.3.6(e)显示了凸起的 FGI 涂层修补区域[图 5.3.6(b)的 a)分图]的厚度分布。

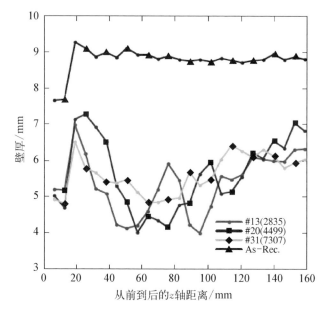

图 5.3.6(d)　三个退化区域的 FGI 涂层厚度分布图及用于比较的原始
FGI 涂层厚度分布图[来源于参考文献 5.3.2(b)和(g)]

剩余 FGI 的侵蚀情况(次表面相挥发)如图 5.3.6(f)所示。在制备时,FGI 涂层表面涂覆了一层致密的空气等离子喷涂氧化铝[Al_2O_3(APS)]。在 FGI 涂层凹陷区域的表面,没有残留的 Al_2O_3(APS)。由于挥发,与气体通道表面接触的 FGI 涂层失去了二氧化硅和磷酸盐相,剩下的 FGI 涂层主要由不易挥发的 Al_2O_3 组成。FGI 涂层表面空心球粒下方的基体主要由二氧化硅和莫来石组成,缺少磷酸盐相。靠近 N720/A CMC 的 FGI 涂层底部保留了原来的结构和成分,即 Al_2O_3＋SiO_2＋莫来石,同样地,底部基体与原始涂层基体相似,即多孔、细粒磷酸盐＋莫来石。

靠近衬套尾端的区域 FGI 涂层出现剥落,导致 CMC 露出,仔细检查后发现暴露的 CMC 中有一个小孔。尽管表面严重退化,但对 CMC 的损害相对较小。CMC 整体上厚度变化不大,但纤维束之间出现分层。此外,纤维束内部几乎没有侵蚀。FGI/CMC 界面基本保持完好,虽然 CMC 内有一些开裂的迹象,但没有发现 CMC 和 FGI

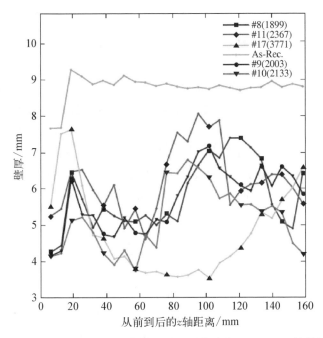

图 5.3.6(e)　FGI 涂层凸起修补区域的厚度分布图及用于比较的原始
FGI 涂层厚度分布图[来源于参考文献 5.3.2(g)]

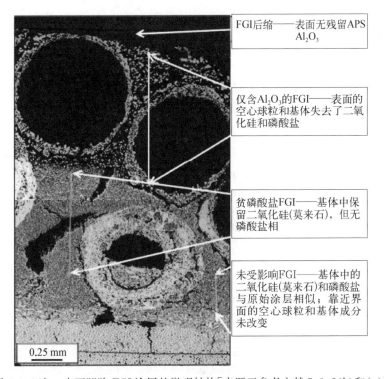

图 5.3.6(f)　表面凹陷 FGI 涂层的微观结构[来源于参考文献 5.3.2(b)和(g)]

之间存在分离。

由于混杂氧化物 CMC 衬套考核与受 EBC 保护的 SiC/SiC CMC 衬套考核均在 Solar Centaur® 50S 燃气轮机上进行，因此将两次结果进行了对比。混杂氧化物 CMC 衬套的最长寿命为 25 000 h，带有 BSAS 型 EBC 的 SiC/SiC CMC 衬套最长寿命为 15 000 h。然而，采用更有效的 EBC（如稀土硅酸盐基）可能会提高 SiC/SiC CMC 的寿命，同时混杂氧化物 CMC 技术的不断发展也可能会提高该 CMC 体系的耐久性。有人认为，将纤维、基体和/或 FGI 涂层中的氧化铝用 YAG($Y_3Al_5O_{12}$）代替可提高混杂氧化物 CMC 的使用温度上限（见参考文献 5.3.6）。因此，混杂氧化物 CMC 和带有先进 EBC 的 SiC/SiC CMC 都值得继续发展。

参 考 文 献

5.1.1　　　　J. Holowczak，D. C. Jarmon，G. D. Linsey，and Mel I. Mendelson，United Technologies Pratt & Whitney/United Technologies Research Center Experiences with Ceramics and CMCs in Turbine Engines（Chapter 10），Ceramic Gas Turbine Design and Test Experience- Progress in Ceramic Gas Turbine Development，Volume 1，edited by M. van Roode，M. K. Ferber，and D. W. Richerson，New York，ASME Press，2002.

5.1.4(a)　　D. J. Dubiel，et al.，"Pin Fin and Ceramic Composite Segmented Combustor Sector Rig Test Report，" Pratt & Whitney for NASA-GRC. Report No. NAS CR – 179534，Sept. 86.

5.1.4(b)　　R. P. Lohmann and E. C. Able，"Nonmetallic Liner Development Program"，Pratt &.Whitneyfor Aero Propulsion and Power Directorate — Air Force Systems Command，Contract F33615 – 86 – C – 2617，Final Report. WL – TR – 91 – 2072，Nov. 91.

5.1.4(c)　　R. R. Cairo，"Advanced Turbine Rotor Design Program"，Pratt & Whitney for Aero Propul-sion and Power Directorate — Air Force Systems Command，Contract AFWAL – TR – 88 – 2129，Final Report. No. WL – TR – 92 – 2009，Apr. 92.

5.1.4(d)　　Pratt & Whitney / General Electric Co.，"Enabling Propulsion Materials Program Annual Technical Progress Report，Volume 3：Task B — Exhaust Nozzle Materials"，Rept. FR – 22596 – 3，Nov. 30，1996.

5.1.4(e)　　R. J. Miller，M. E. Palusis，D. C. Jarmon，"Composite Fastener for Use in High Temperature Environment"，U. S. Patent 6045310，Apr. 4，2000.

5.2.1　　　　M. van Roode，J. R. Price，J. Kimmel，N. Miriyala，D. Leroux，A. Fahme，and K. Smith，"Ceramic Matrix Composite Combustor Liners：A Summary of Field Evaluations，"ASME Paper GT2005 – 68420，presented at the ASME TURBO EXPO，Power for Land，Sea & Air，Reno/Tahoe，NV，USA，June 6 – 9，2005. Transactions of the ASME，J. Eng. Gas Turbines &.Power，129[1]，21 – 30，2007.

5.2.2(a)　　"Ceramic Stationary Gas Turbine Development Program，" Phase Ⅰ Final Report，Solar Turbines Incorporated，DOE Contract Number DE – AC02 – 92CE40960，

Sept. , 1994.

5. 2. 2(b)　"Ceramic Stationary Gas Turbine Development Program," Phase Ⅱ Final Progress Report, Solar Turbines Incorporated, DOE Contract Number DE‐AC02‐92CE40960, Nov. 22, 1999.

5. 2. 2(c)　"Ceramic Stationary Gas Turbine Development Program," Phase Ⅲ Final Progress Report, Solar Turbines Incorporated, DOE Contract Number DE‐AC02‐92CE40960, Sept. 30, 2003.

5. 2. 2(d)　"Advanced Materials for Mercury 50 Gas Turbine Combustion System," Final Report, Solar Turbines Incorporated, DOE Contract Number DE‐FC26‐00CH11049, May 28, 2009.

5. 2. 5. 2　N. S Jacobson, "Corrosion of Silicon-Based Ceramics in Combustion Environments," J. Am. Ceram. Soc. , 76[1], 3‐28, 1993.

5. 3. 1　Merrill, G. B. and Morrison, J. A. , "High Temperature Insulation for Ceramic Matrix Composites," U. S. Patent 6013595, Issued Jan. 11, 2000.

5. 3. 2(a)　"ATP Final Technical Progress Report," Cooperative Agreement Number: 70NANB9H3037, Siemens Westinghouse Power Corporation, ATK COI Ceramics, Solar Turbines Incorporated, 12 November, 2003.

5. 3. 2(b)　"Advanced Materials for Mercury 50 Gas Turbine Combustion System," Final Report, Solar Turbines Incorporated, DoE Contract Number DE‐FC26‐00CH11049, May 28, 2009.

5. 3. 2(c)　A. Szweda, S. Butner, J. Ruffoni, C. Bacalski, J. Layne, J. Morrison, G. Merrill, M vanRoode, A. Fahme, D. Leroux, and N. Miriyala, "Development and Evaluation of Hybrid Oxide/oxide Ceramic Matrix Composite Combustor Liners," ASME paper GT2005‐68496, ASME TURBO EXPO, Power for Land, Sea & Air, Reno/Tahoe, NV, USA, June 6‐9, 2005.

5. 3. 2(d)　M. van Roode, J. R. Price, J. Kimmel, N. Miriyala, D. Leroux, A. Fahme, and K. Smith, "Ceramic Matrix Composite Combustor Liners: A Summary of Field Evaluations," ASME Paper GT2005‐68420, presented at the ASME TURBO EXPO, Power for Land, Sea & Air, Reno/Tahoe, NV, USA, June 6‐9, 2005. Transactions of the ASME, J. Eng. Gas Turbines & Power, 129[1], 21‐30, 2007.

5. 3. 2(e)　J. E. Lane, J. A. Morrison, B. Marini, and C. X. Campbell, "Hybrid Oxide-Based CMCs for Combustion Turbines: How Hybrid Oxide CMC Mitigates the Design Hurdles Typically Seen for Oxide CMC," ASME Paper GT2007‐27532, ASME TURBO EXPO 2007: Powerfor Land, Sea & Air, Montreal, Canada, May 14‐17, 2007.

5. 3. 2(f)　M. van Roode, J. R. Price, J. Otsuka. , A. Szweda, K. L. More, and J. G. Sun, "25 000‐Hour Hybrid Oxide Combustor Liner Field Test Summary," ASME TURBO EXPO 2008: Power for Land, Sea & Air, Berlin, Germany, June 9‐13, 2008.

5. 3. 2(g)　K. More, L. R. Walker, T. Brummett, M. van Roode, J. R. Price, A. Szweda, and G. Merrill, "Microstructural and Mechanical Characterization of a Hybrid Oxide CMC Combustor Liner after 25 000‐Hour Engine Test," ASME Paper GT2009‐

59223，ASME TURBO EXPO：Power for Land，Sea & Air，Orlando，Florida，June 8 - 12，2009.

5.3.6　　M. van Roode，and A. K. Bhattacharya，2012，"Durability of Oxide/Oxide CMCs in Gas Turbine Combustor，" ASME Paper GT2012 - 68974，ASME TURBO EXPO 2010：Power for Land，Sea & Air，Copenhagen，Denmark，June 11 - 15，2012. Transactions of the ASME，J. of Engineering for Gas Turbines & Power，135 (5)，2013.

第 2 部分
设 计 和 保 障

第6章 设计与分析

6.1 引言

此节留待以后补充。

6.2 应用和设计需求的定义

6.2.1 重要程度分类及范例

FAA认证过程主要是针对工程结构(飞机、发动机等),而非个别部件。然而,部件的设计细节也属于认证审查范围。根据该部件在整体结构中对于安全的重要程度,相应的设计细节会有所差异。例如,对于涡轮发动机,转子叶片的重要程度要高于位于叶片上方的外流道部件,因此,叶片的设计方案要比流道部件的设计更加严格。

6.2.2 确立设计的需求(载荷、环境、寿命周期、持续时间等)

需要对部件在使用期间所要承受的预期载荷进行全面的了解和详细说明。载荷通常包含机械、热及振动产生的载荷,并且需考虑稳态及过渡态等不同的条件。此外,部件所处的环境也须知悉,即是否有燃烧副产物、水、盐等。并且对于部件的预期寿命需要进行定义,可以是结构的寿命,也可以是大修的周期,或者检测间隔的时长。

6.2.3 验证方案(验证及校验矩阵)

验证方案应包括:① 部件应满足适用的设计规则;② 设计规则本身有效。用于验证寿命及安全性的设计规则可以是分析模型(基于公式定理或者实证经验),也可以是部件台架试验,或者是这些方法的组合。

6.3 设计与分析的考虑因素、选择和方法

6.3.1 纤维类型

纤维在任何复合材料中都是重要的组分。但是,陶瓷基复合材料中纤维的功能与常见的聚合物基复合材料有所不同。在聚合物基复合材料中,加入纤维的主要目

的是提高材料的强度，因为通常聚合物基体的强度较弱。在陶瓷基复合材料中，单相陶瓷（即 100％基体相）的强度实际已经足够高，纯陶瓷的问题是其灾难性的脆性断裂行为。加入陶瓷纤维制备复合材料，主要是为了解决脆性问题，使得制备出的工程材料具有塑性断裂行为。加入纤维目的是提高韧性并降低材料对于缺陷的敏感性。纤维主要功能之间的区别致使两种复合材料对于纤维的需求及规格有所不同。

CMC 部件的纤维类型选择过程与其他复合材料的该过程有相似性，需考虑纤维的强度、纤维在使用环境中的反应性、可用性、成本、制造性及耐温能力等因素。可能的陶瓷纤维包括碳纤维（虽然严格意义上并非陶瓷）、氧化物纤维（如 Al_2O_3）及非氧化物纤维（Si_3N_4、SiC 及 SiNC）。

由于陶瓷纤维的市场较小，因此供应商也相对较少，特别是非氧化物纤维。尽管有不少牌号的纤维已经量产，仍有不少纤维处于研发或者是实验室生产阶段。选择在文献中公开性能的纤维时，须考虑该纤维是否可以获得及其是否会再次生产等因素。

为了能在 CMC 中起到增韧作用，纤维须具备多项功能。纤维要能够使基体的裂纹发生偏转，在基体有裂纹的情况下，纤维须具备足够的强度而起到"桥联"的作用，从而使结构保持完整性。表面最终破坏时，纤维能够从基体中表现出滑移（见纤维界面部分）及纤维拔出现象。以上列举的纤维特征并非全部，仅表明纤维在陶瓷基复合材料中应起到的作用。

纤维选择还须考虑纤维与基体的热膨胀系数匹配性。CMC 温度跨度［在2 000℉(1 093℃)量级］较大，制备时反应温度较高，然后冷却到室温，但又须在高温条件下使用。CMC 各组分热膨胀系数的不匹配会致使材料内部产生较大的残余应力。例如，曾应用于航天领域的 C/SiC 复合材料，其中 C 纤维比 SiC 基体具有更低的热膨胀系数，在材料制备过的降温过程中，SiC 基体的收缩量高于 C 纤维的收缩量，致使复合材料中纤维处于压缩应力，基体处于拉伸应力状态。如果应力过大时，材料在制备过程中基体便会产生裂纹。

陶瓷基复合材料中纤维与基体通常为一体化设计，这点比聚合物基复合材料要求更高，不能将纤维与基体分开选择。由于制备过程条件严苛，对于材料的化学相容性有更高的要求，并且对理想的交互作用的期待使得纤维与基体的匹配难度加大。

6.3.2 纤维形态与预制体

CMC 纤维形态包括短切纤维、一维单向带、二维机织、三维机织或三维编织。纤维的编织形态对力学性能有较大的影响，并且对成本及制造也有影响。由于纤维在不同的方向取向不同，因此了解纤维形态对面内及面外性能的影响至关重要。力学及热力性能的各向异性取决于各组分的体积比及纤维形态对性能的影响，包括纤维的取向、加工不均匀性如只有基体的区域、孔隙结构，其中孔隙结构通常与纤维织物本身及工艺方法对内部区域的致密化程度有关。这些制约性因素通常使得陶瓷基复合材料中纤维体积分数低于聚合物基复合材料。

6.3.3 涂层及界面相

为了使陶瓷基复合材料中基体裂纹沿纤维偏转,纤维与基体之间必须有弱界面存在。根据不同的复合材料体系,起到脱粘及滑移作用的界面可以通过在纤维表面沉积界面层或者通过某种反应在纤维表面形成一个界面层。

对于非氧化物体系而言,纤维表面通常沉积一层薄薄的热解碳或者 BN 涂层(厚度 0.1~0.5 μm),采用化学气相渗透在机织预制体上沉积或者采用化学气相沉积在纤维束表面沉积。热解碳或者 BN 形成的弱界面可以存在于纤维与界面相之间,或者某些情况下在界面相内部,或者基体致密化以后在基体与界面相之间。除了具有弱界面的作用,热解碳及 BN 作为低模量材料,可以用来调节纤维表面粗糙度使得纤维能够产生滑移效果,此效果对于纤维拔出增韧机理至关重要。涂层的厚度均匀性取决于涂层制备工艺,通常 CVI 工艺由于沉积速率较慢因而制备的涂层厚度均匀性较好。由于热解碳与 BN 在氧气和/或水存在的环境下容易挥发,该类界面相可能反应并形成挥发性产物或液态/固态氧化物(玻璃)反应产物。无论何种情况,将会导致复合材料的力学性能发生显著下降,这一点在设计时必须充分考虑。

对于氧化物复合材料,涂层可以通过气相或液相化学反应法制备。有多种不同的方法可以在纤维与氧化物基体之间形成弱界面或界面相区域。涂层可以采用与纤维或基体相同的材料(例如氧化铝),并且基体本身就为强度较低的多孔材料。其他的可以产生脱粘或者滑移效果的材料也可以用作弱界面相,如独居石。在一些情况下,如果基体孔隙足够多或者有足够多的预制裂纹,则不需要界面层。

须注意的是,引入界面的方法不应使纤维性能降低太多以至于影响基体裂纹对应力应变的要求。此外,特别是氧化物涂层,界面相的弱界面特性随时间、温度及环境(例如之前提到的界面层的氧化)变化的稳定性至关重要。对于氧化物体系,高温下原子扩散与烧结可能导致多孔中间界面相的致密化和/或纤维与基体结合力增强。

6.3.4 基体类型

陶瓷基复合材料按组成分为两大类:氧化物基,即之前的氧化铝或莫来石基;SiC 基,基体中可能也含有自由硅或 Si-O-N-C 相,这取决于制备复合材料的工艺。然而,基体的类别与制备工艺有关,也与纤维织物形态有关(反之亦然),例如有些致密化方法适合机织的纤维形态,有些适用于层压的纤维形态。

氧化物基体材料通常采用溶胶-凝胶或者聚合的方法实现致密化,通常需要多次热处理来实现从原始材料到陶瓷相的转变。由于基体相在裂解过程中会发生收缩,并且结晶,因此通常需要多个浸渍-热处理循环来达到一定的致密度。在有些情况下,为实现隔热效果或者材料有一定的刚度需求时,可能需要多孔基体。

非氧化物基复合材料目前主要指 SiC 基,有三种不同的制备工艺:化学气相渗透(CVI)、熔体渗透(MI)及聚合物浸渍和裂解(PIP)。也存在将几种不同的工艺结合到一起的混杂工艺。不同的基体致密化方法导致材料失效机理的不同,以及不同的热/力学行为。

陶瓷基复合材料的另一种分类法依据材料的两大组分分为"纤维主导"或者是"基体主导"陶瓷基复合材料(见参考文献 6.3.4)。纤维主导的 CMC 是指纤维决定CMC 力学性能的材料体系。这是由于裂解和/或者烧结过程(主要是氧化物体系及高 SiC 含量的 PIP 工艺制备的材料)产生大量的微裂纹,进而导致应力-应变曲线呈非线性状态。纤维主导的体系更像基体模量较低的聚合物基复合材料。基体主导的CMC 通常基体在应力作用起始状态下不发生损伤,并且在基体开裂之前能够承受相当大的载荷,直到应力曲线中表现出一定的非线性行为。基体主导的 CMC 主要包括CVI 工艺及 MI 工艺制备的 SiC 基 CMC 及高致密的氧化物基 CMC。基体主导的复合材料由于基体能够承受一定的载荷,通常其模量较高。

6.3.5　考虑因素的选择

此节留待以后补充。

6.3.6　制造工艺的选择

此节留待以后补充。

6.3.7　输入属性的定义

此节留待以后补充。

6.4　材料与部件的模拟分析验证

6.4.1　全局有限元分析及局部微观模型

此节留待以后补充。

6.4.2　静力学、屈曲及振动分析

此节留待以后补充。

6.4.3　寿命预测或寿命终止属性的应用

此节留待以后补充。

6.4.4　环境因素对结构性能及寿命的影响

CMC 经常暴露于较为严酷的环境,包括高温、压力、燃烧副产物以及周围环境中的沙尘、盐等,这些外界因素均可造成材料侵蚀,引起材料的刚度、强度及耐裂纹扩展性(CGR)的下降。明确材料在投入使用到结束使用期间发生的变化对于良好的设计至关重要。面内模量($E22$)及面外模量($E33$)的变化可以通过 ASTM 测试标准(例如

ASTM D297 及 397)进行测试,或者应用先进的无损检测技术,例如超声、声发射及电阻法进行结构表征。设计者可以根据应用场合决定采用环境障涂层或热障涂层保护陶瓷基复合材料。

(1)氧化物/氧化物 CMC

氧化物纤维增强氧化物复合材料的力学性能测试应该包含室温力学性能及一系列模拟发动机尾喷部件环境温度的测试。建立接近实际应用情况的模拟环境考核至关重要。例如,有资料(见参考文献 6.4.4)对比了暴露于燃烧室环境(间隙式盐雾暴露或无盐雾暴露)的 CMC 与未暴露试样的性能区别。当材料单独处于盐雾暴露或者燃烧室环境时,材料性能下降微乎其微,然而,当材料同时暴露于盐雾及燃烧室环境时,性能明显下降(幅度高达 50%)。这表明在测试时要能够识别关键环境因素。

(2)SiC/SiC CMC

导致 SiC/SiC 基陶瓷力学性能下降的原因有微裂纹、隧穿效应及之后的氧化。氧化反应可以发生在 CMC 的内部及表面。对于内部氧化,在有裂纹存在的情况下,氧化性气氛可以进入裂纹内部并与纤维、纤维的界面及/或基体发生反应,生成气相反应物、液相反应物及/或固态反应物(玻璃)。内部氧化时,纤维的氧化会逐步降低纤维的承载能力,在中高温下是由于裂纹的慢速生长机理,在高温下是由于蠕变失效机理。表面氧化时,在有较高水蒸气分压及较高气体流速的情况下,SiC 的氧化层与水蒸气发生反应,反应物被高速气流带走,引起表面的侵蚀与消耗。此外,内部氧化引起的现象称为"氧化诱导形成的强结合"。主要是由于 BN 界面层氧化而导致在纤维与纤维间距较近的区域生成玻璃相,从而使得弱界面变成了强界面,使得材料的断裂行为从韧性断裂转变为脆性断裂。因此,纤维与纤维之间的间距非常重要,至少在短期内如此,这也是预浸料层压工艺制备的复合材料比机织纤维体系具有更好的应力-氧化行为的原因,预浸料工艺制备的材料纤维体积分数较低,纤维在基体中分散较好。

6.4.5　失效模式及影响分析

此节留待以后补充。

6.4.6　耐久性及损伤容限

此节留待以后补充。

6.4.7　热-力耦合模型

此节留待以后补充。

6.4.8　氧化-力耦合模型

此节留待以后补充。

6.4.9　线性及非线性失效分析

此节留待以后补充。

6.4.10 确定性及随机性分析方法

此节留待以后补充。

6.5 试验验证

6.5.1 材料性能测试及许用值（试样/元件试验）

此节留待以后补充。

6.5.2 典型设计特征（典型件试验）

此节留待以后补充。

6.5.3 关键结构（零件试验）

此节留待以后补充。

6.5.4 全尺寸结构验证（部件试验）

此节留待以后补充。

参 考 文 献

6.3.4 A. G. Evans & F. W. Zok, JOURNAL OF MATERIALS SCIENCE (1994) 29：3857.

6.4.4 G. Y. Richardson, Oxide Ceramic-environment："Influence of Turbine Engine Environment on The Mechanical Properties of Ceramic matrix Composites". 34th International SAMPE technical Conference Proceeding，Nov 4 - 7，2002，Baltimore，MD.

第 7 章 维 修 与 保 障

7.1 检查能力

此节留待以后补充。

7.2 损伤及损伤容限

此节留待以后补充。

7.3 维修

此节留待以后补充。

7.4 寿命限制及标识牌

此节留待以后补充。

7.5 认证证明包

此节留待以后补充。

第 3 部分
测　　　试

第8章 热-力-物理试验方法——总览

8.1 引言

本章对陶瓷基复合材料及其组分的热-力-物理特征进行试验表征,提供了后续CMH-17范围内陶瓷基复合材料及其组分的文件编制指南。介绍并讨论了建议的标准化测试方法、测试参数和多种用途的测试矩阵。

8.1.1 积木式方法

通常认为,仅仅靠分析还不足以支撑复合材料结构的设计。取而代之的是,人们用"积木式方法"进行设计研制试验来协同分析验证。由于复合材料对面外载荷的敏感性、失效模式的多样性、环境影响以及缺乏标准的分析方法,所以"积木式方法"对于复合材料结构的验证/认证(qualification/certification)至关重要。

可以用这种"积木式方法"来建立时间有关的环境补偿值,用于在大气环境下的全尺寸试验。因为要在实际环境、设想的温湿度条件下进行这些试验经常是不切实际的。低级别的试验可用来证明这些环境补偿因子的正确性。同样的,可以通过其他的"积木式方法"试验来确定循环机械疲劳、循环热力疲劳的截止方法,以及确定全尺寸试验的疲劳分散性补偿系数。

图8.1.1中显示了"积木式方法",并可以把这个方法归纳为以下的步骤:

(1)生成材料的基准值和初步的设计许用值。

(2)基于对结构的设计/分析,选取以后试验验证的关键区域。

(3)为每个设计特征确定最关键的强度失效模式。

(4)选择会产生最关键的强度失效模式的环境条件。要特别注意对组分敏感的失效模式(如界面相的氧化、基体的退化、纤维的退化),以及由于面外载荷或刚度裁剪设计导致的潜在"热点"。

(5)设计并试验一系列试验件,每个试验件模拟一个单独的失效模式和载荷情况,与分析预测值相对比,并按需要调整分析模型或设计许用值。

(6)设计并进行逐渐复杂的试验,评估可能由于几个潜在失效模式引起破坏的更复杂的载荷状态。与分析预计相对比，并按需要调整分析模型。

(7) 按需要设计(包括补偿因子)进行全尺寸部件的静力与疲劳试验，以最终验证内力和结构完整性，并与分析进行比较。

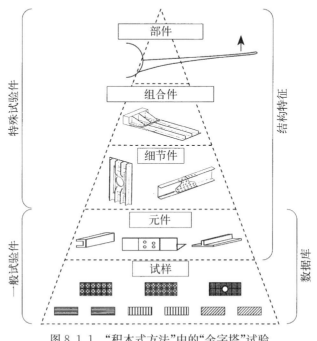

图 8.1.1　"积木式方法"中的"金字塔"试验

8.1.2　试验级别和数据的使用

可以按照两个基本途径来定义试验工作：结构复杂水平和数据应用类型。在随后各节中将仔细讨论每一种分类，并用于构思大型的试验规划、编制试验计划。

8.1.2.1　结构复杂性级别

基于各自的几何尺寸或形式可分为五种结构复杂性级别：组分、迷你复合材料(mini-composite)、块状复合材料(bulk-composite)、结构元件和结构组合件。要测试的材料形式和每个级别上的相对重点都应在材料数据开发计划的制定过程中尽早确定，而这又将取决于很多因素，包括：制造工艺、结构应用、公司/机构的惯例和/或采购或适航部门。虽然在某些罕见的例子中使用单个级别就足够了，但大多数应用情况至少需要两个级别，而通常完整地实施"积木式方法"需使用五个级别。无论所选择哪一种复杂性级别，都需要包括纤维、界面相、基体的物理、化学和工艺这几方面来支持热-力-物理性能的试验结果。每个采购或适航部门均规定了数据使用的具体最低要求与指南。建议 CMH-17 的用户在着手计划和进行任何用于支持结构验证或认证的试验以前，要与采购或认证机构进行协调。

这 5 种结构复杂性级别包括以下几方面：

（1）组分试验：评估纤维、纤维形式、界面相、基体和外部涂层的各自性能。关键的性能可包括密度、强度或刚度。

（2）迷你复合材料试验：评估在复合材料形式中的纤维、界面相和基体的性能，但是经常限于单根纱线而不是织物层。关键性能包括基体开裂、纤维脱粘和环境效应。

（3）块状复合材料试验：评估给定的铺层（铺贴的纺织物层或铺贴的单向层压板等）复合材料的响应。关键的性能包括比例极限行为、极限强度、弹性常数。

（4）结构元件试验：评估复合材料忍耐普通块状材料不连续的性能。关键性能包括开孔拉伸/压缩、缺口拉伸/压缩、连接处的剪切/挤压和层间响应。

（5）结构组合件（或更高层的）试验：可评估复杂度逐渐增加的结构元件的行为和失效模式。因特定应用情况而异，因而没有明确包括在 CMH - 17 内。

8.1.2.2　数据应用分类

材料的性能试验可以根据数据的应用分成下列 4 种类型：筛选、验证、验收和等同。对大多数材料体系的试验通常从材料筛选开始，用于工程硬件的材料系统还需要进一步筛选以获得更多数据。下面将详细介绍这 4 种数据应用类型。

8.1.2.2.1　筛选试验

对给定应用场景的候选材料进行评估，通常要考虑到特殊的应用/环境/部件，筛选的目的是在最恶劣情况的环境和载荷试验条件下对新材料体系进行初始评估。在 CMH - 17 中给出了这些所谓"剔除试验（killer tests）"的指南。CMH - 17 中筛选试验矩阵提供了不同的强度、模量和物理性能数据，旨在从材料选择中消除有缺陷的材料体系，在计划后续更深入的评估之前，先处理并揭示可应用的新材料体系。

8.1.2.2.2　材料验证试验

验证试验证明了给定的材料/工艺满足材料规范要求的能力，也是建立原始规范要求值的过程。严格的材料验证试验考察数据的统计信息，并在理想条件下是为满足结构证实要求而进行的设计许用值试验的一个子集，或与设计许用值的试验直接相关（尽管材料可能符合给定的规格，但仍必须确保可将其用于每个特定的应用）。验证试验的目标是定量地评定关键材料性能的差异性，得出各种统计量以建立材料的验收、等价性、质量控制和设计基准值。由于在行业内有各种不同的采样和统计方法，因此，必须明确规定所使用的方法。虽然可以通过多种方式获得通用的 B 基准值，但正式批准的 CMH - 17 B 基准值带有特定的采样和统计确定过程，并着重确定其他因素，例如测试方法、失效模式和数据文档。

8.1.2.2.3　验收试验

通过定期采样产品和评估关键材料性能来验证材料一致性。将小样本量的测试结果与先前测试建立的控制值进行统计比较，以确定材料生产过程是否已经有了很大的改变。

8.1.2.2.4 等同性试验

试验的任务是为了验证新材料与之前表征过的材料的等同性，通常希望使用现有的材料性能数据库。其目的是评估测试样本的关键性能，该样本规模须足以提供确定的结论，但与生成一个全新的数据库相比，该规模却是较小的，可以节省大量成本。重要的应用包括评估先前的合格材料的第二供应来源。然而，这个过程的最常见的用途如下：① 对一个已经认证的材料体系，评价次要组分、组分工艺过程或制造工艺的改变；② 证实以前所建立的 CMH - 17 基准值。

8.2 试验计划的编制

8.2.1 概述

表 8.2.1 中给出了一个矩阵，该矩阵可用于制订大规模的试验计划。矩阵列出了不同结构复杂性级别和数据应用类别的材料性能测试，每个相交的单元格描述了不同的测试活动（尽管很少使用某些组合）。单元组可以用来总结整个部件测试程序的范围。表 8.2.1 所示的矩阵说明了基于复合材料的航空结构应用的通用（但绝不是普遍的）测试序列。这个序列从矩阵的左上单元开始，按时间进行，直到右下角单元，并用数字标明大致的前后顺序。

表 8.2.1 测试程序定义

结构复杂性级别	数据应用分类			
	材料筛选	材料验证	材料验收	材料等同
组分	1	—	—	
迷你复合材料	2	4		
块状复合材料	—	5		7
结构元件	3	6		8
结构组合件	—			9

8.2.2 基于统计性能的基准方法和替代方法

此节留待以后补充。

8.2.3 数据等同问题

此节留待以后补充。

8.2.4 试验方法选择

此节留待以后补充。

8.2.5　母体样本和规模

此节留待以后补充。

8.2.6　材料和工艺的差异

此节留待以后补充。

8.2.7　材料使用极限

此节留待以后补充。

8.2.8　非大气环境试验

此节留待以后补充。

8.2.9　数据归一化

此节留待以后补充。

8.2.10　数据文件

此节留待以后补充。

8.2.11　应用情况所特有的试验要求

此节留待以后补充。

8.3　推荐的试验矩阵

8.3.1　材料筛选

筛选过程的目的是揭示新候选材料体系的关键性能和表现的属性和/或不足,同时将测试量保持最少。对于特定的复合材料体系,筛选过程将确定关键测试和环境条件以及任何其他特殊注意事项。适宜的测试矩阵设计可与当前的生产材料体系进行比较。

设计筛选测试矩阵的一般方法是选择关键的静态测试,这些测试可提供足够的数据来评估迷你和块状复合材料尺度下的刚度和强度平均值。迷你复合材料水平测试可提供材料固有的刚度和强度特性,这些特性通常用于陶瓷复合材料微观力学模型中,包括拉伸、压缩和剪切载荷。块状复合材料水平测试提供了与应力不连续性有关的应用问题(例如过渡半径和缺口)的筛选强度数据。基准测试在环境条件下执行。但是"剔除试验"是在关键的受控环境条件下进行的,目的是快速揭示材料体系的不足之处。

表 8.3.1 给出了力学性能筛选试验矩阵的一个示例。在极端环境下,可能要考虑其他因素,如随后各节所讨论的那样。对操作条件和其他特殊问题的敏感性可能会证明在筛选评估中进行额外的特殊测试是合理的。

表 8.3.1 静强度的材料筛选矩阵示例

试 验		试验件的数量		评 估 重 点
		室温大气环境	高 温 环 境	
迷你复合材料	拉伸	3	3	纤维
	压缩	3	3	纤维和基体
	剪切	3	3	界面相
块状复合材料	开孔压缩	3	3	纤维
	冲击后压缩	3	3	纤维和基体
	缺口拉伸	3	3	应力集中

8.3.2 材料验证

推荐的热、力学和物理性能的试验矩阵,是基于跨越材料批次进行的重复试验 [见表 8.3.2(a) 和 (b)]。对于热性能和物理性能,当要确定 B 基准值时,至少要对 5 批材料进行 3 个重复件的试验,用于进行参数分析/非参数分析。对于力学性能,当要确定 B 基准值时,也至少要对 5 批材料进行 6 个重复件的试验,用于进行参数分析/非参数分析。如果承包商和采购商之间达成一致,较少的材料批次和重复试验件的个数也可以接受。

表 8.3.2(a) 热/物理性能的材料验证示例

热/物理性能	测 试 方 法	每一试验条件下每批的试验数		试 验 总 数
	参见手册的章节	室温大气环境	高 温 环 境	
纤维体积	9.4.1	3	/	15
基体体积	9.4.1	3	/	15
密 度	9.4.1	3	/	15
扩 散 率	9.4.1	3	/	15
膨胀系数	9.4.1	3	/	15
比 热	9.4.1	3	/	15

表 8.3.2(b) 力学性能的材料验证示例

力 学 性 能	测 试 方 法	每一试验条件下每批的试验数		试 验 总 数
	参见手册的章节	室温大气环境	高 温 环 境	
面内拉伸	9.4.2	6	6	60
厚度方向拉伸	9.4.2	6	6	60
压缩	9.4.2	6	6	60
面内剪切	9.4.2	6	6	60
层间剪切	9.4.2	6	6	60

8.3.3　材料验收试验矩阵

此节留待以后补充。

8.3.4　替代材料等同性试验矩阵

此节留待以后补充。

8.3.5　一般材料/结构元件试验矩阵

此节留待以后补充。

8.3.6　基准值的替代方法

此节留待以后补充。

8.3.7　作为 CMH‑17 基准值的数据证实

此节留待以后补充。

8.4　数据处理和文件要求

8.4.1　引言

此节留待以后补充。

8.4.2　由复合材料得出的单层性能

此节留待以后补充。

8.4.3　数据归一化

对热、物理和力学测试数据进行数据分析的理由有很多，包括确定多批次统计数据和基于统计的特性值(许用值)、比较不同来源的材料、选择材料、评估加工参数以及质量保证评价。对于具有不同纤维体积含量的试样，对测试数据直接计算或对测试数据直接比较可能无效。归一化是将原始测试值调整为单个(指定)纤维体积含量的过程。以下各小节将讨论归一化的理论、方法和实际应用。

8.4.3.1　归一化理论

复合材料中纤维的体积分数决定了增强纤维的特性。例如，在常用的"混合规则"模型中，假定单向增强复合材料的零度面内拉伸强度等于纤维体积为 0% 时的基体拉伸强度，并且等于纤维含量为 100% 时的纤维束拉伸强度。忽略孔隙率的影响，纤维体积分数与极限抗拉强度之间的关系在纤维/基体比率的整个范围内都是线性的。这是因为纤维的体积分与试样横截面中纤维的面积分相同。拉伸模量应该也遵循相同的行为。因此，具有不同体积含量的试样的性质由纤维主导，该性质随纤维体积分数线性变化。

有两个因素可能使层压板纤维体积含量产生变化：① 相对于纤维总量的基体树脂总量(树脂含量)；② 孔隙率总量(孔隙体积)。这些因素导致了材料之间、批次之间、板之间甚至是一个板件内试件之间纤维体积含量的变化。为了数据分析可在材料、批次、板件和试件进行比较，必须把由纤维主导的性能数据修正到一个公共的纤维体积含量基础上，若不进行此操作，数据中将会包含其他的差异源，这可能导致错误的结论。数据归一化目的是试图消除或减少纤维主导性能的差异性。

8.4.3.2　归一化方法

从理论上讲，由于纤维主导的强度和刚度特性随纤维体积分数变化呈现线性特征，由此可见第一种方法是通过适当的方式确定测试样品的实际纤维体积分数，并通过一般纤维体积分数（选择或指定）与实际值之比调整纤维的原始数据值，如8.4.3.2(a)式所示：

$$归一化值 = 试验值 \times \frac{FV_{归一化}}{FV_{试件}} \qquad 8.4.3.2(a)$$

式中，$FV_{归一化}$ 为所选的纤维含量（体积含量或百分数）；$FV_{试件}$ 为试件的真实纤维含量（体积含量或百分数）。

尽管这种方法似乎是最直接的，但也有局限性。最严重的缺陷是正常情况下无法对每个单独的试样测量纤维量。在最好情况下也只能是用每个测试面板的代表性零件来估计平均面板纤维体积分数。

另一个更优的数据归一化方法是考虑单个测试样本之间的纤维体积变化。该方法基于纤维体积分数与最终层厚度之间的关系。如前所述，纤维体积分数是基体含量和空洞含量的函数。在给定的空洞含量下，纤维体积分数完全取决于基体含量。此外，对于给定的空洞含量和纤维面密度，面板厚度也仅取决于基体含量。由此可以得出结论，对于恒定的纤维面密度和空洞含量，最终的层厚度仅取决于纤维体积分数。这种关系允许通过其层厚度（总厚度除以层数）对每个单独的试样进行归一化。最终层厚度与纤维体积分数（在结构复合材料通常应用的 0.45 至 0.65 纤维体积分数范围内实际上呈线性关系）之间这种关系的示例如图 8.4.3.2 所示。

经过推导，得个别试件归一化计算方法如式 8.4.3.2(b) 所示：

$$归一化值 = 试验值 \times \frac{FAW_{名义}}{FAW_{试件}} \times \frac{CPT_{试件}}{CPT_{归一化}} \qquad 8.4.3.2(b)$$

式中，$FAW_{名义}$ 为取自从材料规范或其他来源的名义纤维面密度；$FAW_{试件}$ 为试验件的实际纤维面密度；$CPT_{归一化}$ 为相应于归一化纤维体积含量的最终单层厚度，$CPT_{试件}$ 为试验件的单层厚度（即试验件厚度除以铺层数）。

如果 CPT 归一化不是计算得到的，并假定在一批材料中其纤维面密度变化不大，则式 8.4.3.2(b) 可以转化成一种较简单的形式如式 8.4.3.2(c) 所示。因而，可以假定将 $FAW_{试件}$ 近似取为此批的纤维面密度 $FAW_{批次}$：

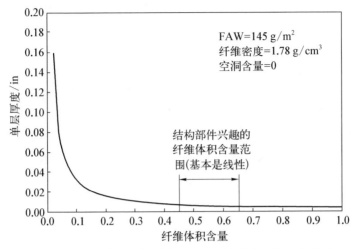

图 8.4.3.2　最终单层厚度与纤维体积含量之间的关系示例

$$归一化值 = 试验值 \times \frac{FV_{归一化} CPT_{试件} \rho_f}{FAW_{批次}} \qquad 8.4.3.2(c)$$

式中, ρ_f 为纤维密度。

8.4.3.3　归一理论的实际应用

常见的应用是对由单向层压板、多向织物和粗纱(即缠绕件)制造的复合材料的纤维控制的性能(力学性能分为无缺口和有缺口两种情况)进行归一化。虽然已经观察到纤维体积会影响各种由基体控制的性能(如面内和层间剪切、厚度方向拉伸),但对这些影响还没有清晰的模型,因此不对这些性能进行归一化处理。在 CMH-17 中,对单向层压板所有强度与刚度的力学性能值给出了归一化值,但下列的性能除外:单向层压板的 90°(横向)拉伸和压缩、层间(3-或 z-方向)拉伸、层间剪切、面内剪切、短梁强度、挤压、挤压/旁路、应变能释放率和泊松比。

由粗纱和类似结构通过缠绕工艺制成的层压板的标准比更为独特。这样的构造没有通常意义上的帘布层:这个缠绕"层"的厚度取决于纤维束的带宽、缠绕的间隔以及在缠绕中纤维束的展开。因为不能直接使用公称的单层厚度和纤维面密度,不可能用单层厚度和纤维面密度进行归一化,必须利用归一化纤维体积含量与板件纤维体积含量平均测量值之比,对这些材料的试验数据归一化。

纤维主导性能归一化后,由纤维体积含量差别所造成的差异减少,归一化后的变异系数应当小于未归一化。然而,现实的情况并不总是如此,出于多种原因,归一化不能总是实现所预期的分散性下降,主要源自以下原因:

(1)如果测量的单层厚度接近归一化厚度,同时纤维面密度接近公称值,则修正系数将最小,并可能与这些数量测量时的误差在同一量级。

(2)失效起始的模式有可能随纤维体积含量的增减而发生改变。例如,当纤维体积含量在一个给定范围内增加时，测量的（未归一化）压缩强度可能增大。但在某个点，由于已经超过了基体支持纤维的能力因而出现宏观尺度上的平稳失效，增加的纤维并不能增加强度。在这个情况下，强度与纤维体积的关系破裂，因而数据分散未必由于归一化而减小。

（3）试样中的缺陷可能会导致过早失效。如果某些标本因缺陷而失效，而另一些标本在真实材料极限下，则归一化结果将不可预测。

（4）如果变异系数已经很小（如小于 3%），则不应期望由于归一化而进一步降低，因为这种差异程度约为大多数复合材料性能通常所观察到的最小值。

归一化后，数据散布的变化通常不会引起关注。但是，如果标准化后数据散布显著增加，则应调查原因。

8.4.4　数据文件的要求

此节留待以后补充。

第9章 提交 CMH‑17 数据用的 材料性能试验和表征

9.1 引言

此节留待以后补充。

9.2 材料和工艺规范要求

此节留待以后补充。

9.3 数据取样的要求

此节留待以后补充。

9.4 试验方法的要求

本节按性能分成三个主要的小节：热、力和物理。每个小节都可按试验方法类型进一步细分。最后,在每个小节中针对块状 CMC 及其每一主要组分(纤维、基体、界面相和外部涂层),给出试验方法的参考文献及其汇总。对每一种性能,列出了国内和国际一致认可的试验方法,并介绍了每种试验方法的试验参数,以便对材料进行验证,使其能收入 CMH‑17 之中。

9.4.1 热性能

热性能试验方法中包括了直接影响材料设计使用的热性能的试验方法,特别关注了热导率、热扩散率、热膨胀系数、比热容、热冲击性能和热疲劳性能。

9.4.1.1 热导率

块状 CMC 及其组分热导率的试验方法目前还没有国家标准或国际标准。

9.4.1.1.1 块状 CMC

块状 CMC 热导率的试验方法目前还没有国家标准或国际标准。

9.4.1.1.2　基体

CMC 基体热导率的试验方法目前还没有国家标准或国际标准。

9.4.1.1.3　纤维

CMC 纤维热导率的试验方法目前还没有国家标准或国际标准。

9.4.1.1.4　界面相

CMC 界面相热导率的试验方法目前还没有国家标准或国际标准。

9.4.1.1.5　外部涂层

CMC 外部涂层热导率的试验方法目前还没有国家标准或国际标准。

9.4.1.2　热扩散率

只对块状 CMC 建立了关于热扩散率试验方法的唯一国家标准或国际标准。

9.4.1.2.1　块状 CMC

CMC 热扩散率试验方法的唯一国家标准或国际标准，是由欧洲标准化委员会 (CEN)针对块状 CMC 材料建立的 ENV 1159 - 2,其中关于"连续纤维增强 CMC 的热扩散率"试验方法的概述见表 9.4.1.2.1。

9.4.1.2.2　基体

CMC 基体热扩散率的试验方法目前还没有国家标准或国际标准。

9.4.1.2.3　纤维

CMC 纤维热扩散率的试验方法目前还没有国家标准或国际标准。

9.4.1.2.4　界面相

CMC 界面热扩散率的试验方法目前还没有国家标准或国际标准。

9.4.1.2.5　外部涂层

CMC 外部涂层热扩散率还没有国家标准或国际标准。

9.4.1.3　热膨胀系数

CMC 热膨胀系数试验方法的唯一国家标准或国际标准，是针对块状 CMC 材料建立的。

9.4.1.3.1　块状 CMC

CMC 热膨胀系数试验方法的唯一国家标准或国际标准，是由 CEN 针对块状 CMC 材料建立的 ENV 1159 - 1,其中关于"连续纤维增强 CMC 的热膨胀系数"试验方法的概述见表 9.4.1.3.1。

9.4.1.3.2　基体

CMC 基体热膨胀系数的试验方法目前还没有国家标准或国际标准。

9.4.1.3.3　纤维

CMC 纤维热膨胀系数的试验方法目前还没有国家标准或国际标准。

表 9.4.1.2.1　ENV 1159－2 标准中关于"连续纤维增强 CMC 的热扩散率试验方法"的概述

1. 概要
- 目标材料：连续纤维增强的 CMC
- 试验方法：环境控制箱
- 试验环境：大气环境或惰性气体
- 试件数量：最少 3 个

5. 计算

　　将试验得到的温度曲线和一组计算得到的温度曲线比较（温度曲线的举例见图 2）

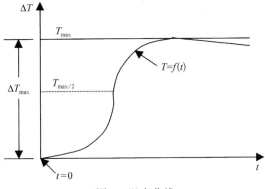

图 2　温度曲线

2. 试验设备
- 热脉冲源（闪光管或激光脉冲），环境控制箱，瞬态温度变化探测设备（红外线或热电偶）

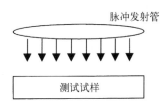

图 1　试验设备示意图

3. 试验步骤
- 脉冲持续时间：$t_d \leqslant 0.002 e^2 / a$；式中，$t_d$ 为响应时间（s）；e 为厚度（m）；a 为热扩散率（m^2 / s）
- 依据 ISO6906 标准，用卡尺测量试验件的厚度
- 将试验安装到试验装置上
- 在脉冲前开始记录，确定基线
- 记录温度曲线

4. CMH－17 的试验参数
　　目前尚未规定

6. 试验报告
- 试验机构的名称与地址
- 试验日期，试验报告的编号
- 客户名，地址和签署人
- 试验标准的参考文献
- 试验材料的描述，纤维的类型，批次和收货日期
- 试验件描述：尺寸，制备方法，取向，重量，体积
- 所用设备的简要描述
- 相关的试验参数
- 所用的瞬态温度检测设备
- 试验环境条件：真空，惰性气体等
- 变化一半时间时的测量值
- 温度曲线
- 毕奥数和特征时间
- 理论计算曲线和残差
- 所采用的计算方法
- 对所需试件数的各试验结果
- 试验数据的平均值和标准差
- 对试验和/或试验结果的有关说明

表 9.4.1.3.1　ENV 1159‐1 标准中关于"连续纤维增强 CMC 的热膨胀系数"试验方法的概述

1. 概要 ● 目标材料：连续纤维增强的 CMC ● 试验方法：线性测量 ● 试验环境：高温，在大气环境或惰性气体环境下 ● 试件数量：按试验件	**5. 计算** 　　试件夹具的长度改变 Δl（mm）：$\Delta l = L_0 \alpha_A (T_2 - T_1)$；式中，$\alpha_A$ 是平均线性热膨胀系数（K^{-1}）；L_0 是初始长度（mm）；$T_2 - T_1$ 是温度间隔（K）；L_0 是试件初始长度（mm） 　　试件的长度改变 ΔL（mm）：$\Delta L = S_{\Delta X} + \Delta l$；式中，$S_{\Delta X}$ 是测量的位移值（mm） 　　热膨胀系数（直接）α（K^{-1}）：$\alpha = \Delta / [L_0(T_2 - T_1)]$；式中，$\alpha$ 是平均热膨胀系数（K^{-1}）；L_0 是初始长度（mm）；$T_2 - T_1$ 是温度间隔（K） 　　热膨胀系数（差分）： $$\alpha = \frac{S_{\Delta X} - \delta}{L_0(T_2 - T_1)} + \alpha_R \frac{L_R}{L_0}$$ 式中，δ 是基准校正，L_R 是参照件的初始长度（mm）；α_R 是参照件的热膨胀系数
2. 试验设备 ● 试件夹具和顶杆要用相同的热化学稳定的材料制作，该材料应当在化学上是惰性的 ● 能控制氛围的炉子 ● 试验支架能让试验件和参照件轴向自由移动 ● 数据采集系统应可以测量温度和以高于 $0.1~\mu m$ 的精度测量位移 ● 应用精度高于 $0.005~mm$ 的设备测量试件（按附录 A 或附录 B 为 mm）	**6. 试验报告** ● 试验机构的名称和地址 ● 试验日期，试验报告的唯一标识 ● 客户名，地址和签署人 ● 试验标准的参考文献 ● 实验材料的描述：纤维类型，批次和收货日期 ● 试验件的描述：尺寸，制备方法，取向，重量和体积等 ● 报告直接试验方法和差分试验方法 ● 热循环数，夹持周期数，各夹持周期的时间和相邻夹持之间的温差 ● 加热循环和冷却循环之间的迟滞 ● 测量之前试验件上的热循环迹象 ● 在所需温度下的平均线热膨胀系数表 ● 任何明显的试验现象如相变或软化现象 ● 对试验和/或试验结果的有关说明
3. 试验步骤 ● 试验件和参照件必须长度一致 ● 在室温下测量试验件和参照件的长度，精度高于 $0.2~mm$ ● 检验试验机的标定情况 ● 如果试验要在惰性气体环境下进行，建立试验环境 ● 加热速率：1 K/min ● 在高温状态下测量试验件和参照件的长度，精度应高于 $0.2~mm$ ● 冷却速率：5 K/min	
4. CMH‐17 的试验参数 　　目前尚未规定	

9.4.1.3.4　界面相

CMC 界面相热膨胀系数的试验方法目前还没有国家标准或国际标准。

9.4.1.3.5　外部涂层

CMC 外部涂层热膨胀系数的试验方法目前还没有国家标准或国际标准。

9.4.1.4　比热容

CMC 比热容试验方法的唯一国家标准或国际标准,是针对块状 CMC 材料建立的。

9.4.1.4.1　块状 CMC

CMC 比热容试验方法的唯一国家标准或者国际标准,是由 CEN 针对块状 CMC 材料建立的 ENV 1159 - 3,该标准对"连续纤维增强的 CMC 的比热容"的试验方法概述见表 9.4.1.4.1。

9.4.1.4.2　基体

CMC 基体比热容的试验方法目前还没有国家标准或国际标准。

9.4.1.4.3　纤维

CMC 纤维比热容的试验方法目前还没有国家标准或国际标准。

9.4.1.4.4　界面相

CMC 界面相比热容的试验方法目前还没有国家标准或国际标准。

9.4.1.4.5　外部涂层

CMC 外部涂层比热容的试验方法目前还没有国家标准或国际标准。

9.4.1.5　热冲击性能

块状 CMC 材料(或它的构造)热冲击性能的试验方法目前还没有国家标准或国际标准。

9.4.1.5.1　块状 CMC

块状 CMC 材料热冲击性能的试验方法目前还没有国家标准或国际标准。

9.4.1.5.2　基体

CMC 基体热冲击性能的试验方法目前还没有国家标准或国际标准。

9.4.1.5.3　纤维

CMC 纤维热冲击性能的试验方法目前还没有国家标准或国际标准。

9.4.1.5.4　界面相

CMC 界面相热冲击性能的试验方法目前还没有国家标准或国际标准。

9.4.1.5.5　外部涂层

CMC 外部涂层热冲击性能的试验方法目前还没有国家标准或国际标准。

9.4.1.6　热疲劳性能

块状 CMC 材料及其组分热疲劳性能的试验方法目前还没有国家标准或国际标准。

9.4.1.6.1　块状 CMC

块状 CMC 材料热疲劳性能的试验方法目前还没有国家标准或国际标准。

表 9.4.1.4.1 ENV 1159‑3 标准对"连续纤维增强 CMC 的比热容"试验方法的概述

1. 概要
- 目标材料：连续纤维增强的 CMC
- 试验方法：滴液量热法，差示扫描量热法
- 试验环境：空气，温度
- 试件数量：最少 3 个

2. 试验设备
- 滴液量热计，平衡精度 0.1 mg，热电偶（按 HD 446.1 标准），数据采集系统
- 差示扫描量热计，平衡精度 0.1 mg，热电偶（按 HD 446.1 标准），数据采集系统

3. 试验步骤
滴液量热法：
- 标定设备
- 在 373±5 K 温度下，对试验件和参照件进行干燥处理
- 当不用坩埚时，称量试件质量，精度±0.1 mg
- 当用坩埚时，称量每个滴液组合的质量（空坩埚，坩埚和参照件，坩埚和试验件）
- 将试验件置于环境控制箱，等待 15 min 使试件达到热平衡
- 测量 T_1 和 T_2 的温度
- 对参照件重复上述步骤

差示扫描量热法：
- 基线方法
- 称量 2 个空坩埚
- 将 2 个坩埚置于环境控制箱
- 设定量热计的加热速率（在 1 K/min 和 20 K/min 之间），设定初始温度和最终温度
- 加热到初始设定温度，等稳定后，记录初始温度
- 加热到最终温度
- 记录基线最终温度
- 冷却到初始温度
- 称量试验件并放到坩埚里
- 在环境控制箱对试验件重复确定基线的步骤
- 在环境控制箱对参照件重复确定基线的步骤

4. CMH‑17 的试验参数
　目前尚未规定

6. 试验报告
- 试验机构的名称和地址
- 试验日期，试验报告的编号
- 客户名，地址和签发人
- 试验标准的参考文献
- 所用设备的简要描述
- 标定程序
- 试验件描述：试验材料，纤维类型，批次，收货日期，制造方法
- 相关的试验参数
- 各个试验的结果
- 试验数据的平均值和标准差（如果需要的话）
- 对试验和/或试验结果的有关说明
- 对至少 3 个试验件，求 2 个计算温度之间的平均比热容值

5. 计算
滴液量热法：
　量热计标定系数 K：

$$K = \frac{\text{消耗功率}}{\text{量热计的输出信号}}$$

式中，热变化 Q：$Q_i = KS_i$；S_i 是量热计输出信号①
　平均比热容，C_p：

$$C_{p_{i(T_2-T_1)}} = \frac{1}{m_i} - \frac{Q_i(T_1-T_2)}{(T_2-T_1)}$$

式中，m_i 为（试验/参照件或坩埚的）质量（g）；Q_i 为热变化；T_2 为量热计的温度（K）；T_1 为试验件的初始温度（K）
差分法：
　热量 Q_e：

$$Q_e = \int_0^t P_E dt = [m_t C_p(T_1,\ T_2) + C_c - C_o](T_2 - T_1)$$

　热容量 Q_b：

$$Q_b = \int_0^t P_b dt = (C_c + C_o)(T_2 - T_1)$$

式中，P_e，P_b 分别为试验坩埚和空坩埚的热功率；m_t 为试验件的质量；C_o 为量热计的热容量；C_c 为坩埚的热容量
　平均比热容

$$C_p = \frac{Q_e - Q_b}{m_t(T_2 - T_1)}$$

连续法：
　热量 P_e：$P_e = (m_t C_p + C_c + C_o)\beta$
　热容 P_b：$P_b = (C_c + C_o)\beta$
　平均比热容：$C_p = \dfrac{P_e - P_b}{m_t \beta}$

差示扫描量热法：

$$KS_c = (C_c + C_o)\beta$$
$$KS_{c+t} = (m_t C_{p_t} + C_c + C_o)\beta$$
$$KS_{c+r} = (m_r C_{p_r} + C_c + C_o)\beta$$

　平均比热容：

$$C_{p_t} = C_{p_r} \frac{m_r S_{c+t} - S_c}{m_t S_{c+t} - S_c}$$

式中，K 为量热计标定系数；C_o 为量热计的比热容；C_c 为坩埚的比热容；C_{p_t} 为试验件的平均比热容；C_{p_r} 为参照件的平均比热容；m_r 为参照件的质量；m_t 为试验件的质量；S 为关于坩埚、试验件和参照件的输出信号（mV）

---

① 译者注：原文此公式不对应。

9.4.1.6.2　基体

CMC 基体热疲劳性能的试验方法目前还没有国家标准或国际标准。

9.4.1.6.3　纤维

CMC 纤维热疲劳性能的试验方法目前还没有国家标准或国际标准。

9.4.1.6.4　界面相

CMC 界面相热疲劳性能的试验方法目前还没有国家标准或国际标准。

9.4.1.6.5　外部涂层

CMC 外部涂层热疲劳性能的试验方法目前还没有国家标准或国际标准。

9.4.2　力学性能

力学试验方法包括直接影响设计用途的力学性能的试验方法,着重关注了平板拉伸、压缩、剪切、弯曲和断裂等性能。

9.4.2.1　拉伸

目前有很多 CMC 及其组分的拉伸试验方法,包括对面内和厚度方向单调拉伸强度(室温和高温)、循环疲劳(室温和高温)以及蠕变等的试验方法。下面各小节包括了对 CMC 材料验证,使其能收入在 CMH - 17 中所需的试验方法详细说明。

9.4.2.1.1　块状 CMC

有关块状 CMC 拉伸试验的详细方法,将在下列试验方法和相应表格中加以说明。

9.4.2.1.1.1　面内单调拉伸强度(室温)

面内单调拉伸强度(室温)的试验方法参考 ASTM C1275 - 95《实心矩形截面连续纤维增强先进陶瓷材料的室温单调拉伸强度标准试验方法》,该标准概述见表9.4.2.1.1.1。

9.4.2.1.1.2　面内单调拉伸强度(高温)

面内单调拉伸强度(高温)的试验方法参考 ASTM C1359 - 97《实心矩形截面连续纤维增强先进陶瓷材料的高温单调拉伸强度标准试验方法》,该标准概述见表9.4.2.1.1.2。

9.4.2.1.1.3　厚度方向单调拉伸强度(室温)

厚度方向单调拉伸强度(室温)的试验方法目前没有任何标准。

9.4.2.1.1.4　厚度方向单调拉伸强度(高温)

厚度方向单调拉伸强度(高温)的试验方法目前没有任何标准。

9.4.2.1.1.5　循环疲劳(室温)

循环疲劳(室温)的试验方法参考 ASTM C1360 - 97《室温下连续纤维增强先进陶瓷的等幅轴向拉伸-拉伸循环疲劳标准试验方法》,该标准概述见表9.4.2.1.1.5。

表 9.4.2.1.1.1　ASTM C1275－95《实心矩形截面连续纤维增强先进陶瓷材料的室温单调拉伸强度标准试验方法》概述

1. 概要
- 目标材料：连续纤维增强 CMC
- 试验方法：面内的单调拉伸强度
- 试验环境：空气,室温
- 试件数量：最少 3 个有效试验

2. 装置
- 试验机应符合 ASTM E4 要求
- 引伸计应符合 ASTM E83 要求

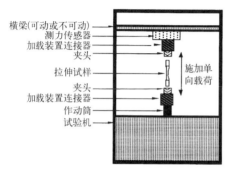

图 1　拉伸强度试验机示意图

3. 试验步骤
- 试件尺寸(见图 2)：在工作段范围内测量试件的厚度和宽度(在不同横截面上测量至少 3 次)
- 试验速率：0.1 mm/min 或以能在 5~10 s 内使试件破坏的速率进行试验
- 试验步骤：记录载荷-位移或应力-应变的结果；测量并记录相对于中点的破坏处位置

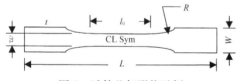

图 2　试件几何形状示例

4. CMH-17 的试验参数
目前尚未规定

5. 计算
工程应力 σ(MPa)：$\sigma = P/A$；式中,P 为外加作用力(N)；A 为初始横截面面积(mm^2)，$A = wt$

工程应变 ε(m/m)：$\varepsilon = (l-l_0)/l_0$；式中,$\varepsilon$ 为工程应变；l 为某一时间的工作段长度(mm)；l_0 为原始工作段长度(mm)

拉伸强度 S_u(MPa)：$S_u = P_{max}/A$；式中,P_{max} 为最大载荷(N)

拉伸强度下的应变 ε_u(m/m)：$\varepsilon_u = ($拉伸强度下的$)\varepsilon$

断裂强度 S_f(MPa)：$S_f = P_{断裂}/A$；式中,$P_{断裂}$ 为断裂时的载荷(N)

断裂强度下的应变 ε_f(m/m)：$\varepsilon_f = ($断裂强度下的$)\varepsilon$

弹性模量 E(MPa)：$E = \Delta\sigma/\Delta\varepsilon$；式中,$\Delta\sigma/\Delta\varepsilon$ 为 σ-ε 曲线的斜率

泊松比 ν：$\nu = \Delta\varepsilon_T/\Delta\varepsilon_L$；式中,$\Delta\varepsilon_T/\Delta\varepsilon_L$ 为横向应变-纵向应变曲线线性部分的斜率

回弹能模量 U_R(MJ/m^3)：

$$U_R = \int_0^{\varepsilon_f} \sigma d\varepsilon \approx \frac{1}{2}\sigma_0\varepsilon_0$$

韧性模量 U_T(MJ/m^3)：

$$U_T = \int_0^{\varepsilon_f} \varepsilon d\varepsilon = \frac{\sigma_0 + S_0}{2}$$

平均值：$\bar{X} = \sum_{i=1}^{n}\dfrac{X_i}{n}$

标准差：s.d. $= \sqrt{\sum_{i=1}^{n}\dfrac{(X-X_i)^2}{n-1}}$

6. 试验报告
试验设置：
- 试验时间和地点
- 试件数量和几何尺寸
- 类型和配置：试验机,引伸计,夹具和加载装置
- 环境：温度,相对湿度,气氛和试验模式
- 以下性能的平均值,标准差和变异系数：拉伸强度,拉伸强度下的应变,断裂强度,断裂强度下的应变,弹性模量

单个试件：
- 整体试件尺寸,平均横截面面积,平均表面粗糙度
- 拉伸强度,拉伸强度下的应变,断裂强度,断裂强度下的应变,应力-应变曲线图,弹性模量

表 9.4.2.1.1.2　ASTM C1359‑97《实心矩形截面连续纤维增强先进陶瓷材料的高温单调拉伸强度标准试验法》概述

1. 概要
- 目标材料：连续纤维增强 CMC
- 试验方法：面内的单调拉伸强度
- 试验环境：空气,高温
- 试件数量：最少 5 个有效试验

2. 装置
- 试验机应符合 ASTM Practice E4 要求
- 引伸计应符合 ASTM Practice E83 要求

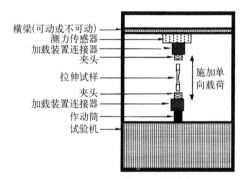

横梁(可动或不可动)
测力传感器
加载装置连接器
夹头
拉伸试样
夹头
加载装置连接器
作动筒
试验机
施加单向载荷

图 1　拉伸试验机示意图

3. 试验步骤
- 试件尺寸(见图 2)：在工作段范围内测量试件的厚度和宽度(至少在 3 个不同横截面上测量)
- 试验速率：0.1 mm/min 或以能使试件在 5～10 s 内破坏的速率进行试验
- 温度限制：指示值 $\leqslant 1\,273\pm3$ K,名义值 $>1\,273\pm6$ K,工作段部分 $\leqslant773\pm5$ K, >773 K $\pm$ 试验温度的 1%
- 加温速率与保持：<50 K/min,保持时间 $\leqslant 30$ min
- 试验步骤：记录载荷‑位移或应力‑应变,测量并记录断裂处位置(相对于中点的位置)

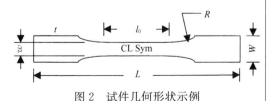

图 2　试件几何形状示例

4. CMH‑17 的试验参数
目前尚未规定

5. 计算
工程应力 σ(MPa)：$\sigma = P/A$；式中,P 为外加作用力(N)；A 为初始横截面面积(mm²), $A = wt$

工程应变 ε(m/m)：$\varepsilon = (l-l_0)/l_0$；式中,$\varepsilon$ 为工程应变；l 为任何时间的工作段长度(mm)；l_0 为原始工作段长度(mm)

拉伸强度 S_u(MPa)：$S_u = P_{max}/A$；式中,P_{max} 为最大载荷(N)

拉伸强度下的应变 ε_u(m/m)：$\varepsilon_u=$(拉伸强度下的)ε

断裂强度 S_f(MPa)：$S_f = P_{断裂}/A$；式中,$P_{断裂}$ 为断裂载荷(N)

断裂强度下的应变 ε_f(m/m)：$\varepsilon_f=$(断裂强度下的)ε

弹性模量 E(MPa)：$E = \Delta\sigma/\Delta\varepsilon$；式中,$\Delta\sigma/\Delta\varepsilon$ 为 σ-ε 曲线斜率

泊松比 ν：$\nu = \Delta\varepsilon_T/\Delta\varepsilon_L$；式中, $\Delta\varepsilon_T/\Delta\varepsilon_L$ 是横向-纵向应变曲线上线性部分的斜率

回弹能模量 U_R(MJ/m³)：

$$U_R = \int_0^{\varepsilon_f}\sigma\mathrm{d}\varepsilon \approx \frac{1}{2}\sigma_0\varepsilon_0$$

韧性模量 U_T(MJ/m³)：

$$U_T = \int_0^{\varepsilon_f}\varepsilon\mathrm{d}\varepsilon = \frac{\sigma_0 + S_0}{2}$$

平均值：$\bar{X} = \sum_{i=1}^{n}\dfrac{X_i}{n}$

标准差：$\text{s.d.} = \sqrt{\sum_{i=1}^{n}\dfrac{(X-X_i)^2}{n-1}}$

（续表）

| 6. **试验报告**
试验设置：
● 试验时间和地点
● 试件数量和几何尺寸
● 类型和配置：试验机，引伸计，夹具和加载装置
● 环境：温度，相对湿度，气氛和试验模式
● 以下性能的平均值、标准差和变异系数：拉伸强度，拉伸强度下的应变，断裂强度，断裂强度下的应变，弹性模量
单个试件：
● 整体试件尺寸，平均横截面面积，平均表面粗糙度
● 拉伸强度，拉伸强度下的应变，断裂强度，断裂强度下的应变，应力-应变曲线图、弹性模量 | |

9.4.2.1.1.6　循环疲劳（高温）

循环疲劳（高温）的试验方法目前没有任何标准。

9.4.2.1.1.7　蠕变

蠕变的试验方法参考 ASTM C1337 - 96《拉伸载荷下连续纤维增强先进陶瓷的蠕变及蠕变断裂的标准试验方法》，该标准概述见表 9.4.2.1.1.7。

9.4.2.1.2　基体

CMC 基体拉伸的试验方法目前还没有国家标准或国际标准。

9.4.2.1.3　纤维

在下列试验方法和相应表格中，包含了 CMC 的纤维拉伸试验所用的具体试验参数。

9.4.2.1.3.1　单调拉伸强度（室温）

单调拉伸强度（室温）的试验方法参考 ASTM D3379 - 75《高模量单丝材料拉伸强度和杨氏模量的标准试验方法》，该标准概述见表 9.4.2.1.3.1。

9.4.2.1.3.2　单调拉伸强度（高温）

单调拉伸强度（高温）的试验方法目前没有任何标准。

9.4.2.1.4　界面相

CMC 界面相拉伸的试验方法目前还没有国家标准或国际标准。

9.4.2.1.5　外部涂层

CMC 外部涂层拉伸的试验方法目前还没有国家标准或国际标准。

表 9.4.2.1.1.5　ASTM C1360‑97《室温下连续纤维增强先进陶瓷的等幅轴向拉伸‑拉伸循环疲劳标准试验方法》概述

1. 概要
- 目标材料：连续纤维增强 CMC
  - 试验方法：循环疲劳
  - 试验环境：室温，大气环境
  - 试件数量：参考 STP 91‑A 标准

2. 装置
- 试验机应符合 ASTM practice E4 要求
- 引伸计应符合 ASTM Practice E83 要求

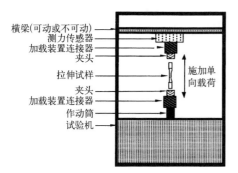

横梁(可动或不可动)
测力传感器
加载装置连接器
夹头
拉伸试样
夹头
加载装置连接器
作动筒
试验机

施加单向载荷

图 1　拉伸试验机示意图

3. 试验步骤
- 试件尺寸(见图 2)：在工作段范围内测量试件的厚度和宽度(至少在 3 个不同横截面上测量)
- 试验速率：正弦波，$R=0.1$，频率$=1\sim10$ Hz
- 最大应力：ASTM C 1275 确定拉伸强度的百分比
- 试验步骤：预加载试验件；记录预载荷、循环次数、断裂位置

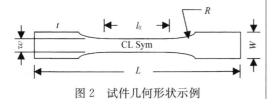

t　l_0　R
CL Sym
w　W
L

图 2　试件几何形状示例

4. CMH‑17 的试验参数
目前尚未规定

5. 计算
　　工程应力 σ(MPa)：$\sigma = P/A$；式中，P 为外加作用力(N)；A 为初始横截面面积(mm^2)，$A = wt$

　　工程应变 ε(m/m)：$\varepsilon = (l - l_0)/l_0$；式中，$\varepsilon$ 为工程应变，l 为任何时间的工作段长度(mm)；l_0 为原始工作段长度(mm)

　　最大应力 σ_{max}(MPa)：$\sigma_{max} = P_{max}/A$；式中，P_{max} 为施加的最大循环载荷(N)

　　最小应力 σ_{min}(MPa)：$\sigma_{min} = P_{min}/A$；式中，P_{min} 为施加的最小循环载荷(N)

　　应力比 R：$R = \sigma_{min}/\sigma_{max}$

　　弹性模量 E(MPa)：$E = \Delta\sigma/\Delta\varepsilon$；式中，$\Delta\sigma/\Delta\varepsilon$ 为 σ‑ε 曲线斜率

　　平均值：$\overline{X} = \sum_{i=1}^{n} \dfrac{X_i}{n}$

　　标准差：s. d. $= \sqrt{\sum_{i=1}^{n} \dfrac{(X - X_i)^2}{n-1}}$

6. 试验报告
试验设置：
- 试验时间和地点
- 试件数目和几何尺寸
- 类型和配置：试验机，应变测量仪，夹持接触面，加载装置连接器，加热系统，测温系统
- 条件：温度，相对湿度，气氛和试验模式
- 以下性能的平均值，标准差，变异系数：应变‑寿命，应力‑寿命，拉伸强度，拉伸强度下的应变，断裂强度，断裂强度下的应变，弹性模量

单个试件：
- 整体试件尺寸，平均横截面面积，平均表面粗糙度
- 应变‑寿命，应力‑寿命，R(最大/最小循环应力之比)，频率，循环数，应力幅，波形

**表 9.4.2.1.1.7　ASTM C1337‑96《拉伸载荷下连续纤维增强先进陶瓷的
蠕变及蠕变断裂标准试验方法》概述**

<table>
<tr><td>

1. 概要
- 目标材料：连续纤维增强 CMC
- 试验方法：蠕变及蠕变断裂
- 试验环境：空气,高温
- 试件数量：按实际情况确定

</td><td>

5. 计算
　　工程应力 σ(MPa)：$\sigma = P/A$；式中,
P 为外加作用力(N)；A 为初始横截面面
积(mm^2), $A = wt$
　　工程应变 ε(m/m)：$\varepsilon = (l - l_0)/l_0$；
式中,ε 为工程应变；l 为即时的工作段长
度(mm)；l_0 为原始工作段长度(mm)

</td></tr>
<tr><td>

2. 装置
- 试验机应符合 ASTM Practice E4 要求
- 引伸计应符合 ASTM Practice E83 要求

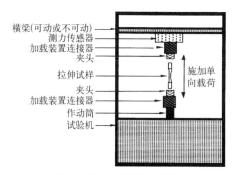

横梁(可动或不可动)
测力传感器
加载装置连接器
夹头
拉伸试样
施加单向载荷
夹头
加载装置连接器
作动筒
试验机

图 1　拉伸试验机示意图

</td><td></td></tr>
<tr><td>

3. 试验步骤
- 试件尺寸：在工作段范围内测量试件的厚度和
宽度(至少在 3 个不同横截面上测量)
- 热电偶数目：工作段长度为 25～50 mm 的用 2
个热电偶；工作段长度大于 50 mm 的用 3 个热
电偶
- 温度限制：指示值≤1 273±3 K
　　　　　　名义值>1 273±6 K
　　　　　　工作段部分≤773±5 K
　　　　　　　　　　>773 K ± 试验温度
　　　　　　　　　　的 1%
- 升温速率：30 min 内从室温升到试验温度
- 保持时间：到引伸计的输出信号平稳为止
- 预加载荷为试验载荷的 10%
- 数据采集：小于 24 h 的 0.1% 的试验时间
- 测量应变
- 试验后：工作段内断裂处的截面面积,测量并记
录相对于中点处的断裂位置,记录试件失效时
间,断裂的模式以及类型

</td><td>

6. 试验报告
试验设置：
- 试验时间和地点
- 试件数目和几何尺寸
- 类型和配置：试验机,应变测量仪,夹
具界面,加载装置连接器,加热系统,测
温系统
- 环境：温度,相对湿度,气氛和试验
模式
- 完整的热力学进程：加载/卸载速率,
加热/冷却速率,应力和温度水平
单个试件：
- 整体试件尺寸,平均横截面面积,平均
表面粗糙度
- 应力-应变曲线图和蠕变应变-时间曲
线图

</td></tr>
<tr><td>

4. CMH‑17 的试验参数
　　目前尚未规定

</td><td></td></tr>
</table>

表 9.4.2.1.3.1　ASTM D3379 - 75《高模量单丝材料拉伸强度和
杨氏模量的标准试验方法》概述

1. 概要
- 目标材料：连续纤维增强 CMC 的纤维
- 试验方法：拉伸强度
- 试验环境：室温,大气环境
- 试件数量：最少 10 个

2. 装置
- 试验机应符合 ASTM Practice E4 要求

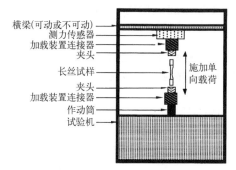

图 1　拉伸试验机示意图

3. 试验步骤
- 试件尺寸：从显微照片确定试验组的平均尺寸
- 试验机标定：初始标定,试验时每 4 h 一次
- 试验速率：横梁的速度可在 1 min 之内使试件失效
- 试件安装：夹住一头,切/烧加强片,再夹住另一头
- 试验：拉断试验件,记录失效时的载荷和伸长量

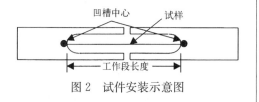

图 2　试件安装示意图

4. CMH - 17 的试验参数
　目前尚未规定

5. 计算

平均纤维面积 A（m^2）：$A = \dfrac{\sum a_f \times 10^{-6}}{(N)(M_f)^2}$；式中,$a_f$ 为单根纤维面积（mm^2）；N 为纤维数；M_f 为显微照片放大倍数

拉伸强度 T（Pa）：$T = F/A$,式中,F 为破坏载荷（N）,A 为平均纤维面积（m^2）

指示的柔度 C_a（mm/N）：$C_a = I/P \times H/S$；式中,I 为总伸长量；P 为满量程力（N）；H 为横梁移动速度（mm/s）；S 为刻度记录纸的速率（mm/s）

真实的柔度 C（mm/N）：$C = C_a - C_s$；式中,C_s 为系统的柔度（mm/N）

弹性模量 $Y_m = E$（Pa）：$Y_m = L/CA$；式中,L 为试验件工作段长度（mm）

平均值：$\bar{X} = \sum\limits_{i=1}^{n} \dfrac{X_i}{n}$

标准差：s.d. $= \sqrt{\sum\limits_{i=1}^{n} \dfrac{(X - X_i)^2}{n-1}}$

6. 试验报告
- 试件的标识：材料类型/来源,制造商名称和代码编号,材料先前的历史
- 选取试件的方法,试验件数目,安装试件的方法,测量横截面面积的方法
- 横截面积,试件工作段长度,系统柔度
- 横梁移动速度,图纸移动速率,测力计等
- 确定工作段长度的方法,破坏时的载荷
- 各个试验的弹性模量,拉伸强度结果、平均值和标准差
- 试验环境：温度、相对湿度、气氛
- 试验日期

9.4.2.2　压缩

目前只有少数关于 CMC 材料及其组分的压缩试验方法，这些方法包括面内单调强度（室温和高温）。最终将包括面内和厚度方向单调强度（室温和高温）、循环疲劳（室温和高温）和蠕变试验。下面各小节包括了对 CMC 材料验证，使其能收入在 CMH‑17 中所需的试验方法详细说明。

9.4.2.2.1　块状 CMC

下面列出的试验方法和相应表格中，将详细说明块状 CMC 压缩试验的有关试验参数。

面内单调压缩强度（室温）的试验方法参考 ASTM C1258‑97《实心矩形截面连续纤维增强先进陶瓷材料的室温单调压缩强度标准试验方法》，该标准概述见表 9.4.2.2.1。

表 9.4.2.2.1　ASTM C1258‑97《实心矩形截面连续纤维增强先进陶瓷材料的室温单调压缩强度标准试验方法》概述

1. 概要
- 目标材料：连续纤维增强的 CMC
- 试验方法：面内的单调压缩强度
- 试验环境：室温，空气
- 试件数量：最少 5 个有效试验

2. 装置
- 试验机应符合 ASTM Practice E4 要求
- 引伸计应符合 ASTM Practice E83 要求

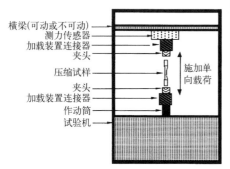

横梁(可动或不可动)
测力传感器
加载装置连接器
夹头
压缩试样
夹头
加载装置连接器
作动筒
试验机
施加单向载荷

图 1　试验机示意图

3. 试验步骤
- 试件尺寸（见图 2）：长径比，$1/k \leqslant 30$；在工作段范围内测量试件的厚度和宽度（至少在 3 个不同横截面上测量）
- 试验速率：足以在 5～10 s 内达到最终断裂
- 试验方法：在单程内由位移或载荷控制加载
- 试验：记录应力，应变，断裂位置，温度，相对湿度，检查并确认断裂处在工作段范围内，断裂应力小于临界屈曲应力

图 2　试件几何形状示例

4. CMH‑17 的试验参数
　目前尚未规定

5. 计算
　　长径比：$\dfrac{1}{k} = \sqrt{12}\,\dfrac{l}{b}$；式中，$l$ 为工作段长度；k 为横截面的最小回转半径；b 为截面厚度

　　临界屈曲应力 σ_{cr}（MPa）：$\sigma_{cr} = p_{cr}/wb = 4\pi^2 EI/l^2 wb$；式中，$P_{cr}$ 为临界压缩载荷（N）；w 为试验件的宽度；b 为试验件的厚度；E 为纵向弹性模量；I 为 b 向的转动惯量（$wb^3/12$）；l 为试验件的自由（无支持）工作段长度

（续表）

5. 计算

工程应力 σ(MPa)：$\sigma = P/A$；式中，P 为外加作用力（N）；A 为初始横截面面积（mm^2），$A = wt$

工程应变 ε(m/m)：$\varepsilon = (l - l_0)/l_0$；式中，$l$ 为任一时间的工作段长度（mm）；l_0 为原始工作段长度（mm）

压缩强度 S_u(MPa)：$S_u = P_{max}/A$；式中，P_{max} 为破坏载荷（N）

弹性模量 E(MPa)：$E = \Delta\sigma/\Delta\varepsilon$；式中，$\Delta\sigma/\Delta\varepsilon$ 为 σ-ε 曲线线性段的斜率

平均值：$\bar{X} = \sum\limits_{i=1}^{n} \dfrac{X_i}{n}$

标准差：$s.d. = \sqrt{\sum\limits_{i=1}^{n} \dfrac{(X - X_i)^2}{n-1}}$

6. 试验报告

试验设置：

- 试验时间和地点
- 试件数目和几何尺寸
- 类型和配置：试验机，应变测试仪，夹具界面，加载装置连接器
- 环境：温度，相对湿度，气氛和试验模式
- 下列性能的平均值，标准差，变异系数：压缩强度，压缩强度下的应变，断裂强度，断裂强度下的应变，弹性模量

单个试件：

- 整体试件的尺寸，平均横截面面积，平均表面粗糙度
- 压缩强度，压缩强度下的应变，断裂强度，断裂强度下的应变，弹性模量，应力-应变曲线图

9.4.2.2.2　基体

CMC 基体压缩的试验方法目前还没有国家标准或国际标准。

9.4.2.2.3　纤维

CMC 纤维压缩的试验方法目前还没有国家标准或国际标准。

9.4.2.2.4　界面相

CMC 界面相压缩的试验方法目前还没有国家标准或世界标准。

9.4.2.2.5　外部涂层

CMC 外部涂层压缩的试验方法目前还没有国家标准或国际标准。

9.4.2.3　剪切

目前有数种 CMC 材料及其组分的剪切试验方法，这些方法包括面内和层间剪切强度试验（室温）。未来亦将包括高温面内和层间剪切强度，以及室温和高温下的界面剪切强度。下面各小节包括了对 CMC 材料验证，使其能收入在 CMH‐17 中所需的试验方法详细说明。

9.4.2.3.1　块状 CMC

下面列出的试验方法和相应表格中，将详细说明块状 CMC 剪切试验的有关试验参数。

9.4.2.3.1.1　面内单调剪切强度（室温）

面内单调剪切强度（室温）的试验方法来自标准 ASTM C1292‐95[①]《连续纤维

[①]　译者注：此处原文错误，该标准编号为 ASTM C1292‐16。

增强先进陶瓷材料的室温剪切强度标准试验方法》，该方法概述见表 9.4.2.3.1.1。

表 9.4.2.3.1.1　ASTM C1292 - 95[1] 标准中关于"连续纤维增强先进陶瓷
材料的室温面内剪切强度标准试验方法"部分的概述

1. 概要	5. 计算
● 目标材料：连续纤维增强 CMC ● 试验方法：面内剪切强度 ● 试验环境：室温，大气 ● 试件数量：最少 10 个有效试验	面内剪切强度 τ(MPa)：$\tau_{max} = P_{max}/A$；式中，A 为受剪切应力处的截面面积（mm^2），$A = th$；h 为切口间距离（mm）；t 为试验件的厚度（mm） 平均值：$\bar{X} = \sum_{i=1}^{n} \dfrac{X_i}{n}$ 标准差：s. d. $= \sqrt{\sum_{i=1}^{n} \dfrac{(X - X_i)^2}{n-1}}$

2. 装置	
● 试验机应符合 ASTM Practice E4 要求	

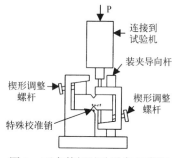

图 1　面内剪切试验设备示意图

3. 试验步骤	6. 试验报告
● 试件尺寸（见图 2）：在工作段范围内测量试件的厚度和宽度（至少在 3 个不同横截面上测量） ● 试验速率：0.05 mm/s，或者能在 10～30 s 内造成最终断裂的速率 ● 记录载荷-位移或者应力-应变数据 ● 测量并记录相对于中点的断裂位置	试验设置： ● 试验时间和地点 ● 试件数目和几何尺寸 ● 类型和配置：试验机，应变测试仪，试验装置 ● 环境：温度，相对湿度，气氛和试验模式 ● 下列性能的平均值、标准差、变异系数：剪切强度，剪切强度下的应变 单个试件： ● 整体试件尺寸，平均横截面面积，平均表面粗糙度 ● 剪切强度，剪切强度下的应变，应力-应变曲线图

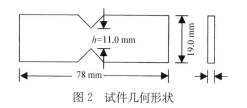

图 2　试件几何形状

4. CMH - 17 的试验参数	
目前尚未规定	

9.4.2.3.1.2　面内单调剪切强度（高温）

面内单调剪切强度（高温）的试验方法目前没有任何标准。

---

① 译者注：此处原文错误，该标准编号为 ASTM C1292 - 16。

9.4.2.3.1.3　层间单调剪切强度（室温）

层间单调剪切强度（室温）的试验方法来自标准 ASTM C1292－95《连续纤维增强先进陶瓷材料的室温剪切强度标准试验方法》，该方法概述见表 9.4.2.3.1.3。

表 9.4.2.3.1.3　ASTM C1292－95[①] 标准中关于"连续纤维增强先进陶瓷材料的室温层间（双切口挤压）剪切强度标准试验方法"部分的概述

1. 概要 ● 目标材料：连续纤维增强 CMC ● 试验方法：层间剪切强度 ● 试验环境：室温，大气环境 ● 试件数量：最少 10 个有效试验	**5. 计算** 　　层间剪切强度 τ(MPa)：$\tau_{max}=P_{max}/A$；式中，A 为受剪切应力处的截面面积（mm^2），$A=Wh$；h 为切口间距离（mm）；W 为试件的平均厚度（mm） 平均值：$\bar{X}=\sum_{i=1}^{n}\dfrac{X_i}{n}$ 标准差：s. d. $=\sqrt{\sum_{i=1}^{n}\dfrac{(X-X_i)^2}{n-1}}$
2. 装置 试验机应符合 ASTM Practice E4 要求 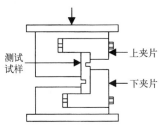 图 1　层间剪切试验设备示意图 测试试样　上夹片　下夹片	
3. 试验步骤 ● 试件尺寸（见图 2）：在工作段范围内测量试件的厚度和宽度（至少在 3 个不同横截面上测量） ● 试验速率：0.05 mm/s，或者能在 10～30 s 内造成最终断裂 ● 记录载荷-位移或者应力-应变数据 ● 测量并记录相对于中点处的断裂位置 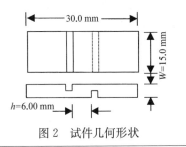 图 2　试件几何形状	**6. 试验报告** 试验设置： ● 试验时间和地点 ● 试件数目和几何尺寸 ● 类型和配置：试验机，应变测试仪，试验装置，夹具界面 ● 环境：温度，相对湿度，气氛和试验模式 ● 下列性能的平均值、标准差、变异系数：剪切强度，剪切强度下的应变 单个试件： ● 整体试件尺寸，平均横截面面积，平均表面粗糙度 ● 剪切强度，剪切强度下的应变，应力-应变曲线图
4. CMH－17 的试验参数 　目前尚未规定	

---

① 编者注：此处原文错误，该标准编号为 ASTM C1295－16。

9.4.2.3.1.4　层间单调剪切强度（高温）

层间单调剪切强度（高温）的试验方法目前没有任何标准。

9.4.2.3.2　基体

CMC 基体剪切的试验方法目前还没有国家标准或国际标准。

9.4.2.3.3　纤维

CMC 纤维剪切的试验方法目前还没有国家标准或国际标准。

9.4.2.3.4　界面相

CMC 界面相剪切的试验方法目前还没有国家标准或国际标准。

9.4.2.3.5　外部涂层

CMC 外部涂层剪切的试验方法目前还没有国家标准或国际标准。

9.4.2.4　弯曲

目前有数种 CMC 材料及其组分的弯曲试验方法。这些方法包括单调弯曲和剪切强度试验（室温和高温）。最终将包括室温和高温条件下的循环疲劳试验和蠕变试验。下面各小节包括了对 CMC 材料验证，使其能收入 CMH - 17 中所需的试验方法详细说明。

9.4.2.4.1　块状 CMC

下面列出的试验方法和相应表格中，将详细说明块状 CMC 弯曲试验的有关试验参数。

9.4.2.4.1.1　单调弯曲强度（室温）

单调弯曲强度（室温）的试验方法参考标准 ASTM C1341 - 95《连续纤维增强先进陶瓷材料弯曲性能的标准试验方法》，该标准概述见表 9.4.2.4.1.1。

9.4.2.4.1.2　单调弯曲强度（高温）

单调弯曲强度（高温）的试验方法参考标准 ASTM C1341 - 95《连续纤维增强先进陶瓷材料弯曲性能的标准试验方法》，该方法概述见表 9.4.2.4.1.2。

9.4.2.4.1.3　单调剪切强度（室温）

单调剪切强度（室温）的试验方法参考 CEN 建立的标准 ENV 658 - 5，其中关于"连续纤维增强 CMC 的剪切强度（3 点）"的试验方法概述见表 9.4.2.4.1.3。

9.4.2.4.2　基体

CMC 基体的弯曲的试验方法目前还没有国家标准或国际标准。

9.4.2.4.3　纤维

CMC 纤维的弯曲的试验方法目前还没有国家标准或国际标准。

9.4.2.4.4　界面相

CMC 界面相的弯曲的试验方法目前还没有国家标准或国际标准。

9.4.2.4.5　外部涂层

CMC 外部涂层的弯曲的试验方法目前还没有国家标准或国际标准。

表 9.4.2.4.1.1　ASTM C1341－95《连续纤维增强先进陶瓷材料弯曲性能的标准试验方法》室温条件下的方法概述

---

1. 概要
- 目标材料：连续纤维增强 CMC
- 试验方法：面内单调弯曲强度
- 试验环境：室温，大气环境
- 试件数量：最少 10 个有效试验

2. 仪器
- 试验机应符合 ASTM Practice E4 要求
- 试验夹具：① 对平行度公差为 0.02 mm 或 0.5%（以较大的为准）的试件用半铰接的夹具
② 对不符合这项要求的试件用全铰接的夹具

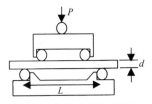

图 1　弯曲夹具示意图

3. 试验步骤
- 试件尺寸（见图 2）：在工作段范围内测量试件的厚度和宽度（至少在 3 个不同横截面上测量）
- 横梁速度：3 点和 4 点-1/4：$D = 0.167\varepsilon L_2/d$
  4 点-1/3：$D = 0.185\varepsilon L_2/d$

式中，D 为横梁运动速率（mm/s）；ε 为期望的应变速率（mm/mms）（推荐 $1\,000 \times 10^{-6}$）；L 为外支撑跨距（mm）；d 为试件厚度（mm）
- 在试件的端头和前表面做标记
- 对试件预加载，不超过断裂强度的 5%
- 记录载荷-位移或者应力-应变数据
- 测量和报告断裂位置（相对于中点）
- 记录断裂模式
- 试验是否有效？在加载点是否出现压碎或剪切失效？失效是否出现在 4 点加载方式的内跨，或在 3 点加载方式加载点的 2 mm 内？

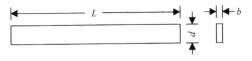

图 2　试件示意图

4. CMH－17 的试验参数
目前尚未规定

5. 计算
3 点加载方式：

弯曲应力 σ（MPa）：$\sigma = 3PL/2bd^2$；式中，σ 为给定载荷下外部纤维的最大拉伸应力（MPa）；P 为试验中在给定点的载荷（N）；L 为外支撑跨距（mm）；d 为试验件厚度（平均值或破断点处）（mm）；b 为试验件宽度（平均值或中间点）（mm）

弯曲应变 ε（mm/mm）：$\varepsilon = 6Dd/L^2$；式中，ε 为给定载荷下外部纤维的最大应变（m/m）；D 为试验中给定载荷下梁中心处的挠度（mm）；L 为外支撑跨距（mm）；d 为试验件厚度（平均值或破断点处）

弯曲强度 S_u（MPa）：$S_u = 3P_uL/2bd^2$；式中，P_u 为最大弯曲载荷（N）

弯曲强度下的应变 ε_u（mm/mm）：$\varepsilon_u = 6D_ud/L^2$；式中，$D_u$ 为最大载荷下梁中心的挠度（mm）

断裂强度 S_F（MPa）：$S_F = 3P_FL/2bd^2$；式中，P_F 为弯曲破坏载荷（N）

断裂强度下的应变 ε_F（mm/mm）：$\varepsilon_F = 6D_Fd/L^2$；式中，$D_F$ 为断裂载荷下梁中心处的挠度（mm）

切线弹性模量 E（MPa）：$E = mL^3/4bd^3$；式中，m 为载荷-变形曲线中起始直线段部分的切线斜率（N/mm）

4 点加载方式，Ⅱ-A：

弯曲应力 σ（MPa）：$\sigma = 3PL/4bd^2$；式中，σ 为给定载荷下外部纤维的最大拉伸应力（MPa）；P 为试验中给定点的载荷（N）；$L =$ 外支撑跨距（mm）；d 为试验件厚度（平均值或破断点处）（mm）；b 为试验件宽度（平均值或中间点）（mm）

弯曲应变 ε（m/m）：$\varepsilon = 4.36Dd/L^2$；式中，ε 为给定载荷下外部纤维的最大应变（m/m）；D 为试验中给定载荷下梁中心处的挠度（mm）

弯曲强度 S_u（MPa）：$S_u = 3P_uL/4bd^2$；式中，P_u 为最大弯曲载荷（N）

弯曲强度下的应变 ε_u（mm/mm）：$\varepsilon_u = 4.36D_ud/L^2$；式中，$D_u$ 为最大载荷下梁中心的挠度（mm）

5. 计算

断裂强度 S_F（MPa）：$S_F = 3P_F L/4bd^2$；式中，P_F 为弯曲破坏载荷（N）

断裂强度下的应变 ε_F（mm/mm）：$\varepsilon_F = 4.36D_F d/L^2$；式中，$D_F$ 为断裂载荷下梁中心处的挠度（mm）

切线弹性模量 E（MPa）：$E = 0.17mL^3/4bd^3$；式中，m 为载荷-变形曲线中起始直线段部分的切线斜率（N/mm）

4 点加载方式，Ⅱ-B：

弯曲应力 σ（MPa）：$\sigma = PL/bd^2$；式中，σ 为给定载荷下外部纤维的最大拉伸应力（MPa）；P 为试验中给定点的载荷（N）；L 为外支撑跨距（mm）；d 为试件厚度（平均值或破断点处）（mm）；b 为试验件宽度（平均值或中间点）（mm）

弯曲应变 ε（m/m）：$\varepsilon = 4.70Dd/L^2$；式中，ε 为给定载荷下外部纤维的最大应变（m/m）；D 为试验中给定载荷下梁中心处的挠度（mm）

弯曲强度 S_u（MPa）：$S_u = P_u L/bd^2$；式中，P_u 为最大弯曲载荷（N）

弯曲强度下的应变 ε_u（mm/mm）：$\varepsilon_u = 4.70D_u d/L^2$；式中，$D_u$ 为最大载荷下梁中心的挠度（mm）

断裂强度 S_F（MPa）：$S_F = P_F L/bd^2$；式中，P_F 为弯曲破坏载荷（N）

断裂强度下的应变 ε_F（mm/mm）：$\varepsilon_F = 4.70D_F d/L^2$；式中，$D_F$ 为断裂载荷下梁中心处的挠度（mm）

切线弹性模量 E（MPa）：$E = 0.21mL^3/4bd^3$；式中，m 为载荷变形曲线中起始直线段部分的切线斜率（N/mm）

平均值：$\bar{X} = \sum_{i=1}^{n} \dfrac{X_i}{n}$

标准差：$\mathrm{s.d.} = \sqrt{\sum_{i=1}^{n} \dfrac{(X - X_i)^2}{n-1}}$

6. 报告

试验设置：

- 试验时间和地点
- 试件数目和几何尺寸
- 类型和配置：试验机，应变测试仪，试验装置
- 环境：温度，相对湿度，气氛和试验模式，加载的几何形式（3 点，4 点-1/4，4 点-1/3）
- 下列性能的平均值、标准差、变异系数：弯曲应力，弯曲强度下的应变，弯曲强度，断裂强度，断裂强度下的应变，弹性模量，比例极限应力，比例极限应力下的应变

单个试件：

- 整体试件尺寸，平均横截面尺寸，平均表面粗糙度
- 失效模式/位置
- 弯曲应力，弯曲强度下的应变，弯曲强度，断裂强度，断裂强度下的应变，弹性模量，比例极限应力，比例极限应力下的应变，应力-应变曲线图

表 9.4.2.4.1.2　ASTM C1341 - 95《连续纤维增强先进陶瓷材料弯曲性能的标准试验方法》中对高温条件下试验方法的概述

1. 概要
- 目标材料：连续纤维增强 CMC
- 试验方法：面内单调弯曲强度
- 试验环境：高温，空气
- 试件数量：最少 10 个有效试验

2. 装置
- 试验机应符合 ASTM Practice E4 要求
- 试验夹具：① 对平行度公差为 0.02 mm 或 0.5%(以较大的为准)的试件用半铰接的夹具；② 对不符合这项要求的试件用全铰接的夹具

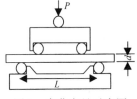

图 1　弯曲夹具示意图

3. 试验步骤
- 试件尺寸(见图 2)：在工作段范围内测量试件的厚度和宽度(至少在 3 个不同横截面上测量)
- 横梁速度：3 点和 4 点 - 1/4: $D = 0.167\varepsilon L_2/d$
  4 点 - 1/3: $D = 0.185\varepsilon L_2/d$
式中，D 为横梁运动速率(mm/s)；ε 为期望的应变速率(mm/mms)(推荐 $1\,000\times10^{-6}$)；L 为外支撑跨距(mm)；d 为试件厚度(mm)
- 在试件的端头和前表面做标记
- 对试件预加载，不超过断裂强度的 5%
- 记录载荷-位移或者应力-应变数据
- 测量和报告断裂位置(相对于中点)
- 记录断裂模式
- 试验是否有效？在加载点是否出现压碎或剪切失效？失效是否出现在 4 点加载方式的内跨，或在 3 点加载方式加载点的 2 mm 内？

图 2　弯曲试件示意图

4. CMH - 17 的试验参数
　目前尚未规定

5. 计算
3 点加载方式：

弯曲应力 σ(MPa)：$\sigma = 3PL/2bd^2$；式中，σ 为给定载荷下外部纤维的最大拉伸应力(MPa)；P 为试验中在给定点的载荷(N)；L 为外支撑跨距(mm)；d 为试验件厚度(平均值或破断点处)(mm)；b 为试验件宽度(平均值或中间点)(mm)

弯曲应变 ε(mm/mm)：$\varepsilon = 6Dd/L^2$；式中，ε 为给定载荷下外部纤维的最大应变(m/m)；D 为试验中给定载荷下梁中心处的挠度(mm)；L 为外支撑跨距(mm)；d 为试验件厚度(平均值或破断点处)

弯曲强度 S_u(MPa)：$S_u = 3P_uL/2bd^2$；式中，P_u 为最大弯曲载荷(N)

弯曲强度下的应变 ε_u(mm/mm)：$\varepsilon_u = 6D_ud/L^2$；式中，$D_u$ 为最大载荷下梁中心的挠度(mm)

断裂强度 S_F(MPa)：$S_F = 3P_FL/2bd^2$；式中，P_F 为弯曲破坏载荷(N)

断裂强度下的应变 ε_F(mm/mm)：$\varepsilon_F = 6D_Fd/L^2$；式中，$D_F$ 为断裂载荷下梁中心处的挠度(mm)

切线弹性模量 E(MPa)：$E = mL^3/4bd^3$；式中，m 为载荷-变形曲线中起始直线段部分的切线斜率(N/mm)

4 点加载方式，Ⅱ - A：

弯曲应力 σ(MPa)：$\sigma = 3PL/4bd^2$；式中，σ 为给定载荷下外部纤维的最大拉伸应力(MPa)；P 为试验中在给定点的载荷(N)；L 为外支撑跨距(mm)；d 为试验件厚度(平均值或破断点处)(mm)；b 为试验件宽度(平均值或中间点)(mm)

弯曲应变 ε(m/m)：$\varepsilon = 4.36Dd/L^2$；式中，ε 为给定载荷下外部纤维的最大应变(m/m)；D 为试验中给定载荷下梁中心处的挠度(mm)

弯曲强度 S_u(MPa)：$S_u = 3P_uL/4bd^2$；式中，P_u 为最大弯曲载荷(N)

（续表）

5. 计算

弯曲强度下的应变 ε_u（mm/mm）：$\varepsilon_u = 4.36D_u d/L^2$；式中，$D_u$ 为最大载荷下梁中心的挠度（mm）

断裂强度 S_F（MPa）：$S_F = 3P_F L/4bd^2$；式中，P_F 为弯曲破坏载荷（N）

断裂强度下的应变 ε_F（mm/mm）：$\varepsilon_F = 4.36D_F d/L^2$；式中，$D_F$ 为断裂载荷下梁中心处的挠度（mm）

切线弹性模量 E（MPa）：$E = 0.17mL^3/4bd^3$；式中，m 为载荷-变形曲线中起始直线段部分的切线斜率（N/mm）

4 点加载方式，Ⅱ-B：

弯曲应力 σ（MPa）：$\sigma = PL/bd^2$；式中，σ 为给定载荷下外部纤维的最大拉伸应力（MPa）；P 为试验中给定点的载荷（N）；L 为外支撑跨距（mm）；d 为试验件厚度（平均值或破断点处）（mm）；b 为试件宽度（平均值或中间点）（mm）

弯曲应变 ε（m/m）：$\varepsilon = 4.70Dd/L^2$；式中，ε 为给定载荷下外部纤维的最大应变（m/m）；D 为试验中给定载荷下梁中心处的挠度（mm）

弯曲强度 S_u（MPa）：$S_u = P_u L/bd^2$；式中，P_u 为最大弯曲载荷（N）

弯曲强度下的应变 ε_u（mm/mm）：$\varepsilon_u = 4.70D_u d/L^2$；式中，$D_u$ 为最大载荷下梁中心的挠度（mm）

断裂强度 S_F（MPa）：$S_F = P_F L/bd^2$；式中，P_F 为弯曲破坏载荷（N）

断裂强度下的应变 ε_F（mm/mm）：$\varepsilon_F = 4.70D_F d/L^2$；式中，$D_F$ 为断裂载荷下梁中心处的挠度（mm）

切线弹性模量 E（MPa）：$E = 0.21mL^3/4bd^3$；式中，m 为载荷变形曲线中起始直线段部分的切线斜率（N/mm）

平均值：$\bar{X} = \sum_{i=1}^{n} X_i/n$

标准差：$\text{s.d.} = \sqrt{\sum_{i=1}^{n} \frac{(X-X_i)^2}{n-1}}$

6. 报告

试验设置：

- 试验时间和地点
- 试件数目和几何尺寸
- 类型和配置：试验机，应变测试仪，试验装置
- 环境：温度，相对湿度，气氛和试验模式，加载的几何形式（3 点，4 点-1/4，4 点-1/3）
- 下列性能的平均值、标准差、变异系数：弯曲应力，弯曲强度下的应变，弯曲强度，断裂强度，断裂强度下的应变，弹性模量，比例极限应力，比例极限应力下的应变.

单个试件：

- 整体试件尺寸，平均横截面尺寸，平均表面粗糙度
- 失效模式/位置
- 弯曲应力，弯曲强度下的应变，弯曲强度，断裂强度，断裂强度下的应变，弹性模量，比例极限应力，比例极限应力下的应变，应力-应变曲线图

表 9.4.2.4.1.3　ENV 658－5 对"连续纤维增强 CMC 的剪切强度(3 点)"试验方法的概述

1. 概要
- 目标材料：连续纤维增强 CMC
- 试验方法：短跨弯曲试验
- 试验环境：室温大气环境
- 试件数量：最少 5 个有效试验

2. 仪器
- 试验机应该满足 EN10002－2 的 1 级要求,并能记录力
- 精度 0.1 mm 的千分尺并且符合 ISO 9611
- 试验夹具应该有中心辊和能够向外滚动的外部支撑滚轴,中心辊和支撑滚轴的直径 D 为 3 mm,其长度 L(D)不能小于试件宽度 b(见表 1)
- 试件应符合表 1 中的尺寸规格

表 1　试件规格

测 量 项 目	尺寸/mm	公差/mm
总长	20～25	±1
厚度	3	±1.1
宽度	10	±0.1
加工零件的平行度		0.05～0.1

3. 试验步骤
- 试件尺寸：测量试件中心和每一端的宽度和厚度,精确到 0.1 mm
- 测量支撑跨距,精确到 0.1 mm
- 横梁速度：0.1 mm/mm 或在 15 s 内完成试验
- 在试验机上安装试件,并设置横梁速度,记录力-时间
- 检验失效位置和失效模式
- 试验有效性：下列情况将宣告试验失败
  不按说明和记录试验条件
  不记录失效位置和模式
  试件失效没有发生在距中点±h/4 的范围内

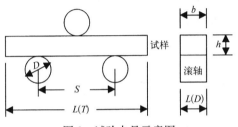

图 1　试验夹具示意图

4. CMH－17 的试验参数
　目前尚未规定

5. 计算
　在 12 面内的层间剪切强度 ILLS(MPa)：ILSS = $3F/4bh$；式中,F 为层间失效力(N)；b 为平均试件宽度(mm)；h 为平均试件厚度(mm)

6. 报告
- 试验机构名称和地址
- 试验日期,报告的编号
- 用户名称,地址和签署人
- 标准的参考文献
- 描述试验材料,纤维类型,批次号,接受日期,试件的面积和试件取向
- 试件数和有效试件数
- 力-时间记录
- 层间剪切强度；单个的结果和平均值
- 失效模式和失效位置
- 关于试验和/或试验结果的说明

9.4.2.5　断裂

还没有关于 CMC 及其组分断裂试验的国家或国际标准。未来本小节将涵盖以下性能的试验方法，包括面内断裂、层间断裂、与时间有关的断裂和裂纹扩展断裂等。

9.4.2.5.1　块状 CMC

块状 CMC 断裂的试验方法目前还没有国家标准或国际标准。

9.4.2.5.2　基体

CMC 基体断裂的试验方法目前还没有国家标准或国际标准。

9.4.2.5.3　纤维

CMC 纤维断裂的试验方法目前还没有国家标准或国际标准。

9.4.2.5.4　界面相

CMC 界面相断裂的试验方法目前还没有国家标准或国际标准。

9.4.2.5.5　外部涂层

CMC 外部涂层断裂的试验方法目前还没有国家标准或国际标准。

9.4.3　物理性能

在物理性能试验方法中，包括了对材料固有的那些非热学或非力学属性进行测试的方法，尤其关注密度、电学性能、弹性常数、体积含量和尺度等性能。

9.4.3.1　密度

已经对块状 CMC 和纤维密度试验方法，建立了唯一国家标准或国际标准。

9.4.3.1.1　块状 CMC

关于块状 CMC 密度试验方法的唯一国家或国际标准是由 CEN 建立的 ENV 1389，其中对"连续纤维增强 CMC 的密度"试验方法的概述见表 9.4.3.1.1。

9.4.3.1.2　基体

CMC 基体密度还没有国家标准或国际标准。

9.4.3.1.3　纤维

已经由 CEN 建立了 CMC 纤维密度试验方法的唯一国家或国际标准。表 9.4.3.1.3 中包括了 ENV 1007 - 2"连续纤维增强 CMC 纤维的线质量"的综述，以及其特定的试验参数。

9.4.3.1.4　界面相

CMC 界面相密度的试验方法目前还没有国家标准或国际标准。

9.4.3.1.5　外部涂层

CMC 外部涂层密度的试验方法目前还没有国家标准或国际标准。

9.4.3.2　电学性能

块状 CMC 及其组分电学性能的试验方法目前还没有国家标准或国际标准。

表 9.4.3.1.1　ENV 1389 中对"连续纤维增强 CMC 的密度"的试验方法概述

1. 概要 ● 目标材料：连续纤维增强 CMC ● 试验方法：几何法,液体置换法 ● 试验环境：大气环境,蒸馏水 ● 试件数量：单个试件	**5. 计算** 　　体密度 ρ(g/cm³)：$\rho = m/v$；式中,m 为质量(g)；v 为体积(cm³) 　　m_1(g) 为干燥试件质量 　　表观质量 m_2(g)：$m_2 = m_s - m_w$；式中,m_s 为沉没质量(g)；m_w 为线的质量(g) 　　m_3(g) 为浸透试件的质量 　　体密度 ρ_b(g/cm³)：$\rho_b = m_1/(m_3 - m_2)\rho_1$；式中,$\rho_1$ 为液体密度(g/cm³) 　　表观孔隙率 π_a(%)：$\pi_a = (m_3 - m_1) \times 100/(m_3 - m_2)$
2. 装置 采用这两种密度测量方法需要下列设备： ● 方法 A：烘干炉,天平,标定测量装置(具有 0.01 mm 精度的卡尺或千分表),干燥器 ● 方法 B：烘干炉,天平,直径<0.15 mm 的去污金属丝,抽气设备,温度计,玻璃烧杯,干燥器,压力计,吸水布,蒸馏水	
3. 试验步骤 　　方法 A(几何法)： ● 试件应大于 2 g 并且每个方向尺寸都应大于 3 mm ● 在干燥炉中以(283±5)K 烘干试件,直至 2 h 后两次连续称重的差异不超过 0.03% ● 放置干燥器中,使其冷却至室温 ● 在大气环境中测质量 ● 每个方向至少测三个点的尺寸,精确到 0.001 mm ● 剔除在一个方向上与平均值差异大于 1% 的任何试件 　　方法 B(液体置换法,即阿基米德法)： ● 试件应大于 2 g 并且每个方向尺寸都应大于 3 mm ● 在干燥炉中以(283±5)K 烘干试件,直至 2 h 后两次连续称重的差异不超过 0.03% ● 放置干燥器中,使其冷却至室温 ● 在大气环境中测质量 ● 将冷却干燥的试验片放置在密闭容器中,抽气使气压降至 2 500 Pa 以下,保持至少 15 min ● 将试件浸入到浸渍液中直至液面下约 20 mm ● 当完全浸渍后,用细线将试件从载物盘吊起,并测质量 ● 将试件解开,并在液体中称量线的质量 ● 测量液体温度 ● 将试件从液体中取出,用吸水布擦干 ● 在空气中测量试件的质量	**6. 报告** ● 试验机构名称和地址 ● 试验/报告日期,标识和编号,操作者,签署人 ● 所用标准和方法的参考文献 ● 试验材料描述,制造商,类型,批次号 ● 试件编号 ● 烧结或机加工试件的形状和表面状态 ● 对于方法 B：压力,浸渍液和温度,浸渍时间 ● 体密度和表观孔隙率(单个值和平均值) ● 关于试验和/或试验结果的说明
4. CMH‐17 的试验参数 　　目前尚未规定	

表 9.4.3.1.3　ENV 1007‑2 对"连续纤维增强 CMC 纤维的线质量"方法概述

1. 概要 ● 目标材料：陶瓷纤维,碳化硅,氮化硅,碳氮化硅,硅酸铝,氧化铝或硅 ● 试验方法：线质量试验 ● 试验环境：室温下大气环境 ● 试件数量：至少 3 个试件	**5. 计算** 　线密度 $T_t(\text{g/m})$：$T_t = m \times 10^3 / l$ 　式中,m 为试件质量(g);L 为试件长度(m)
2. 装置 ● 切割装置 ● 天平 ● 塑料手套	
3. 试验步骤 ● 将陶瓷细纱放入切割装置,切成所规定的测量长度 ● 进行预拉伸[大约(5±2.5)mN/tex],并切割到所规定的测量长度 ● 将每个测量都分成很多小段,直至达到最小称重质量为 0.1 g	**6. 报告** ● 试验机构名称和地址 ● 试验日期,报告的编号 ● 用户名称,地址和签署人 ● 标准的参考文献 ● 试验材料描述,纤维类型,批次号,接收日期 ● 每个试件片的线密度 ● 关于试验和/或试验结果的说明
4. CMH‑17 的试验参数 　目前尚未规定	

9.4.3.2.1　块状 CMC

块状 CMC 电学性能的试验方法目前还没有国家标准或国际标准。

9.4.3.2.2　基体

CMC 基体电学性能的试验方法目前还没有国家标准或国际标准。

9.4.3.2.3　纤维

CMC 纤维电学性能的试验方法目前还没有国家标准或国际标准。

9.4.3.2.4　界面相

CMC 界面相电学性能的试验方法目前还没有国家标准或国际标准。

9.4.3.2.5　外部涂层

CMC 外部涂层电学性能的试验方法目前还没有国家标准或国际标准。

9.4.3.3　弹性常数

块状 CMC 及其组分弹性常数的试验方法目前还没有国家标准或国际标准。

9.4.3.3.1　块状 CMC

块状 CMC 弹性常数的试验方法目前还没有国家标准或国际标准。

9.4.3.3.2　基体

CMC 基体弹性常数的试验方法目前还没有国家标准或国际标准。

9.4.3.3.3　纤维

CMC 纤维弹性常数的试验方法目前还没有国家标准或国际标准。

9.4.3.3.4　界面相

CMC 界面相弹性常数的试验方法目前还没有国家标准或国际标准。

9.4.3.3.5　外部涂层

CMC 外部涂层弹性常数的试验方法目前还没有国家标准或国际标准。

9.4.3.4　体积含量

已对块状 CMC 建立了 CMC 纤维体积含量的唯一国家标准或国际标准。

9.4.3.4.1　块状 CMC

关于纤维体积含量的唯一的国家标准或国际标准是由 CEN 建立的 ENV 1007 - 1,其中对"连续纤维增强 CMC 的纤维浸润水平"的试验方法概述见表 9.4.3.4.1。

表 9.4.3.4.1　CEN ENV1007 - 1"连续纤维增强 CMC 的纤维浸润水平"

1. 概要 ● 目标材料:陶瓷纤维,碳化硅,氮化硅,碳氮化硅,硅酸铝,氧化铝或硅 ● 试验方法:质量浸润含量 ● 试验环境:液态溶剂 ● 试件数量:至少 3 个试件	**5. 计算** 　　浸润材料含量: $\tau = [M_2 - (M_3 - M_2)] \times 100/M_1$ 式中,M_1 为试件重量(g);M_2 为干燥滤纸重量(g);M_3 为含溶剂滤纸重量(g)
2. 装置 　天平,热空气炉,干燥器,嵌环,烧结玻璃过滤器,镊子,刀片,反流萃取器,加热装置,长颈烧瓶,有机溶剂	
3. 步骤 ● 在(378±5)K 下将滤纸和嵌环放置 1 h 进行干燥 ● 称量干滤纸和试件 ● 将干滤纸和试件放入嵌环 ● 将适当的溶剂加入长颈烧瓶 ● 调整溶液的体积以确保有足够的量充满回流系统 ● 将干滤纸嵌环还有试件放入萃取器,并配上长颈烧瓶 ● 调整反流速率到每小时 5 次和确保能完全萃取浸润材料的小时数 ● 最后一次反流后将嵌环和滤纸取出 ● 在高于溶剂沸点 5 K 的炉温下,将滤纸和试件置于热气炉中烘干 ● 使滤纸在干燥器中冷却,并称重精确到 0.1 mg	**6. 报告** ● 试验机构名称和地址 ● 试验日期,报告的独特标识 ● 用户名称,地址和签署 ● 标准的参考文献 ● 描述试验材料,纤维类型,批次编号,接收日期 ● 每个试件的浸润材料含量 ● 关于试验和/或试验结果的说明
4. CMH - 17 的试验参数 　目前尚未规定	

9.4.3.5　尺寸规格

已经建立了关于 CMC 尺寸规格试验方法的唯一国家标准或国际标准。

9.4.3.5.1　基体（粒度）

CMC 基体粒度试验方法还没有国家标准或国际标准。

9.4.3.5.2　纤维（直径）

关于 CMC 纤维直径试验方法的唯一国家或国际标准是由 CEN 建立的 ENV 1007－3，其中对"连续纤维增强 CMC 的长丝直径"试验方法的概述见表 9.4.3.5.2。

9.4.4　化学性能

此节留待以后补充。

9.4.5　电学性能

此节留待以后补充。

9.4.6　环境试验

此节留待以后补充。

表 9.4.3.5.2　ENV 1007－3 对"连续纤维增强 CMC 的长丝直径"试验方法的概述

1. 概要 ● 目标材料：陶瓷纤维单丝 ● 试验方法：方法 A——纵剖面； 　　　　　　　方法 B——横断面； 　　　　　　　方法 C——激光干涉测量 ● 试验环境：大气环境空气 ● 试件数量：按单丝或纤维而定	**3. 步骤** 方法 B： ● 选一种能使陶瓷纤维和基体很好黏结的树脂 ● 调整试件使得纤维垂直于树脂块表面 ● 灌注纤维样本并在设定温度-时间周期内将其聚合 ● 放大倍数选在 1 000～1 500 倍的范围内 ● 利用照片或影像分析仪用测面积法测量每根丝的横截面积 ● 测量每根丝的影像的表面面积 方法 C： ● 利用固定片来准备长丝 ● 在纤维丝头上涂少量的胶，将纤维丝粘接到固定片的狭缝上 ● 把固定片安放在激光和屏幕之间 ● 测量试件到屏幕之间的距离（≥500 mm） ● 用刻度尺测量内部条纹距离，到 0.5 mm
2. 仪器 ● 具有照明设备的显微镜，目镜上具有两条正交线和平行于一个方向的两根线段，放大倍数为 1 000 倍 ● 具有照相设备的光学显微镜，求积仪或图像分析仪，树脂 ● 低功率激光仪，立式支座，投影屏，刻度尺	
3. 步骤 方法 A： ● 在显微镜承物玻璃片和盖片间固定一些短的陶瓷纤维 ● 用光束扫描选定的纤维 ● 聚焦显微镜的计数线，并转动目镜观察平行于陶瓷纤维的两条线 ● 聚焦在单丝上，并成功将两条平行线与图像的两边相重合 ● 读出数字或刻度数	**4. CMH－17 的试验参数** 　目前尚未规定

（续表）

5. 计算	**6. 报告**
长丝直径 $d(\mu m)$ 　　方法 A：$d = N_R/2n$；式中，N_R 为刻度数，n 为标定常数 　　方法 B：$d = 2\sqrt{S/\pi}$；式中，S 为截面积（μm） 　　方法 C：$d = \lambda D/i$；式中，λ 为波长（μm），D 为试件和屏幕之间的距离（mm）；i 为内部条纹距离（mm）	● 试验机构名称和地址 ● 试验日期，报告的编号 ● 用户名称，地址和签署人 ● 标准的参考文献 ● 试验材料描述，纤维类型，批次号，接收日期 ● 选取的测量方法 ● 测量的直径类型 ● 取样的法则或采样计划 ● 测量的长丝/纤维数 ● 平均的长丝直径与直径范围 ● 需要时，平均的横截面积与范围 ● 关于试验和/或试验结果的说明

第 10 章　增强体评估

10.1　引言

此节留待以后补充。

10.2　力学性能

10.2.1　弹性(泊松比、模量)

此节留待以后补充。

10.2.2　强度

此节留待以后补充。

10.2.3　蠕变/蠕变断裂

此节留待以后补充。

10.2.4　疲劳

此节留待以后补充。

10.3　热性能

10.3.1　热膨胀系数

此节留待以后补充。

10.3.2　热导率

此节留待以后补充。

10.3.3　环境(腐蚀、侵蚀、磨损等)

此节留待以后补充。

10.3.4　氧化

此节留待以后补充。

第 11 章　基体材料评估

11.1　引言

此节留待以后补充。

11.2　力学性能

11.2.1　弹性(泊松比、模量)

此节留待以后补充。

11.2.2　强度

此节留待以后补充。

11.2.3　蠕变/蠕变断裂

此节留待以后补充。

11.2.4　疲劳

此节留待以后补充。

11.3　热性能

11.3.1　热膨胀系数

此节留待以后补充。

11.3.2　热导率

此节留待以后补充。

11.3.3　环境(腐蚀、侵蚀、磨损等)

此节留待以后补充。

11.3.4　氧化

此节留待以后补充。

11.3.5　其他物理性能(粉末或预制体性能)

此节留待以后补充。

第 12 章　界面材料评估

此章留待以后补充。

第13章　复合材料评估

13.1　密度

13.1.1　适用性

CMC 原材料、在制备过程中的 CMC 或成品 CMC 的密度(或比重)能够反映有关其质量和适用性的关键信息。密度过低的材料通常力学性能会相应降低,同时材料抗环境腐蚀或侵蚀的能力也会受到影响。

这里将对制造过程的各个阶段确定 CMC 密度的多种方法进行综述。氦比重瓶法是最常用的获取粉状或纤维状原料密度的方法,蜡密度技术可用于测试处于素坯成型状态的某些 CMC,测量/称量和阿基米德技术分别广泛地用于评估共处理的测试模块和成品部件。

制品的密度受内部孔隙率的影响,层间区域内具有较大孔隙率的 CMC 可能会降低层间拉伸强度和剪切强度。对于通过重复渗透循环(如聚合物浸渍裂解或化学气相沉积)致密化的 CMC,密度的逐渐降低和最终的平稳期都为致密化完成时间提供了重要指示。

与内部孔隙率相似,CMC 的表面孔隙率也是影响其力学性能的一个关键因素。更高水平的表面孔隙率为环境侵蚀提供了更大的表面积,并且孔隙还可以充当引发基体开裂的起始点。另外,应对渗透的基体固化方法依赖于相互连接的表面孔隙来引入基体。

可以预见的是评估 CMC 部件密度的方法将持续发展。例如,随着将 CMC 应用到热端部件和内部冷却部件,将需要开发新的技术以获取其密度或密度变化。

除了评估成品的质量外,CMC 中各种成分的密度对于确保过程控制和过程质量也是非常重要的。例如,在用作基体部分的陶瓷粉末填料上,如果氦气比重瓶法测出的密度低于正常值,则可以表明存在单个晶粒内部的孔隙。纤维密度的减小可能是拉伸强度降低的预兆。通过测量原料粉末和纤维的密度可识别化学计量不准确或原料反应不完全,并将其用作检查批次间差异的一种有效方法。

最后，跟踪部件在素坯成型、初始致密化、最终致密化和热处理（例如基体结晶）过程中的密度变化，可以作为质量控制技术的重要组成部分。由于许多 CMC 基体制造的过程都需要准确地达到指定的密度，因此获得制造过程中的密度测量值对更好地理解过程变量的影响非常重要。

13.1.2　测试方法

1）直接测量

测量任何规则几何形状（如矩形、薄壁管等）的密度的最简单技术是准确测量尺寸，计算体积，并确定物品的质量。用质量除以体积将得到制品的密度。与阿基米德技术不同，该技术的优点是不受表面孔隙率或表面化学性质（相对于测量流体）的影响。

该技术的精度局限于形状轮廓公差的广泛变化。例如，以薄壁圆柱体形式的燃烧室衬套为例，在多个位置进行的测量可能会遗漏壁厚的变化，并导致错误的结果。使用诸如白光检测之类的新兴技术可以在三个维度上准确定义复杂部件的外部边界，提高这种类型的测量的准确性，并且可以帮助将其扩展到更复杂的形状部件［见参考文献 13.1.2(a)］。

2）阿基米德原理与通过液体置换测量密度因子

希腊哲学家和物理学家阿基米德发现，浸入液体中的任何物体都会受到浮力的作用，该浮力的大小等于被物体排出的液体的重力。该原理是 ASTM C373 标准测试白色烧制陶瓷产品的吸水率、堆积密度、表观孔隙率和表观密度的基础［见参考文献 13.1.2(b)］。尽管此技术最初是为白色陶瓷类型开发的，但它对 CMC 具有广泛的适用性。

在实践 ASTM C373 中，执行了三次测量分别为：干燥部件称重；将部件悬浮在液体中后称重；使其表面孔隙率在流体中达到饱和后称重。最常见的流体是水，ASTM C373 中将样品煮沸一小时，以帮助消除制品表面的气泡，并确保表面和表面孔隙能完全润湿。这在生产环境中可能很耗时，并且可以使用替代手段来改善润湿性并减少"浸泡时间"。例如，可以将一滴柯达去水渍液（Kodak Photo-Flo）添加到 250 mL 水中，或者可以使用其他表面活性剂来提高润湿性，从而提高准确性。另外，可以将样品浸没在容器中并施加真空，以更快地释放出被捕获或吸附的气体。在某些情况下，将水浸入多孔 CMC 中可能会带来其他问题时，可以用溶剂（如 N -己烷）代替水（易燃性低）。对于挥发性低/易燃性极低的溶剂，可以考虑在溶剂中进行真空沸腾。

一旦流体完全润湿了表面，就可以测悬挂质量。与部件的实测体积相比，支撑物浸没部分的体积应相对较小。在实践中常使用细金属丝或细金属丝篮仍为支撑物。该设备必须绑在秤或称重设备上，以便于仅称量物品及其支撑物（根据 ASTM C373，应减去或除去支撑物的质量)。通常,对于质量小于 200 g 的部件,精度为 0.001 g 即有用,更小的物品可以使用精度为 0.000 1 g 的称重设备。

一旦干燥、饱和与悬浮的称重结束,则可以按照 ASTM C373 中的公式确定表观密度、堆积密度和与表面连通的孔隙率。有关如何解释这些结果的详细信息,请参见后续的"分析"部分。

人们尚未广泛认识到,阿基米德技术可以应用于部分致密的、多孔的或其他素坯。可以将复杂形状的部件短暂浸入熔融石蜡浴中(例如使用钳子)以密封表面。蜡将固化并密封表面,从而允许使用 ATSM C373 程序确定堆积密度的预成型坯(或坯料密度)。该技术可用于确定随着基体渗透而产生的密度增加。但是,经过此测试的部件可能不适合进一步加工,除非使用加热或其他方式从表面去除密封蜡[见参考文献 13.1.2(c)]。

3) 比重法

在比重法中,气体或液体被吸附或吸收到粉末、纤维束或多孔 CMC 预成型坯(素坯)中。涂覆在颗粒(或纤维)表面或渗入预成型坯的量需要仔细测量,且可能涉及重复的吸附/解吸循环。样品的重力和排出的气体量通过博伊尔定律用于压力/体积关系:这些用于计算粉末或纤维的比重。针对起始原料的测量中最常用的比重瓶是氦(气)比重瓶,它对细微的表面孔隙率和单个颗粒的密度的测量很灵敏,但对粉末或纤维的单个颗粒内的内部孔隙率的测量不太灵敏。

最好使用液体浸入式孔隙率计评估多孔制品(例如 CMC),以识别孔径分布和体积。对于较大的相互连接的孔结构,这种方法特别有效。汞孔隙率法是最常用的渗透法(可以说是最准确的方法),但它伴随着环境健康和安全问题,以及样品污染问题。为了获得准确的孔隙率,可以使用氮气 BET 技术表征孔径和分布。由于这些方法本身不是密度技术,在此将不做进一步讨论。在评估不符合密度规格的部件或样品时,汞孔隙率法和 BET 气体吸附法是值得考虑的[见参考文献 13.1.2(d)]。

4) 新兴技术

可用于表征密度和密度分布的评估工具尚在不断发展。CT 和共振超声技术等新技术在表征局部密度差异方面已得到越来越多的科学应用,但尚未完全建立使用这些技术的 ASTM 标准。

13.1.3　密度测试的注意事项

13.1.3.1　测试样品或部件的几何形状

可以仔细称量和测量由规则几何形状组成的部件。尺寸检查和质量的准确性将决定测量的准确性。部件或标准件通常应没有表面和边缘缺口。诸如叶片之类的复杂形状将更适合于阿基米德技术,以下是关于阿基米德技术的注意事项。

1）尺寸

可测量的尺寸受设备限制，例如秤的容量和测量设备/浴槽尺寸。

2）形状

对于阿基米德技术，考虑到底切或凹陷会截留气泡从而影响精度。可以在有或没有超声搅动的情况下使用真空来排出滞留的空气或其他气体。

3）准备工作

如 13.1.2 中关于阿基米德技术的讨论，表面活性剂可在用于确定悬浮质量的水系或非水系浴锅中增加润湿性。样品应清洁且无污染物，这些污染物可能会促进气泡的附着，反过来又会在悬浮（湿）质量测量中引入误差。

13.1.3.2　物料条件

1）涂层

完全加工完成的部件可能有也可能没有环境障涂层（EBC）。在某些情况下，这些涂层的密度可能与下面的 CMC 基体明显不同，因此应考虑将 EBC 层的近似厚度和质量考虑在密度计算中。

2）表面结构

许多 CMC 具有相对粗糙的表面纹理，这种表面纹理可以帮助在表面截留气泡。去除或促进气泡脱离的技术已在上一节中作了讨论。

3）预先曝光

样品可能沾有工具脱模剂、过程污染物（例如化学气相渗透留下的盐）或致密化过程的其他产物（例如碳）。如果不能轻松去除残留物，则应通过挑选相应的用于悬浮质量测量的液体介质来确保可湿性。

4）所需的最终致密化状态

大多数 CMC 的基体都会经历致密化循环，这种循环会持续进行，直到没有相互连通的孔隙为止。对于 CMC，例如氧化物纤维增强的氧化物基体复合材料，其中基体保持多孔以允许纤维/基体界面脱粘，需要用到诸如蜡覆盖涂层等分析素坯或部分致密 CMC 的技术。

13.1.3.3　抓力

应使用悬挂样品的篮子或金属丝，以及将称重力传递到秤的合适的链节或框架，以使系统的载重能力足以承受样品的重量。

13.1.3.4　环境液体

选择液体时应考虑到其对 CMC 表面是否具有高润湿性，并在完成测量后环境液体应易于清除。例如，非极性溶剂（例如碳氢化合物）可能会留下残留物，这些残留物可能会影响环境障涂料的附着力。该测试通常在室温下进行。

13.1.3.5　材料样品大小

理想情况下，应检查生产批次中的所有样品或部件。

13.1.3.6　操作差异性

借助准确的和保养精良的测量与称重设备,以及对错误来源(如气泡附着)的关注,将操作人员的影响降至最低。

13.1.4　分析方法

应将每个单独的部件和/或样品与之前的平均值和值域进行比较。与其他测试(例如层间拉伸和部分致密复合材料的各种其他力学测试)的相关性可以用来确定可接受/不合格的标准或范围。密度低于先前观察到的力学性能退化水平的部件应予以拒绝,或进行额外的致密化循环。

13.1.5　数据报告

有关素坯成型和/或部分致密化成分的数据应记录在流程卡(工艺跟踪表)上。所有成品部件的最终密度应与部件序列号和其他批次数据一起记录(如随炉样件的力学性能)。

13.2　纤维体积分数

此节留待以后补充。

13.3　CTE

此节留待以后补充。

13.4　扩散性

此节留待以后补充。

13.5　比热容

此节留待以后补充。

13.6　拉伸

13.6.1　适用范围

拉伸性能对设计很重要,因为层压的陶瓷基复合材料容易在未增强基体垂直于纤维增强材料的平面上发生分层开裂。设计人员关注复合材料的强度、模量、泊松比和失效应变。

13.6.2　测试方法

对于陶瓷基体或其他复合材料的拉伸性能的测量,有几种 ASTM 和其他标准。表 13.6.2 对这些标准加以说明。

表 13.6.2　拉伸试验方法

方　　法	主　　题	材　　料	测试温度
ASTM C1275	连续纤维增强先进陶瓷的实心矩形截面测试样品在环境温度下单调拉伸行为	含有氧化物、SiC 或玻璃（不定形态）基体的 CMC	室温
ASTM C1359	连续纤维增强高级陶瓷的实心矩形截面试样在高温下的单调拉伸行为	含有氧化物、SiC 或玻璃（不定形态）基体的 CMC	高温
HSR-EPM-D-001-93	陶瓷基体、金属间基体和金属基体复合材料的单调拉伸试验	含有氧化物、SiC 或玻璃（不定形态）基体的 CMC	室温/高温
ASTM D3039	聚合物基复合材料拉伸性能	PMC	室温/高温

13.6.3　平面内拉伸测试的注意事项

对于一般样品设计，请参考第三部分第 9 章。

对于单向材料，通常可以采用直面试样设计。

对于所有其他叠层，建议使用狗骨形试样设计。对于探索性测试，由于炉子尺寸的原因，建议最小样品长度取 6 in。更长的试样也可以接受，并且当测量部分的局部加热与液压楔形夹具一起使用时，可以帮助最小化热梯度。已成功使用的拉伸试样如图 13.6.3 所示。设计较宽的试样，推荐使用±45°的铺层，并且也可以在更高温度

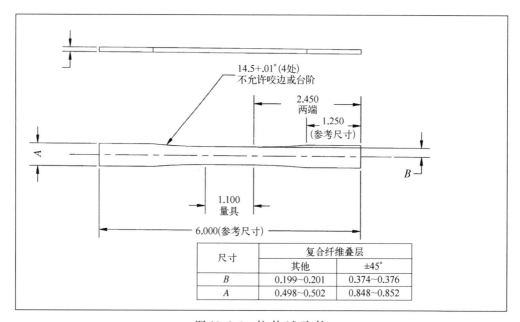

尺寸	复合纤维叠层	
	其他	±45°
B	0.199~0.201	0.374~0.376
A	0.498~0.502	0.848~0.852

图 13.6.3　拉伸试验件

下使用 0.5 in 横向引伸计进行试验。

13.6.4　样品制备

所使用的加工方法可能会对 CMC 样品产生影响。理想情况下,复合材料的表面应保留在制造时的状态,但是对于高纹理表面,尤其是在平纹材料或 CVI 处理的材料中,建议使用轻砂纸打磨高斑点,只要不造成重大损坏或去除材料即可。

对于 SiC/SiC CMC,建议使用金刚石涂层的切割锯和砂轮。SiC/SiC CMC 通常可以使用水基冷却剂。水射流加工过程可能会促进表层的分层开裂或剥落,以及整个厚度上的不均匀切口(尤其对于较厚的材料而言)。对于那些在基体中具有较多微裂纹的材料,或随后进行金刚石打磨以去除损坏的材料,应避免使用水射流切割。成品样品应在流水下彻底冲洗,并用压缩空气干燥以除去表面水分。

对于氧化物 CMC,切割和打磨可能只需要使用蒸馏水,而无须添加冷却剂。添加剂会使材料染色,目前还没有广泛的研究证明添加剂对材料性能没有影响。在测试之前,氧化物 CMC 应该在任何湿加工之后进行干燥。已经发现,对于大多数试验件来说,应在 150°F(66℃)的情况下至少干燥 0.5 h。

建议将已加工的典型自由边缘的图像资料与测试结果进行比较。

13.6.4.1　加强片黏合剂/胶接材料的使用

将加强片用于 CMC 的拉伸测试尽管可能有益,但通常不是必选项。例如,如果存在异常平整的表面,导致难以用光滑或粗糙的楔子抓握,则加强片可能会有用。最常见的加强片材料是玻璃环氧材料,但是根据材料体系的不同,使用不同的材料进行实验(包括使用待测试的复合材料)可能会有所帮助。室温下可以使用多种环氧树脂,例如 FM 1000 和 EA 9394。

必须记住,即使加强片在烘箱外面,大多数黏合剂也无法承受 CMC 的典型高温测试环境,需要其他的加强片方法。如果必须要使用加强片进行测试,应将未使用加强片的样品作为基线进行比较。

13.6.4.2　涂层材料

非必不可少的厚密封涂层或外部环境障涂层可能会也可能不会影响下层材料的强度。建议分别制造并测试有涂层和无涂层的材料,以对比了解其效果。

13.6.4.3　对正

根据 HSR/EPM 标准进行的对正已经成功使用了一段时间,该标准规定在 1 000 lbf 的弯曲最小为 10%。但是根据测试规范或测试要求,可能需要其他对正标准。

13.6.5　环境

拉伸测试的环境通常是空气,根据测试的要求,测试温度会有所不同。为了防止样品在高温下氧化，可以选择在氩气或氮气中进行测试。测试也可以在蒸汽环境中进行，以模拟该材料可能暴露的条件。

13.6.6　测试次数

由于基体性质和纤维/基体胶接强度不一，拉伸试验测得的结果有较强的差异性。因此，进行的测试次数应足以捕获强度分布。该标准建议进行 30 次测试，至少要进行 5 次测试。

13.7　压缩

此节留待以后补充。

13.8　弯曲

此节留待以后补充。

13.9　剪切

13.9.1　适用范围

剪切性能对层压陶瓷基复合材料的设计很重要。这些材料易于通过未增强的基体垂直于纤维增强的平面分层或开裂。设计人员感兴趣的是此方向上复合材料的强度和失效应变。

13.9.2　测试方法

对于陶瓷基体或其他复合材料的层间剪切性能的测量，有几种 ASTM 和其他标准，其对应标准号在表 13.9.2 中列出。

表 13.9.2　适用于复合材料剪切测试的测试方法

方　法	主　题	材　料	温　度	指　定
ASTM C1292	连续纤维增强先进陶瓷在室温下的剪切强度的标准测试方法	CMC	室温	双切口压缩
ASTM C1425	一维和二维连续纤维增强先进陶瓷在高温下的层间剪切强度的标准测试方法	具有氧化物、SiC、玻璃（非晶）基体的 CMC	高温	双切口压缩
ASTM D3846	增强塑料的平面内剪切强度的标准测试方法	塑料制品	室温/高温	双切口压缩
ASTM D2344	聚合物基复合材料及其层压板的短梁强度的标准测试方法	PMC	室温/高温	短梁剪切

方　法	主　题	材　料	温　度	指　定
ASTM D3518	聚合物基复合材料的±45°铺层层压板平面剪切响应的标准测试方法	PMC	室温/高温	面内剪切
ASTM D5379	用 V 形切口梁法测定复合材料的剪切性能的标准测试方法	PMC	室温/高温	V 形切口梁
ASTM D7078	V 形槽轨剪切法测定复合材料的剪切性能的标准测试方法	PMC	室温/高温	V 形槽轨

13.9.3　剪切测试注意事项

13.9.3.1　双切口压缩（ASTM C1292/ C1425/ D3846）

1）测试样品几何形状

已证明 ASTM D3846 中的标准测试几何形状会在材料的切口之间产生可靠性剪切破坏。如果更改槽口之间的距离,则应考虑其改变的影响。通过减少或增加应力集中的面积,则会人为地增加峰值剪切应力,产生不能代表材料真实剪切强度的结果。可能需要其他测试方法来验证剪切应力值。

已证明 ASTM 标准（C1292/C1425/D3846）中的所有测试几何形状均会造成可靠的剪切破坏。ASTM C1292 允许 D3846 测试样品的几何形状,这在比较使用的历史测试方法时可能是有益的。

2）测试样品尺寸

理想的样品尺寸如图 13.9.3.1 所示。

13.9.3.2　短梁剪切（ASTM D2344）

1）测试样品几何形状

用于测试的样品至少 0.10 in 厚,以确保会产生剪切破坏。样品宽度至少应为样品厚度的 2 倍,且样品长度应至少为样品宽度的 3 倍。可以使用更宽和更长的样品以产生期望的失效模式。如果样品的破坏不是在样品中心附近的剪切破坏,则由样品计算出的剪切破坏载荷可能不具有代表性。ASTM D2344 包含了可能在试样表面层中发生的剪切破坏和拉伸或压缩破坏的示例。如果由于材料的抗弯强度较弱而无法引发正确的失效模式,则可能需要另一种测试方法。

2）测试样品尺寸

如图 13.9.3.2 所示样品几何形状是层间剪切应力的理想配置,因为它使用相当小的测试样品,从而最大限度地减少了执行此表征测试所需的材料量。

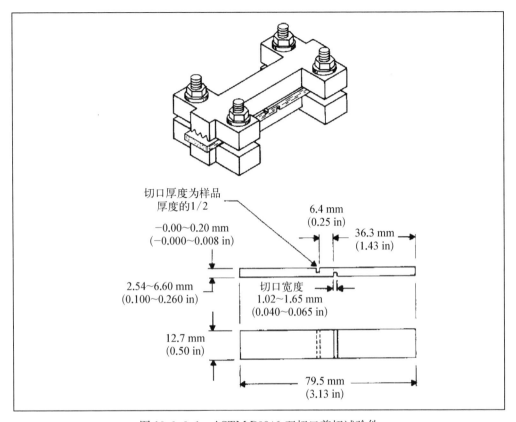

切口厚度为样品
厚度的1/2

−0.00~0.20 mm
(−0.000~0.008 in)

6.4 mm
(0.25 in)

36.3 mm
(1.43 in)

2.54~6.60 mm
(0.100~0.260 in)

切口宽度
1.02~1.65 mm
(0.040~0.065 in)

12.7 mm
(0.50 in)

79.5 mm
(3.13 in)

图 13.9.3.1　ASTM D3846 双切口剪切试验件

13.9.3.3　面内剪切

1）测试样品几何形状

此方法应与剪切强度较低的材料（例如氧化物/氧化物 CMC）一起使用。样品制造为 45°纤维方向。使用较高强度的材料，难以在试样的量规部分内产生失效，需要对试样的末端进行其他加固。

2）测试样品尺寸

参考样品尺寸如图 13.9.3.3 所示。

13.9.3.4　V 形切口剪切（光束 ASTM D5379、槽轨 ASTM 7078）

1）测试样品几何形状

光束配置也称为 Iosipescu 测试。对于此测试，重要的是将试样的两个加载表面加工成尽可能平坦且平行的表面。与许多规范一样，对于氧化物/氧化物 CMC 测试效果较好，但对于某些 SiC/SiC CMC 则可能难以引起最终的剪切破坏。

槽轨配置对氧化物/氧化物 CMC 效果很好，但是由于某些 SiC/SiC CMC 有较高的剪切强度，可能难以引起最终的剪切破坏。应考虑诱发适当的失效模式；如果无法产生正确的失效模式，则应考虑采用另一种方法来适应高剪切强度。

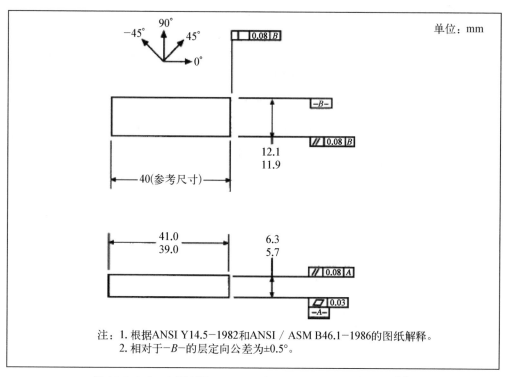

注：1. 根据ANSI Y14.5−1982和ANSI／ASM B46.1−1986的图纸解释。
　　2. 相对于−B−的层定向公差为±0.5°。

图 13.9.3.2　ASTM D2344－13 ASTM D2344－13 SBS 试验件

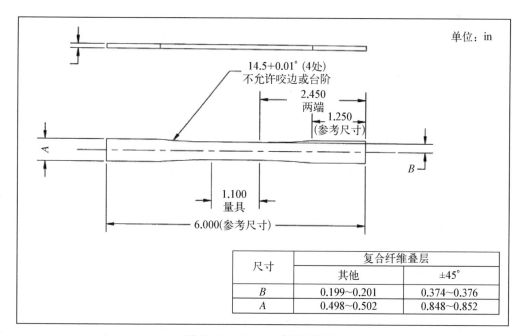

尺寸	复合纤维叠层	
	其他	±45°
B	0.199~0.201	0.374~0.376
A	0.498~0.502	0.848~0.852

图 13.9.3.3　±45°IPS 试验件

2）测试样品尺寸

参考尺寸如图13.9.3.4所示。

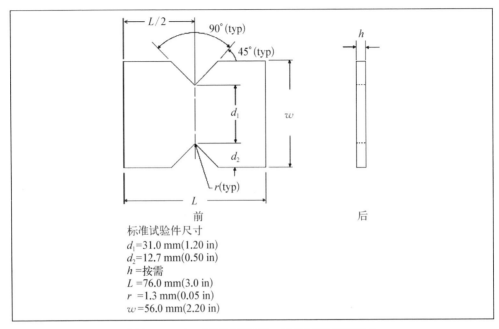

标准试验件尺寸
d_1=31.0 mm(1.20 in)
d_2=12.7 mm(0.50 in)
h=按需
L=76.0 mm(3.0 in)
r=1.3 mm(0.05 in)
w=56.0 mm(2.20 in)

图13.9.3.4　ASTM D7078-05 V形切口试验件

13.9.4　样品制备

所使用的加工方法可能会对CMC样品产生影响。理想情况下，复合材料的表面应保持原样。对于平纹织物或CVI处理过的材料等具有高纹理的表面，建议使用轻砂纸打磨高斑点，只要不造成重大损坏或去除材料即可。

对于SiC/SiC材料，建议使用金刚石涂层的切割锯和砂轮。SiC/SiC CMC通常可使用水基冷却剂。水射流加工过程可能会促进表层的分层开裂或剥落，以及整个厚度上的不均匀切口（尤其对于较厚的材料而言）。对于那些基体中具有较多微裂纹的材料，应避免进行水射流切割，或者至少要进行金刚石打磨以去除损坏的表面。成品样品应在流水下彻底冲洗，并可用压缩空气干燥以除去表面水分。

对于氧化物CMC，切割和打磨可能只需要使用蒸馏水，而无须添加冷却剂。在测试之前，应在任何湿加工工艺之后对氧化物CMC进行干燥。已经发现，对于大多数试验件，应在150℉(66℃)温度下至少干燥0.5 h。

建议将加工后的自由边缘的影像与测试结果进行比较。

13.9.5　环境

剪切测试的环境通常是空气，根据测试的要求，测试温度会有所不同。为防止样品在高温下氧化，测试可以在氩气或氮气中进行。

13.9.6　测试次数

由于基体的性质不同和纤维/基体胶接强度不一,剪切试验的结果往往变化很大,因此,进行的试验次数应足以捕获强度分布。建议每个测试条件至少进行五次测试,以获得较好的分布。

13.10　层间拉伸

此节留待以后补充。

13.11　缺口

CMC 的缺口测试通常是出于开发设计强度值(解决制造缺陷,冲击损伤和结构穿透)的要求。利用基于损伤的强度可以确保稳健的设计。

13.11.1　缺口测试方法

当前还没有专门用于带有缺口或损伤的 CMC 的测试方法。但是,为 PMC 编写的方法通常可以适用于 CMC。PMC 的方法包括测试带孔的层压板和带有损伤的层压板,通常是由受控冲击产生的。表 13.11.1 提供了这些测试方法。它们通常适用于 CMC 的缺口测试。

表 13.11.1　缺口或损伤的复合材料层压板的测试方法

方　　法	名　　　　称
ASTM D5766	聚合物基复合材料层压板的开孔拉伸强度
ASTM D6484	聚合物基复合材料层压板的开孔抗压强度
ASTM D6742	聚合物基复合材料层压板的填充孔拉伸和压缩测试
ASTM D7137	损坏的聚合物基复合材料板的压缩残余强度特性

13.11.2　缺口测试的注意事项

13.11.2.1　环境与寿命测试

CMC 的服役环境与标准实验室条件大不相同。在测试过程中复制这些环境通常具有挑战性,但必须考虑这些环境因素。缺口尖端的化学和物理反应会显著影响 CMC 的性能,尤其是对于反复加载和长时间暴露的情况。因此,对于对环境辐射敏感的 CMC,例如热氧化环境中的非氧化物 CMC,研究人员可能需要在适当的环境中长时间测试带缺口的试样,以确立其服役能力。

13.11.2.2　缺口和孔尺寸的影响

使用陶瓷基复合材料而不是单相陶瓷的主要原因是它们的韧性,即使存在损伤或穿透,它们也能承受高应力。然而,对于所有材料,当绝对缺口尺寸超过特征值时,

该材料就变得对缺口敏感。低于材料原始强度的应力会促进裂纹扩展并导致灾难性
失效。因此，在测试时考虑缺口的绝对尺寸非常重要。如果测试的缺口尺寸太小，则
结果可能无法表示较大缺口尺寸的缺口灵敏度。用于 PMC 缺口测试的 1/4 ft 孔大
小通常是一个合理的起点。如果可能存在较大的穿透力或损伤，则应进行测试以针
对这些较大的损伤尺寸。另外，可能需要对替代的缺口几何形状进行测试。

13.11.2.3　缺口和缺口尖端几何形状

通常假定复合材料（PMC 和 CMC）的静态强度对缺口尖端的几何形状不敏感。
PMC 和 CMC 的标准缺口测试是利用孔洞进行的。孔可以用来模拟槽口，前提是与
其他可能会实际发生的槽口几何图形具有等效性。将使用孔和光滑杆进行测试得到
的数据进行组合，以生成通用方法来处理特定几何特征处的应力集中。可以引入并
测试锯切或冲击损伤，这是典型或包络使用中可能发生的损伤。另外，CMC 的耐久
性可能比静态强度对缺口几何形状更为敏感。因此，缺口几何形状应在寿命测试中
解决。

13.12　层间断裂韧性

此节留待以后补充。

13.13　裂缝扩展

此节留待以后补充。

13.14　蠕变

此节留待以后补充。

13.15　疲劳

此节留待以后补充。

13.16　TMF–热机械疲劳

此节留待以后补充。

13.17　磨损

此节留待以后补充。

13.18　轴承

此节留待以后补充。

13.19　双向测试

此节留待以后补充。

参 考 文 献

13.1.2(a)　D. Dusharme，"3-D Inspection，"http://www. qualitydigest. com/june06/articles/01 _ article. shtml

13.1.2(b)　ASTM C373 Standard Test Method for Water Absorption，Bulk Density，Apparent Porosity and Apparent Specific Gravity of Fired Whiteware Products.

13.1.2(c)　N. Rahaman，"Ceramic Processing" by Mohamed CRC Press，2006 （wax density technique）.

13.1.2(d)　K. Sing，"The use of nitrogen adsorption for the characterization of porous materials. (Review)" in Colloids and Surfaces A：Physicochemical and Engineering Aspects 187 - 188 （2001） 3 - 9.

第 14 章 组合件试验——问题综述

14.1 引言

此节留待以后补充。

14.2 连接试验

14.2.1 定义

此节留待以后补充。

14.2.2 失效模式

此节留待以后补充。

14.2.3 热效应

此节留待以后补充。

14.2.4 连接构型

此节留待以后补充。

14.2.5 设计要求

此节留待以后补充。

14.2.6 材料挤压强度

此节留待以后补充。

14.2.7 开孔拉伸/压缩强度

此节留待以后补充。

14.2.8 热-机械疲劳强度

此节留待以后补充。

14.2.9 蠕变和应力断裂

此节留待以后补充。

14.2.10　紧固件验证试验

此节留待以后补充。

14.3　管

此节留待以后补充。

第 15 章　机械加工和研磨

15.1　引言

此节留待以后补充。

15.2　机械加工考虑事项

此节留待以后补充。

15.3　模具要求

此节留待以后补充。

15.4　试验件制备

此节留待以后补充。

第 4 部分
数据要求和数据集

第16章　数据的提交、格式和要求

16.1　引言

本章描述了在《复合材料手册第 5 卷：陶瓷基复合材料》(CMH-17-CMC)中发布陶瓷基复合材料特性数据的要求。将材料特性数据包含在 CMH-17-CMC 中时，应先向协调员或秘书处提出请求，并附上本章规定的文件。为方便提交要包含在 CMH-17-CMC 中的数据，创建了一个包含源数据的信息包，该信息包可从协调员或秘书处获得。秘书处审查并分析每个提交的数据源信息包，并在协调小组的下一次会议上提出摘要，以供数据审查工作组(DRWG)进行评估。CMH-17-CMC 协调小组负责选择要包含在此处的新材料。出于实际考虑，无法将所有先进陶瓷基复合材料涵盖在内，因此本手册主要关注的是正在走向商业应用的 CMC，同时也将努力及时增加感兴趣的新研发的 CMC 体系。

数据源信息包提供有关数据准备和传输的建议，以及包含样本、批次和材料信息的建议格式的电子表格文件。图 16.1 总结了整个数据提交和审阅过程。

本质上，此过程包括秘书处对数据源信息包的完整性和所需信息进行审查，然后由数据审查工作组对质量、一致性进行技术审查。数据审查工作组与数据来源联系，以解决所提交数据存在的问题。然后，秘书处负责统计分析并将数据转录为所需的输出形式。数据审查工作组在下次会议上审查统计分析。最后，如果数据分析没有问题，数据审查工作组将发布数据以供协调小组审核"黄页"。

通过以下描述的 CMH-17-CMC 数据类别之一对提交的可能发布的材料性能数据集进行分类，并对其进行检查，以确保材料和工艺规范(见 16.2.1 节)、采样(见 16.2.2 节)、测试方法(见 16.2.3 节)和数据文件(见 16.2.4 节)的要求均得到满足。仅在正式批准的数据类别中，B 基准值才在手册中给出。

注意 A 基准值和 B 基准值的定义(见第 1 卷 8.1.4 节)：

A 基准值——基于统计的材料性能；在指定的测量数据总体中至少 99% 或以上超过该值，置信度为 95%。

B 基准值——基于统计的材料性能；在指定的测量数据总体中至少 90% 或以上

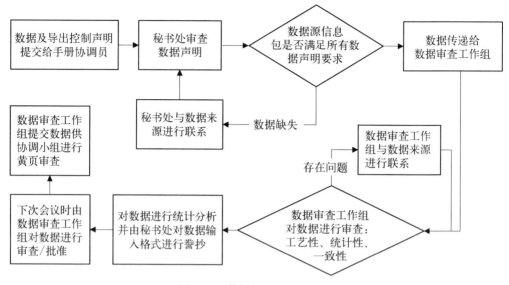

图 16.1　数据提交和审查过程

超过该值,置信度为 95%。

CMH‑17 中将数据划分为以下几类:

(1) F——正式批准的 B 基准值。基于统计的材料性能数据,严格满足本手册的数据文档和测试方法要求,采样适用于 B 基准值。

(2) I——临时数据。不符合"正式批准"数据类要求的特定采样或数据文档要求的数据,临时数据又可以分为两类:

a. 满足 F 类数据的文档要求,但测试批次不足或重复测试。这些数据可能会与其他数据合并,以满足 F 类数据要求。

b. 不满足 F 类数据文档要求的数据,即使测试的数据类别足够多,这样的数据也不能用于后续的合并。

(3) S——筛选数据。数据量少于三批,或数据来自筛选级别批准的测试方法。建立筛选数据类别的原因在于快速将新材料数据和其他有用信息(即使数据集可能有限)纳入本手册中。

需要注意,对于不是为了在 CMH‑17‑CMC 中使用的其他用途数据,承包商和认证机构之间应达成协议,以选择用于某一用途的材料数据类别。

16.2　数据提交要求

文档要求的本质是保证从材料生产到采购、制造、加工、环境调节、表征、测试、数据采集、数据规范化和最终统计解释的完整可追溯性和对数据库开发过程的控制。

16.2.1　材料和工艺规范要求

提交给手册的所有材料的制造均应符合材料规格中对其关键物理性能和力学性能的要求,并应符合工艺规范中的关键工艺参数。

16.2.2　采样要求

基准值的大小是所获得的数据量、批次数量和批次均匀性的函数。本手册中仅提供了 B 和 A 两类基准值。表 16.2.2 中列出了每个类别的最低采样要求。

表 16.2.2　CMH - 17 - CMC 手册中准静态力学性能数据所需最小试样需求

数据级别	描　述	批次量	试样数量
F	正式批准的 B 基准值	3	18
I	临时数据	2	12
S	筛选数据	1	6

16.2.2.1　正式批准数据的额外要求

材料供应商应使用生产设备准备不同的批次。首批(最多三批)应使用不同成分批次(不多于三批)的纤维和基体制备。对于每种条件和特性,同一批次的重复样品应从至少两个不同的测试平板中取样,覆盖至少两个单独的制备周期。应使用超声波检查或其他合适的无损检测技术对平板进行评估。不应从具有质量存疑区域(如材料规范所定义)取样制备性能测试试样。测试计划(或报告)应记录层压板设计、样品抽样细节、制造程序(包括材料可追溯性信息)、检验方法、样品提取方法、编号方法和测试方法。

16.2.2.2　数据集

为了获得足够的数据来计算材料特性基础值,需要合并多个相似但不相同的数据集。用于合并的数据集可能是由不同制造商制造的材料,同个制造商的不同生产线或来自同一制造商的工艺略有不同的材料。CMH - 17 - CMC 审查工作组将检查所有测试性能的批次间差异(见 17.2.3 节),以决定数据合并的适用性。在需要合并数据集的测试项目开始前,建议先通过 CMH - 17 - CMC 数据审查工作组的批准。但是,CMH - 17 - CMC 数据审查对特定合并过程的批准并不能保证在完成测试后一定可以合并数据集。因此在将进行大规模测试之前需对数据的可合并性进行初步调查。

16.2.3　测试方法要求

将数据提交给 CMH - 17 - CMC 时,须采用特定的测试方法标准。理想情况下,应该由独立的自愿性共识标准组织(包括材料供应商、最终用户、学术界和政府的代表等)对测试方法的适用性、精密性和偏差进行严密的综述。该综述和测试方法应可在公开文献出版物中找到，并包括实验室（循环法）测试。然而，很多时候无法获得满足上述标准的测试方法，因此须选择非严格标准的方法［下文的(2)或(3)］进行数据提交。

CMH - 17 - CMC协调组已根据材料的结构复杂程度和材料性能确定了特定的测试方法，以在将数据纳入CMH - 17 - CMC时使用。这些方法在第9章中进行了指定或描述，须满足以下一个或多个条件：

(1) 适用于先进复合材料且普遍使用的方法，这些方法已满足以下要求：

a. 在公认的标准制定组织的公开文献中发表。

b. 在公认的标准制定组织的赞助下进行循环测试。

c. 经过严格的精密度和偏差审查。

(2) 通用做法：指未在上述(1)中进行标准化但在复合材料行业中普遍使用的方法，可从文献出版物中获得，并已开始正式标准化的过程。

(3) 如果没有满足上述条件的针对特定结构或过程/产品形式的标准，则可以通过CMH - 17 - CMC协调小组选择其他测试方法。此类方法可能是在CMH - 17 - CMC工作组内或由其他组织开发的，并将开始正式标准化的过程。

用于向手册提交数据的测试方法必须符合手册的建议，该建议在9.4节中进行了概述。正式批准类别的数据需要正式批准的测试方法。

16.2.4 数据文件要求

本节概述了包含在CMH - 17 - CMC中数据所必要的文件要求。表16.2.4(a)和表16.2.4(b)中列出了手册出版时有效的数据文件要求。须注意的是，这些要求可能会随后进行修改，且最新的权威数据文档要求［可能与表16.2.4(a)和表16.2.4(b)略有不同］必须从秘书处或协调员处获得。

表16.2.4(a)　材料系统描述的数据文档要求

材料标识（所有复合材料均要提供）

- 材料供应商标识
- 材料标识
- 材料类别（例如CMC）
- 材料和数据导出分类（例如ITAR、EAR、ECCN等）
+材料采购规范

基体材料（所有复合材料均要提供）

- 商业名称和材料规格
- 制造商
- 制造日期（每批的最早和最新）
- 批号
- 名义密度和测试方法

（续表）

增强体

- 商业名称和材料规格
- 制造商
- 制造日期（最早和最晚）
- 批号
- 纤维表面处理（Y/N）
- 表面油剂（浸润剂）识别和用量
- 界面层类型，厚度（和测量方法）和结构
- 界面层制备方法
- 密度（每批次的平均值）和测试方法
- 名义纤维丝数量

＋捻度

预制体

预制体结构
- 预制体标识符
- 预制体制造商
- 预制体制造方法
- 预制体层数
- 界面层类型和结构
- 界面层制造方法
- 界面层总厚度

二维织物
　　＋织物制造商/编织者
- 织物系列（编织方式）
- 织物标准样式编号
- 织物尺码标识
- 织物尺码含量
- 织物经纱和纬纱丝束每英寸的支数
- 织物经纱和纬纱的丝线数量
- 每批次纤维面密度
- 填充纤维类型（如果不同于经纱）

三维机织材料（包括三轴织物）
- 互锁说明
- 经纱纤维数量
- 纬纱纤维数量
- 斜向纤维数量
- 纬纱纱线支数
- 经纱的百分比
- 纬纱的百分比
- 斜纱的百分比
- 编织纱的百分比
- 斜纱的角度（相对于轴向纱的角度）
- 编织纱的通过角度
- 经纱支数

（续表）

- 纬纱支数
- 斜纱支数
- 编织纱支数

编织信息

- 编织物描述
- 轴向纱纤维类型
- 编织纱纤维类型
- 轴向纱纤维细丝数量
- 编织纤维丝数量
- 编织角度
- 轴向纱百分比
- 编织纱百分比
- 编织物中的轴向纱间距

工艺说明（所有复合材料均要提供）

- 开发/生产状态和工艺规范
- 制造日期
- 复合材料/基体制造类别
- 成型方法
+最终加工条件
+最高制造温度

零件说明（所有复合材料均要提供）

- 结构（平板类，管类等）
- 层数
- 叠加标识
- 标称纤维体积和测试方法
+基体含量（质量或体积）和测试方法
- 孔隙含量（按批次或零件）和测试方法
- 密度（按批次或零件）和测试方法
- 每层厚度（按批次或零件）和测试方法
- 外部涂层类型
- 外部涂层制造方法
- 外部涂层总厚度

注：1. ● 必须提供；＋如果有则提供。

表 16. 2. 4(b)　测试参数和结果的数据文档要求

力学性能和热性能测试

- 试样数量
- 测试流程（与测试标准的所有差异都应指出，包括报告要求；除指出的差异外，都应遵循标准测试方法）
- 测试标准的日期

- 测试日期
- 试样方向
- 试样的几何形状和加工方法
- 每个试样的试样厚度
- 试样测试标准方法
- 温度
- 湿度
- 时间
- 环境（如果不是实验室环境）、标准指定流体（如果有）
- 平衡（Y／N）
- 测试温度、加载方向、测试速率、测试控制方法（载荷、应变、位移）
- 测试环境（温度、湿度），在加载之前在测试条件下的保持时间
- 应变测量方法、夹具类型、标准测试方法和报告参数
- 断裂时测试的剪切应变（剪切）
- 破坏载荷、强度、失效模式识别和位置
- 所有未归一化（原始）数据（比例极限、强度、模量、破坏时的应变、应力-应变响应等）
- 计算模量和泊松比的方法
- 计算强度的方法
- 计算比例极限的方法
- 载荷、载荷控制、应变控制或位移的方法（疲劳、蠕变）

＋加载波形（疲劳）

- 加载频率（疲劳）
- 循环应力（或应变）比、R 值（疲劳）
- 失效或终止的周期（疲劳测试数据，表明测试是失败还是终止测量）
- 失效时间（蠕变断裂）
- 计算断裂韧性（断裂韧性）的方法
- 紧固件类型和扭矩条件（轴承、机械紧固接头、填充孔）
- 孔直径（开放/填充孔、轴承、机械紧固接头）

＋孔隙、沉头角度和深度（填充孔、轴承、机械紧固接头）

- 标称厚度、宽度和每个部件的材料（轴承、机械紧固接头）
- 边缘距离（轴承、机械紧固接头）
- 固定扭矩增加（填充孔、环、机械紧固接头）
- 测试温度范围（热膨胀系数、热导率、比热容）
- 大气（热膨胀系数、热导率）

＋试样的初始和最终厚度（热膨胀系数、热导率）

- 流体类型、流量速率、纯度（比热容）
- 加热速率（比热容）
- 试样质量损失（比热容）

其他耐久性测试（热机械疲劳、抗热震性、抗冲击性）
留待以后补充

（续表）

电学性能测试（电阻率、介电性能、热导率、比热容）
留待以后补充

环境特性测试（氧化、腐蚀、侵蚀、磨损等）
留待以后补充

注：1. ● 必须提供；＋如果有则提供。

16.3 格式和单位

秘书处可以提供数据的首选格式，并强烈建议提供的数据首选这些格式，但是，只要含有表 16.2.4(a)和表 16.2.4(b)中的必需性能，也可以以其他格式提交。手册提交的首选单位是表 16.3 中所示的两组之一。如果这些不是记录数据的单位，须在提交时包括原始单位。

表 16.3 数据的首选单位

物　理　量	美国标准	国际标准
强度/应力	ksi	MPa
模量	Msi	GPa
应变	μ	μ
温度	℉	℃
压力（工艺）	psi	kPa
时间（工艺）	min	min
每层厚度、试样尺寸	in	mm
基体含量	%（质量分数）	%（质量分数）
纤维百分比	%（体积分数）	%（体积分数）
孔隙率	%（体积分数）	%（体积分数）
面密度	g/m^2	g/m^2
密度	g/cm^3	g/cm^3
捻度	turns/in	turns/25 mm

（续表）

物　理　量	美 国 标 准	国 际 标 准
经、纬纱密度	/in	/in
湿度	%RH	%RH
时间（测试）	day 或其他合适单位	day 或其他合适单位
热导率	BTU/(h・ft・℉)	W/(m・K)
比热容	BTU/(lb・℉)	J/(g・K)

16.4　设计特性

陶瓷基复合材料的设计许可的产生通常意味着数据是从不同批次、位置甚至略有不同的工艺中合并得到的。为了计算使用，同一总体数据的定义必须具有足够的限制性，以确保所计算的设计性能是真实有效的。可以汇总的同质数据应来自同一纤维和基体复合材料体系，体系的工艺参数、纤维取向、纤维体积分数和测试方法等应一致。下一步应对合并数据进行统计分析，以确认它们代表同一总体。有关合并数据的统计分析和设计允许的生成的更多详细信息，请参见第 17 章。

材料强度性能必须基于对有效试样的充分测试，在此基础上，通过统计的方法建立材料的设计许用值。设计值的选取必须充分考虑材料变化性，将部件的失效风险降到最低。在热和环境影响显著的工作条件下，必须考虑温度和环境对应力许用值的影响，防止由于时间效应导致的灾难性疲劳失效。

第17章 统 计 方 法

17.1 引言

多种因素都可能造成复合材料性能数据的差异性,这些原因可能是制造过程的批次间差异性、原材料的批次间差异性、测试差异性以及材料固有的差异。因此,在对复合材料进行设计,并将其纳入材料性能的设计值时需重点考虑这种差异性。本章提供了计算基于统计的材料性能的步骤。如果测试方法设计得当(第8章),这些统计过程可以考虑其中一些(非全部)差异性来源。

17.2节提供了本章所用方法的介绍性材料和指南。不熟悉复合材料统计方法的读者可参阅《复合材料手册》(CMH‐17)第1卷第8章。17.3节提供了评估数据和计算基于统计的材料性能的方法。17.4节和17.5节讨论了材料等效性和材料验收的统计程序。

17.2 背景

本节提供了本章所用方法的介绍性材料和指南。

17.2.1 基于统计的设计许用值

材料的设计许用值是在部件制备过程中使用的材料性能的最小值。基于统计的设计许用值考虑了材料性能的随机性。为了理解"基于统计"的设计许用值的定义,有必要将材料性能视为随机变量,而不是常数,每个试样的数值根据某种概率分布而变化。初步的合理性尝试是将B基准值和A基准值分别定义为分布曲线的第10个百分点和第1个百分点。人们期望材料性能通常高于这些值,因此上述基于统计学的定义与传统确定性设计许用值概念均是合理的。

17.2.2 非结构化数据的基准值

非结构化数据定义为所有相关信息都包含在响应测量值中的数据。这可能是因为这些测量都是已知的,或者是因为人们能够忽略数据中的潜在结构,例如,批次间差异可忽略不计的数据(使用17.3.1节的子样本兼容性方法)可被认为是非结构化的。使用 17.3.2 节中描述的方法,使用正态分布、威布尔分布或对数正态分布可对非结构化数据进行建模。如果上述模型均不适用,则须定义非参数基准值(见 17.3.2 节)。

17.2.3 批次间存在差异时的基准值(结构化数据)

复合材料性能通常在不同批次间表现出相当大的差异性。这种"结构化"数据的基准值计算方法与非结构化数据的方法有所不同。结构化数据定义为存在自然分组的数据,或者随已知因素显著变化的数据。例如,不同批次间测量的数据可以合理地根据批次进行分组,且在不同温度下的测量数据可以使用线性回归的方法进行建模(见 17.3.1 节),这两种数据都可视为结构化数据。因此,其基准值的定义应包含不同批次间的已知变量,特别是当仅具有少量批次数据时。

不同批次间的材料性能数据须进行统计测试以评估是否可以合并。如果可以合并,则可对整体的数据集进行分析来估计基准值。如果不满足对数据量或数据结构的统计要求,则不采用合并法,而采用"单点"法。在单点法中,对数据进行分组时,须根据数据分布特性(例如按不同批次)使用不同的方法。17.3.1 节中的统计方法可确定数据之间的差异是否可以忽略,进一步确定数据应视为结构化还是非结构化。

按照 17.3.2 节中的方法,使用线性统计模型[包括回归和方差分析(ANOVA)]可对结构化数据进行建模。

17.2.4 计算软件

多年来,CMH‐17 组织已经开发了可用于分析材料性能数据的计算机软件,并且可供从业人员使用。CMH‐17 STATS 软件可通过威奇塔州立大学的国家航空研究所(NIAR)获得(http://www.cmh17.org/RESOURCES/StatisticsSoftware.asp),该软件可执行与 ASAP 先前执行的跨固定效果级别的合并方法以及 STAT‐17 先前执行的单点方法相关的计算。美国国家标准技术研究院(NIST)提供的 RECIPE(百分位数回归置信区间)软件可根据线性模型(包括回归和方差分析)确定材料基准值。NIST 还提供非专用的常规统计分析 RECIPE 和图形包 DATA‐PLOT。RECIPE 和 DATAPLOT 可通过 NIST 软件索引(http://www.nist.gov/itl/sed/software.cfm)获得。

17.3 基于统计的材料特性的计算

本节包含用于从复合材料测试数据中获取 B 基准值和 A 基准值的统计方法。确定基准值的过程取决于数据的特征,无论数据是结构化的还是非结构化的,有详细的步骤指导选取合适的计算方法。

17.3.1 多批次/环境数据的计算过程指南

本节中介绍的数据缩减方法需要几个基本假设才能计算出设计许用值。在跨环境合并数据集之前,应检查跨环境数据间具备可比性,并且每个环境的失效模式差别不大。本文介绍的方法使用正态分布来分析数据。如果数据差异或失效模式随环境条件发生显著变化，或者不符合正态分布，则应分别对每个数据集使用单点方法（见17.3.2节）。此处概述的程序和相关的统计公式的详细信息可在第 1 卷第 8 章和参考文献 17.3.1 中找到。

流程如图 17.3.1 所示，此处假设，测试数据由多个（至少 3 个）批次（或多个平板）和多个（至少 2 个）环境条件下获得，并将尝试考虑环境因素对数据进行合并。CMH‑17 STATS 计算机代码旨在执行与此过程相关的计算，该方法还要求满足并验证某些其他标准。如果数据满足所有这些条件，则过程在图 17.3.1 中终止。如果全部或部分数据不符合假设和标准，则根据图 17.3.2 使用单点方法进行分析。

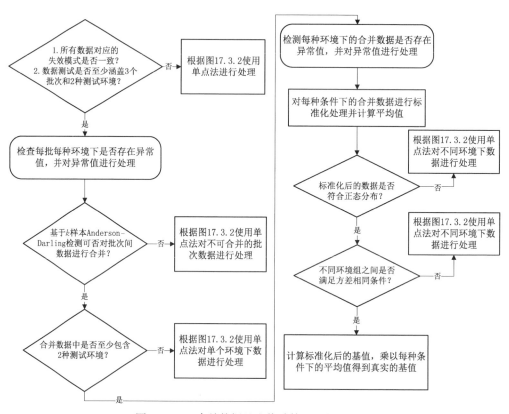

图 17.3.1　合并数据基准值计算过程的流程图

失效模式对于确定是否纳入强度数据至关重要。所有失效模式都与所研究的特定材料性能相符合，且在给定的环境条件下的试样失效模式应相同。失效模式不同的试样不应包含在同一数据集中。如果在一组数据中观察到多种有效但不同的失效模式，则对数据进行检查以确定不同的模式是否对应不同的强度结果。如果失效模式与强度值之间存在关联性，则应研究样品的制造过程、环境调节程序、测试条件、测试夹具以及其他因素，以确定导致不同失效模式的原因。对于特定测试，那些失效模式明显不同的样本数据应从数据集中删除。

根据第 1 卷 8.3.5.2 节或参考文献 17.3.1 中的规定,必须检查每个环境组中的每个批次是否存在异常值。如果在任何环境组中存在异常值,则应通过第 1 卷 2.4.4 节或参考文献 17.3.1 中给出的程序确定如何处理异常值。一般而言,在数据集中检测到统计异常值并不一定意味着此类数据无效。来自一组小样本的数据可能包含不均匀分布的数据,某些值可能由于其在样本中的极端位置而被识别为异常值。但是,当删除这些数据点时,必须明确具体原因。有关详细信息,可参考第 1 卷 2.4.4 节或参考文献 17.3.1。

在识别出每个组中的异常值后,须进行测试以确定每个环境条件下的批次数据是否可能是来自相同材料性能数据总体中的样本,通常称该步为批处理集测试或批间差异性测试。不同批次(子种群)数据之间的兼容性可使用 k 样本 Anderson-Darling 方法检验。第 1 卷 8.3.2.2 节和参考文献 17.3.1 给出了应用 k 样本 Anderson-Darling 方法进行检验的过程。如果未检测到显著的批次间差异,则可继续进行跨环境数据合并;如果检测到批次间差异,则将根据经验和准则来确定该差异是否具有工程实际意义。第 1 卷 8.3.10.1 节或参考文献 17.3.1 给出了判断批次间差异的指南。如果不能忽略批次间差异,则将有差异的数据进行剔除,然后使用图 17.3.2 的单点法单独进行分析。

为了继续进行数据合并,在消除存在批次间差异的条件后,必须还剩余两个或以上环境条件的数据。合并的环境条件在测试温度范围内应是连续的。如果不足两个或以上环境条件的数据,则必须使用图 17.3.2 的单点法进行分析。

若在消除存在批次间差异的条件后,未再检测到批次间差异,或者保留了两个或以上条件,则可将每个条件内数据合并为单个数据集。进而,可对组合数据集的异常值进行检测,参考第 1 卷 8.3.3.1 节或参考文献 17.3.1 中描述的方法,将该数据集作为一个整体而不用考虑其中批次间的差别。如果检测到异常值,则必须根据前文中所述方法一样进行处理。

通常,不同环境条件下的数据集的平均值和标准差会存在差异,导致这些数据集不能直接合并。为了合并数据,必须通过对不同环境下的数据进行归一化处理,使每个数据集的平均值为 1,但方差有所不同。这种跨环境因素合并数据的方法要求每一组数据均符合正态分布模型。为了对此进行测试,将所有归一化的数据合并为一个集合,并应用第 1 卷 8.3.6.5.1.2 节或参考文献 17.3.1 中的统计程序进行验证。如果按此程序得出的结论是数据为正态分布,则分析将继续使用跨环境的合并方法。否则,则应用第 1 卷 8.3.10.3 节中描述的其他统计工具来判断正态分布假设是否正确。如果不能证实正态分布假设,则使用图 17.3.2 的单点法对各环境条件下的数据分别进行分析。单点法允许对非正态分布的数据进行分析。

第 1 卷 8.3.4.1 节或参考文献 17.3.1 中所述的检验方法可以检查不同条件下

的数据是否具备相同的方差。方差相等的统计检验结果必须根据工程意义进行评估。第 1 卷 8.3.10.2 节和参考文献 17.3.1 给出了适用于方差相等性检验的判断示例。如果发现标准化数据集的方差不同，则应检查某一特定的环境条件下的数据是否具有比其他环境条件高或低得多的方差。如果某个特定环境的方差不会比其他环境高或低，那么必须使用图 17.3.2 的单点法分别分析不同环境条件的数据。

如果一个环境的数据方差似乎比其他环境的方差高得多或低得多，则应从合并方法中删除该环境的数据，然后用图 17.3.2 的单点方法对该数据进行单独分析。在删除上述数据后，必须保留两个或以上环境条件的数据，以继续进行数据合并。其余合并的环境条件应在测试温度范围内是连续的。如果没有保留两个或多个环境条件的数据，则必须使用图 17.3.2 的单点法分别分析所有条件下的数据。

计算合并的标准化数据的平均值和标准偏差（平均值为 1）。使用第 1 卷 8.3.5.6.1 节或参考文献 17.3.1 中的公式，计算每种环境条件下的公差（k）系数。然后，利用该值与合并后归一化的平均值和标准偏差，计算每种环境的归一化基准值（第 1 卷 8.3.5.6.2 节和参考文献 17.3.1）。最后，将归一化的基准值乘以相应的非标准化的平均值，即可得到每个环境下的基准值。

17.3.2 使用单点法的计算过程指南

当多个批次和环境的全部或部分数据不满足以下一个或多个条件时，将使用图 17.3.2 中所示的单点方法：① 至少有 3 个批次且在至少 2 种环境条件下；② 使用 k 样本 Anderson-Darling 检验不同批次的数据不能合并；③ 正态分布假设不适用于所有环境条件；④ 不同环境组数据方差存在显著差异。单点方法还提供了正态分布以外的分布形式以计算基准值。单点法（流程如图 17.3.2 所示）针对的是单个环境（或其他固定效果分组数据）下数据，而不是跨环境的合并数据，CMH‑17 STATS 提供了相应的单点法计算代码。

单点法计算流程如图 17.3.2 所示。强度数据（或失效应变数据）的取舍取决于失效模式，所有失效模式应与研究的特定性能相符合，且在给定的环境条件下，所有试样的失效模式应具有一致性。失效模式明显不同的试样数据不应包含在上述数据集中。如果在数据集中观察到几种有效但不同的失效模式，则对数据进行检查，确定不同的模式是否会产生不同的强度结果。如果失效模式与强度之间存在相关性，则应研究样品的制造过程、环境因素、测试方法、测试夹具以及其他因素，确定导致不同失效模式的原因。那些失效方式显然不正确的数据点应从数据集中删除。

在特定的环境条件下，要得到可信的基准值，需要至少 3 个批次的至少 18 个有效数据点。进一步，需要检测每批中的异常数据，相关统计程序可参考第 1 卷 8.3.3.1 节和参考文献 17.3.1 中的方法。在处理了每个批次中的异常值后，需要测试不同批次的数据是否来自具备相同性能的总体。该步通常称为批次可合并性测试

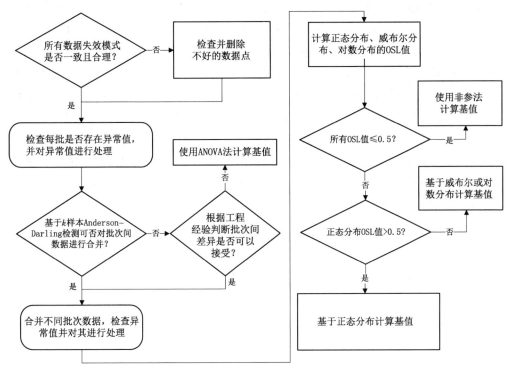

图 17.3.2 单点法基准值计算流程图

或批间差异性测试。第 1 卷 8.3.2.2 节和参考文献 17.3.1 给出了采用 k 样本 Anderson-Darling 检验方法的步骤。如果未检测到基于统计学意义的批次间差异，则继续进行下一步(见图 17.3.2)。

如果检测到批次间差异，则将根据经验等来判断所识别出的统计差异是否具有工程实际意义。须指出的是，具备统计学意义的数据不一定具备工程实际意义;同样，数据中可能存在伪象，导致不符合工程经验的统计结论。处理批次间差异数据的详细指南，可参考第 1 卷 8.3.10.1 节和参考文献 17.3.1。如果可以断定批次间存在显著差异，则可以使用方差分析(ANOVA)方法。基准值应考虑材料批次间或不同平板间可预期的差异性，尤其是当仅有少量批次或平板数据，或认为这种差异性不可以忽略。在对批次间数据进行合并时，默认造成批次间差异的因素可以忽略。但当实际情况不能忽略差异时，忽略差异而进行合并的结果可能不够准确。在合并数据之前，应使用第 1 卷 8.3.2 节的子样本兼容性方法对数据进行检验。在第 1 卷 8.3.6.7.1 节针对单向 ANOVA 模型的最简单情况，讨论了存在批次间(或不同平板等)差异性时，对材料基准值的解释。

如果批次间的差异不大，则可将不同批次数据合并为一组数据(该数据被认为是非结构化的)，然后根据前文所述方式测试该数据集中的异常数据，并对异常值进行适当处理。使用第1卷8.3.6.5.1.2节、8.3.6.5.2.2节、8.3.6.5.3节和参考文献17.3.1中的方法，可对正态、威布尔和对数分布模型中的观测显著性水平(OSL)进行计算。这些统计数据提供了可指示分布曲线与数据点之间的拟合程度。拟合恰当的分布曲线，OSL值须超过0.05；反之，该数据不适合用正态分布、威布尔分布或对数分布进行分析。在这种情况下，第1卷8.3.6.6.4节的非参数方法可以计算该数据的基准值。如果一个或多个模型的OSL值超过0.05，则优先使用正态分布模型，进一步用第1卷第8.3.6.6.1节和参考文献17.3.1中的方法来计算基准值。如果正态分布的OSL值小于0.05，则使用OSL值大于0.05的分布模型计算基准值。该选择可以基于OSL值的相对大小，除非对数分布的OSL值高得多，否则通常选择相对保守的威布尔分布模型。

17.3.3　材料性能的长时间变化

经验表明，材料验证和许用评估时得到的数据通常不能完全描述真实材料性能的差异性。多种因素都会导致取证程序中测得的差异性低于实际的材料差异性。用于验证的材料通常是在很短的时间内制造的(只有2～3周)，因此不能完全代表实际生产过程中的材料性能。用于制造多批次认证材料的某些原料实际上可能来自相同批次或在短时间内制造，因此验证材料实际上可能不是多批次的，也就不能代表实际生产材料的差异性。

修正变异系数(CV)法已用于聚合物基复合材料(见第1卷8.4.4节)，以补偿验证测试中降低的材料差异性。该方法假定复合材料性能的变异系数至少为6%，据此重设测量得到的变异系数，以解释材料取证过程中通常不能反映出的材料差异性，防止对材料许用值的估计过于乐观，最终保证设计的合理性。若计算基准值之前变异系数低于8%，修正变异系数(CV)法会增加测得的变异系数。较高的CV将导致较低或较保守的基准值和较低的规格限制。当测量的有效数据较少时，修正变异系数法可以保证即使仅有较少的数据也可以在较短时间内得到有效的结果。当已经生产并测试了足够数量批次(大约8～15批次)的材料时，可利用已测量的CV值向上调整基准值并收紧规格限制。在对CMC进行评估时，该方法的适用性还尚待检验。

17.4　材料等效性和材料验收的统计方法

本节讨论用于评估材料等效性和材料可接收性的统计方法。

17.4.1　确定同一材料的现有数据库和新数据集之间是否等效的测试

当存在以下情况时，通常需要确定新的测试数据集是否等于相同材料的基准数据：

(1) 为了进行材料批次取证和验收，必须证明批次性能与已认证数据库"等效"，即批次数据符合材料规格验收极限。

（2）材料供应商希望修改原材料的生产过程。

（3）零件制造商希望使用由另一个组织开发的通用材料特性和基准值数据库进行设计。无论他们使用的是与用于基准值材料完全相同的制造过程，还是使用改进的制造过程，制造商都必须证明其生产方法在获得材料性能方面的"等效性"。

（4）已建立材料特性、规格值和基准值数据库的厂商，在不改变已有数据库的情况下希望对制造过程进行修改。

本节提供确定上述情况中数据之间是否具备"等效性"的统计过程。该过程不适用于确定备用（"第二来源"）材料的验收，对于这种情况，可参阅第 1 卷 8.4.2 节。

由于试样的力学性能和化学性能具备随机性，因此，当宣布一种材料性能"良好"时，也可能出现统计测试结果为"不合格"的情况。对于样品中固定数量的试样，要降低这种不良事件发生的概率（在以下统计测试中定义为 α）只能以降低材料失效的置信区间作为代价。对统计测试"不合格"概率值 α 的选择应在材料失效发现率误差之间进行权衡。如果统计测试中允许对"不合格"的性能进行重新测试，则需使用稍高的 α 值，因为重新测试后的 α 实际为 α^2。

判断给定复合材料的大型数据库与相同材料的后续测试样品数据之间是否具备等效性的标准，取决于关注的材料性能。

模量或物理性能（例如每层厚度）的标准要求测试平均值在可接受的范围内；过高或过低平均值均不可取。适当的统计方法如下所示，被称为"均值检验"。

此外，强度数据的标准必须排除较低的均值或最小的单个值。强度的统计方法也如下所示，被称作"平均值或最小个体的递减检验"。该测试的目的是，使排除具备小均值或最小单个数据点的数据集的可能性相同。两个测试条件之间的这种平衡提供了最大的"统计能力"，也是对工业上用于设置材料规格验收极限的临时方法的一种改进。

某些化学和物理特性（例如孔隙度）的标准必须排除较高的平均值。这些性能的适当统计方法在以下称为"高均值检验"。

（1）平均值或最小个体的递减检验。从原始材料验证数据库的单个测试条件（环境），用 $\bar{x}$ 和 s 表示均值和标准差。性能平均值的通过/失败阈值 W_{mean} 由式 17.4.1(a)确定。表 17.4.1(a)给出了平均 k_n^{mean} 值。测试的平均值必须达到或超过：

$$W_{\text{mean}} = \bar{x} - k_n^{\text{mean}} s \qquad\qquad 17.4.1(a)$$

最小个体性能（最小个体）的通过/失败阈值 $W_{\text{minimum individual}}$ 由式 17.4.1(b)确定。k_n^{indvn} 值在表 17.4.1(b)中给出。测试的最小个体值必须达到或超过：

$$W_{\text{minimun individual}} = \bar{x} - k_n^{\text{indv}} s \qquad\qquad 17.4.1(b)$$

（2）均值检验。由于原始数据库 n_1 的样本大小和新数据样本 n_2 的样本大小不同，因此将合并的标准差 s_p 用作总体标准差的估计量：

$$s_{\mathrm{p}} = \sqrt{\frac{(n_1-1)s_1^2 + (n_2-1)s_2^2}{n_1+n_2-2}} \qquad\qquad 17.4.1(\mathrm{c})$$

使用合并的标准差以及原始数据集和新数据集的平均值，使用式 17.4.1(d) 计算测试统计量 t_0：

$$t_0 = \frac{\overline{x}_1 - \overline{x}_2}{s_{\mathrm{p}} \cdot \sqrt{\dfrac{1}{n_1} + \dfrac{1}{n_2}}} \qquad\qquad 17.4.1(\mathrm{d})$$

由于这是一个双边 t 检验，因此所需的 t 值为 $t_{a,n} = t_{\alpha/2,n_1+n_2-2}$。 注意，双边测试中 $a = \alpha/2$。$t_{a,n}$ 从表 17.4.1(c) 获得。为了使材料满足测试要求，测试统计量 t_0 必须满足：

$$-t_{\alpha/2,n_1+n_2-2} \leqslant t_0 \leqslant t_{\alpha/2,n_1+n_2-2} \qquad\qquad 17.4.1(\mathrm{e})$$

（3）高均值检验。对于该测试，使用式 17.4.1(d) 获得测试统计量 t_0。该测试旨在检测出不希望的高平均值。如果满足式 17.4.1(f)，则表示后续性能的平均值小于或等于"原始"数据的平均值，这是材料和/或工艺是否可被认可的标识。这是一个单边 t 检验 $t_{a,n} = t_{\alpha/2,n_1+n_2-2}$，$a = \alpha/2$，$t_{a,n}$ 从表 17.4.1(c) 获得。为了使材料满足测试要求，测试统计量 t_0 必须满足：

$$t_0 \leqslant t_{\alpha,n_1+n_2-2} \qquad\qquad 17.4.1(\mathrm{f})$$

（4）α 的推荐值。为了确定材料规格批次的验收极限，建议对所有基于统计的测试，将排除良好性能数据的概率（α）设置为 0.01(1%)。对于材料批次验收测试，建议至少有 5 个试样的强度性能和 3 个试样的模量性能。

为了确定材料的等效性［例如，17.4.1 节中列出的第（2）～（4）条］，对于所有基于统计的测试，建议将排除良好性能数据的概率 α 设置为 0.05(5%)。每个性能均允许进行一次重新测试，从而将实际概率降低到 0.002 5(0.25%)。建议至少 8 个样本用于强度性能比较（通常是分别来自 2 个单独平板和加工周期的 4 个样本）。建议至少使用 4 个样本进行模量比较（通常分别是 2 个单独平板和加工周期中的 2 个样本）。如果 1 个或多个性能不符合条件，则可重新对该性能进行测试。

表 17.4.1(a)　正态分布均值验收极限的单侧容限系数

α	样品数/n								
	2	3	4	5	6	7	8	9	10
0.5	0.147 2	0.159 1	0.153 9	0.147 3	0.141 0	0.135 4	0.130 3	0.125 8	0.121 7
0.25	0.626 6	0.542 1	0.481 8	0.438 2	0.404 8	0.378 2	0.356 3	0.337 9	0.322 1

（续表）

α	样品数/n								
	2	3	4	5	6	7	8	9	10
0.1	1.053 9	0.883 6	0.774 4	0.697 8	0.640 3	0.595 1	0.558 3	0.527 6	0.501 6
0.05	1.307 6	1.086 8	0.948 6	0.852 5	0.780 8	0.724 6	0.679 0	0.641 1	0.608 9
0.025	1.526 6	1.262 6	1.099 5	0.986 6	0.902 6	0.836 9	0.783 8	0.739 6	0.702 2
0.01	1.780 4	1.466 6	1.274 7	1.142 5	1.044 3	0.967 8	0.905 9	0.854 5	0.811 0
0.005	1.952 8	1.605 4	1.394 1	1.248 8	1.141 1	1.057 1	0.989 3	0.933 0	0.885 4
0.002 5	2.112 3	1.734 1	1.504 9	1.347 5	1.230 9	1.140 1	1.066 8	1.006 1	0.954 6
0.001	2.307 6	1.891 9	1.640 8	1.468 7	1.341 3	1.242 2	1.162 2	1.095 9	1.039 7
0.000 5	2.445 7	2.003 5	1.737 1	1.554 6	1.419 6	1.314 5	1.229 8	1.159 6	1.100 2
0.000 25	2.576 8	2.109 7	1.828 7	1.636 3	1.494 1	1.383 5	1.294 3	1.220 3	1.157 8
0.000 1	2.741 1	2.242 9	1.943 6	1.739 0	1.587 7	1.470 1	1.375 2	1.296 6	1.230 1
0.000 05	2.859 5	2.338 9	2.026 6	1.813	1.655 3	1.532 6	1.433 7	1.351 7	1.282 4
0.000 025	2.973 4	2.431 3	2.106 5	1.884 4	1.720 4	1.592 8	1.490 0	1.404 8	1.332 7
0.000 01	3.117 9	2.548 7	2.207 9	1.975 1	1.803 1	1.669 4	1.561 6	1.472 3	1.396 8

表 17.4.1(b)　正态分布单值验收极限的单侧容限系数

α	样品数/n								
	2	3	4	5	6	7	8	9	10
0.5	0.716 6	1.025 4	1.214 2	1.349 8	1.454 8	1.540 0	1.611 3	1.672 4	1.725 8
0.25	1.288 7	1.540 7	1.697 2	1.810 6	1.899 0	1.971 1	2.031 7	2.083 8	2.129 5
0.1	1.816 7	2.024 9	2.156 1	2.252 0	2.327 2	2.388 7	2.440 7	2.485 6	2.525
0.05	2.138 5	2.323 9	2.442 0	2.528 6	2.596 7	2.652 7	2.700 0	2.741 1	2.777 2
0.025	2.420 8	2.588 8	2.696 5	2.775 8	2.838 4	2.890 0	2.933 7	2.971 7	3.005 2
0.01	2.752 6	2.902 7	2.999 7	3.071 5	3.128 3	3.175 3	3.215 3	3.25	3.280 7
0.005	2.980 5	3.119 8	3.210 3	3.277 5	3.330 9	3.375 1	3.412 7	3.445 5	3.474 5
0.002 5	3.193 0	3.323 2	3.408 2	3.471 6	3.522 0	3.563 8	3.599 5	3.630 7	3.658 2
0.001	3.454 9	3.575 1	3.654 1	3.713 2	3.760 3	3.799 5	3.833 1	3.862 3	3.888 3
0.000 5	3.641 2	3.755 0	3.830 1	3.886 4	3.931 4	3.969 0	4.001 1	4.029 2	4.054 1
0.000 25	3.818 8	3.927 0	3.998 7	4.052 6	4.095 8	4.131 9	4.162 8	4.189 8	4.213 8
0.000 1	4.042 1	4.143 9	4.211 7	4.262 9	4.304	4.338 4	4.367 8	4.393 6	4.416 6
0.000 05	4.203 5	4.301 1	4.366 4	4.415 7	4.455 4	4.488 6	4.517 2	4.542 2	4.564 4
0.000 025	4.359 2	4.453 0	4.516 0	4.563 7	4.602 2	4.634 4	4.662 0	4.686 3	4.707 9
0.000 01	4.557 3	4.646 6	4.706 9	4.752 7	4.789 7	4.820 6	4.847 3	4.870 7	4.891 5

表 17.4.1(c)   双边 t 分布的上下分位数

n	a									
	0.4	0.25	0.1	0.05	0.025	0.01	0.005	0.002 5	0.001	0.000 5
1	0.325	1	3.078	6.314	12.706	31.821	63.657	127.32	318.31	636.62
2	0.289	0.816	1.886	2.920	4.303	6.965	9.925	14.089	23.326	31.598
3	0.277	0.765	1.638	2.353	3.182	4.541	5.841	7.453	10.213	12.924
4	0.271	0.741	1.533	2.132	2.776	3.747	4.604	5.598	7.173	8.610
5	0.267	0.727	1.476	2.015	2.571	3.365	4.032	4.773	5.893	6.869
6	0.265	0.718	1.440	1.943	2.447	3.143	3.707	4.317	5.208	5.959
7	0.263	0.711	1.415	1.895	2.365	2.998	3.499	4.029	4.785	5.408
8	0.262	0.706	1.397	1.860	2.306	2.896	3.355	3.833	4.501	5.041
9	0.261	0.703	1.383	1.833	2.262	2.821	3.250	3.690	4.297	4.781
10	0.260	0.700	1.372	1.812	2.228	2.764	3.169	3.581	4.144	4.587
11	0.260	0.697	1.363	1.796	2.201	2.718	3.106	3.497	4.025	4.437
12	0.259	0.695	1.356	1.782	2.179	2.681	3.055	3.428	3.930	4.318
13	0.259	0.694	1.350	1.771	2.160	2.650	3.012	3.372	3.852	4.221
14	0.258	0.692	1.345	1.761	2.145	2.624	2.977	3.326	3.787	4.140
15	0.258	0.691	1.341	1.753	2.131	2.602	2.947	3.286	3.733	4.073
16	0.258	0.690	1.337	1.746	2.120	2.583	2.921	3.252	3.686	4.015
17	0.257	0.689	1.333	1.740	2.110	2.567	2.898	3.222	3.646	3.965
18	0.257	0.688	1.330	1.734	2.101	2.552	2.878	3.197	3.610	3.922
19	0.257	0.688	1.328	1.729	2.093	2.539	2.861	3.174	3.579	3.883
20	0.257	0.687	1.325	1.725	2.086	2.528	2.845	3.153	3.552	3.850
21	0.257	0.686	1.323	1.721	2.080	2.518	2.831	3.135	3.527	3.819
22	0.256	0.686	1.321	1.717	2.074	2.508	2.819	3.119	3.505	3.792
23	0.256	0.685	1.319	1.714	2.069	2.500	2.807	3.104	3.485	3.767
24	0.256	0.685	1.318	1.711	2.064	2.492	2.797	3.091	3.467	3.745
25	0.256	0.684	1.316	1.708	2.060	2.485	2.787	3.078	3.450	3.725
26	0.256	0.684	1.315	1.706	2.056	2.479	2.779	3.067	3.435	3.707
27	0.256	0.684	1.314	1.703	2.052	2.473	2.771	3.057	3.421	3.690
28	0.256	0.683	1.313	1.701	2.048	2.467	2.763	3.047	3.408	3.674
29	0.256	0.683	1.311	1.699	2.045	2.462	2.756	3.038	3.396	3.659
∞	0.253	0.674	1.282	1.645	1.960	2.326	2.576	2.807	3.090	3.291

17.4.2   过程控制的统计步骤

统计过程控制(SPC)是质量工程领域的一个分支,旨在提醒制造商工艺过程中的变化。控制极限的确定须根据过程历史记录,而不是规格极限,这是设置过程控制图时的关键。只要过程控制极限在规格极限之内,生产的材料就可被接受。但是,如果过程控制极限超出规格范围,则将必须进行额外的验收测试以对产品进行分类。

本节假定读者熟悉控制图的基本概念,仅提供针对复合材料特定差异的详细信息。

使用过程控制图时,数据将按子组收集并随时间进行绘制。控制图可分为性能和变量两大类。性能控制图适用于没有直接测量数据,仅有计数(如平板缺陷)或进行好/坏分类的情况。通常,复合材料的关键性能均具备可测量性,因此,本节只讨论变量控制图。设置和解释典型控制图的详细信息在许多教科书中都有详细描述,本文不再赘述。

17.4.2.1 控制图的目的

针对工艺过程/特性建立控制图的主要目的,是为了对工艺过程进行监控,以便在生产出不合格产品前可以及时采取纠正措施。但是,控制图可能无法提供足够的标准来判断不同批次复合材料是否能够验收。有关复合材料规范验收极限的设置,请参阅 17.4.1 节。当控制图与 SPC 同时识别出"失控"结果时,需要调查导致该结果的根本原因,调查结果与其导致的任何可能的后果须与控制图一并记录。

17.4.2.2 两张图胜过一张

变量控制图应始终成对出现。一个图显示平均值,另一个图则跟踪连续样本的变化。在对工艺过程进行评估时这两个图都需要。使用一对图的优点是能够识别两种不同类型的变化。均值图可显示从一个子集到下一个子集的变化,第二张图则说明了子集内的变化。最常用的一组图是 $\bar{X}$(样本平均值)和 R(样本范围),如图 17.4.2.2(a)和(b)所示。

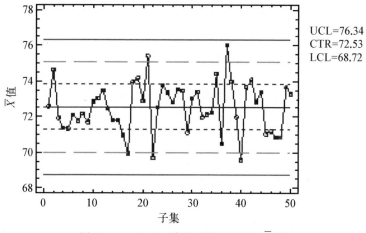

图 17.4.2.2(a) 填充压缩 ETW 的 $\bar{X}$ 图

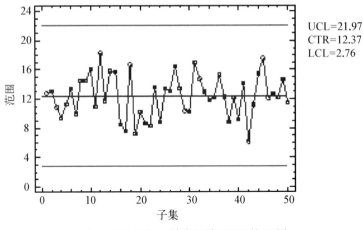

图 17.4.2.2(b)　填充压缩 ETW 的 R 图

17.4.2.3　控制图的类型

针对各种过程，特性和制造条件有许多不同类型的控制图。只要过程/特性符合技术假设，任何变量控制图都是可以接受的。生产者可决定使用传统的 $\bar{X}$ 和 R 图，CUSUM 图，EWMA 图，多元 T^2 等。

$\bar{X}$ 和 R 典型控制图对。图对用于监视稳定过程的平均值和标准偏差（注意：控制图不能用于控制不稳定过程）。$\bar{X}$ 图是子集均值的连续图。R 图是子集范围的连续图。子集大小在图表持续时间内保持不变，否则将导致控制限制发生变化。当子集大小在 2 到 10 之间时，建议使用这种类型的图表。

$\bar{X}$ 和 sigma(S) 图。当子集大小大于 10 时，首选 S 或 sigma 图。sigma 图是子集标准差的连续图。对于大样本量，它对过程差异性的描述比 R 图略准确。

个体和移动范围。当子集不可用时，可以使用个体图表，这是数据的连续图。移动范围图是数据之间连续差异的图。当批次内的变化比批次间的变化小时，该类型的图表也很有用。

CuSum 累积控制图。CuSum 图以不同于 $\bar{X}$ 和 R 或 S 图的方式查看子集平均值。在 CuSum 图上，每个点代表每个 $\bar{X}$ 值减去名义值的累积和。该图不使用控制极限，而是使用所谓的"V-面"来识别超出控制的数据点。尽管更难设置和解释，该图的优点是对偏离名义值的微小持续变动具有更高的敏感性[见图 17.4.2.3(a)]。

EWMA 指数加权移动平均线。传统 $\bar{X}$ 图表的缺点之一是认为所有子集的权重相等。EWMA 允许用户对数据进行加权，从而为较新的子组赋予更大的权重。加权导致更改控制限制，因此其建立和解释更加复杂。根据子集的大小，此图表与 R 或 S 图表结合使用[见图 17.4.2.3(b)]。

T^2 多元控制图。此图旨在将不同的度量值合并为一个图。当测试同一产品的多个特性时（如复合材料的常见情况），与其对每个性能设置单独的控制图，不如将数据组合到一个图中。仅使用一张图,对整体测量值及单个测量值偏离标准的情况很敏感。特别是,当测量性能相关联时,T^2 控制图将捕捉到偏离正常值的偏差,而这些偏差在单个性能的控制图上不会反映出来,如图 17.4.2.3(c)所示。

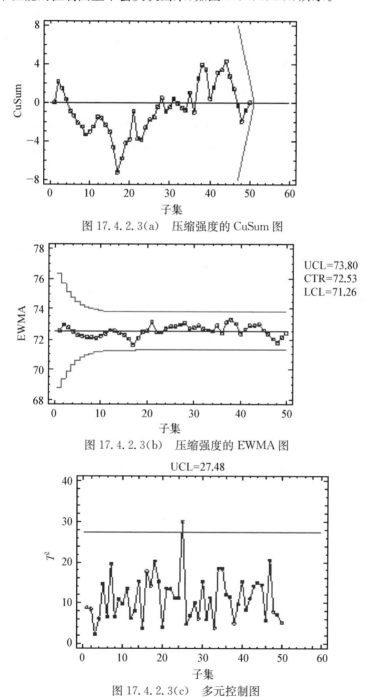

图 17.4.2.3(a)　压缩强度的 CuSum 图

UCL=73.80
CTR=72.53
LCL=71.26

图 17.4.2.3(b)　压缩强度的 EWMA 图

UCL=27.48

图 17.4.2.3(c)　多元控制图

17.4.2.4　将结果标记为"失控"的规则

下文列出了"西部电气规则"（由西部电气公司开发的而得名），此规则包含 $\bar{X}$ 控制图可能使用的全部或几乎全部规则。需要指出，没有必要完全使用这套规则。使用更多规则将增加错误警报的可能性，更容易在产出不合格材料之前引起生产者注意。图 17.4.2.2(a)中在第 48 点和第 49 点显示了违反规则(3)的情况。在最初设置控制图时，即应确定需遵守哪些规则。

西部电气规则如下：

(1) 一个点落在 3σ 带上面或外面。

(2) 三分之二的连续点落在 A 区或以上的区域中——均位于中心线的同一侧。

(3) 5 个连续点中的 4 个落在 B 区或以上的区域中——均位于中心线的同一侧。

(4) 8 个连续点落在 C 区域或以上——均位于中心线的同一侧。

(5) 一长串点(大约 14 个)表现为高-低-高-低，且没有任何中断。(系统变量)

(6) 连续 7 个点增加或减少。(单调是更严格的要求)

(7) 中心线上方或下方有 15 个或更多的连续点落在区域 C。(分层)

(8) 连续 8 个点均在中心线的两侧，没有一个在 C 区。(混合模式)

区域 A、B 和 C 是指从中心线以 3σ、2σ 和 1σ 线划定的区域。C 区是指中心线和 1σ 线之间的区域，B 区是指 1σ 和 2σ 线之间的区域，A 区是 2σ 和 3σ 线之间的区域。这些线显示在图 17.4.2.2(a)中。

更多关于控制图使用的信息及一种特别适用于复合材料生产设置的控制图可参阅第 1 卷 8.4.5.2 节。

参 考 文 献

17.3.1　J. S. Tomblin, Y. C. Ng. and K. S. Rajn, Material Qualification and Equivalency for Polymer Matrix Composite Material Systems, DOTIFAA/AR‐00147, April 2001.

第 18 章　CMC 性能数据

18.1　引言

基于统计的标准化材料性能数据对于开发复合材料部件至关重要，材料供应商、设计工程人员、制造组织以及结构最终用户都需要此类数据。此外，可靠的设计和分析方法对于复合材料部件的开发和应用也至关重要。为提供上述内容，需要对以下几方面进行标准化处理：

（1）用于开发、分析和发布复合材料性能数据的方法。

（2）基于统计的复合材料性能数据集。

（3）基于本手册中发布的性能数据，进行设计、分析、测试和支持复合部件的一般程序。

在许多情况下，此标准化旨在满足监管机构的要求，同时为开发满足客户组织需求的结构提供有效的工程实践。

18.1.1　手册中数据的结构

第 5 卷中将复合材料性能数据按氧化物 CMC 和非氧化物 CMC 进行分类。

18.1.2　数据的表述

本节介绍了本卷手册显示和表述数据的方法。

18.1.2.1　性能和定义

表 18.1.2.1 总结了第 5 卷中常用性能和定义所在章节位置。

表 18.1.2.1　性能和定义

项　　　目	章　节　号
增强体性能及其制备方法	3.6.2 节
基体性能	3.6.3 节
表征陶瓷基复合材料的方法	第 9 章
纤维和织物架构	3.4 节

（续表）

项　　　目	章　节　号
统计方法	17.1～17.3 节
材料系统代码和层压板取向代码	1.6 节

上标 c 表示的所有压缩数据均为正数。正压缩强度表示由于在与正拉伸破坏相反的方向上施加的载荷而导致的破坏。

18.1.2.2　表格格式

表 18.1.2.2(a)给出了力学性能数据表的格式。表 18.1.2.2(a)为摘要页面，提供有关材料体系和性能的信息。包含以下内容：

❶ 手册部分的标题和编号。这些部分是使用以下信息的标题：

{纤维}{单丝数量}/{界面层}/{基体}{工艺描述}

工艺描述包括制造过程。如果该数据集包含有关数据文档的警告，则该部分标题后面应带有星号。

❷ 数据部分中的第一组信息是摘要表，包含有关材料、工艺等方面的信息。右上角粗框用于标识第一摘要表。

{纤维类别}/{界面层类别}/{基体类别}{工艺描述}
{纤维}/{界面层}/{基体}
总结

此框包含材料的纤维/基体类别，例如使用 1.6 节中的材料体系代码将碳化硅/碳/碳化硅标识为 SiC/C/SiC。通过纤维、界面层和基体名称即可识别材料。

❸ 材料信息包含复合材料、纤维、界面层和基体。复合材料标识表示为：

{纤维}/{单丝数量}/{界面层}/{基体}{工艺描述}

纤维标识包括{制造商}{商品名称}{连续/不连续}{直径}。基体标识为{商品名称}。此处还给出了制造商。

❹ 介绍了基本的工艺信息。这包括工艺顺序的类型、温度、压力、持续时间以及一个或多个处理步骤的其他关键参数。数据源也在此处标识。

❺ 有限数据文档的警告会显示在数据显示页的每一页上。在数据部分的第一页上，警告显示在材料标识框下方。

❻ 材料标识框下方显示了与材料制造和测试有关的日期。数据提交的日期决定了用于数据集的数据文档要求，而分析日期决定了所采用的统计分析。适用时应

显示日期范围,例如持续数月的测试项目。

❼ 层压板性能随每种性能数据分别进行了汇总。层压板性能汇总表的各列定义了环境条件和纤维体积。第一列包含空气环境中的室温数据,其余列按从最低到最高的温度排序。对于每个温度,各列的排列顺序是从最小到最大纤维体积。如果空间足够,使用空白列将室温列与其他列分隔开。

层压板性能汇总表各行标识了测试类型和方向。对于每种类型和方向,依次给出了强度、模量、泊松比、失效应变、比例极限和 0.2% 偏移强度的数据类别。例如,如果在"室温-空气-35,拉伸,1-方向"下的条目为 FF-S--,则代表在空气环境中测试了室温的纵向拉伸强度、模量和失效应变,但没有测试泊松比、比例极限以及 0.2% 偏移强度。强度和模量数据已得到正式批准,失效应变数据正在筛选中。数据批准的类别见 16.2.2 节。正式批准的数据要求进行测试的最少数量,如 16.2.2.1 节所定义。筛选数据代表较少数量的测试。

接下来为摘要信息的第二页:

❶ 任何警告均位于此页面的顶部。

❷ 摘要信息第二页顶部的框显示了数据集的基本物理参数。第一个数据列包含公称值,通常是规格信息。

❸ 第二个数据列显示提交数据集的值范围。

❹ 最后一列为获取这些数据的测试方法。

❺ 层压板性能数据在下框中的表示方式与上一页相同。每个层压板系列下面均列出性能数据。表 18.1.2.2(a)中详细提供了铺层信息。仅当数据可用且基于表 18.1.2.2(b)时,才将测试的类型和方向列出。

表 18.1.2.2(a)　表格式汇总(第一页)

X. X. X {纤维}{单丝数量}/{界面层}/{基体}{工艺说明} * ❶

材料:{纤维}{单丝数量}/{界面层}/{基体}{工艺说明}❸　　　　　　　　❷
纤维:{商品名称}{连续/不连续}{直径}　　　　界面层:{商品名称}
制造商:{制造工艺生产商}
工艺顺序:{工艺}❹
工艺:{工艺类型}:{温度},{持续时间},{压力}　　　来源:{数据来源}

---

*{警告}❺

纤维生产日期	MM/YYYY	测试日期	MM/YYYY
基体生产日期	MM/YYYY	数据提交日期	MM/YYYY
复合材料生产日期	MM/YYYY	数据分析日期❻	MM/YYYY

单层性能汇总❼

温　度	〔室温〕		〔由低到高〕			
环　境						
纤维体积分数			〔由低到高〕			
拉伸，1方向 拉伸，2方向 拉伸，3方向 压缩，1方向 压缩，2方向 压缩，3方向 剪切，面内12 剪切，面内23 剪切，面内31 〔其他类型的 测试/方向〕			每种类型的测试/方向/环境 条件/纤维体积分数的组合均注 明了批准等级			

注：1. 数据级别：F——正式批准；I——临时；S——筛选。
　　2. 顺序：强度/模量/泊松比/应变破坏/比例极限/0.2%偏移强度。

表18.1.2.2(a)　表格式汇总（第二页）

警告❶

	名义值❷	提交值❸	测试方法❹
纤维体密度/(g/cm³)	X.XX	〔最小〕～〔最大〕	〔测试方法〕
基体密度/(g/cm³)	X.XX	〔最小〕～〔最大〕	〔测试方法〕
复合材料密度/(g/cm³)	X.XX	〔最小〕～〔最大〕	〔测试方法〕
纤维面密度/(g/m²)	XXX	〔最小〕～〔最大〕	〔测试方法〕
纤维体积分数/%	XX	〔最小〕～〔最大〕	〔测试方法〕
单层厚度/in	0.0XXX	〔最小〕～〔最大〕	〔测试方法〕

层压板性能汇总❺

温　度	〔室温〕		〔温度由低到高〕			
环　境						
纤维体积分数			〔最低到最高〕			
〔铺层方式〕 〔测试/方向〕			每种类型的测试/方向/环境 条件/纤维体积分数的组合均注 明了批准等级			

注：1. 数据级别：F——正式批准；I——临时；S——筛选。
　　2. 顺序：强度/模量/泊松比/应变破坏/比例极限/0.2%偏移强度。

表 18.1.2.2(b)　层压板试验类型和方向

测　试　类　型	
拉伸	损伤后压缩
压缩	弯曲
剪切	热膨胀系数
开孔拉伸	开孔压缩

测　试　方　向	
x 方向	面内 xy
y 方向	面内 yz
z 方向	面内 zx

注：1. 除非另有说明，否则 x 轴方向对应于层压板的 $0°$ 方向。

表 18.1.2.2(c)中显示了测得的材料性能数据表的格式。包含以下内容：

❶ 对于不符合数据文档要求的数据集，在每页上标明警告。

❷ 每页的右上角是一个粗边框，包含标识数据集、测试类型、试样取向、测试条件以及数据级别的信息。

```
                        {表号}
     {纤维类别}/{界面层类别}/{基体类别}{表格}
          {纤维名称}/{界面层名称}/{基体名称}
                    {测试类型},{方向}
                      {铺层方式}
                    {测试温度,环境}
                    {数据批准等级}
```

❸ 复合材料的材料标识为

{纤维}{单丝数量}/{界面层}/{基体}{工艺说明}

在此特定页面上显示了物理参数范围、加工方法、纤维体积、纤维间距、样品几何形状、厚度、宽度和复合材料密度。

❹ 测试方法由第 5 卷中描述测试方法的章节号标识。

❺ 针对力学性能数据，提出了计算模量的方法，包括计算方法以及用于计算的测量位置或范围。

❻ 测试前的处理方法在此处标识为{方法}{温度}{时间}{其他关键参数}。此处还列出了表面状况。

❼ 为已标准化的数据提供了标准化方法。数据来源也在此处标识。

❽ 每个数据列的顶部是测试条件。每列显示温度(℉)、环境(空气,氦气等)、纤维体积(%)和应变率(1/s)。

❾ 手册中提供了强度数据和失效应变数据以及完整的统计参数。针对每个性能/条件组合也指出了数据批准的级别。仅对正式批准的数据显示 B 基准值。对满足 A 基准值的批号和样本数量要求的正式批准数据,也给出了 A 基准值。不同分布方法的分析过程也进行了介绍,各种分布对应的常数 C_1 和 C_2 如表 18.1.2.2(d)所示。

❿ 模量数据仅以均值、最小值、最大值、变异系数、批次和样本量表示。给出了标准化数据和实测数据值。当泊松比数据、批次大小和样本大小信息可知时,也一并给出。

脚注中经常出现的信息包括可调节参数、未给出 B 基准值的原因以及与非标准测试方法。

性能符号将方向标记为下标,将性能类型标记为上标(例如拉伸 t)。示例表中显示了层压板沿纤维方向拉伸的符号。

表 18.1.2.2(c) 测量数据的表格格式

{警告}❶

材料:{纤维}{单丝数量}/{界面层}/{基体}{工艺说明}			❷
{单向带/编织类型}❸			
加工:{加工方式}		纤维体积分数: XX - XX	
纤维间距:			
试样外形:			
厚度: 0.0XXX - 0.0XXX in			
宽度:❹ 0.0XXX - 0.0XXX in		模量计算:❺{方法},XXXX - XXXX	
测试方法:{编号}			
预处理方法:{方法}{温度}{时间}{其他关键参数}❻		表面状态:	
归一化:{方法}到 XX%❼		来源:{数据来源}	
温度/℉ 环境 纤维体积分数/% 应变率/(1/s)	❽		
F_1^{tu}/ksi	B 基准值分布 C_1 C_2 试样编号 批次编号 数据批准级别	❾	

（续表）

E_1^t/Msi	平均值 最小值 最大值 C. V. / % 试样编号 批次编号 数据批准级别	❿	
ν_{12}^t	平均值 试样编号 批次编号 数据批准级别	❿	
$\varepsilon_1^{tu}/\%$	平均值 最小值 最大值 C. V. / % B 基准值分布 C_1 C_2 试样编号 批次编号 数据批准级别	❾	

表 18. 1. 2. 2(d)　各种分布对应常数

	C_1	C_2
威布尔分布	参数范围	形状参数
正态分布	平均值	标准差
对数分布	以自然对数为底的平均值	以自然对数为底的标准差
非参分布	排序	Hanson-Koopmans 系数
ANOVA	容限系数	总体标准差

表 18. 1. 2. 2（e）显示了包含剪切材料性能信息的数据表格式。包括如下内容：

❶ 对于不符合数据文档要求的数据集，警告会显示在每页上。

❷ 每页的右上角是一个带有粗边框的框，包含标识数据集、显示结果的测试类

型、试样方向、测试条件以及数据类别的信息。

```
┌─────────────────────────────────────────────┐
│                  {表号}                        │
│   {纤维类别}/{界面层类别}/{基体类别}{表格}        │
│     {纤维名称}/{界面层名称}/{基体名称}           │
│            {测试类型},{方向}                    │
│              {铺层方式}                        │
│            {测试温度,环境}                      │
│             {数据批准等级}                      │
└─────────────────────────────────────────────┘
```

❸ 复合材料的材料标识如下：

{纤维}{单丝数量}/{界面层}/{基体}{工艺说明}

在此特定页面上显示了物理参数范围、加工方法、纤维体积、纤维间距、样品几何形状、厚度、宽度和复合材料密度。

❹ 测试方法由第 5 卷中的章节号标识。

❺ 针对力学性能数据，提出了计算模量的方法，包括计算方法以及用于计算的测量位置或范围。

❻ 测试前的处理方法在此处标识为{方法}{温度}{时间}{其他关键参数}。此处还列出了表面状况。

❼ 每个数据列的顶部是测试条件。每列显示温度($^\circ$F)、环境(空气,氦气等)、纤维体积(%)和应变率(1/s)。

❽ 手册中提供了强度数据和失效应变数据以及完整的统计参数。针对每个性能/条件组合也指出了数据批准的级别。仅对正式批准的数据显示 B 基准值。对满足 A 基准值的批号和样本数量要求的正式批准数据，也给出了 A 基准值。不同分布方法的分析过程也进行了介绍，各种分布对应的常数 C_1 和 C_2 如表 18.1.2.2(d)所示。

❾ 模量数据仅以均值、最小值、最大值、变异系数、批次和样本量表示。给出了标准化数据和实测数据值。当泊松比数据、批次大小和样本大小信息可知时，也一并给出。

脚注中经常出现的信息包括可调节参数、未给出 B 基准值的原因以及与非标准测试方法的差异。

性能符号将方向标记为下标，将性能类型标记为上标(例如拉伸 t)。示例表中显示了层压板沿纤维方向拉伸的符号。

表 18.1.2.2(e)　剪切数据的表格格式

〈警告〉❶

材料:〈纤维〉〈单丝数量〉/〈界面层〉/〈基体〉〈工艺说明〉　　　　　　❷

〈机织/编织类型〉❸
加工:〈加工方式〉　　　　　　　　　　　　　　　　　　　纤维体积分数: XX‐XX
纤维间距:
试样外形:
厚度:　　　　0.0XXX‐0.0XXX in
宽度:❹　　　0.0XXX‐0.0XXX in　　　　　　　模量计算:❺〈方法〉, XXXX‐XXXX
测试方法:ASTM C 1292‐10
预处理方法:〈方法〉〈温度〉〈时间〉〈其他关键参数〉❻　　　　　表面状态:
归一化:不需要　　　　　　　　　　　　　　　　　　　来源:〈数据来源〉

温度/℉ 环境 纤维体积分数/% 应变率/(1/s)	❼		
F_{12}^{tu}/ksi	平均值 最小值 最大值 C.V./% B 基准值分布 C_1 C_2 试样编号 批次号 数据批准级别	❽	
G_{12}^{s}/Msi	平均值 最小值 最大值 C.V./% 试样编号 批次号 数据批准级别	❾	
$\gamma_{12}^{su}\times10^{6}$	平均值 最小值 最大值 C.V./% B 基准值分布 C_1 C_2 试样编号 批次号 数据批准级别	❽	

18.2 CMC 体系-性能数据

本次手册修订版确立了数据提交的要求。下一次修订版将包括材料性能数据集，包括18.1节中所示的谱系和数据格式。

18.3 CMC 体系-已有数据

本节中包含的材料可能不可再用，但此处仍包含其数据仅供参考。所有提供的数据均为16.2.2节中的筛选级别。

18.3.1 9/99 EPM SiC/SiC

复合材料	复合材料名称	9/99 EPM SiC/SiC	制造商	Honeywell ACI
	复合材料描述	SiC/BN - SiC/SiC(MI)	制造批号	0981 - 01 和 0604 - 01
	增强体体积分数	36%	制造日期	1999 年 9 月
	密度	2.86 g/cm³	制造类型	熔体渗透
	孔隙率	10%~20%	开发/生产状态	有限供应
增强体	名称	Sylramic	制造商	COIC
	组分	SiC	结构/织构	5 缎缎纹机织织物
	层数	8	单层厚度	0.25 mm
	织物面密度	281.58 g/m²	层压的铺层顺序	$[0_f/90_f]_{4s}$
基体	组分	SiC+硅化 SiC	来源	熔体渗透
界面相/界面层	组分	Si 掺杂 BN	来源	CVI
	厚度	0.5 μm		
外部涂层	组分	无	厚度	/
	制造方法	/	来源	/

测试日期　1/1999—02/2000　　　　　　　日期/数据提交日期　3/2001

测试数据汇总	温度/℃	816	1 038	1 204	1 315
	气氛	空气	空气	空气	空气
	预调节	无	无	无	无
归一化或测量值		测量值	测量值	测量值	测量值
弹性模量 E_x^t/GPa	平均值	208	209	182	158
	批准级别	S	S	S	S

（续表）

弹性模量 E_y^t/GPa	平均值	208	209	182	158
	批准级别	S	S	S	S
弹性模量 E_z^t/GPa	平均值				
	批准级别				
泊松比 ν_{xy}^t	平均值				
	批准级别				
泊松比 ν_{yz}^t	平均值				
	批准级别				
泊松比 ν_{zx}^t	平均值				
	批准级别				
剪切模量 G_{xy}^s/GPa	平均值				
	批准级别				
剪切模量 G_{yz}^s/GPa	平均值				
	批准级别				
剪切模量 G_{zx}^s/GPa	平均值				
	批准级别				
比例极限应力 F^{pl}/MPa	平均值				
	批准级别				
热导率 α_x	平均值				
	批准级别				
热导率 α_y	平均值				
	批准级别				
热导率 α_z	平均值				
	批准级别				
热膨胀系数 K_x	平均值				
	批准级别				
热膨胀系数 K_y	平均值				
	批准级别				
热膨胀系数 K_z	平均值				
	批准级别				

注：1. 批准级别：F——正式批准；I——临时；S——筛选。

复合材料	复合材料名称	9/99 EPM SiC/SiC	制造商	Honeywell ACI
	复合材料描述	SiC/BN - SiC/SiC(MI)	制造批号	0981 - 01 和 0604 - 01
	增强体体积分数	36%	制造日期	1999 年 9 月
	密度	2.86	制造方法	熔体渗透
	孔隙率	10%~20%	开发/生产状态	有限供应
增强体	名称	Sylramic	制造商	COIC
	组分	SiC	结构/织构	5 缎缎纹机织织物
	层数	8	单层厚度	0.25 mm
	织物面密度	281.58 g/m^2	层压的铺层顺序	$[0_f/90_f]_{4s}$
基体	组分	SiC + 硅化 SiC	来源	熔体渗透
界面相/界面层	组分	Si 掺杂 BN	来源	CVI
	厚度	0.5 μm		
外部涂层	组分	无	厚度	/
	制造方法	/	来源	/

测试日期　1/1999—02/2000　　　　　数据提交日期　3/2001

测试数据汇总	温度/℃	816	1 038	1 204	1 315
	气氛	空气	空气	空气	空气
	预调节	无	无	无	无
归一化或测量值		测量值	测量值	测量值	测量值
拉伸强度 F_x^{tu}/MPa	平均值	362	325	307	295
	批准级别	S	S	S	S
拉伸强度 F_y^{tu}/MPa	平均值	362	325	307	295
	批准级别	S	S	S	S
拉伸强度 F_z^{tu}/MPa	平均值				
	批准级别				
应变 $\varepsilon_x^{tu} \times 10^6$	平均值	4 810	4 350	4 590	4 300
	批准级别	S	S	S	S
应变 $\varepsilon_y^{tu} \times 10^6$	平均值	4 810	4 350	4 590	4 300
	批准级别	S	S	S	S

（续表）

应变 $\varepsilon_z^{tu} \times 10^6$	平均值				
	批准级别				
比例极限应力 F_x^{pl}/MPa	平均值	177	168	166	163
	批准级别	S	S	S	S
比例极限应力 F_y^{pl}/MPa	平均值	177	168	166	163
	批准级别	S	S	S	S
比例极限应力 F_z^{pl}/MPa	平均值				
	批准级别				
压缩强度 F_x^{cu}/MPa	平均值				
	批准级别				
压缩强度 F_y^{cu}/MPa	平均值				
	批准级别				
压缩强度 F_z^{cu}/MPa	平均值				
	批准级别				
面内剪切强度 F_{xy}^{su}/MPa	平均值	47.2			
	批准级别	S			
层间剪切强度 F_{xy}^{su}/MPa	平均值				
	批准级别				
层间剪切强度 F_{yz}^{su}/MPa	平均值				
	批准级别				
弯曲强度 F_x^{b}/MPa	平均值				
	批准级别				

注：1. 批准级别：F——正式批准；I——临时；S——筛选。

复合材料	复合材料名称	9/99 EPM SiC/SiC	制造商	Honeywell ACI
	复合材料描述	SiC/BN‑SiC/SiC(MI)	制造批号	0981‑01 和 0604‑01
	增强体体积分数	36%	制造日期	1999 年 9 月
	密度	2.86	制造方式	熔体渗透
	孔隙率	10%～20%	开发/生产状态	有限供应
增强体	名称	Sylramic	制造商	COIC
	组分	SiC	结构/织构	5 缎缎纹机织织物

（续表）

	层数	8	单层厚度	0.25 mm
	织物面密度	281.58 g/m²	层压的铺层顺序	$[0_f/90_f]_{4s}$
基体	组分	SiC＋硅化 SiC	来源	熔体渗透
界面相/界面层	组分	Si 掺杂 BN	来源	CVI
	厚度	0.5 μm		
外部涂层	组分	无	厚度	/
	制造方法	/	来源	/
拉伸测试方法	测试方法标准	ASTM C 1275-95	测试文件名称	
	归一化方法		测试日期	1/1999—02/2000
			载荷/应变率	0.5%/min
	模量计算方法	在 30～100 MPa 之间最小二乘法拟合	比例极限计算方法	偏移屈服 50μ 应变

数据提交日期　3/2001

	温度/℃	816		1 038		1 204		1 315	
拉伸测试数据	气氛	空气		空气		空气		空气	
	预调节	无		无		无		无	
	标距/mm	27.94		27.94		27.94		27.94	
	应力方向/(°)	0		0		0		0	
归一化或测量值		归一化	测量值	归一化	测量值	归一化	测量值	归一化	测量值
极限拉伸强度 F_x^{tu}/MPa	平均值				362				325
	标准差				32.2				29.2
	试件数量				24				6
	批数				6				6
	批准级别				S				S
弹性模量 E_x^t/GPa	平均值				208				209
	标准差				14.0				14.5
	试件数量				24				6
	批数				6				6
	批准级别				S				S

（续表）

比例极限应力 F_x^{pl}/MPa	平均值			177					168
	标准差			19.4					19.9
	试件数量			24					6
	批数			6					6
	批准级别			S					S
破坏应变 $\varepsilon_x^{tu}\times10^6$	平均值			4 810					4 350
	标准差			626					621
	试件数量			24					6
	批数			6					6
	批准级别			S					S

注：1. 批准级别：F——正式批准；I——临时；S——筛选。

复合材料	复合材料名称	9/99 EPM SiC/SiC	制造商	Honeywell ACI
	复合材料描述	SiC/BN - SiC/SiC(MI)	制造批号	0981 - 01 和 0604 - 01
	增强体体积分数	36%	制造日期	1999 年 9 月
	密度	2.86	制造方式	熔体渗透
	孔隙率	10%～20%	开发/生产状态	有限供应
增强体	名称	Sylramic	制造商	COIC
	组分	SiC	结构/织构	5 缎缎纹机织织物
	层数	8	单层厚度	0.25 mm
	织物面积重量	281.58 g/m²	层压的铺层顺序	$[0_f/90_f]_{4s}$
基体	组分	SiC＋硅化 SiC	来源	熔体渗透
界面相/界面层	组分	Si 掺杂 BN	来源	CVI
	厚度	0.5 μm		
外部涂层	组分	无	厚度	/
	制造方法	/	来源	/
层间剪切测试方法	测试方法标准	ASTM C 1292 - 95	测试文件名称	
	归一化方法		切口距离	6.37 mm
			测试日期	2 月 1 日

剪切测试数据	温度/℃		816	
	气氛		空气	
	预调节		无	
			归一化	测量值
极限层间强度 F_{zr}^{su}/MPa	平均值			47.2
	标准差			7.24
	试件数量			24
	批数			6
	批准级别			S

注：1. 批准级别：F——正式批准；I——临时；S——筛选。

18.3.2 增强 SiC/SiC

复合材料	复合材料名称	增强 SiC/SiC	制造商	Honeywell ACI
	复合材料描述	SiC/C/SiC	制造批号	多批
	增强体体积分数	40%	制造日期	11/1994—12/1997
	密度	2.3 g/cm³	制造类型	CVI
	孔隙率	12%	开发/生产状态	可供商用
增强体	名称	CG Nicalon™	制造商	COIC
	组分	SiC	结构/织构	5 缎缎纹机织织物
	层数	11	单层厚度	约 0.3 mm
	织物面积重量	约 287 g/m²	层压的铺层顺序	$[0_f/90_f]_{ns}$
基体	组分	SiC	来源	CVI
外部涂层	组分	SiC	厚度	0.1~0.2 mm
	制造方法	CVI	来源	CVI
	制造日期	11/1994—12/1997		

测试日期　11/1994—12/1997　　　　　数据提交日期　3/2001

测试数据汇总	温度/℃	23	850	1 100	1 200
	气氛	空气	空气	空气	空气
	预调节	无	无	无	无
归一化或测量值		测量值	测量值	测量值	测量值

（续表）

弹性模量 E_x^{t}/GPa	平均值	129	113	122	119
	批准级别	S	S	S	S
弹性模量 E_y^{t}/GPa	平均值	129	113	122	119
	批准级别	S	S	S	S
弹性模量 E_z^{t}/GPa	平均值				
	批准级别				
泊松比 ν_{xy}^{t}	平均值				
	批准级别				
泊松比 ν_{yz}^{t}	平均值				
	批准级别				
泊松比 ν_{zx}^{t}	平均值				
	批准级别				
剪切模量 G_{xy}^{s}/GPa	平均值				
	批准级别				
剪切模量 G_{yz}^{s}/GPa	平均值				
	批准级别				
剪切模量 G_{zx}^{s}/GPa	平均值				
	批准级别				
比例极限应力 F^{pl}/MPa	平均值				
	批准级别				
热导率 α_x	平均值				
	批准级别				
热导率 α_y	平均值				
	批准级别				
热导率 α_z	平均值				
	批准级别				
热膨胀系数 K_x	平均值				
	批准级别				

（续表）

热膨胀系数 K_y	平均值				
	批准级别				
热膨胀系数 K_z	平均值				
	批准级别				

注：1. 批准级别：F——正式批准；I——临时；S——筛选。

复合材料	复合材料名称	增强 SiC/SiC	制造商	Honeywell ACI
	复合材料描述	SiC/C/SiC	制造批号	多批
	增强体体积分数	40%	制造日期	11/1994—12/1997
	密度	2.3 g/cm³	制造类型	CVI
	孔隙率	12%	开发/生产状态	可供商用
增强体	名称	CG Nicalon™	制造商	COIC
	组分	SiC	结构/织构	5 缎缎纹机织织物
	层数	11	单层厚度	约 0.3 mm
	织物面积重量	约 287 g/m²	层压的铺层顺序	$[0_f/90_f]_{ns}$
基体	组分	SiC	来源	CVI
外部涂层	组分	SiC	厚度	0.1~0.2 mm
	制造方法	CVI	来源	CVI
	制造日期	11/1994—12/1997		

测试日期　11/1994—12/1997　　　　数据提交日期　3/2001

测试数据汇总	温度/℃	23	850	1 100	1 200
	气氛	空气	空气	空气	空气
	预调节	无	无	无	无
归一化或测量值		测量值	测量值	测量值	测量值
拉伸强度 F_x^{tu}/MPa	平均值	230	265	275	250
	批准级别	S	S	S	S
拉伸强度 F_y^{tu}/MPa	平均值	230	265	275	250
	批准级别	S	S	S	S

（续表）

拉伸强度 F_z^{tu}/MPa	平均值				
	批准级别				
应变 $\varepsilon_x^{tu} \times 10^6$	平均值	4 680	5 860	6 090	7 250
	批准级别	S	S	S	S
应变 $\varepsilon_y^{tu} \times 10^6$	平均值	4 680	5 860	6 090	7 250
	批准级别	S	S	S	S
应变 $\varepsilon_z^{tu} \times 10^6$	平均值				
	批准级别				
比例极限应力 F_x^{pl}/MPa	平均值	72.2	79.1	89.3	76.9
	批准级别	S	S	S	S
比例极限应力 F_y^{pl}/MPa	平均值	72.2	79.1	89.3	76.9
	批准级别	S	S	S	S
比例极限应力 F_z^{pl}/MPa	平均值				
	批准级别				
压缩强度 F_x^{cu}/MPa	平均值	577			
	批准级别	S			
压缩强度 F_y^{cu}/MPa	平均值	577			
	批准级别	S			
压缩强度 F_z^{cu}/MPa	平均值				
	批准级别				
面内剪切强度 F_{xy}^{su}/MPa	平均值	38.0			
	批准级别	S			
层间剪切强度 F_{xy}^{su}/MPa	平均值				
	批准级别				
层间剪切强度 F_{yz}^{su}/MPa	平均值				
	批准级别				
弯曲强度 F_x^{b}/MPa	平均值	420			447
	批准级别	S			S

注：1. 批准级别：F——正式批准；I——临时；S——筛选。

复合材料	复合材料名称	增强 SiC/SiC	制造商	Honeywell ACI
	复合材料描述	SiC/C/SiC	制造批号	多批
	增强体体积分数	40%	制造日期	11/1994—12/1997
	密度	2.3 g/cm³	制造类型	CVI
	孔隙率	12%	开发/生产状态	可供商用
增强体	名称	CG Nicalon™	制造商	COIC
	组分	SiC	结构/织构	5 缎缎纹机织织物
	层数	11	单层厚度	约 0.3 mm
	织物面密度	约 287 g/m²	层压的铺层顺序	$[0_f/90_f]_{ns}$
基体	组分	SiC	来源	CVI
界面相/界面层	组分	C	来源	CVI
	厚度	0.5 μm		
外部涂层	组分	SiC	厚度	0.1～0.2 mm
	制造方法	CVI	来源	CVI
拉伸测试方法	测试方法标准	C1275 - 95 和 C1359 - 96	测试文件名称	多批
	模量计算方法	3.5～35.5 MPa 最小二乘法拟合	载荷应变率	0.5 mm/min
	归一化方法		测试日期	11/1994—12/1997
	比例极限计算方法	偏移屈服(0.005%)		

数据提交日期　3/2001

拉伸测试数据	温度	23		850		1 100		1 200	
	气氛	空气		空气		空气		空气	
	预调节	无		无		无		无	
	标距	25.4 mm		25.4 mm		25.4 mm		25.4 mm	
	应力方向	0°		0°		0°		0°	
归一化或测量值		归一化	测量值	归一化	测量值	归一化	测量值	归一化	测量值
极限拉伸强度 F_x^{tu}/MPa	平均值		230		265		275		250
	标准差		20.1		10.9		10.8		9.5
	试件数量		90		8		9		5

（续表）

极限拉伸强度 F_x^{tu}/MPa	批数	21	5	9	1
	批准级别				
弹性模量 E_x^t/GPa	平均值	129	114	122	119
	标准差	13.1	3.94	12.4	4.22
	试件数量	90	8	9	5
	批数	21	5	9	1
	批准级别				
比例极限应力 F_x^{pl}/MPa	平均值	72.2	79.1	89.3	76.9
	标准差	11.0	7.35	14.4	4.06
	试件数量	90	7	9	5
	批数	21	4	9	1
	批准级别				
破坏应变 $\varepsilon_x^{tu} \times 10^6$	平均值	4 680	5 860	6 090	7 250
	标准差	531	318	325	634
	试件数量	90	7	9	5
	批数	21	4	9	1
	批准级别				
泊松比 ν_{xy}^t	平均值				
	标准差				
	试件数量				
	批数				
	批准级别				

注：1. 批准级别：F——正式批准；I——临时；S——筛选。

复合材料	复合材料名称	增强 SiC/SiC	制造商	Honeywell ACI
	复合材料描述	SiC/C/SiC	制造批号	多批
	增强体体积分数	40%	制造日期	11/1994—12/1997
	密度	2.3 g/cm³	制造类型	CVI
	孔隙率	12%	开发/生产状态	可供商用
增强体	名称	CG Nicalon™	制造商	COIC
	组分	SiC	结构/织构	5 缎缎纹机织织物

（续表）

增强体	层数	11	单层厚度	约 0.3 mm
	织物面积重量	约 287 g/m^2	层压的铺层顺序	$[0_f/90_f]_{ns}$
基体	组分	SiC	来源	CVI
界面相/界面层	组分	C	来源	CVI
	厚度	0.5 μm		
外部涂层	组分	SiC	厚度	0.1~0.2 mm
	制造方法	CVI	来源	CVI
	制造日期	11/1994—12/1997		
压缩测试方法	测试方法标准	ASTM C1358-96	测试文件名称	多批
	归一化方法		比例极限计算方法	
	模量计算方法		测试日期	11/1994—12/1997

数据提交日期　3/2001

压缩测试数据	温度/℃		23	
	气氛		空气	
	预调节		无	
	应力方向/(°)		0	
		归一化	测量值	
极限压缩强度 F_x^{cu}/MPa	平均值		577	
	标准差		13.8	
	试件数量		5	
	批数		5	
	批准级别			
弹性模量 E_x^c/GPa	平均值			
	标准差		141	
	试件数量		11.1	
	批数		5	
	批准级别		5	

（续表）

比例极限应力 F_x^{pl}/MPa	平均值		
	标准差		
	试件数量		
	批数		
	批准级别		
破坏应变 $\varepsilon_x^{cu} \times 10^6$	平均值		0.433
	标准差		0.055
	试件数量		5
	批数		5
	批准级别		
泊松比 ν_{xy}^c	平均值		
	标准差		
	试件数量		
	批数		
	批准级别		

注：1. 批准级别：F——正式批准；I——临时；S——筛选。

复合材料	复合材料名称	增强 SiC/SiC	制造商	Honeywell ACI
	复合材料描述	SiC/C/SiC	制造批号	多批
	增强体体积分数	40%	制造日期	11/1994—12/1997
	密度	2.3 g/cm³	制造类型	CVI
	孔隙率	12%	开发/生产状态	可供商用
增强体	名称	CG Nicalon™	制造商	COIC
	组分	SiC	结构/织构	5 缎缎纹机织织物
	层数	11	单层厚度	约 0.3 mm
	织物面积重量	约 287 g/m²	层压的铺层顺序	$[0_f/90_f]_{ns}$
基体	组分	SiC	来源	CVI
界面相/界面层	组分	C	来源	CVI
	厚度	0.5 μm		

（续表）

外部涂层	组分	SiC	厚度	0.1～0.2 mm
	制造方法	CVI	来源	CVI
	制造日期	11/1994—12/1997		

面内剪切测试方法	测试方法标准	ASTM C 1292 - 95a	测试文件名称	多批
	归一化方法		测试日期	11/1994—12/1997
	切口距离	10 mm		

数据提交日期　　　3/2001

剪切测试数据	温度/℃	23	
	气氛	空气	
	预调节	无	
		归一化	测量值
极限面内剪切强度 F_{xy}^{su}/MPa	平均值		38.0
	标准差		2.73
	测试件数量		2
	批数		1
	批准级别		

注：1. 批准级别：F——正式批准；I——临时；S——筛选。

复合材料	复合材料名称	增强 SiC/SiC	制造商	Honeywell ACI
	复合材料描述	SiC/C/SiC	制造批号	多批
	增强体体积分数	40%	制造日期	11/1994—12/1997
	密度	2.3 g/cm³	制造类型	CVI
	孔隙率	12%	开发/生产状态	可供商用

增强体	名称	CG Nicalon™	制造商	COIC
	组分	SiC	结构/织构	5 缎缎纹机织织物
	层数	11	单层厚度	约 0.3 mm
	织物面积重量	约 287 g/m²	层压的铺层顺序	$[0_f/90_f]_{ns}$

（续表）

基体	组分	SiC	来源	CVI
界面相/纤维界面层	组分	C	来源	CVI
	厚度	0.5 μm		
外部涂层	组分	SiC	厚度	0.1～0.2 mm
	制造方法	CVI	来源	CVI
弯曲测试方法	测试方法标准	C1161-94 和 C1211-98a	测试文件名称	多批
	外跨距	40 mm	几何形状(3 点/4 点)	4 点
	归一化方法	/	跨距/深度比	10～14
	模量计算方法		比例极限计算方法	/
	测试日期	2/1995—4/1997		

数据提交日期　3/2001

弯曲测试数据	温度/℃		23		1 200	
	气氛		空气		空气	
	预调节		无		无	
	应力方向/(°)		0		0	
		归一化	测量值	归一化	测量值	
极限弯曲强度 F_x^{bu}/MPa	平均值		420		447	
	标准差		36.6		30.9	
	试件数量		27		20	
	批数		9		7	
	批准级别					
弹性模量 E^b/GPa	平均值					
	标准差					
	试件数量					
	批数					
	批准级别					

（续表）

比例极限应力 F^{pl}/MPa	平均值				
	标准差				
	试件数量				
	批数				
	批准级别				
破坏应变 $\varepsilon_x^{bu} \times 10^6$	平均值				
	标准差				
	试件数量				
	批数				
	批准级别				
泊松比 ν_{xy}^b	平均值				
	标准差				
	试件数量				
	批数				
	批准级别				

注: 1. 批准级别: F——正式批准; I——临时; S——筛选。

18.3.3 C/SiC

复合材料	复合材料名称	C/SiC	制造商	Honeywell ACI
	复合材料描述	C/C/SiC(CVI)	制造批号	多批
	增强体体积分数	45%	制造日期	3/1991—2/1999
	密度	2.1 ± 0.1 g/cm^3	制造类型	CVI
	孔隙率	约 10%	开发/生产状态	可供商用
增强体	名称	C T300	制造商	BP Amoco
	组分	C	结构/织构	平纹织物
	层数	27	单层厚度	约 0.1 mm
	织物面积重量	约 100 g/m^2	层压的铺层顺序	$[0_f/90_f]$
基体	组分	SiC	来源	CVI
界面相/界面层	组分	C	来源	CVI
	厚度	$0.5 \mu m$		

（续表）

外部涂层	组分	SiC	厚度	0.1~0.2 mm
	制造方法	CVI	来源	CVI

测试日期 3/1991—2/1999　　　　　　　　数据提交日期 3/2001

测试数据汇总	温度/℃	−157	23	600	1 200	1 400
	气氛	空气	空气	惰性气体	惰性气体	惰性气体
	预调节	无	无	无	无	无
归一化或测量值		测量值	测量值	测量值	测量值	测量值
弹性模量 E_x^t/GPa	平均值	57.9	70.2	102	114	95.7
	批准级别	S	S	S	S	S
弹性模量 E_y^t/GPa	平均值	57.9	70.2	102	114	95.7
	批准级别	S	S	S	S	S
弹性模量 E_z^t/GPa	平均值					
	批准级别					
泊松比 ν_{xy}^t	平均值					
	批准级别					
泊松比 ν_{yz}^t	平均值					
	批准级别					
泊松比 ν_{zx}^t	平均值					
	批准级别					
剪切模量 G_{xy}^s/GPa	平均值					
	批准级别					
剪切模量 G_{yz}^s/GPa	平均值					
	批准级别					
剪切模量 G_{zx}^s/GPa	平均值					
	批准级别					
比例极限应力 F^{pl}/MPa	平均值					
	批准级别					
热导率 α_x	平均值					
	批准级别					

（续表）

热导率 α_y	平均值					
	批准级别					
热导率 α_z	平均值					
	批准级别					
热膨胀系数 K_x	平均值					
	批准级别					
热膨胀系数 K_y	平均值					
	批准级别					
热膨胀系数 K_z	平均值					
	批准级别					

注：1. 批准级别：F——正式批准；I——临时；S——筛选。

复合材料	复合材料名称	C/SiC	制造商	Honeywell ACI
	复合材料描述	C/C/SiC(CVI)	制造批号	多批
	增强体体积分数	45%	制造日期	3/1991—2/1999
	密度	2.1 ± 0.1 g/cm^3	制造类型	CVI
	孔隙率	约 10%	开发/生产状态	可供商用
增强体	名称	C T300	制造商	BP Amoco
	组分	C	结构/织构	平纹织物
	层数	27	单层厚度	约 0.1 mm
	织物面密度	约 100 g/m^2	层压的铺层顺序	$[0_f/90_f]$
基体	组分	SiC	来源	CVI
界面相/界面层	组分	C	来源	CVI
	厚度	0.5 μm		
外部涂层	组分	SiC	厚度	0.1~0.2 mm
	制造方法	CVI	来源	CVI

测试日期　3/1991—2/1999　　　　　　　数据提交日期　3/2001

测试数据汇总	温度/℃	−157	23	600	1 200	1 400
	气氛	空气	空气	惰性气体	惰性气体	惰性气体
	预调节	无	无	无	无	无
归一化或测量值		测量值	测量值	测量值	测量值	测量值

（续表）

拉伸强度 F_x^{tu}/MPa	平均值	485	504	579	546	523
	批准级别	S	S	S	S	S
拉伸强度 F_y^{tu}/MPa	平均值	485	504	579	546	523
	批准级别	S	S	S	S	S
拉伸强度 F_z^{tu}/MPa	平均值					
	批准级别					
应变 $\varepsilon_x^{\mathrm{tu}} \times 10^6$	平均值	12 300	10 700	10 500	11 100	13 800
	批准级别	S	S	S	S	S
应变 $\varepsilon_y^{\mathrm{tu}} \times 10^6$	平均值	12 300	10 700	10 500	11 100	13 800
	批准级别	S	S	S	S	S
应变 $\varepsilon_z^{\mathrm{tu}} \times 10^6$	平均值					
	批准级别					
比例极限应力 F_x^{pl}/MPa	平均值					
	批准级别					
比例极限应力 F_y^{pl}/MPa	平均值					
	批准级别					
比例极限应力 F_z^{pl}/MPa	平均值					
	批准级别					
压缩强度 F_x^{cu}/MPa	平均值	545				
	批准级别	S				
压缩强度 F_y^{cu}/MPa	平均值	545				
	批准级别	S				
压缩强度 F_z^{cu}/MPa	平均值					
	批准级别					
面内剪切强度 F_{xy}^{su}/MPa	平均值	34.8				
	批准级别	S				
层间剪切强度 F_{xy}^{su}/MPa	平均值	133				
	批准级别	S				
层间剪切强度 F_{yz}^{su}/MPa	平均值	133				
	批准级别	S				

（续表）

弯曲强度 F^b/MPa	平均值					
	批准级别					

注：1. 批准级别：F——正式批准；I——临时；S——筛选。

复合材料	复合材料名称	C/SiC	制造商	Honeywell ACI
	复合材料描述	C/C/SiC(CVI)	制造批号	多批
	增强体体积分数	45%	制造日期	3/1991—2/1999
	密度	2.1±0.1 g/cm³	制造类型	CVI
	孔隙率	约10%	开发/生产状态	可供商用
增强体	名称	C T300	制造商	BP Amoco
	组分	C	结构/织构	平纹织物
	层数	27	单层厚度	约 0.1 mm
	织物面密度	100 g/m²	层压的铺层顺序	$[0_f/90_f]$
基体	组分	SiC	来源	CVI
界面相/界面层	组分	C	来源	CVI
	厚度	0.5 μm		
外部涂层	组分	SiC	厚度	0.1~0.2 mm
	制造方法	CVI	来源	CVI
拉伸测试方法	测试方法标准	C1275 - 95 和 C1359 - 96	测试文件名称	多批
	归一化方法		测试日期	3/1991—2/1999
	模量计算方法	Intron 系列 IX FN. 19.3	载荷/应变率	0.5 mm/min
			比例极限计算方法	无

数据提交日期　3/2001

拉伸测试数据	温度/℃	−157		23		600		1 200		1 400	
	气氛	空气		空气		氩气		氩气		氩气	
	预调节	无		无		无		无		无	
	标距/mm	25.4		25.4		25.4		25.4		25.4	
	应力方向/(°)	0		0		0		0		0	
		归一化	测量值	归一化	测量值	归一化	测量值	归一化	测量值	归一化	测量值

（续表）

极限拉伸强度 F_x^{tu}/MPa	平均值			485				504	523
	标准差							49.3	70.0
	试件数量			1				188	12
	批数			1				31	11
	批准级别								
弹性模量 E_x^{t}/GPa	平均值			57.9				70.2	95.7
	标准差							10.7	24.4
	试件数量			1				185	12
	批数			1				30	11
	批准级别								
比例极限应力 F_x^{pl}/MPa	平均值								
	标准差								
	试件数量								
	批数								
	批准级别								
破坏应变 $\varepsilon_x^{tu} \times 10^6$	平均值			12 300				10 700	13 800
	标准差							1 790	2 800
	试件数量			1				188	10
	批数			1				31	9
	批准级别								
泊松比 ν_{xy}^{t}	平均值								
	标准差								
	试件数量								
	批数								
	批准级别								

注：1. 批准级别：F——正式批准；I——临时；S——筛选。

复合材料	复合材料名称	C/SiC	制造商	Honeywell ACI
	复合材料描述	C/C/SiC(CVI)	制造批号	多批
	增强体体积分数	45%	制造日期	3/1991—2/1999
	密度	2.1±0.1 g/cm³	制造类型	CVI

（续表）

	孔隙率	约 10%	开发/生产状态	可供商用
增强体	名称	C T300	制造商	BP Amoco
	组分	C	结构/织构	平纹织物
	层数	27	单层厚度	约 0.1 mm
	织物面密度	约 100 g/m^2	层压的铺层顺序	$[0_f/90_f]_s$
基体	组分	SiC	来源	CVI
界面相/界面层	组分	C	来源	CVI
	厚度	0.5 μm		
外部涂层	组分	SiC	厚度	0.1～0.2 mm
	制造方法	CVI	来源	CVI
压缩测试方法	测试方法标准	C1275-95 和 C1359-96	测试文件名称	多批
	归一化方法		测试日期	3/1991—2/1999
	模量计算方法	Intron 系列 IX FN. 19.3	载荷/应变率	0.5 mm/min
			比例极限计算方法	无

数据提交日期　3/2001

		归一化	测量值
拉伸测试数据	温度/℃	1 400	
	气氛	惰性气体	
	预调节	无	
	工作段长/mm	25.4	
	应力方向/(°)	0	
极限拉伸强度 F_x^{tu}/MPa	平均值		523
	标准差		70.0
	试件数量		12
	批数		11
	批准级别		
弹性模量 E_x^c/GPa	平均值		95.7
	标准差		24.4

（续表）

弹性模量 E_x^c/GPa	试件数量		12
	批数		11
	批准级别		
比例极限应力 F_x^{pl}/MPa	平均值		
	标准差		
	试件数量		
	批数		
	批准级别		
破坏应变 $\epsilon_x^{cu} \times 10^6$	平均值		13 800
	标准差		2 800
	试件数量		10
	批数		9
	批准级别		
泊松比 ν_{xy}^c	平均值		
	标准差		
	试件数量		
	批数		
	批准级别		

注：1. 批准级别：F——正式批准；I——临时；S——筛选。

复合材料	复合材料名称	C/SiC	制造商	Honeywell ACI
	复合材料描述	C/C/SiC(CVI)	制造批号	多批
	增强体体积分数	45%	制造日期	3/1991—2/1999
	密度	2.1±0.1 g/cm³	制造类型	CVI
	孔隙率	约 10%	开发/生产状态	可供商用
增强体	名称	C T300	制造商	BP Amoco
	组分	C	结构/织构	平纹织物
	层数	27	单层厚度	约 0.1 mm
	织物面密度	约 100 g/m²	层压的铺层顺序	$[0_f/90_f]_s$
基体	组分	SiC	来源	CVI
界面相/界面层	组分	C	来源	CVI
	厚度	0.5 μm		

（续表）

外部涂层	组分	SiC	厚度	0.1～0.2 mm
	制造方法	CVI	来源	CVI
压缩测试方法	测试方法标准	C1275 - 95 和 C1359 - 96	测试文件名称	多批
	归一化方法		测试日期	3/1991—2/1999
	模量计算方法	Intron 系列 IX FN. 19.3	载荷/应变率	0.5 mm/min
			比例极限计算方法	无

数据提交日期　3/2001

压缩测试数据	温度/℃		23	
	气氛		空气	
	预调节		无	
	应力方向/(°)		0	
			归一化	测量值
极限压缩强度 F_x^{cu}/MPa	平均值			545
	标准差			43
	试件数量			59
	批数			21
	批准级别			
弹性模量 E_x^c/GPa	平均值			101
	标准差			7.14
	试件数量			56
	批数			21
	批准级别			
比例极限应力 F_x^{pl}/MPa	平均值			
	标准差			
	试件数量			
	批数			
	批准级别			

（续表）

破坏应变 $\epsilon_x^{cu} \times 10^6$	平均值		3 807
	标准差		717
	试件数量		55
	批数		21
	批准级别		
泊松比 ν_{xy}^c	平均值		
	标准差		
	试件数量		
	批数		
	批准级别		

注：1. 批准级别：F——正式批准；I——临时；S——筛选。

复合材料	复合材料名称	C/SiC	制造商	Honeywell ACI
	复合材料描述	C/C/SiC(CVI)	制造批号	多批
	增强体体积分数	45%	制造日期	3/1991—2/1999
	密度	$2.1 \pm 0.1 \text{ g/cm}^3$	制造类型	CVI
	孔隙率	约 10%	开发/生产状态	可供商用

增强体	名称	C T300	制造商	BP Amoco
	组分	C	结构/织构	平纹织物
	层数	27	单层厚度	约 0.1 mm
	织物面密度	约 100 g/m^2	层压的铺层顺序	$[0_f/90_f]$

基体	组分	SiC	来源	CVI

界面相/界面层	组分	C	来源	CVI
	厚度	0.5 μm		

外部涂层	组分	SiC	厚度	0.1~0.2 mm
	制造方法	CVI	来源	CVI

剪切测试方法	测试方法标准	ASTM C1292-95a	测试文件名称	多批
	归一化方法		切口距离	10 mm
			测试日期	3/1991—2/1999

剪切测试数据	温度/℃	−157		23	
	气氛	空气		空气	
	预调节	无		无	
		归一化	测量值	归一化	测量值
极限面内剪切强度 F_{xy}^{su}/MPa	平均值		22.8		34.8
	标准差		/		6.47
	试件数量		1		267
	批数		1		24
	批准级别		S		F
层间剪切测试数据	温度/℃	23			
	气氛	空气			
	预调节	无			
		归一化		测量值	
极限层间剪切强度 F_{yz}^{su}/MPa	平均值			133	
	标准差			/	
	试件数量			1	
	批数			1	
	批准级别			S	

注：1. 批准级别：F——正式批准；I——临时；S——筛选。

18.3.4　Hi-Nicalon/SiC(MI)

复合材料	复合材料名称	Hi-Nicalon/SiC(MI)	制造商	Honeywell ACI
	复合材料描述	SiC/BN/SiC(MI)	制造批号	多批
	增强体体积分数	34%～40%	制造日期	2/1998—6/1999
	密度	2.6～2.75 g/cm³	制造类型	CVI
	孔隙率	<5%	开发/生产状态	可供商用
增强体	名称	Hi-Nicalon	制造商	COIC
	组分	SiC	结构/织构	5 缎缎纹机织织物
	层数	8～12	单层厚度	约 0.3 mm
	织物面密度	约 285 g/m²	层压的铺层顺序	$[0_f/90_f]_s$
基体	组分	SiC+硅化 SiC	来源	熔融浆料浸透

（续表）

界面相/界面层	组分	BN	来源	CVI
	厚度	约 0.5 μm		
外部涂层	组分	无	厚度	/
	制造方法	/	来源	/

测试日期　2/1998—6/1999　　　　　　数据提交日期　3/2001

测试数据汇总	温度/℃	23	1 204
	气氛	空气	空气
	预调节	无	无
归一化或测量值		测量值	测量值
弹性模量 E_x^t/GPa	平均值	196	144
	批准级别	S	S
弹性模量 E_y^t/GPa	平均值	196	144
	批准级别	S	S
弹性模量 E_z^t/GPa	平均值		
	批准级别		
泊松比 ν_{xy}^t	平均值		
	批准级别		
泊松比 ν_{yz}^t	平均值		
	批准级别		
泊松比 ν_{zx}^t	平均值		
	批准级别		
剪切模量 G_{xy}^s/GPa	平均值		
	批准级别		
剪切模量 G_{yz}^s/GPa	平均值		
	批准级别		
剪切模量 G_{zx}^s/GPa	平均值		
	批准级别		
比例极限应力 F^{pl}/MPa	平均值		
	批准级别		

（续表）

热导率 α_x	平均值		
	批准级别		
热导率 α_y	平均值		
	批准级别		
热导率 α_z	平均值		
	批准级别		
热膨胀系数 K_x	平均值		
	批准级别		
热膨胀系数 K_y	平均值		
	批准级别		
热膨胀系数 K_z	平均值		
	批准级别		

注：1. 批准级别：F——正式批准；I——临时；S——筛选。

复合材料	复合材料名称	Hi-Nicalon/SiC(MI)	制造商	Honeywell ACI
	复合材料描述	SiC/BN/SiC(MI)	制造批号	多批
	增强体体积分数	34%～40%	制造日期	2/1998—6/1999
	密度	2.6～2.75 g/cm³	制造类型	CVI
	孔隙率	<5%	开发/生产状态	可供商用
增强体	名称	Hi-Nicalon	制造商	COIC
	组分	SiC	结构/织构	5缎缎纹机织织物
	层数	8～12	单层厚度	约 0.3 mm
	织物面密度	约 285 g/m²	层压的铺层顺序	$[0_f/90_f]_s$
基体	组分	SiC+硅化 SiC	来源	熔融浆料浸透
界面相/纤维界面层	组分	BN	来源	CVI
	厚度	约 0.5 μm		
外部涂层	组分	无	厚度	/
	制造方法	/	来源	/

测试数据汇总	温度/℃	23	1 204
	气氛	空气	空气
	预调节	无	无
归一化或测量值		测量值	测量值
拉伸强度 F_x^{tu}/MPa	平均值	358	271
	批准级别	S	S
拉伸强度 F_y^{tu}/MPa	平均值		
	批准级别		
拉伸强度 F_z^{tu}/MPa	平均值		
	批准级别		
应变 $\varepsilon_x^{tu} \times 10^6$	平均值	7 430	5 190
	批准级别	S	S
应变 $\varepsilon_y^{tu} \times 10^6$	平均值	7 430	5 190
	批准级别	S	S
应变 $\varepsilon_z^{tu} \times 10^6$	平均值		
	批准级别		
比例极限应力 F_x^{pl}/MPa	平均值	120	130
	批准级别	S	S
比例极限应力 F_y^{pl}/MPa	平均值	120	130
	批准级别	S	S
比例极限应力 F_z^{pl}/MPa	平均值		
	批准级别		
压缩强度 F_x^{cu}/MPa	平均值		
	批准级别		
压缩强度 F_y^{cu}/MPa	平均值		
	批准级别		
压缩强度 F_z^{cu}/MPa	平均值		
	批准级别		
面内剪切强度 F_{xy}^{su}/MPa	平均值		
	批准级别		

（续表）

层间剪切强度 F_{xy}^{su}/MPa	平均值		
	批准级别		
层间剪切强度 F_{yz}^{su}/MPa	平均值		
	批准级别		
弯曲强度 F_x^b/MPa	平均值		
	批准级别		

注：1. 批准级别：F——正式批准；I——临时；S——筛选。

复合材料	复合材料名称	Hi-Nicalon/SiC(MI)	制造商	Honeywell ACI
	复合材料描述	SiC/BN/SiC(MI)	制造批号	多批
	增强体体积分数	34%～40%	制造日期	2/1998—6/1999
	密度	2.6～2.75 g/cm³	制造类型	CVI
	孔隙率	<5%	开发/生产状态	可供商用
增强体	名称	Hi-Nicalon	制造商	COIC
	组分	SiC	结构/织构	5 缎缎纹机织织物
	层数	8～12	单层厚度	约 0.3 mm
	织物面密度	约 285 g/m²	层压的铺层顺序	$[0_f/90_f]_s$
基体	组分	SiC＋硅化 SiC	来源	熔融浆料浸透
界面相/界面层	组分	BN	来源	CVI
	厚度	约 0.5 μm		
外部涂层	组分	无	厚度	/
	制造方法	/	来源	/
拉伸测试方法	测试方法标准	C1275-95 和 C1359-96	测试文件名称	多批
	归一化方法		测试日期	2/1998—6/1999
	模量计算方法	3.5～69 MPa 最小二乘法拟合	载荷/应变率	0.5%/min
			比例极限计算方法	偏移屈服 (0.005%)

拉伸测试数据	温度/℃	-157		23	
	气氛	空气		空气	
	预调节	无		无	
	标距	/		/	
	应力方向/(°)	0		0	
归一化或测量值		归一化	测量值	归一化	测量值
极限拉伸强度 F_x^{tu}/MPa	平均值	358		271	
	标准差	34.6		19.6	
	试件数量	19		3	
	批数	10		2	
	批准级别	S		S	
弹性模量 E_x^t/GPa	平均值	196		145	
	标准差	15.2		5.79	
	试件数量	19		3	
	批数	10		2	
	批准级别	S		S	
比例极限应力 F_x^{pl}/MPa	平均值	120		130	
	标准差	10.8		22.3	
	试件数量	19		3	
	批数	10		2	
	批准级别	S		S	
破坏应变 $\varepsilon_x^{tu} \times 10^6$	平均值	7 430		510	
	标准差	1 050		480	
	试件数量	19		3	
	批数	10		2	
	批准级别	S		S	
泊松比 ν_{xy}^t	平均值				
	标准差				
	试件数量				
	批数				
	批准级别				

注：1. 批准级别：F——正式批准；I——临时；S——筛选。

18.3.5 AS－N720－1

复合材料	复合材料名称	AS－N720－1	制造商	COIC
	复合材料描述	氧化物/氧化物		不同批次
	增强体体积分数	45%	制造日期	1997—1999
	密度	2.54 g/cm³	制造类型	溶胶-凝胶法
	孔隙率	25.5%	开发/生产状态	可供商用
增强体	名称	Nextel 720	制造商	3M
	组分	氧化铝和莫来石	结构/织构	8缎缎纹机织织物
	层数	12	单层厚度	0.229 mm
	纤维面密度	约285 g/m²	层压的铺层顺序	$[0_f/90_f]_{3s}$
基体	组分	氧化铝硅酸盐	来源	溶胶-凝胶法
界面相/界面层	组分	无	来源	/
	厚度	/		
外部涂层	组分	无	厚度	/
	制造方法	/	来源	/

测试日期/ 　　　　　　　　　数据提交日期　3/2001

测试数据汇总	温度/℃	23
	气氛	空气
	预调节	无
归一化或测量值		测量值
弹性模量 E_x^t/GPa	平均值	75.8
	批准级别	
弹性模量 E_y^t/GPa	平均值	
	批准级别	
弹性模量 E_z^t/GPa	平均值	
	批准级别	
泊松比 ν_{xy}^t	平均值	
	批准级别	

（续表）

泊松比 ν_{yz}^{t}	平均值	
	批准级别	
泊松比 ν_{zx}^{t}	平均值	
	批准级别	
剪切模量 G_{xy}^{s}/GPa	平均值	
	批准级别	
剪切模量 G_{yz}^{s}/GPa	平均值	
	批准级别	
剪切模量 G_{zx}^{s}/GPa	平均值	
	批准级别	
比例极限应力 F^{pl}/MPa	平均值	
	批准级别	
热导率 α_{x}	平均值	
	批准级别	
热导率 α_{y}	平均值	
	批准级别	
热导率 α_{z}	平均值	
	批准级别	
热膨胀系数 K_{x}	平均值	
	批准级别	
热膨胀系数 K_{y}	平均值	
	批准级别	
热膨胀系数 K_{z}	平均值	
	批准级别	

注：1. 批准级别：F——正式批准；I——临时；S——筛选。

复合材料	复合材料名称	AS-N720-1	制造商	COIC
	复合材料描述	氧化物/氧化物	制造批号	不同批次
	增强体体积分数	45%	制造日期	1997—1999
	密度	2.54 g/cm³	制造类型	溶胶-凝胶法
	孔隙率	25.5%	开发/生产状态	可供商用

（续表）

增强体	名称	Nextel 720	制造商	3M
	组分	氧化铝和莫来石	结构/织构	8缎缎纹机织织物
	层数	12	单层厚度	0.229 mm
	纤维面密度	约285 g/m^2	层压的铺层顺序	$[0_f/90_f]_{3s}$
基体	组分	氧化铝硅酸盐	来源	溶胶-凝胶法
界面相/界面层	组分	无	来源	/
	厚度	/		
外部涂层	组分	无	厚度	/
	制造方法	/	来源	/

测试日期/ 　　　　　　　　　　数据提交日期　3/2001

测试数据汇总	温度/℃	23
	气氛	空气
	预调节	无
归一化或测量值		测量值
拉伸强度 F_x^{tu}/MPa	平均值	222
	批准级别	
拉伸强度 F_y^{tu}/MPa	平均值	
	批准级别	
拉伸强度 F_z^{tu}/MPa	平均值	
	批准级别	
应变 $\varepsilon_x^{tu} \times 10^6$	平均值	3 670
	批准级别	
应变 $\varepsilon_y^{tu} \times 10^6$	平均值	
	批准级别	
应变 $\varepsilon_z^{tu} \times 10^6$	平均值	
	批准级别	
比例极限应力 F_x^{pl}/MPa	平均值	
	批准级别	

（续表）

比例极限应力 F_y^{pl}/MPa	平均值	
	批准级别	
比例极限应力 F_z^{pl}/MPa	平均值	
	批准级别	
压缩强度 F_x^{cu}/MPa	平均值	239
	批准级别	
压缩强度 F_y^{cu}/MPa	平均值	
	批准级别	
压缩强度 F_z^{cu}/MPa	平均值	
	批准级别	
面内剪切强度 F_{xy}^{su}/MPa	平均值	14.4
	批准级别	
层间剪切强度 F_{xy}^{su}/MPa	平均值	43.4
	批准级别	
层间剪切强度 F_{yz}^{su}/MPa	平均值	
	批准级别	
弯曲强度 F_x^{b}/MPa	平均值	
	批准级别	

注: 1. 批准级别: F——正式批准; I——临时; S——筛选。

复合材料	复合材料名称	AS-N720-1	制造商	COIC
	复合材料描述	氧化物/氧化物	制造批号	不同批次
	增强体体积分数	45%	制造日期	1997—1999
	密度	2.54 g/cm³	制造类型	溶胶-凝胶法
	孔隙率	25.5%	开发/生产状态	可供商用
增强体	名称	Nextel 720	制造商	3M
	组分	氧化铝和莫来石	结构/织构	8 缎缎纹机织织物
	层数	12	单层厚度	0.229 mm
	纤维面密度	约 285 g/m²	层压的铺层顺序	$[0_f/90_f]_{3s}$
基体	组分	氧化铝硅酸盐	来源	溶胶-凝胶法

（续表）

界面相/界面层	组分	无	来源	/
	厚度	/		
外部涂层	组分	无	厚度	/
	制造方法	/	来源	/
拉伸测试方法	测试方法标准	ASTM D3039	测试文件名称	/
	归一化方法	/	测试日期	/
	模量计算方法	割线法,0.001%~0.05%应变	载荷/应变率	0.05 in/min
			比例极限计算方法	无

数据提交日期　3/2001

拉伸测试数据	温度/℃	23	
	气氛	空气	
	预调节	无	
	标距	/	
	应力方向/(°)	0	
归一化或测量值		归一化	测量值
极限拉伸强度 F_x^{tu}/MPa	平均值		222
	标准差		12.1
	试件数量		11
	批数		/
	批准级别		
弹性模量 E_x^t/GPa	平均值		75.8
	标准差		1.1
	试件数量		8
	批数		/
	批准级别		
比例极限应力 F_x^{pl}/MPa	平均值		
	标准差		
	试件数量		
	批数		
	批准级别		

（续表）

破坏应变 $\varepsilon_x^{tu} \times 10^6$	平均值		3 670
	标准差		180
	试件数量		8
	批数		/
	批准级别		
泊松比 ν_{xy}^t	平均值		
	标准差		
	试件数量		
	批数		
	批准级别		

注：1. 批准级别：F——正式批准；I——临时；S——筛选。

复合材料	复合材料名称	AS-N720-1	制造商	COIC
	复合材料描述	氧化物/氧化物	制造批号	不同批次
	增强体体积分数	45%	制造日期	1997—1999
	密度	2.54 g/cm³	制造类型	溶胶-凝胶法
	孔隙率	25.5%	开发/生产状态	可供商用
增强体	名称	Nextel 720	制造商	3M
	组分	氧化铝和莫来石	结构/织构	8 缎纹机织织物
	层数	12	单层厚度	0.229 mm
	纤维面密度	约 285 g/m²	层压的铺层顺序	$[0_f/90_f]_{3s}$
基体	组分	氧化铝硅酸盐	来源	溶胶-凝胶法
界面相/界面层	组分	无	来源	/
	厚度	/		
外部涂层	组分	无	厚度	/
	制造方法	/	来源	/
压缩测试方法	测试方法标准	ASTM D3410	测试文件名称	/
	归一化方法	/	测试日期	/
	模量计算方法	割线法，0.001%～0.05%应变	载荷/应变率	0.02 in/min
			比例极限计算方法	无

数据提交日期 3/2001

	温度/℃	23	
压缩测试数据	气氛	空气	
	预调节	无	
	标距	/	
	应力方向/°	0	
		归一化	测量值
极限压缩强度 F_x^{tu}/MPa	平均值		239
	标准差		14.1
	试件数量		6
	批数		1
	批准级别		
弹性模量 E_x^c/GPa	平均值		80.6
	标准差		1.65
	试件数量		6
	批数		1
	批准级别		
比例极限应力 F_x^{pl}/MPa	平均值		
	标准差		
	试件数量		
	批数		
	批准级别		
破坏应变 $\varepsilon_x^{cu} \times 10^6$	平均值		2 990
	标准差		250
	试件数量		5
	批数		/
	批准级别		
泊松比 ν_{xy}^c	平均值		
	标准差		
	试件数量		
	批数		
	批准级别		

注：1. 批准级别：F——正式批准；I——临时；S——筛选。

复合材料	复合材料名称	AS-N720-1	制造商	COIC
	复合材料描述	氧化物/氧化物	制造批号	不同批次
	增强体体积分数	45%	制造日期	1997—1999
	密度	2.54 g/cm³	制造类型	溶胶-凝胶法
	孔隙率	25.5%	开发/生产状态	可供商用
增强体	名称	Nextel 720	制造商	3M
	组分	氧化铝和莫来石	结构/织构	8缎缎纹机织织物
	层数	12	单层厚度	0.229 mm
	纤维面密度	约 285 g/m²	层压的铺层顺序	$[0_f/90_f]_{3s}$
基体	组分	氧化铝硅酸盐	来源	溶胶-凝胶法
界面相/界面层	组分	无	来源	/
	厚度	/		
外部涂层	组分	无	厚度	/
	制造方法	/	来源	/
剪切测试方法	测试方法标准	/	测试文件 ID	/
	归一化方法	/	切口距离	/
			测试日期	/

数据提交日期　3/2001

剪切测试数据	温度/℃	23	
	气氛	空气	
	预调节	无	
		归一化	测量值
极限面内剪切强度 F_{xy}^{su}/MPa	平均值		14.4
	标准差		2.28
	试件数量		27
	批数		/
	批准级别		
层间剪切测试数据	温度/℃	23	
	气氛	空气	
	预调节	无	

（续表）

		归一化	测量值
极限层间剪切强度 F_{yz}^{su}/MPa	平均值		43.4
	标准差		0.83
	试件数量		6
	批数		1
	批准级别		

注：1. 批准级别：F——正式批准；I——临时；S——筛选。

复合材料	复合材料名称	AS-N720-1	制造商	COIC
	复合材料描述	氧化物/氧化物	制造批号	不同批次
	增强体体积分数	45%	制造日期	1997—1999
	密度	2.54 g/cm³	制造类型	溶胶-凝胶法
	孔隙率	25.5%	开发/生产状态	可供商用

增强体	名称	Nextel 720	制造商	3M
	组分	氧化铝和莫来石	结构/织构	8缎缎纹机织织物
	层数	12	单层厚度	0.229 mm
	纤维面密度	约 285 g/m²	层压的铺层顺序	$[0_f/90_f]_{3s}$

基体	组分	氧化铝硅酸盐	来源	溶胶-凝胶法

界面相/界面层	组分	无	来源	/
	厚度	/		

外部涂层	组分	无	厚度	/
	制造方法	/	来源	/

弯曲测试方法			测试文件名称	/
	测试方法标准	ASTM D790	几何形状（3点/4点）	4 点-1/4 点
	外跨距	122 mm	跨距/深度比	20
	模量计算方法	割线法，0.07%～0.05%应变	比例极限计算方法	无
	归一化方法		测试日期	/

弯曲测试数据	温度/℃	23	
	气氛	空气	
	预调节	无	
	标距	/	
	应力方向/(°)	0	
		归一化	测量值
极限弯曲强度 F_x^{bu}/MPa	平均值		259
	标准差		40.4
	试件数量		27
	批数		/
	批准级别		
弹性模量 E_x^b/GPa	平均值		93.7
	标准差		10.0
	试件数量		27
	批数		/
	批准级别		
比例极限应力 F^{pl}/MPa	平均值		
	标准差		
	试件数量		
	批		
	批准级别		
破坏应变 $\varepsilon_x^{bu} \times 10^6$	平均值		2 770
	标准差		370
	试件数量		27
	批		/
	批准级别		
泊松比 ν_{xy}^b	平均值		
	标准差		
	试件数量		
	批		
	批准级别		

注：1. 批准级别：F——正式批准；I——临时；S——筛选。

18.3.6 Sylramic S‑200

复合材料	复合材料名称	Sylramic S‑200	制造商	COIC
	复合材料描述	SiC/BN/Si$_3$N$_4$	制造批号	♯14416
	增强体体积分数	45%	制造日期	1997 年夏
	密度	2.2 g/cm^3	制造类型	聚合物先驱体
	孔隙率	2.7%（开孔）	开发/生产状态	可供商用
增强体	名称	CG Nicalon	制造商	COIC
	组分	SiC	结构/织构	8 缎缎纹机织织物
	层数	8	单层厚度	0.346 mm
	纤维面密度		层压铺层顺序	$[0_f/90_{f+}/0_f/90_f/$ $0_f/90_f/0_f/90_f]_s$
基体	组分	Si‑C‑N 含 Si$_3$N$_4$ 颗粒填料	来源	COIC
界面相/界面层	组分	BN	来源	CVD
	厚度	0.5 μm		
外部涂层	组分	无	厚度	/
	制造方法	/	来源	/

测试日期　12/1997—10/1998　　　　　　　　数据提交日期　3/2001

测试数据汇总	温度/℃	23
	气氛	空气
	预调节	无
归一化或测量值		测量值
弹性模量 E_x^t/GPa	平均值	93.0
	批准级别	
弹性模量 E_y^t/GPa	平均值	93.0
	批准级别	
弹性模量 E_z^t/GPa	平均值	
	批准级别	
泊松比 ν_{xy}^t	平均值	
	批准级别	

（续表）

泊松比 ν_{yz}^{t}	平均值	
	批准级别	
泊松比 ν_{zx}^{t}	平均值	
	批准级别	
剪切模量 G_{xy}^{s}/GPa	平均值	
	批准级别	
剪切模量 G_{yz}^{s}/GPa	平均值	
	批准级别	
剪切模量 G_{zx}^{s}/GPa	平均值	
	批准级别	
比例极限应力 F^{pl} /MPa	平均值	
	批准级别	
热导率 α_{x}	平均值	
	批准级别	
热导率 α_{y}	平均值	
	批准级别	
热导率 α_{z}	平均值	
	批准级别	
热膨胀系数 K_{x}	平均值	
	批准级别	
热膨胀系数 K_{y}	平均值	
	批准级别	
热膨胀系数 K_{z}	平均值	
	批准级别	

注：1. 批准级别：F——正式批准；I——临时；S——筛选。

复合材料	复合材料名称	Sylramic S - 200	制造商	COIC
	复合材料描述	$SiC/BN/Si_3N_4$	制造批号	♯14416
	增强体体积分数	45%	制造日期	1997 年夏
	密度	2.2 g/cm³	制造类型	聚合物先驱体
	孔隙率	2.7%（开孔）	开发/生产状态	可供商用

（续表）

增强体	名称	CG Nicalon	制造商	COIC
	组分	SiC	结构/织构	8 缎缎纹机织织物
	层数	8	单层厚度	0.346 mm
	纤维面密度		层压铺层顺序	$[0_f/90_{f+}/0_f/90_f/$ $0_f/90_f/0_f/90_f]_s$
基体	组分	Si - C - N 含 Si_3N_4 颗粒填料	来源	COIC
界面相/界面层	组分	BN	来源	CVD
	厚度	$0.5\,\mu m$		
外部涂层	组分	无	厚度	/
	制造方法	/	来源	/

测试日期　12/1997—10/1998　　　　　　　　数据提交日期　3/2001

测试数据汇总	温度/℃	23
	气氛	空气
	预调节	无
归一化或测量值		测量值
拉伸强度 F_x^{tu}/MPa	平均值	251
	批准级别	
拉伸强度 F_y^{tu}/MPa	平均值	251
	批准级别	
拉伸强度 F_z^{tu}/MPa	平均值	
	批准级别	
应变 $\varepsilon_x^{tu} \times 10^6$	平均值	4 310
	批准级别	
应变 $\varepsilon_y^{tu} \times 10^6$	平均值	4 310
	批准级别	
应变 $\varepsilon_z^{tu} \times 10^6$	平均值	
	批准级别	
比例极限应力 F_x^{pl}/MPa	平均值	85.0
	批准级别	

（续表）

比例极限应力 F_y^{pl}/MPa	平均值	85.0
	批准级别	
比例极限应力 F_z^{pl}/MPa	平均值	
	批准级别	
压缩强度 F_x^{cu}/MPa	平均值	
	批准级别	
压缩强度 F_y^{cu}/MPa	平均值	
	批准级别	
压缩强度 F_z^{cu}/MPa	平均值	
	批准级别	
面内剪切强度 F_{xy}^{su}/MPa	平均值	33.0
	批准级别	
层间剪切强度 F_{xy}^{su}/MPa	平均值	111
	批准级别	
层间剪切强度 F_{yz}^{su}/MPa	平均值	111
	批准级别	
弯曲强度 F_x^{b}/MPa	平均值	339
	批准级别	

注：1. 批准级别：F——正式批准；I——临时；S——筛选。

复合材料	复合材料名称	Sylramic S‑200	制造商	COIC
	复合材料描述	$SiC/BN/Si_3N_4$	制造批号	♯14416
	增强体体积分数	45%	制造日期	1997 年夏
	密度	2.2 g/cm^3	制造类型	聚合物先驱体
	孔隙率	2.7%（开孔）	开发/生产状态	可供商用

增强体	名称	CG Nicalon	制造商	COIC
	组分	SiC	结构/织构	8 缎缎纹机织织物
	层数	8	单层厚度	0.346 mm
	纤维面密度		层压铺层顺序	$[0_f/90_{f+}/0_f/90_f/0_f/90_f/0_f/90_f]_s$

基体	组分	Si‑C‑N 含 Si_3N_4 颗粒填料	来源	COIC

（续表）

界面相/界面层	组分	BN	来源	CVD
	厚度	0.5 μm		
外部涂层	组分	无	厚度	/
	制造方法	/	来源	/
拉伸方法测试	测试方法标准	ASTM C1275	测试文件 ID	/
	归一化方法		测试日期	5/1998－9/1998
	模量计算方法	/	载荷/应变率	0.02 mm/s
			比例极限计算方法	载荷下延伸

测试日期　12/1997—10/1998　　　　　　　　数据提交日期　3/2001

拉伸测试数据	温度/℃		23	
	气氛		空气	
	预调节		无	
	标距		25 mm	
	应力方向/(°)		0	
归一化或测量值		归一化		测量值
极限拉伸强度 F_x^{tu}/MPa	平均值			251
	标准差			18.0
	试件数量			90
	批数			6
	批准级别			
弹性模量 E_x^t/GPa	平均值			93.0
	标准差			4.65
	试件数量			90
	批数			6
	批准级别			
比例极限应力 F_x^{pl}/MPa	平均值			85.0
	标准差			3
	试件数量			90
	批数			6
	批准级别			

（续表）

破坏应变 $\varepsilon_x^{tu} \times 10^6$	平均值		4 310
	标准差		390
	试件数量		89
	批数		6
	批准级别		
泊松比 ν_{xy}^t	平均值		
	标准差		
	试件数量		
	批数		
	批准级别		

注：1. 批准级别：F——正式批准；I——临时；S——筛选。

复合材料	复合材料名称	Sylramic S-200	制造商	COIC
	复合材料描述	SiC/BN/Si₃N₄	制造批号	♯14416
	增强体体积分数	45%	制造日期	1997 年夏
	密度	2.2 g/cm³	制造类型	聚合物先驱体
	孔隙率	2.7%（开孔）	开发/生产状态	可供商用
增强体	名称	CG Nicalon	制造商	COIC
	组分	SiC	结构/织构	8 缎缎纹机织织物
	层数	8	单层厚度	0.346 mm
	纤维面密度		层压铺层顺序	$[0_f/90_{f+}/0_f/90_f/0_f/90_f/0_f/90_f]_s$
基体	组分	Si-C-N 含 Si₃N₄ 颗粒填料	来源	COIC
界面相/界面层	组分	BN	来源	CVD
	厚度	0.5 μm		
外部涂层	组分	无	厚度	/
	制造方法	/	来源	/
剪切测试方法	测试方法标准	ASTM C1292	测试文件 ID	/
	归一化方法		切口距离	6 mm
	测试日期	7/1998—10/1998		

数据提交日期　3/2001

剪切测试数据	温度/℃	23	
	气氛	空气	
	预调节	无	
		归一化	测量值
极限面内剪切强度 F_{xy}^{su}/MPa	平均值		33.0
	标准差		5.0
	试件数量		70
	批数		6
	批准级别		
层间剪切测试数据	温度/℃	23	
	气氛	空气	
	预调节	无	
		归一化	测量值
极限层间剪切强度 F_{yz}^{su}/MPa	平均值		111
	标准差		5.0
	试件数量		80
	批数		6
	批准级别		

注：1. 批准级别：F——正式批准；I——临时；S——筛选。

复合材料	复合材料名称	Sylramic S‑200	制造商	COIC
	复合材料描述	$SiC/BN/Si_3N_4$	制造批号	♯14416
	增强体体积分数	45%	制造日期	1997 年夏
	密度	2.2 g/cm³	制造类型	聚合物先驱体
	孔隙率	2.7%（开孔）	开发/生产状态	可供商用
增强体	名称	CG Nicalon	制造商	COIC
	组分	SiC	结构/织构	8 缎缎纹机织织物
	层数	8	单层厚度	0.346 mm
	纤维面密度		层压铺层顺序	$[0_f/90_f/0_f/90_f/0_f/90_f/0_f/90_f]_s$
基体	组分	Si‑C‑N 含 Si_3N_4 颗粒填料	来源	COIC

（续表）

界面相/界面层	组分	BN	来源	CVD
	厚度	$0.5\ \mu\text{m}$		
外部涂层	组分	无	厚度	/
	制造方法	/	来源	/
弯曲测试方法	测试方法标准	ASTM C341	测试文件名称	
	跨距	80 mm	几何形状（3 点/4 点）	4 点
	模量计算方法	/	跨距/深度比	29.2
	归一化方法		比例极限计算方法	/
	测试日期	12/1997—4/1998		

数据提交日期　3/2001

弯曲测试数据	温度/℃	23	
	气氛	空气	
	预调节	无	
	标距	/	
	应力方向/(°)	0	
		归一化	测量值
极限弯曲强度 F_x^{bu}/MPa	平均值		339
	标准差		37.0
	试件数量		100
	批数		6
	批准级别		
弹性模量 E_x^{b}/GPa	平均值		93.0
	标准差		6.00
	试件数量		100
	批数		6
	批准级别		
比例极限应力 F^{pl}/MPa	平均值		
	标准差		

（续表）

比例极限应力 F^{pl}/MPa	试件数量		
	批数		
	批准级别		
破坏应变 $\varepsilon_x^{bu} \times 10^6$	平均值		4 640
	标准差		630
	试件数量		100
	批数		6
	批准级别		
泊松比 ν_{xy}^b	平均值		
	标准差		
	试件数量		
	批数		
	批准级别		

注：1. 批准级别：F——正式批准；I——临时；S——筛选。

附录 A　LCF 和破坏载荷中剩余强度减缩公式推导

这种方法的主要前提是,某种材料性能的下降即其剩余强度 X 是疲劳应力和循环次数的函数,也就是破坏应力和时间的函数。当剩余强度或残余强度等于所作用应力的时候,损伤起始。此处剩余强度和残余强度是可以互换使用。如图 A.1 表示了在常幅疲劳载荷下,CMC 剩余强度相对于归一化循环次数的理论函数曲线。根据经验,图 A.1 中的剩余强度下降呈典型非线性关系,可以用式 A.1 来模拟:

$$X = X^0 - [X^0 - \sigma_r] \left(\frac{n}{N} \right)^p \qquad\qquad \text{A.1}$$

式中,X 为材料的剩余强度;X^0 为初始强度;σ_r 为应力范围;n 为 σ_r 应力作用下的循环次数,N 是在 $S\text{-}N$ 曲线中在 σ_r 作用下到达失效的循环次数,p 是疲劳剩余强度形状参数。如果 $p > 1$,剩余强度曲线的形状向下滑,如图所示。可以相对于材料的初始强度 X^0 将式 A.1 归一化,得到:

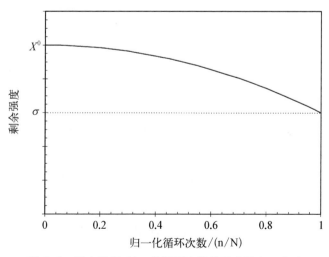

图 A.1　剩余强度-归一化循环次数关系曲线($p=2.0$)

$$R = 1 - \left[1 - \frac{\sigma}{X^0} \right] \left(\frac{n}{N} \right)^p \qquad \text{A.2}$$

式中，R 为归一化剩余强度。对式 A.2 的 n 作微分，有：

$$\mathrm{d}R = 1 - \left[1 - \frac{\sigma}{X^0} \right] \times p \left(\frac{n}{N} \right)^{p-1} \mathrm{d} \left(\frac{n}{N} \right) \qquad \text{A.3}$$

如果假设 σ 在零件的整个使用过程中不是一成不变的，为了得到 R，需要对不同 σ_r 所有对应微分 $\mathrm{d}R$ 取总和。用数学公式表示则有：

$$R = 1 - \int \left[1 - \frac{\sigma}{X_0} \right] \times p \left(\frac{n}{N} \right)^{p-1} \mathrm{d} \left(\frac{n}{N} \right) \qquad \text{A.4}$$

对于复杂载荷，用平均应力和 TMF 影响修正后的 σ_r 代替 σ。根据这一点，回到式（A.2），用 σ_r 代替 σ，得到：

$$R = 1 - \left[1 - \frac{\sigma_r}{X_0} \right] \left(\frac{n}{N} \right)^p \qquad \text{A.5}$$

现考虑由 σ_1 应力下循环次数 Δn_1 和 σ_2 应力下循环次数 Δn_2 组成的载荷历程；假设 $\sigma_1 > \sigma_2$；可确定 $\Delta n_1 + \Delta n_2$ 个循环之后的剩余强度 R_2。剩余强度的计算见图 A.2。对于初始为 Δn_1 个循环，强度沿曲线 A-B 下降。利用（A.5）式，经过 Δn_1 个循环后的剩余强度为：

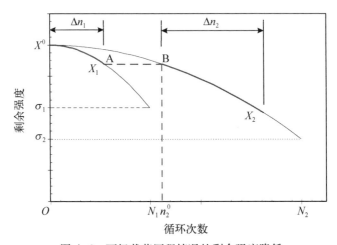

图 A.2　两级载荷历程情况的剩余强度降低

$$R_1 = 1 - \left[1 - \frac{\sigma_1}{X^0} \right] \left(\frac{\Delta n_1}{N_1} \right)^p \qquad \text{A.6}$$

以及

$$X_1 = R_1 X^0 \qquad\qquad \text{A. 7}$$

为了从应力 σ_1 向 σ_2 转换,需要沿着 B－C 移动,并必须计算 C 点处的等价循环 n_2^0 以得到当前的剩余强度。根据等价剩余强度的概念和式 A.5,也可以写成:

$$R_1 = 1 - \left[1 - \frac{\sigma_2}{X_0}\right]\left(\frac{n_2^0}{N_1}\right)^p \qquad\qquad \text{A. 8}$$

整理这个等式,即:

$$n_2^0 = N_2 \left[\frac{1 - R_1}{1 - \dfrac{\sigma_2}{X^0}}\right]^{1/p} \qquad\qquad \text{A. 9}$$

式中,R_1 由式 A.6 确定。接着,沿着线 C－D 继续 Δn_2 个循环,在 D 点处的剩余强度 R_2 则为:

$$R_2 = 1 - \left[1 - \frac{\sigma_2}{X^0}\right]\left(\frac{n_2^0}{N_2}\right)^p \qquad\qquad \text{A. 10}$$

由(A.10)减去(A.8),得到:

$$\Delta R_2 = -\left[1 - \frac{\sigma_2}{X^0}\right]\left\{\left(\frac{n_2^0 + \Delta n_2}{N_2}\right) - \left(\frac{n_2^0}{N_2}\right)^p\right\} \qquad\qquad \text{A. 11}$$

$$R_2 = R_1 - \Delta R_2 \qquad\qquad \text{A. 12}$$

和

$$X_2 = R_2 X^0 \qquad\qquad \text{A. 13}$$

采用一般形式,可以写成第 i 次循环的式 A.9、式 A.11 和式 A.12 为:

$$n_i^0 = N_i \left[\frac{1 - R_{i-1}}{1 - \dfrac{\sigma_i}{X^0}}\right]^{1/p} \qquad\qquad \text{A. 14}$$

$$\Delta R_i = -\left[1 - \frac{\sigma_i}{X^0}\right]\left\{\left(\frac{n_i^0 + \Delta n_i}{N_i}\right) - \left(\frac{n_i^0}{N_i}\right)^p\right\} \qquad\qquad \text{A. 15}$$

$$R_i = R_{i-1} - \Delta R_i \qquad\qquad \text{A. 16}$$

以及

$$X_i = R_i X^0 \qquad\qquad \text{A. 17}$$

可以对破坏载荷进行同样的推导,得到与上面基本相同的公式,只是将 $n, N, p,$

k 分别代以 t，T_{rup}，q 和 j。其中，t 为时间；T_{rup} 为破坏寿命；q 为破坏形状参数；而 j 为载荷级数。这些破坏公式如下：

$$t_j^0 = T_{rup,j} \left[\frac{1 - R_{j-1}}{1 - \dfrac{\sigma_j}{X_0}} \right]^{1/q} \qquad \text{A. 18}$$

$$\Delta R_j = - \left[1 - \frac{\sigma_j}{X^0} \right] \left\{ \left(\frac{t_j^0 + \Delta t_j}{T_{rup,j}} \right) - \left(\frac{t_j^0}{T_{rup,j}} \right)^q \right\} \qquad \text{A. 19}$$

$$R_j = R_{j-1} - \Delta R_j \qquad \text{A. 20}$$

而可以计算出降低后的强度 X_j 为

$$X_j = R_j X^0 \qquad \text{A. 21}$$

当作用应力超过剩余强度的时候，即当

$$\sigma \geqslant X \qquad \text{A. 22}$$

预计损伤起始。式 A. 14 到式 A. 22 是剩余强度方法的核心。这些公式比较简单，可以在计算机内执行，处理复杂的载荷历程。

索　引